全国高等教育“十二五”规划教材
全国高职高专规划教材·机械设计制造系列

电工电子技术

（第2版）

主　编　张　琳　王万德
主　审　智海素
副主编　王　莉　李英辉
　　　　汤承江　郭　妍
参　编　张　宇　刘　波
　　　　许光君　李　靖
　　　　金东琦　田　云

内 容 简 介

本书是全国高等教育"十二五"规划教材之一，是在第1版的基础上，依据教育部最新制定的"高职高专教育电工电子技术课程教学基本要求"修订而成。主要内容包括：直流电路、正弦交流电路、变压器、三相异步电动机、继电接触器控制系统、常用半导体器件、基本放大电路、集成运算放大器基础、直流稳压电源、门电路及组合逻辑电路、触发器及时序逻辑电路、D/A和A/D转换、电工电子实验、实训，共计14章。本书可作为高等职业学校、高等专科学校、成人高校及本科院校举办的二级职业技术学院和民办高校非电类专业的教材，也可供工程技术人员参考。

图书在版编目(CIP)数据

电工电子技术/张琳，王万德主编．—2版．—北京：北京大学出版社，2012.6
(全国高职高专规划教材·机械设计制造系列)
ISBN 978-7-301-20681-2

Ⅰ.①电… Ⅱ.①张…②王… Ⅲ.①电工技术—高等职业教育—教材②电子技术—高等职业教育—教材 Ⅳ.①TM②TN

中国版本图书馆CIP数据核字（2012）第096373号

书　　名：电工电子技术（第2版）
著作责任者：张　琳　王万德　主编
策 划 编 辑：温丹丹
责 任 编 辑：傅　莉
标 准 书 号：ISBN 978-7-301-20681-2/TM·0045
出 版 发 行：北京大学出版社
地　　址：北京市海淀区成府路205号　100871
电　　话：邮购部62752015　发行部62750672　编辑部62754934　出版部62754962
网　　址：http://www.pup.cn
电 子 信 箱：zyjy@pup.cn
印　刷　者：三河市博文印刷有限公司
经　销　者：新华书店
787毫米×1092毫米　16开本　16.75印张　414千字
2008年2月第1版　2012年6月第2版　2016年8月第3次印刷
定　　价：36.00元

前　　言

本书是全国高等教育“十二五”规划教材之一，是依据教育部最新制定的“高职高专教育电工电子技术课程教学基本要求”，并结合机电类各专业系列课程的建设实际编写的。

本书在编写时既考虑到使学生获得必要的电工电子技术基础概念、基本理论，也充分考虑到专科生的实际情况。本书的编写思路如下。

（1）力图做到：内容精炼，保证基础；叙述简明，加强应用；充分考虑工科非电专业的知识结构，使教材内容具有科学性、实用性和可读性，以满足当前教学的需求。

（2）讲授内容与习题融为一体。每章习题中设置填空、判断、选择以及应用题，以期帮助学生总结内容，拓宽思路，提高分析问题和解决问题的能力。

（3）强调课程体系的针对性，根据高职高专的培养规格，理论上以为后续课打基础为度，注重应用能力的培养。

考虑到应用型人才培养的需求和该课程的性质，全书在第1版的基础上增加了电工电子实验、实训内容，共14章，主要内容包括：直流电路、正弦交流电路、变压器、三相异步电动机、继电接触器控制系统、常用半导体器件、基本放大电路、集成运算放大器基础、直流稳压电源、门电路及组合逻辑电路、触发器及时序逻辑电路、D/A和A/D转换、电工电子实验、实训。书末附有部分习题答案。带“※”部分可作为选学内容。

本书由辽宁省交通高等专科学校张琳教授主编（第6、7、8、13章），并负责对全书进行修订、统稿和定稿。其他章节编写分工如下：黑龙江农业职业技术学院汤承江（第1章）；石家庄职业技术学院李英辉（第2章）；辽宁省交通高等专科学校王万德（第3章）；黑龙江农业经济职业学院金东琦、田云（第4章）；辽宁经济职业技术学院王莉（第5章）；辽宁省交通高等专科学校张宇（第9章）；辽宁省交通高等专科学校刘波（第10章）；辽宁省交通高等专科学校许光君（第11章）；辽宁省交通高等专科学校李靖（第12章）；辽宁省交通高等专科学校郭妍（第14章及附录A、B、C、D）。

本书由石家庄职业技术学院智海素主审，教材配套课件由石家庄职业技术学院李英辉、曲昀卿制作，如有需要，请与北京大学出版社联系。

由于编者水平有限，统稿时间仓促，书中不妥和错误之处恳请读者给予批评指正，以便修订，使之成为日臻完善的高职高专教材。

编　者

2012年5月

目　录

第1章 直流电路

教学目标

- ▶ 了解电路组成、作用及电路的基本物理量；
- ▶ 理解电阻元件、电感元件、电容元件的特点及电压和电流的关系；
- ▶ 熟练掌握电压和电流的参考方向和关联参考方向的概念，掌握欧姆定律、基尔霍夫定律、支路电流法、叠加原理、电压源电流源等效互换及其应用；
- ▶ 学会运用各种电路分析方法解决实际电路问题。

电路是电工电子技术的基础，学好直流电路，特别是掌握常用的电路分析方法，为学习电工技术、电子技术打下坚实基础。

1.1 电路的概念

1.1.1 电路组成及其作用

电路是电流流通的路径，是为实现某种功能而将若干电气设备和元器件按一定方式连接起来的整体。但无论哪种电路均由电源（或信号源）、负载和中间环节三个基本部分组成。

电源是提供电能的设备，如发电机、电池、信号源等。负载是指用电设备，如电灯、电动机、洗衣机、电冰箱等。中间环节的作用是把电源和负载连接起来，通常是一些导线、开关、接触器、保护装置等。

电路的种类繁多，但从电路的功能来说，其作用分为两个方面：其一是实现电能的传输和转换（如电力工程，它包括发电、输电、配电、电力拖动、电热、电气照明，以及交直流电之间的整流和逆变等）；其二是进行信号的传递与处理（如信息工程，它包括语言、文字、音乐、图像的广播和接收、生产过程中的自动调节、各种输入数据的数值处理、信号的存储等）。电路的典型应用场合如图1-1所示。

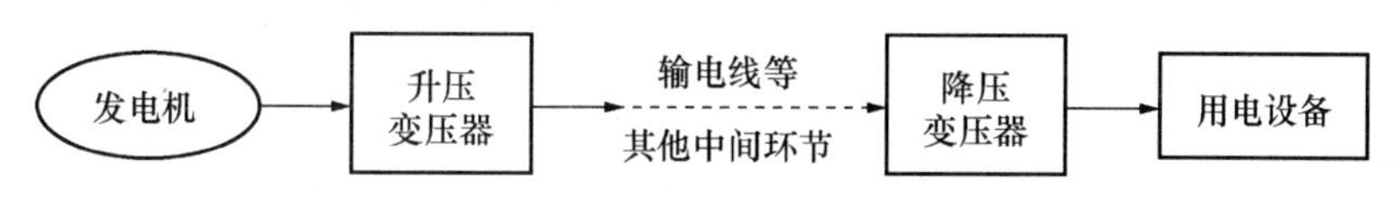

(a) 电力系统电路

图1-1 电路的作用典型应用

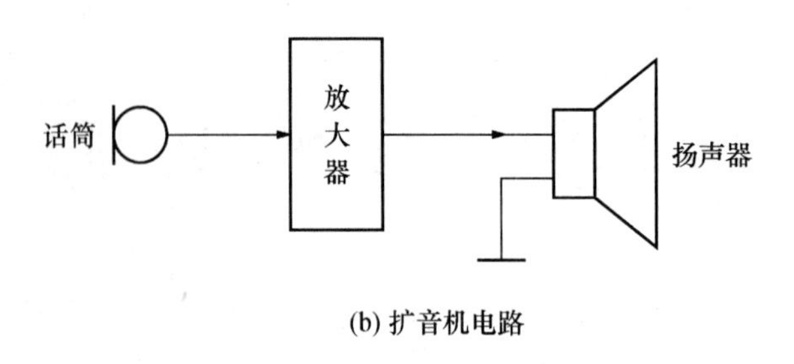

(b) 扩音机电路

图 1-1　电路的作用典型应用（续）

1. 1. 2　电路模型

所谓理想电路元件，是指在一定条件下，突出其主要电磁特性，忽略其次要因素以后，把电器元件抽象为只含一个参数的理想电路元件。基本的理想电路元件有恒压源 U_S、恒流源 I_S、电阻元件 R、电容元件 C 和电感元件 L。根据其能否对外电路提供电能又分为有源元件和无源元件。如恒压源和恒流源为有源元件，电阻元件、电容元件和电感元件为无源元件。

实际电气器件在一定条件下都可用理想元件来代替。由理想元件代替实际电气器件组成的电路叫电路模型。如图 1-2 所示是手电筒的实际电路及其电路模型的示意图。

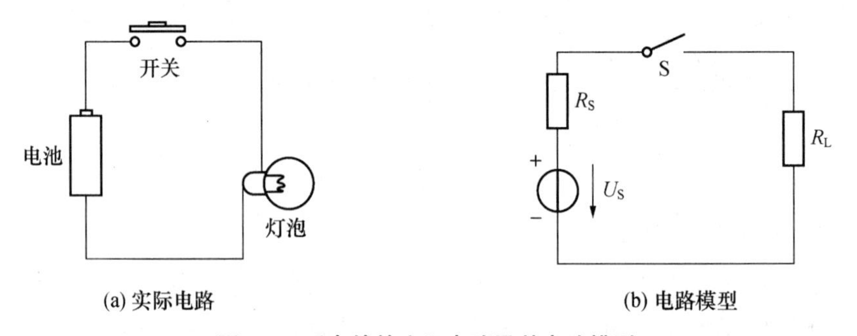

(a) 实际电路　　(b) 电路模型

图 1-2　手电筒的实际电路及其电路模型

可见，电路模型就是实际电路的科学抽象。采用电路模型来分析电路，不仅计算过程大为简化，而且能更清晰地反映电路的物理实质。

1.2　电路的主要物理量

电路的特性是由电流、电压和电功率等物理量来描述的。电路分析的基本任务就是根据电路的结构和已知参数，求电路的电流、电压和电功率。

1. 2. 1　电流

电流的大小用电流强度来表示，定义为单位时间内通过导体横截面的电荷量，即 $i=\frac{dq}{dt}$。大小和方向不随时间变化$\left(即\ \frac{dq}{dt}=常数\right)$的电流称为恒定电流，简称直流（DC），用

大写字母 I 来表示。在国际单位制（SI）中，电流的单位为安培（A）；计量微小电流时，以毫安（mA）或微安（μA）为单位，其换算关系为 $1\ \text{A} = 10^3\ \text{mA} = 10^6\ \mu\text{A}$。

量值和方向做周期性变化且平均值为零的时变电流称为交流电流，简称交流（AC），用小写字母 i 来表示。

习惯上，规定正电荷移动的方向或负电荷移动的反方向为电流的方向（实际方向）。在分析复杂电路时往往不能预先确定某段电路上电流的实际方向。为了便于分析，电路中引出了参考方向的概念。参考方向是任意设定的，可以用箭头或双下标表示，如图 1-3 所示。

图 1-3　电流参考方向

按参考方向求解得出的电流值有两种可能。若为正值，则说明设定的参考方向与实际方向一致；若为负值，则表明参考方向与实际方向相反。

1.2.2　电压与电动势

在电路中，电场力把单位正电荷由 a 点移到 b 点所做的功，定义为 a、b 两点之间的电压，用 u_{ab} 表示。即 $u_{ab} = \frac{dW}{dq}$。在国际单位制（SI）中，电压 u 的单位为伏特（V）。

大小和方向不随时间变化的电压称为恒定电压，也称直流电压，用大写字母 U 来表示。大小和方向随时间变化的电压称为时变电压，一般用小写字母 u 来表示。

电压的参考方向与电流的参考方向类似，若计算的结果为正值（$U>0$），则说明电压的实际方向和参考方向一致；若结果为负值（$U<0$），则说明电压的实际方向和参考方向相反。

电压的参考方向常用“+”和“-”或双下标表示，如图 1-4 所示。

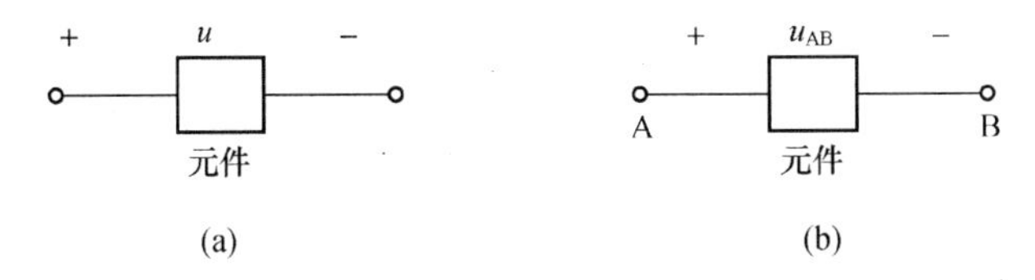

图 1-4　电压参考方向

在分析和计算电路时，电压和电流参考方向的假定，原则上是任意的。但为了方便，元件上的电压和电流常取一致的参考方向，这称为关联参考方向，如图 1-5（a）所示；反之，称为非关联参考方向，如图 1-5（b）所示。

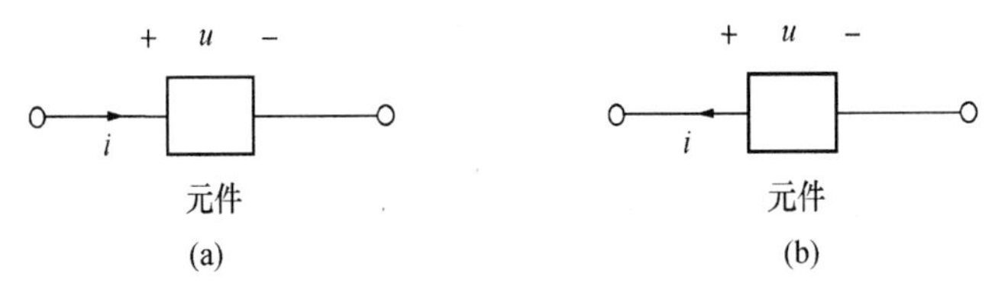

图 1-5　关联和非关联参考方向

必须指出，电路中的电流或电压在未标明参考方向的前提下，讨论电流或电压的正、负值是没有意义的。

电动势是电源内部所具有的把电子从正极搬运到负极的本领。电动势的方向是内电路中从负极到正极，电压的方向是外电路中从正极到负极，单位与电压相同。

1.2.3 电位

在电路分析和实际工程测量中，经常用到电位的概念。所谓电位是指在电路中任选一点作为参考点（参考点的电位为0），则任意一点 a 到参考点的电压就称为 a 点的电位，用符号 V_a 表示。电位的单位和电压一样，也用伏特（V）表示。

电位是一个相对的物理量，它的大小和极性与所选取的参考点有关。参考点的电位为0，故也称为零电位点，用符号“⊥”表示，如图 1-6（a）所示。参考点的选取是任意的，但通常取多个支路的交汇点或接地点。参考点的位置不同，电路中各点的电位也不同。电路中 a 点到 b 点的电压就等于 a 点与 b 点的电位之差，即：

$$U_{ab}=V_a-V_b$$

可见，电压是一个绝对的物理量，与参考点的选取无关。在电子电路中，为了简化电路图，常采用电位标注法，如图 1-6（b）所示。

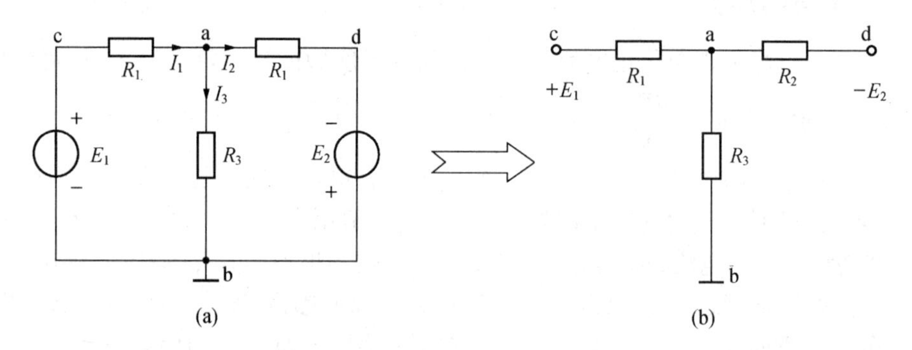

图 1-6 电路的电位表示法

【例 1.1】 如图 1-6（a）所示，$E_1=12\text{ V}$，$E_2=3\text{ V}$，$R_1=R_2=R_3=3\ \Omega$，$I_1=3\text{ A}$，$I_2=2\text{ A}$，$I_3=1\text{ A}$，以 a 点和 b 点为参考点，分别求 V_a，V_b，V_c，V_d 及 U_{ab}，U_{ad}和 U_{ca}。

【解】 （1）以 b 为参考点，则 $V_b=0$。

故有 $V_a=I_3R_3=1\times3=3$（V），$V_c=E_1=12$（V），$V_d=-E_2=-3$（V）；

所以 $U_{ab}=V_a-V_b=3$（V），$U_{ad}=V_a-V_d=3-(-3)=6$（V），

$U_{ca}=V_c-V_a=12-3=9$（V）

（2）以 a 为参考点，则 $V_a=0$。

故有 $V_b=-I_3R_3=-(1\times3)=-3$（V），$V_c=I_1R_1=3\times3=9$（V），

$V_d=-I_2R_2=-(2\times3)=-6$（V）

所以 $U_{ab}=V_a-V_b=0-(-3)=3$（V），$U_{ad}=V_a-V_d=0-(-6)=6$（V），

$U_{ca}=V_c-V_a=9-0=9$（V）

计算表明，当选取不同的参考点，电路中的各点电位不同，但电压相同。

1.2.4 电能和电功率

电流流过电灯会发光，流过电炉会发热，可见电路工作时，发生着能量的转换。

元件从 t_0 到 t_1 获得的能量可以用功 W 来衡量，即：$W=\int_{t_0}^{t_1}UI\mathrm{d}t$。功率是单位时间内元件所吸收（或产生）的能量，即：$P=\frac{\mathrm{d}W}{\mathrm{d}t}=UI$。在国际单位制（SI）中，功率的单位是瓦特（W），电能的单位是焦耳（J）。习惯上还常用“度”来表示电能，1 度电等于 1 千瓦·时（kW·h）。

在一个电路中，电源产生的功率与负载、导线以及电源内阻上消耗的功率总是平衡的，遵循能量守恒和转换定律。

在电路分析中，不仅要计算功率的大小，有时还要判断功率的性质，即该元件是产生功率还是消耗功率。

在关联参考方向下，$P=UI$；在非关联参考方向下，$P=-UI$。

当 $P>0$ 时，元件吸收功率，在电路中消耗能量，相当于负载；当 $P<0$ 时，元件发出功率，向外提供能量，相当于电源。

【例 1.2】 在如图 1-7 所示的电路中有三个元件，已知 $U_1=5\,\text{V}$，$U_2=5\,\text{V}$，$U_3=-5\,\text{V}$，$I_1=2\,\text{A}$，$I_2=5\,\text{A}$，$I_3=3\,\text{A}$，求各元件吸收或发出的功率。

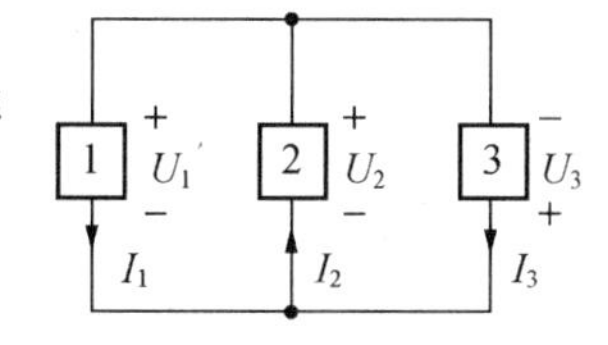

图 1-7 例 1.2 电路图

【解】 对于元件 1，因 U_1、I_1 是关联参考方向，

则 $$P_1=U_1I_1=5\times2=10\ (\text{W})$$

即 $P_1>0$，吸收功率；

对于元件 2，因 U_2、I_2 是非关联参考方向，

则 $$P_2=-U_2I_2=-5\times5=-25\ (\text{W})$$

即 $P_2<0$，发出功率；

对于元件 3，因 U_3、I_3 是非关联参考方向，

则 $$P_3=-U_3I_3=-(-5)\times3=15\ (\text{W})$$

即 $P_3>0$，吸收功率；

可见 $P_2=P_1+P_3$，即发出的功率等于吸收的功率，功率平衡。

需要注意的是，在有多个电源共同作用的电路中，有的电源不仅不放出功率，而且还吸收功率，这时的电源相当于负载。见本章应用题第 7 题。

1.3 基尔霍夫定律

欧姆定律是分析和计算电路的基本定律；在复杂电路的分析中，基尔霍夫定律是常用的工具。

基尔霍夫定律包括电流定律和电压定律。基尔霍夫电流定律用于电路的结点分析，基尔霍夫电压定律用于电路的回路分析。为了便于讨论，先介绍几个名词。

支路：电路中流过同一电流的一个分支称为一条支路。图1-8中共有3条支路，分别为：acb、ab、adb。其中含有电源的支路称为有源支路，不含电源的支路称为无源支路。

结点：电路中三条或三条以上支路的连接点。如图1-8中的a点和b点。

回路：电路中任一闭合路径称为回路。如图1-8中的acba、abda和acbda回路。

网孔：内部不含支路的回路称为网孔。图1-8中有2个网孔，分别为：acba和abda。

1.3.1 基尔霍夫电流定律

基尔霍夫电流定律（简称KCL）：在电路中，对任一结点，在任一时刻，流入结点的电流之和等于流出结点的电流之和，即 $\sum I_{入} = \sum I_{出}$。如图1-8所示，对于结点a有：$I_1 = I_2 + I_3$。

若规定流入结点的电流为正，流出结点的电流为负，则基尔霍夫电流定律还可表述为：对任一结点各支路的电流代数和为零，即 $\sum I = 0$。如图1-8所示，对于结点a有：$I_1 - I_2 - I_3 = 0$。

KCL的推广：在任一时刻，流出任一闭合面（广义结点）的电流之和等于流入该闭合面的电流之和。如图1-9所示，有：$I_3 + I_6 = I_4$。

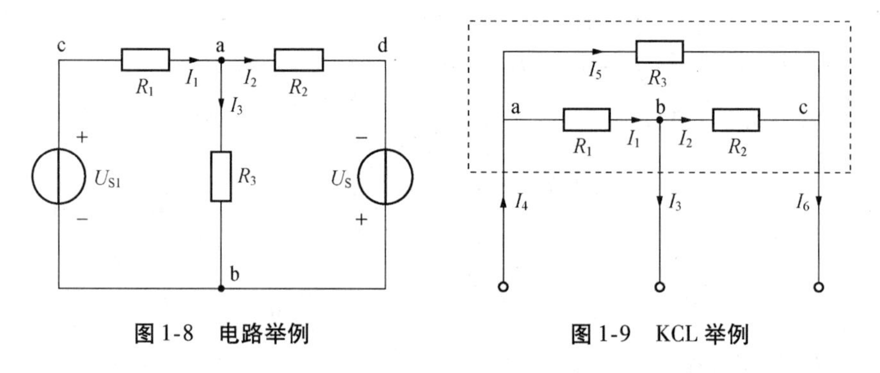

图1-8　电路举例　　图1-9　KCL举例

KCL的本质是电流连续性的表现，即流入结点的电流等于流出结点的电流。

对于一个具有 n 个结点的电路，根据KCL只能列出（$n-1$）个独立数学方程，与这些独立方程对应的结点叫独立结点。

1.3.2 基尔霍夫电压定律

基尔霍夫电压定律（简称KVL）：在电路中，任一时刻，沿任一回路，所有支路电压的代数和恒等于零，即对任一回路有：$\sum U = 0$。

用KVL列回路方程，首先必须假定回路的绕行方向，当电压参考方向与假定的回路绕行方向一致时，该支路电压取正；反之，支路电压取负。

以图1-10为例说明如何列写KVL方程，该电路有3个回路Ⅰ、Ⅱ、Ⅲ，取回路绕行方向如图1-10所示。

对于回路Ⅰ有：$-U_1 + U_3 - U_2 = 0$。

对于回路Ⅱ有：$-U_3 + U_4 - U_5 = 0$。

对于回路Ⅲ有：$-U_1 + U_4 - U_5 - U_2 = 0$。

KVL 的推广：开口二端电路，也可假想成一闭合回路。如图 1-11 所示有：$-U_1+U_{ab}+U_2=0$。

KVL 的本质是电压与路径无关，它反映了能量守恒定律。

对于一个具有 n 个结点，m 条支路的电路，独立的 KVL 方程数为 $m-(n-1)$，等于网孔数，故按网孔列写的 KVL 方程均为独立方程。

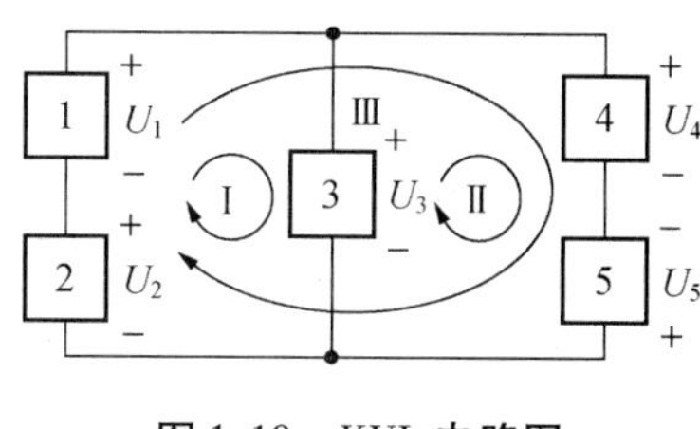

图 1-10 KVL 电路图

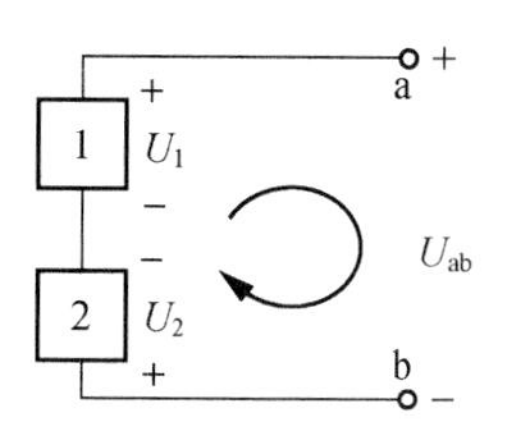

图 1-11 KVL 的推广

【例 1.3】 求图 1-12 所示电路的开路电压 U_{ab}。

【解】 在回路 1 中，有

$$6+3\times I+3\times I-12=0$$

所以 $$I=1\ (\mathrm{A})$$

根据 KVL，在回路 2 中，有

$$U_{ac}+U_{cb}-U_{ab}=0$$

所以 $$-2+12-3\times 1-U_{ab}=0$$

则 $$U_{ab}=7\ (\mathrm{V})$$

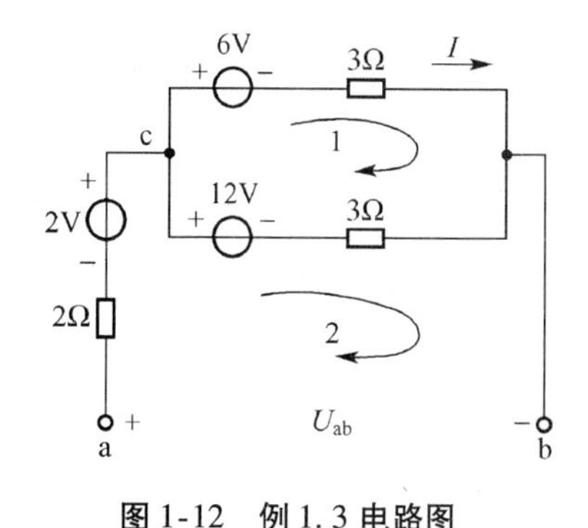

图 1-12 例 1.3 电路图

1.4 电路的基本分析方法

电路的分析与计算要应用欧姆定律和基尔霍夫定律，但对于复杂电路仅仅使用这两大定律是不够的，本节将介绍电源等效变换、支路电流法、叠加定理等基本电路分析方法。

1.4.1 电压源、电流源及其等效变换

在进行电路分析时，电源有两种不同的电路模型。一种是用电压的形式来表示的，称为电压源；另一种是用电流的形式来表示的，称为电流源。

1. 电压源

不论负载怎样变化，都能提供一个确定电压的电源称为理想电压源，简称电压源。电压源的特点是：电压源两端的电压为一定值 U_S（直流电压源）或为一确定的时间函数 u_S（交流电压源），而流过电压源的电流取决于电压源外接的电路。电压源为零时，在电路中相当于短路。

电压源的电路符号如图 1-13 所示，其中（a）图为直流电压源，（b）图为交流电压源，（c）图为实际电压源模型，用理想电压源 U_S 串联内阻 R_S 来表示。

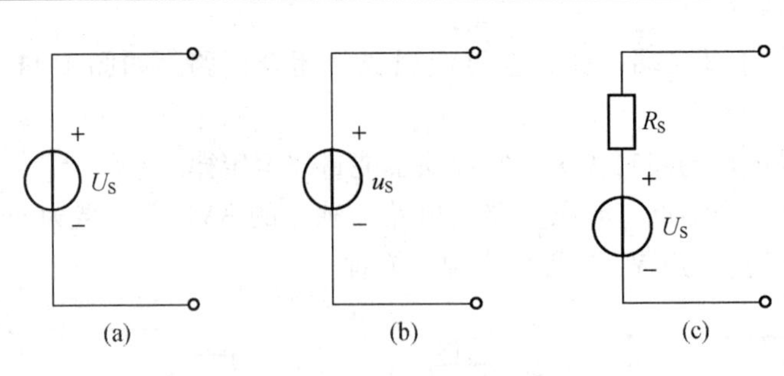

图 1-13　电压源

如图 1-14 所示，（a）图为理想电压源外特性，（b）图为实际电压源外特性。

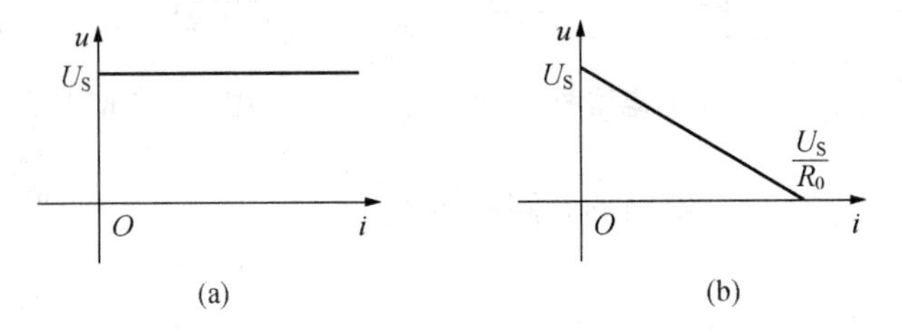

图 1-14　电压源外特性

2. 电流源

不论负载怎样变化，都能提供一个确定电流的电源称为理想电流源，简称电流源。电源流的特点是：电流源的电流为一定值 I_S（直流电流源）或为一确定的时间函数 i_S（交流电流源），而电流源两端的电压取决于电流源外接的电路。电流源为零时，在电路中相当于开路。

电流源的电路符号如图 1-15 所示，其中（a）图为直流电流源，（b）图为交流电流源，（c）图为实际电流源模型，用理想电流源 I_S 并联内阻 R_S 来表示。

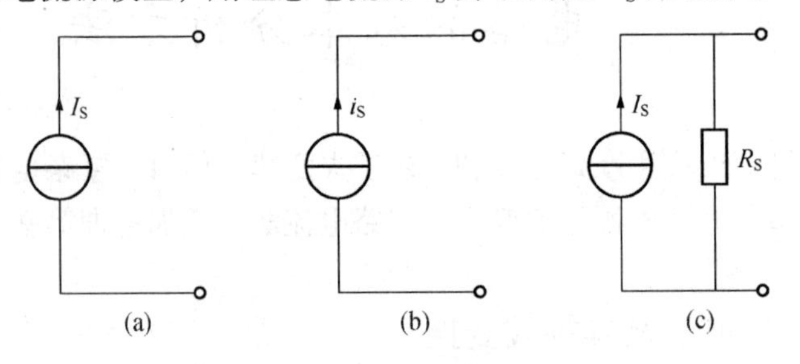

图 1-15　电流源

如图 1-16 所示，（a）图为理想电流源外特性，（b）图为实际电流源外特性。由此可见，实际电流源与实际电压源模型具有相同的外特性。

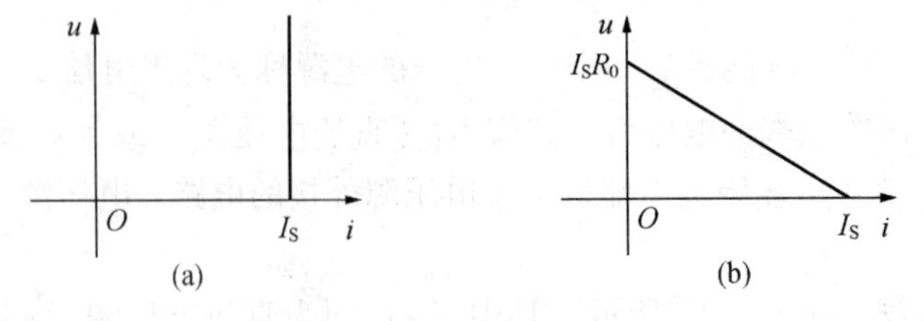

图 1-16　电流源外特性

3. 实际电源的等效变换

实际电流源与实际电压源模型具有相同的外特性，因此可进行等效变换。

需要注意的是：

（1）电源的两种模型等效变换时，极性必须一致，即电流源流出电流的一端与电压源的正极性端相对应，如图1-17所示；

（2）理想电压源和理想电流源之间不能进行等效变换。

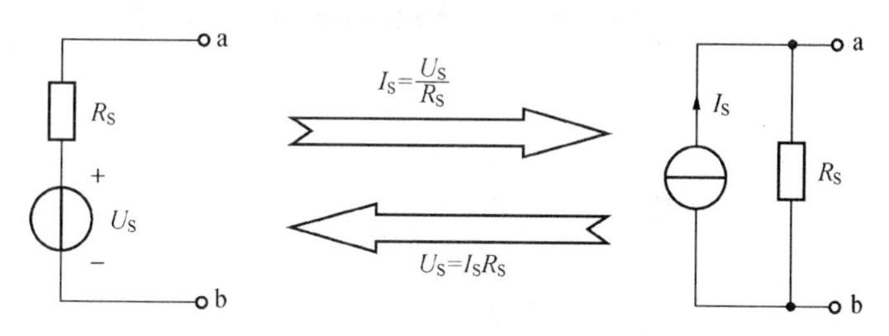

图1-17 实际电源的等效变换

【例1.4】 用电源等效变换法解图1-18（a）所示电路中流过2 Ω电阻的电流I。

【解】 将6 V电压源串联1 Ω电阻等效变换为一电流源并联一电阻的形式，电流源电流$I_S=\frac{6}{1}=6$（A），电阻$R_S=1\ \Omega$，如图1-18（b）所示。

两个并联电流源合并整理得：$I_S=6+3=9$（A），如图1-18（c）所示，所以有：

$$I=\frac{1}{1+2}\times 9=3\ \text{(A)}$$

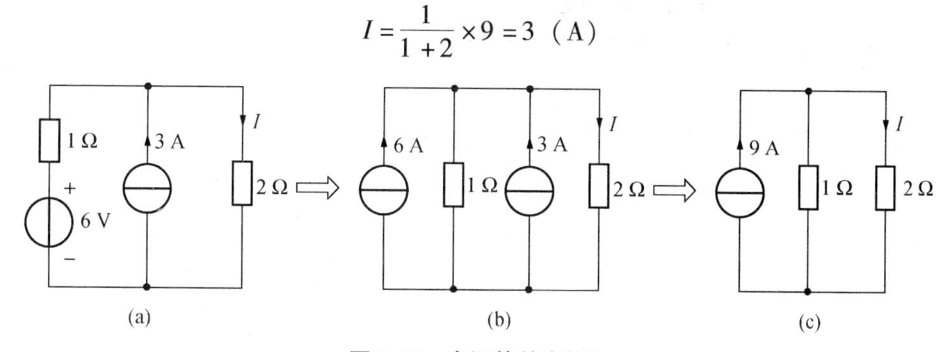

图1-18 电源等效变换法

【例1.5】 试将图1-19所示的各电源电路分别简化。

【解】 图1-19（a）中的恒流源与恒压源串联，恒压源无用；

图1-19（b）中的恒流源与恒压源并联，恒流源无作用；

图1-19（c）中的电阻与恒流源串联，等效时电阻无作用；

图1-19（d）中的电阻与恒压源并联，等效时电阻无作用。

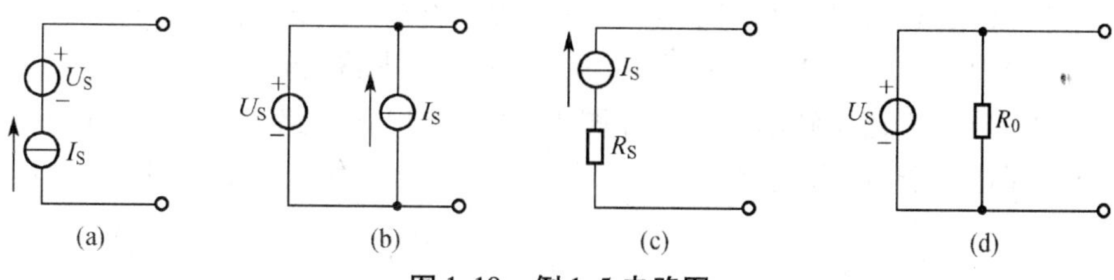

图1-19 例1.5电路图

图 1-19 对应的等效电路如图 1-20 所示。

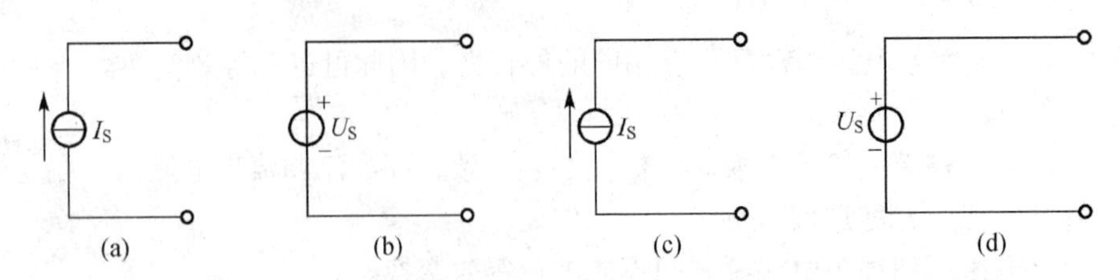

图 1-20　例 1.5 电路等效图

1.4.2　支路电流法

以支路电流为未知量，应用 KVL 和 KCL 列写方程组，求解各支路电流的方法称为支路电流法。

支路电流法分析计算电路的一般步骤为：

（1）假定各支路（m 条）电流的参考方向；

（2）根据 KCL 对 $n-1$ 个独立结点列写电流方程（共有 n 个结点）；

（3）选取网孔为回路，指定网孔的绕行方向，列写 $m-(n-1)$ 个独立回路电压方程；

（4）联立方程组求解各支路电流。

【例 1.6】　用支路电流法解图 1-18（a）所示电路中流过 2 Ω 电阻的电流 I。

【解】　设各支路电流参考方向和选定回路绕行方向如图 1-21 所示。

由 KCL 有：$I_1+3-I=0$（流入为正，流出为负）。

由 KVL 有：$-6+I_1\times1+I\times2=0$。

解联立方程组得：$I_1=0\text{ A}$，$I=3\text{ A}$。

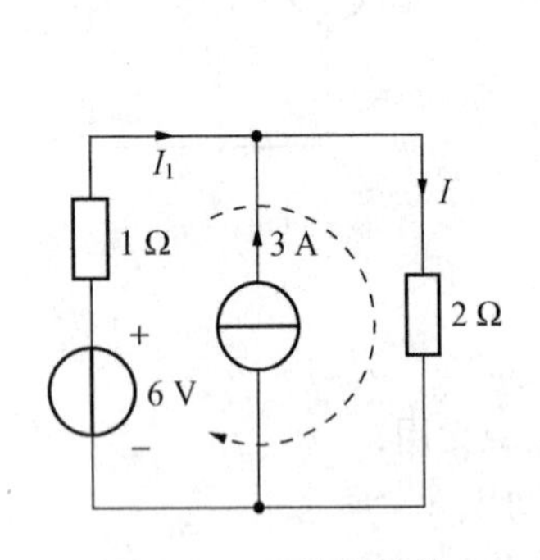

图 1-21　支路电流法

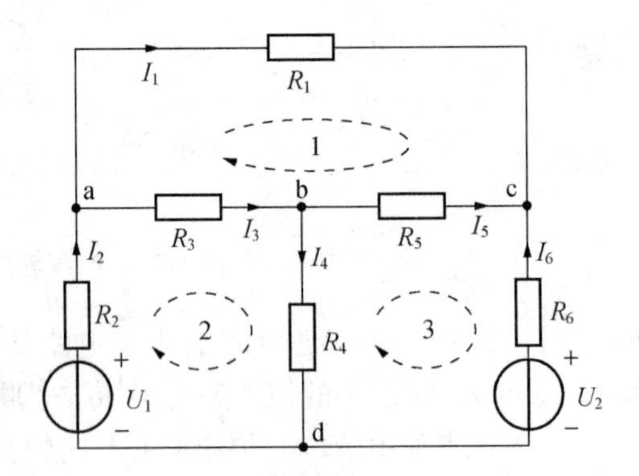

图 1-22　例 1.7 图

【例 1.7】　如图 1-22 所示电路，$R_1=4\,\Omega$，$R_2=2\,\Omega$，$R_3=3\,\Omega$，$R_4=2\,\Omega$，$R_5=1\,\Omega$，$R_6=3\,\Omega$，$U_1=20\text{ V}$，$U_2=13\text{ V}$，试用支路电流法求解各支路电流。

【解】　根据支路电流法解题步骤，在图 1-22 中标出各支路电流参考方向。电路中共有 4 个结点，任选 3 个为独立结点：a、b、c。设电流流入结点为正，流出为负，列 KCL 方程。

结点 a：$-I_1+I_2-I_3=0$

结点 b：$I_3 - I_4 - I_5 = 0$

结点 c：$I_1 + I_5 + I_6 = 0$

选择网孔为回路，绕行方向均为顺时针方向，列 KVL 方程。

网孔 1：$R_1I_1 - R_5I_5 - R_3I_3 = 0$

网孔 2：$R_2I_2 + R_3I_3 + R_4I_4 - U_1 = 0$

网孔 3：$-R_4I_4 + R_5I_5 - R_6I_6 + U_2 = 0$

联立上述 6 个方程，解方程组得各支路电流：

$I_1 = 1$ A，$I_2 = 3$ A，$I_3 = 2$ A，$I_4 = 4$ A，$I_5 = -2$ A，$I_6 = 1$ A。

1.4.3 叠加定理

叠加定理是线性电路的一个重要定理。不论是进行电路分析还是推导电路中其他电路定理，它都起着十分重要的作用。

叠加定理内容为：在线性电路中，任一条支路的电压或电流都可以看成电路中各个独立电源单独作用时，在该支路产生的电压或电流的代数和。

利用叠加定理进行电路分析时，必须注意如下几个方面的问题。

（1）叠加定理只适用于线性电路，对非线性电路不适用。

（2）独立电流源不作用即 $I_S = 0$，在电流源处相当于开路；独立电压源不作用，即 $U_S = 0$，在电压源处相当于短路。

（3）各独立电源单独作用时，各分电路中的电压和电流的参考方向可以取为与原电路中的方向相同，这样叠加时，各分量前取“+”号；否则取“-”号。

（4）功率不能用叠加定理来计算，因为功率与电压或电流不呈线性关系。

【例 1.8】 用叠加定理求如图 1-23（a）所示电路中流过 2 Ω 电阻的电流 I。

【解】 根据叠加定理，2 Ω 电阻的电流 I 等于电压源、电流源单独作用对其产生的电流的叠加，即有：

电压源单独作用时，如图 1-23（b）所示：$I' = \frac{6}{1+2} = 2$（A）

电流源单独作用时，如图 1-23（c）所示：$I'' = \frac{3}{1+2} \times 1 = 1$（A）

所以，总电流：$I = I' + I'' = 2 + 1 = 3$（A）。

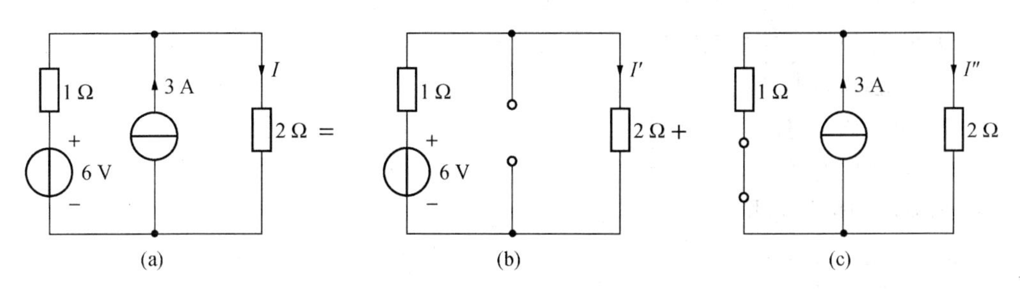

图 1-23 叠加定理

习　题

一、填空题

1. （　　）是产生电流的根本原因，电路中某点到参考点间的（　　）称为该点的电位，任意两点之间的电位差值等于两点的（　　）。

2. 元件上电压和电流关系成正比的电路称为（　　）电路，此电路中（　　）和（　　）均具有叠加性，但电路中的（　　）不具有叠加性。

3. 由伏安特性可知，电阻元件为（　　）元件，电感元件为（　　）元件；从耗能的角度看，电感属于（　　）元件，电阻为（　　）元件。

4. 电流和电压参考方向不同时称为（　　）方向，此时计算出的功率为正值时说明元件（　　）电能，功率为负值时说明元件（　　）电能。

5. 电压源和电流源等效变换的条件是（　　）和（　　）。

二、判断题

（　　）1. 电源的两种模型等效变换时，极性必须一致，即电流源流出电流的一端与电压源的正极性端相对应。

（　　）2. 理想电流源输出恒定的电流，其输出端电压由内阻决定。

（　　）3. 理想电流源和理想电压源可以进行等效变换。

（　　）4. 计算电路中的电流、电压和功率时都可以用叠加定理。

（　　）5. 电阻与理想电流源串联电路进行等效变换时电阻无用。

三、选择题

1. 电压源和电流源串联电路中，实际提供能量的是（　　）。

A. 电压源　　B. 电流源
C. 都发出　　D. 都不发出

2. 下面关于电压源和电流源变换叙述不正确的是（　　）。

A. 电源变换前后应保持对外电路等效
B. 电压源可等效为电流源并联等效电阻
C. 理想电压源可以等效为理想电流源
D. 电流源可等效为电压源串联等效电阻

3. 叠加定理适用于（　　）。

A. 直流线性电路　　B. 交流线性电路
C. 非线性电路　　D. 任何线性电路

4. 恒流源与恒压源并联时，（　　）。

A. 恒流源无作用　　B. 恒流源与恒压源都有作用
C. 恒压源无作用　　D. 无法判断

5. 电压源开路时，该电压源内部（　　）。

A. 有电流，有损耗　　B. 无电流，无损耗
C. 无电流，有损耗　　D. 有电流，无损耗

四、应用题

1. 求图 1-24 所示电路中（a）、（b）图的电流 I。

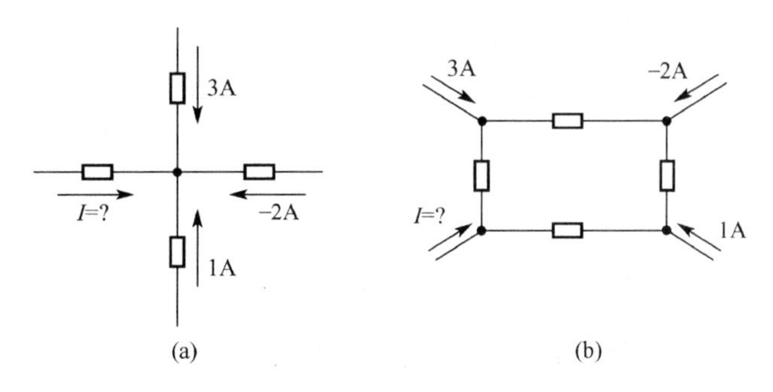

图 1-24 应用题 1 题图

2. 求图 1-25 电路中的 U_3 和 U_{ca}。

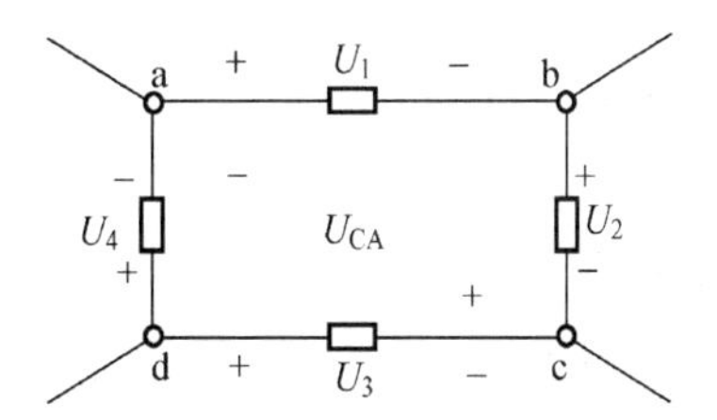

图 1-25 应用题 2 题图

3. 求如图 1-26（a）、（b）、（c）所示电路中的电压 U。

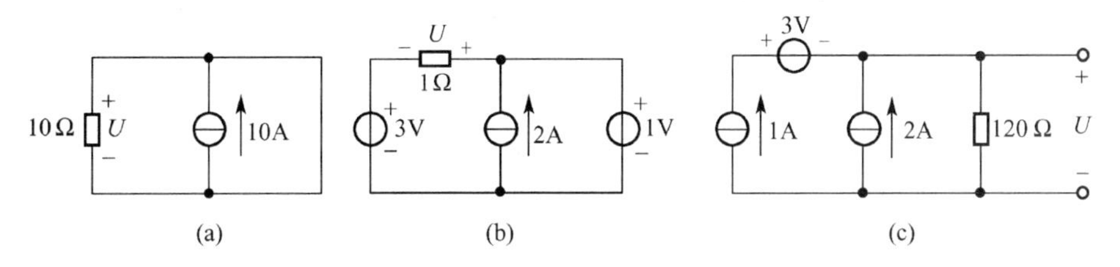

图 1-26 应用题 3 题图

4. 求如图 1-27 所示电路中的电压 U 和电流 I。

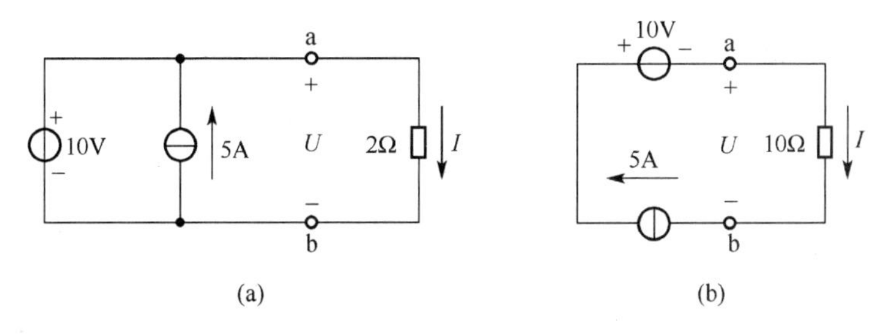

图 1-27 应用题 4 题图

5. 用叠加定理求如图 1-28 所示电路中的电流 I；欲使 $I=0$，请问 U_S 应取何值。

6. 如图 1-29 所示电路中，已知 $U_{ab}=0$，试用叠加定理求 U_S。

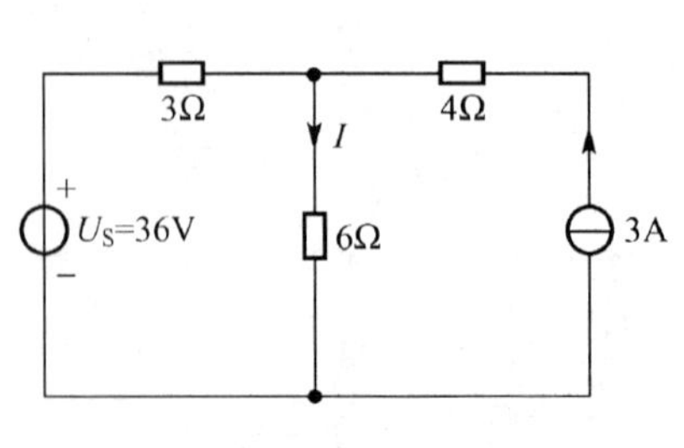

图 1-28　应用题 5 题图

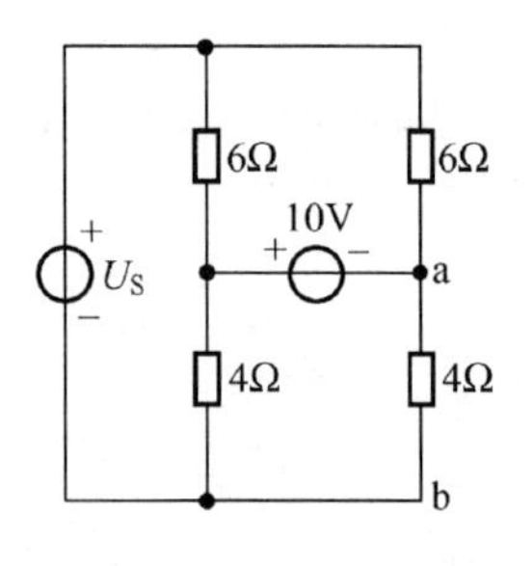

图 1-29　应用题 6 题图

7. 求如图 1-30 所示电路中各电压源、电流源的功率。

8. 设有两台直流发电机并联工作，共同供给 $R=24\ \Omega$ 的负载电阻。其中一台的理想电压源电压 $U_{S1}=130\ \text{V}$，内阻 $R_1=1\ \Omega$；另一台的理想电压源电压 $U_{S2}=117\ \text{V}$，内阻 $R_2=0.6\ \Omega$。试用支路电流法求如图 1-31 所示电路中负载电流 I。

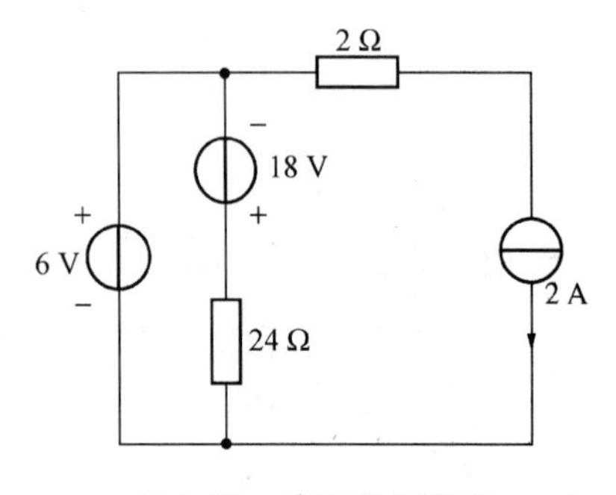

图 1-30　应用题 7 题图

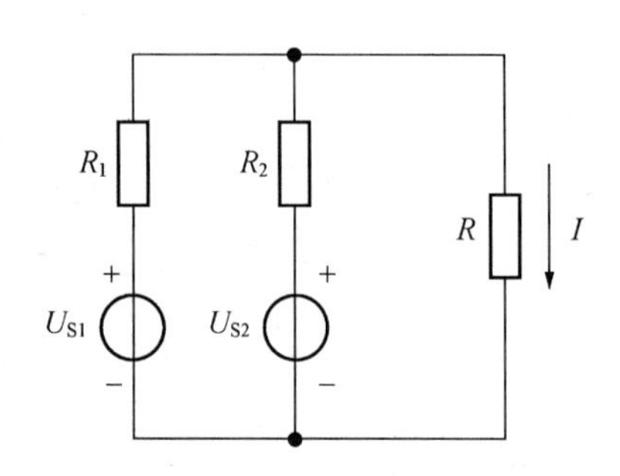

图 1-31　应用题 8 题图

第 2 章　正弦交流电路

教学目标

- ▶ 熟悉和理解正弦交流电和三相交流电的基本概念；
- ▶ 掌握正弦交流电和三相交流电的分析方法；
- ▶ 牢固掌握单一参数正弦交流电路的分析方法；
- ▶ 掌握对称三相交流电路的特点及其分析方法。

日常生产和生活中除了用到直流电路外，还有电压和电流随时间变化的电路，即交流电路。发电厂生产出来的以及带动生产机械运转的发动机驱动电路是随时间按正弦规律变化的交流电，收音机、电视机、计算机等也都采用的是正弦交流电。

2.1　正弦交流电的表示方法

直流电路中电压和电流的大小和方向（极性）不随时间变化，而生产和生活中遇到更多的是电压和电流随时间变化的电路（如三角波和正弦波等），我们称之为交流电路，其中最常见的是按正弦规律变化的正弦交流电，如图 2-1 所示。

正弦交流电路的表示方法有瞬时值表示法和相量表示法两种。

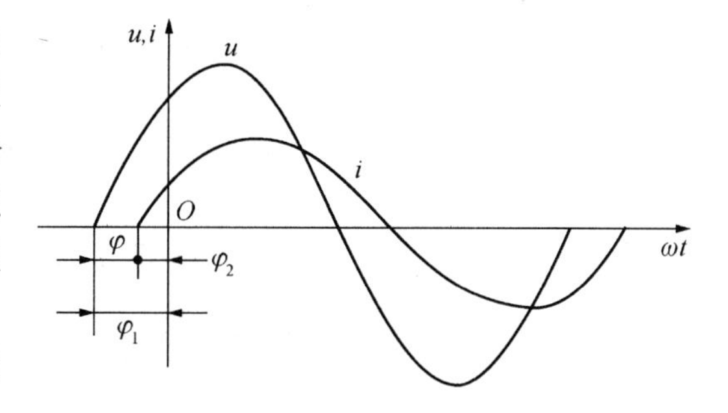

图 2-1　正弦交流电压和电流

2.1.1　正弦交流电的瞬时值表示法

交流电的瞬时值用小写字母 i、u 和 e 表示，其波形图如图 2-1 所示。以 i 为例，它的表达式可写成：

$$i = I_m \sin(\omega t + \varphi) \tag{2-1}$$

其中幅值 I_m、角频率 ω 和初相 φ 称为交流电的三要素。如果已知这三个量，交流电的瞬时值即可确定。

1. 幅值

幅值是交流电的最大值，表示交流电的强度。幅值用带下标 m 的字母表示，如式（2-1）中的 I_m。

在分析和计算正弦交流电路的问题时，常用的是有效值。有效值是根据交流电流与直流电流热效应相等的原则规定的，即交流电流的有效值是热效应与它相等的直流电流的数值。有效值用大写字母 I、U 等表示。有效值与幅值的关系为

$$U_{\mathrm{m}}=\sqrt{2}U \tag{2-2}$$

在电工电子技术中，通常所说的交流电数值如不作特殊说明均指有效值；在测量交流电路的电压、电流时，仪表指示的数值通常也都是交流电有效值；各种交流电器设备铭牌上的额定电压和电流一般均指其有效值。

2. 频率

正弦量变化一次所需要的时间称为周期，用 T 表示，单位是秒（s）。正弦量每秒内变化的次数称为频率，用 f 表示，单位是赫兹（Hz）。可见周期与频率互为倒数，即

$$T=\frac{1}{f}\text{或}f=\frac{1}{T} \tag{2-3}$$

在我国工业用电的标准频率为50 Hz（美国等采用60 Hz），这种频率在工业上广泛应用，习惯也称为工频。在电工技术中正弦量变化快慢还常用角频率表示，它表示一个周期内经历了2π个角度，角频率用 ω 表示，单位是弧度每秒（rad/s），它与频率和周期的关系为

$$\omega=\frac{2\pi}{T}\text{或}\omega=2\pi f \tag{2-4}$$

3. 初相位

式（2-1）中（$\omega t+\varphi$）反映了正弦量随时间变化的进程，称为正弦量的相位。当 $t=0$ 的相位 φ 称为初相角，简称初相。为了比较两个同频率正弦量在变化过程中的相位关系和先后顺序，我们引入相位差的概念，用 φ 来表示相位差。图2-1的正弦交流电压和电流的相位差为：$\varphi=(\omega t+\varphi_1)-(\omega t+\varphi_2)=\varphi_1-\varphi_2$，相位差等于它们的初相之差，与时间 t 无关。需要注意的是，只有同频率的正弦量才能比较相位。另外，相位差和初相都规定不得超过 ±180°。

根据相位差的正负可以定义两个相量相位的超前和滞后关系。如果相位差为正，则称为超前；相位差为负，则称为滞后。图2-1中我们称电压超前电流 φ 角。

在交流电路中，常常需要研究多个同频率正弦量之间的关系，为了方便起见，可以选其中某一个正弦量作为参考，称为参考正弦量。令参考正弦量的初相 $\varphi=0$，其他各正弦量的初相，即为该正弦量与参考正弦量的相位差（或初相差）。

【例2.1】 已知正弦电压和电流的瞬时值表达式为 $u=310\sin(\omega t-45°)$ V，$i_1=14.1\sin(\omega t-30°)$ A，$i_2=28.2\sin(\omega t+45°)$ A，试以电压 u 为参考正弦量重新写出各量的瞬时值表达式。

【解】 若以电压 u 为参考正弦量，则电压的 u 表达式为

$$u=310\sin\omega t\ (\mathrm{V})$$

由于 i_1 与 u 的相位差为　$\varphi_1=\psi_{\mathrm{i1}}-\psi_{\mathrm{u}}=-30°-(-45°)=15°$

故电流 i_1 的瞬时值表达式为　$i_1=14.1\sin(\omega t+15°)$ (A)

由于 i_2 与 u 的相位差为　$\varphi_2=\psi_{\mathrm{i2}}-\psi_{\mathrm{u}}=45°-(-45°)=90°$

故电流 i_2 的瞬时值表达式为　　$i_2=28.2\sin(\omega t+90°)$（A）

2.1.2　正弦交流电的相量表示法

上述波形图和三角函数能明确表示正弦量的三要素，但是不便于分析计算。相量法将有效解决这个问题。用复数表示交流电的方法，称为交流电的相量表示法。

我们知道一个带有方向的线段可以表示一个矢量，下面讨论旋转有向线段与正弦量的关系，从而推导出正弦量采用相量表示的方法。

（1）旋转的有向线段（矢量）可用来表示正弦量。

如图 2-2 所示是正弦电压 $u=U_m\sin(\omega t+\varphi)$ 的波形，有向线段 $\boldsymbol{A}$ 在 xy 坐标系中以角速度 ω 做逆时针旋转，$\boldsymbol{A}$ 的长度代表正弦量的幅值 U_m，它的初始位置与 x 轴正方向的夹角等于正弦量的初相 φ。可见，旋转的有向线段 $\boldsymbol{A}$ 具有了正弦量的三个特征，所以可用来表示正弦量。

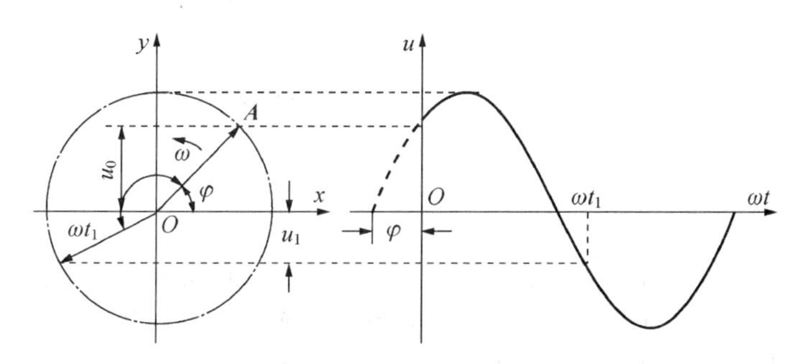

图 2-2　用正弦波形和旋转有向线段表示正弦量

（2）旋转的有向线段也可用复数表示。

有向线段 $\boldsymbol{A}$ 也可用复数表示。在直角坐标系中，设：横轴为实轴，单位用 +1 表示；纵轴为虚轴，单位用 +j 表示，则构成的复平面如图 2-3 所示。有向线段 $\boldsymbol{A}$ 用复数表示为

$$\boldsymbol{A}=a+\mathrm{j}b \tag{2-5}$$

在式（2-5）中，$a=r\cos\varphi$　　表示复数的实部；

$b=r\sin\varphi$　　表示复数的虚部；

$r=\sqrt{a^2+b^2}$　　表示复数的模；

$\varphi=\arctan\dfrac{b}{a}$　　表示复数的幅角。

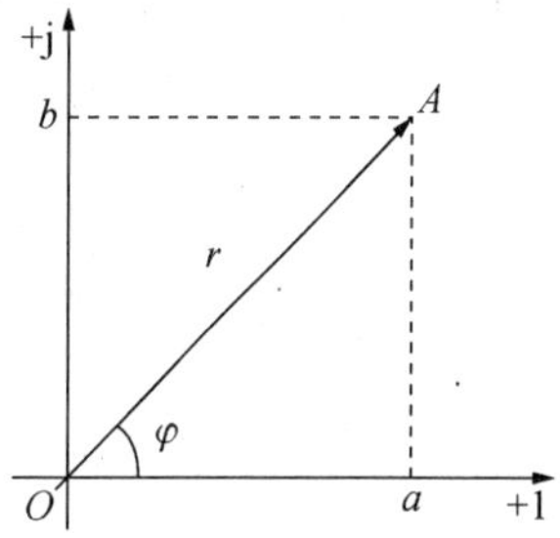

图 2-3　有向线段复数表示

根据以上关系可得出复数常用的两种表示形式，即代数式和极坐标式。

$$\left.\begin{aligned}\boldsymbol{A}&=a+\mathrm{j}b\\ \boldsymbol{A}&=r\angle\varphi\end{aligned}\right\} \tag{2-6}$$

（3）由上述可知，正弦量可以用矢量表示，而矢量又可以用复数表示，因而正弦量可以用复数可表示。

用复数表示的正弦量称为相量。为了与一般的复数区别，规定正弦量的相量用上方加“·”的大写字母表示。例如：正弦电流 $i=I_m\sin(\omega t+\varphi)$，其相量形式可写成 $\dot{I}=I\angle\varphi=$

$I(\cos\varphi + \text{j}\sin\varphi) = a + \text{j}b$，其中，$a = I\cos\varphi$，$b = I\sin\varphi$。

【例2.2】 写出 $i_1 = 30\sin\omega t$，$i_2 = 10\sin(\omega t + 45°)$ 的相量形式（极坐标式或代数形式）。

【解】 $\dot{I}_1 = \dfrac{30}{\sqrt{2}}\angle 0° = 15\sqrt{2}\angle 0°$（A） 或 $\dot{I} = 15\sqrt{2}(\cos 0° + \text{j}\sin 0°) = 15\sqrt{2}$（A）

$\dot{I}_2 = \dfrac{10}{\sqrt{2}}\angle 45° = 5\sqrt{2}\angle 45°$（A） 或 $\dot{I}_2 = 5\sqrt{2}(\cos 45° + \text{j}\sin 45°) = 5 + \text{j}5$（A）

对于相量的计算，加减法采用代数形式比较简单，规则是实部和虚部分别相加减；乘除法采用极坐标形式比较简单，规则是模相乘除，幅角相加减。设有两相量 $\dot{A} = a_1 + \text{j}a_2 = A\angle\varphi_1$，$\dot{B} = b_1 + \text{j}b_2 = B\angle\varphi_2$

（1）加法 $\dot{A} + \dot{B} = (a_1 + b_1) + \text{j}(a_2 + b_2)$ （2-7）

（2）减法 $\dot{A} - \dot{B} = (a_1 - b_1) + \text{j}(a_2 - b_2)$ （2-8）

（3）乘法 $\dot{A}\dot{B} = (A\angle\varphi_1)\cdot(B\angle\varphi_2) = AB\angle(\varphi_1 + \varphi_2)$ （2-9）

（4）除法 $\dfrac{\dot{A}}{\dot{B}} = \dfrac{A\angle\varphi_1}{B\angle\varphi_2} = \dfrac{A}{B}\angle(\varphi_1 - \varphi_2)$ （2-10）

相量只是正弦交流电的一种表示方法和运算工具，只有同频率的正弦交流电才能进行相量运算，所以相量运算只含有交流电的有效值（或幅值）和初相两个要素。

正弦量的大小和初始相位可以用相量表示。表示相量的图形为相量图。因此，在相量图中还可以直观地表示各正弦量相位的超前与滞后情况。

【例2.3】 已知交流电 u_1 和 u_2 的有效值分别为 $U_1 = 100$ V，$U_2 = 60$ V，u_1 超前于 u_2 60°，求：（1）总电压的有效值，并画出相量图；（2）总电压 u 与 u_1 及 u_2 的相位差。

【解】 本题未给出电压的初相，只给出了 u_1 和 u_2 的有效值和相位差，所以相位差即为初相差 $\varphi = \psi_1 - \psi_2 = 60°$。现可任选 u_1 和 u_2 其中之一为参考相量（参考正弦量的相量形式），若选择 u_1 为参考相量，那么 $\psi_1 = 0°$，则两电压的有效值相量分别为

$$\dot{U}_1 = U_1\angle\psi_1 = 100\angle 0° = 100 \text{ (V)}$$

$$\dot{U}_2 = U_2\angle\psi_2 = 60\angle -60° = (30 - \text{j}51.96) \text{ (V)}$$

总电压的有效值相量为 $\dot{U} = \dot{U}_1 + \dot{U}_2 = 100 + 30 - \text{j}51.96$

$= 130 - \text{j}51.96 = 140\angle -21.79°$（V）

$U = 140$（V）

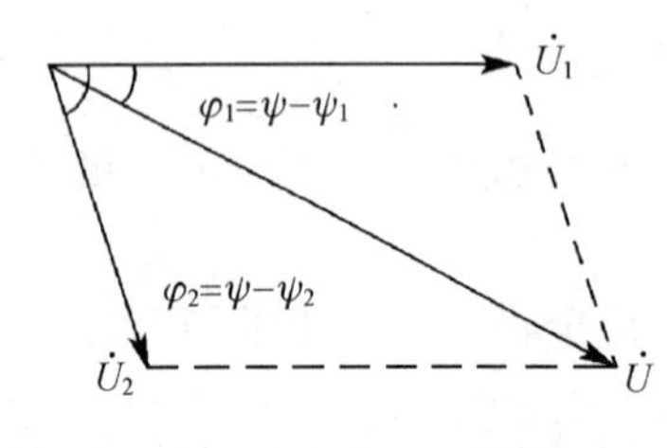

图2-4 例2.3的相量图

相量图如图2-4所示。作图时，将参考相量 $\dot{U}_1$ 画在正实轴位置。在这种情况下，坐标轴可省去不画。根据 $\dot{U}_2$ 与 $\dot{U}_1$ 的相位差确定 $\dot{U}_2$ 的位置，并画出 $\dot{U}_2$，然后利用平行四边形法则做出 $\dot{U}$。

2.2　单一参数的交流电路

分析正弦交流电路与直流电路一样，主要是确定电路中的电压与电流间的关系。实际元件的电特性比较复杂，但在一定的条件下某一电特性为影响电路的主要因素时，其余电特性往往忽略，即构成单一参数（电阻、电感和电容）的正弦交流电路模型。

2.2.1　电阻电路

电路中导线和负载上产生的热损耗以及用电器吸收的不可逆的电能，都通常归结于电阻，电阻元件的参数用 R 表示。

1. 电压、电流关系

日常生活中所用的白炽灯、电饭锅、热水器等在交流电路中都可以看成是电阻元件，如图 2-5（a）所示。

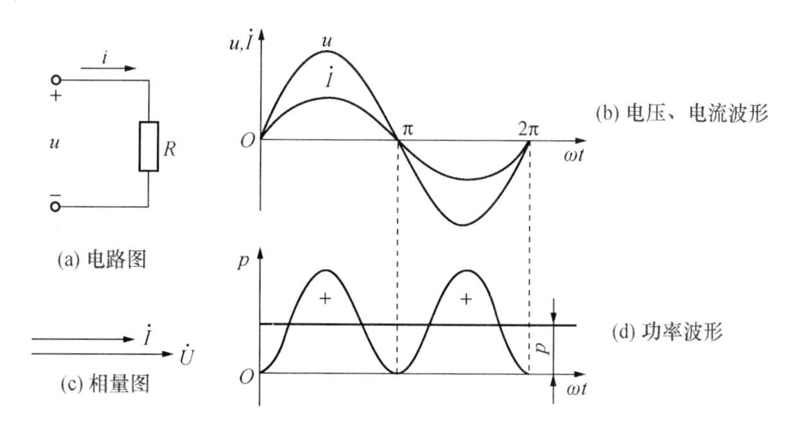

图 2-5　电阻元件交流电路

其中，图 2-5（a）为电路图，设加在电阻两端的电压为参考相量（初相角为零）

$$u_{R}=U_{Rm}\sin\omega t \tag{2-11}$$

则任一瞬间通过电阻元件的电流为

$$i_{R}=\frac{u_{R}}{R}=\frac{U_{Rm}\sin\omega t}{R}=I_{Rm}\sin\omega t \tag{2-12}$$

比较式（2-11）、(2-12）可知，电阻元件上的电压和电流之间相位上存在同相关系。波形如图 2-5（b）所示。电阻元件上的电压和电流的上述关系，还可以用图 2-5（c）所示的相量图的形式表示。

可见，电阻电路中欧姆定律的相量形式为

$$\dot{U}=R\dot{I} \tag{2-13}$$

2. 电阻元件的功率

电阻上的瞬时功率：

$$p = ui = U_m I_m \sin^2 \omega t = UI\ (1 - \cos 2\omega t) = UI - UI\cos 2\omega t \tag{2-14}$$

由此可见：功率 p 的频率是 i 的频率的2倍，其波形如图2-5（d）所示。由波形图可见功率虽然随时间变化，但均为正值。由波形图和式（2-14）即可得出平均功率：

$$P = UI = I^2 R = \frac{U^2}{R} \tag{2-15}$$

平均功率也可以通过积分计算求得

$$P = \frac{1}{T}\int_0^T p\mathrm{d}t = UI$$

由波形图可知：P 为正值，说明电阻是吸收功率的元件，它是把电功率转换成其他有用的功率消耗掉了，所以称电阻为耗能元件。其平均功率又称为有功功率。通常交流电器设备上铭牌上所标示的额定功率就是平均功率。

2.2.2 电感电路

电机、变压器等电气设备，核心部件均包含用漆包线绕制而成的线圈，若电阻忽略不计，这个线圈的电路模型可用一个理想的电感元件作为其电路模型。电感元件的参数用 L 表示。

1. 电压、电流关系

电感元件的交流电路如图2-6所示。

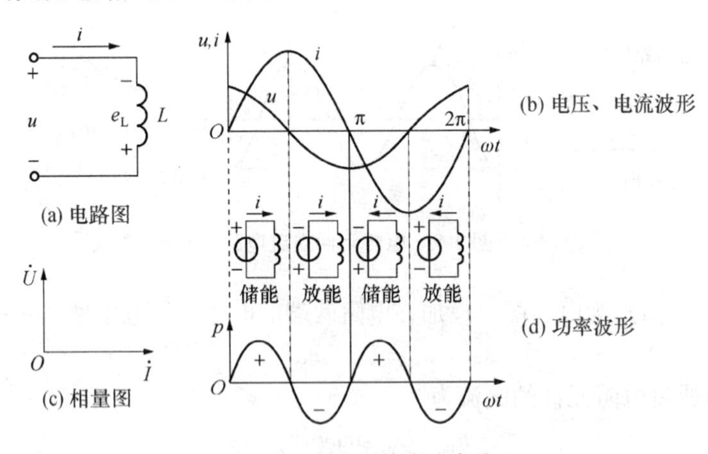

图2-6　电感元件交流电路

其中，图2-6（a）为电路图，设流过电感的电流为参考相量（初相位为零）

$$i_L = I_{Lm}\sin\omega t \tag{2-16}$$

根据电感元件上的伏安关系可得

$$u_L = L\frac{\mathrm{d}\ (I_{Lm}\sin\omega t)}{\mathrm{d}t} = I_{Lm}\omega L\cos\omega t = U_{Lm}\sin\ (\omega t + 90°) \tag{2-17}$$

即有　　$U_{Lm}=I_{Lm}\omega L=I_{Lm}2\pi fL$　或　$I_L=\frac{U_L}{2\pi fL}=\frac{U_L}{\omega L}=\frac{U_L}{X_L}$　　(2-18)

比较式（2-16）、（2-17）可知，电感元件上的电压超前电流 90°，电感电路中欧姆定律的相量形式为

$$\dot{U}=\mathrm{j}X_L\dot{I}\quad 或\quad \dot{I}=\frac{\dot{U}}{\mathrm{j}X_L} \tag{2-19}$$

式（2-18）中的 $X_L=\omega L=2\pi fL$ 称为电感元件的电感电抗，简称感抗（Ω）。感抗反映了电感元件对正弦交流电流的阻碍作用。感抗与交流电路的频率成正比，频率越高感抗越大。如果直流电路中频率 $f=0$，则感抗也为零，所以直流电路中电感元件相当于短路；在高频情况下，电感元件呈现极大的感抗，把这时的电感线圈称为扼流圈。

电感元件交流电路中电压与电流的波形如图 2-6（b）所示；电感元件上的电压和电流的上述关系，还可以用图 2-6（c）相量图的形式表示。

2. 电感元件的功率

电感元件上的瞬时功率等于电压瞬时值与电流瞬时值的乘积，即

$$\begin{aligned}p_L&=u_Li_L=U_{Lm}\sin(\omega t+90°)\,I_{Lm}\sin\omega t\\&=U_{Lm}I_{Lm}\cos\omega t\sin\omega t\\&=U_LI_L\sin2\omega t\end{aligned} \tag{2-20}$$

显然，电感元件上的瞬时功率是以 2 倍于电压、电流的频率关系按正弦规律交替变化，如图 2-6（d）所示。由图可见，正弦交流电的第一、三个四分之一周期，电压、电流方向关联，因此元件在这两段时间内向电路吸收电能，并将吸收的电能转换成磁场能存储在元件周围，瞬时功率 p_L 为正值；第二、四个四分之一周期，电压、电流方向非关联，元件向外供出能量，即把元件周围的磁场能量释放出来送还给电路，因此瞬时功率 p_L 为负值。在一个周期内，瞬时功率交变两次，平均功率 P_L 等于零。电感元件上只有能量交换而没有能量消耗，因此，电感元件是储能元件。虽然电感元件不耗能，但它与能源之间的能量交换客观存在。在电工技术中，为衡量电感元件上的能量交换规模，引入无功功率的概念，用 Q_L 表示，其数量上等于瞬时功率的最大值，即

$$Q_L=U_LI_L=I_L^2X_L=\frac{U_L^2}{X_L} \tag{2-21}$$

为了区别于有功功率，无功功率的单位用乏尔（var）计量。

【例 2.4】 在功放机的电路中，有一个高频扼流线圈，用来阻挡高频而让音频信号通过，已知扼流圈的电感 $L=10\,\mathrm{mH}$，求它对电压为 5 V，频率为 $f_1=500\,\mathrm{kHz}$ 的高频信号及对 $f_2=1\,\mathrm{kHz}$ 的音频信号的感抗及无功功率分别是多少？

【解】　$X_{L1}=2\pi f_1L=2\times3.14\times500\times10=31\,400\ (\Omega)=31.4\ (\mathrm{k}\Omega)$

$I_1=\frac{U}{X_L}=\frac{5}{31.4}=0.16\ (\mathrm{mA})$

$Q_1=I_1U=0.16\times5=0.8\ (\mathrm{mvar})$

$X_{L2}=2\pi fL=2\times3.14\times1\times10=62.8\ (\Omega)$

$I_2=\frac{U}{X_{L2}}=\frac{5}{62.8}\ (\mathrm{A})=79.62\ (\mathrm{mA})$

$$Q_2 = I_2 U = 79.62 \times 5 = 398\ (\text{mvar})$$

2.2.3　电容电路

电工电子中应用的电容器，大多由于漏电及介质损耗很小，其电磁特性与理想电容元件很接近，因此，一般可用理想电容元件直接作为其电路模型。

1. 电压、电流关系

电容元件的交流电路如图2-7所示。

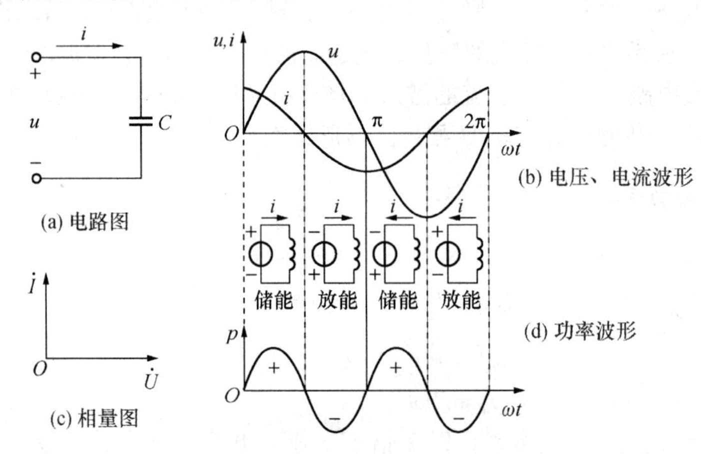

图2-7　电容元件交流电路

其中，图2-7（a）为电路图，设电容两端的电压为参考相量（初相角为零）

$$u_C = U_{Cm}\sin\omega t \tag{2-22}$$

根据电容元件上的伏安关系可得

$$i_C = C\frac{du_C}{dt} = C\frac{dU_{Cm}\sin\omega t}{dt} = \omega C U_{Cm}\cos\omega t = I_{Cm}\sin(\omega t + 90°) \tag{2-23}$$

即有

$$I_{Cm} = U_{Cm}\omega C = U_{Cm}2\pi f C \quad 或 \quad I_C = U_C\omega C = \frac{U_C}{X_C} \tag{2-24}$$

比较（2-22）、（2-23）可知，电容元件上的电压滞后电流90°，电容电路欧姆定律的相量形式为

$$\dot{U} = -jX_C\dot{I} \quad 或 \quad \dot{I} = \frac{\dot{U}}{-jX_C} = j\frac{\dot{U}}{X_C} \tag{2-25}$$

式（2-24）中，$X_C = \frac{1}{\omega C} = \frac{1}{2\pi f C}$称为电容元件的电抗，简称容抗（Ω）。容抗和感抗类似，反映了电容元件对正弦交流电流的阻碍作用。容抗与交流电路的频率成反比，频率越高容抗越小。若直流电路中频率$f=0$，则容抗趋近无穷大，所以直流电路中电容元件相当于开路；高频情况下，容抗极小，电容元件又可视为短路。

电容元件交流电路中电压与电流的波形如图2-7（b）所示；电容元件上的电压和电流的上述关系，还可以用图2-7（c）相量图的形式表示。

2. 电容元件的功率

电容元件上的瞬时功率等于电压瞬时值与电流瞬时值的乘积，即

$$\begin{aligned} p_C &= u_C i = U_{Cm}\sin\omega t I_{Cm}\sin(\omega t+90°) \\ &= U_{Cm}I_{Cm}\sin\omega t\cos\omega t \\ &= U_C I_C \sin 2\omega t \end{aligned} \tag{2-26}$$

显然，电容元件上的瞬时功率是以2倍于电压、电流的频率关系按正弦规律交替变化，如图2-7（d）所示。由图可见，正弦交流电的第一、三个四分之一周期，电压、电流方向关联，因此元件在这两段时间内向电路吸收电能，并将吸收的电能转换成极间电场能量存储在电容元件极板上，瞬时功率 p_C 为正值；第二、四个四分之一周期，电压、电流方向非关联，元件向外供出能量，即把极板上的电荷释放出来还给电源，因此瞬时功率 p_C 为负值。在一个周期内，瞬时功率交变两次，平均功率 P_C 等于零。电容元件上只有能量交换而没有能量消耗，因此，电容元件也是储能元件。虽然电容元件不耗能，但它与能源之间的能量交换客观存在。在电工技术中，为衡量电容上能量交换的规模，用 Q_C 表示电容的无功功率，其数量上等于瞬时功率的最大值，即

$$Q_C = U_C I_C = I_C^2 X_C = \frac{U_C^2}{X_C} \tag{2-27}$$

Q_C 的单位也是乏尔（var）或千乏（kvar）。

【例2.5】 在收录机的输出电路中，常利用电容来短掉高频干扰信号，保留音频信号。如高频滤波的电容为0.1 μF，干扰信号的频率 f_1 = 1 000 kHz，音频信号的频率 f_2 = 1 kHz，求两者容抗分别为多少？

【解】

$$X_{C1} = \frac{1}{2\pi f_1 C} = \frac{1}{2\times 3.14\times 1\,000\times 0.1\times 10^{-3}} = 1.6\ (\Omega)$$

$$X_{C2} = \frac{1}{2\pi f_2 C} = \frac{1}{2\times 3.14\times 1\times 0.1\times 10^{-3}} = 1\,600\ (\Omega) = 1.6\ (\mathrm{k}\Omega)$$

2.3　电阻、电感、电容元件串联电路

单一参数的正弦交流电路属于理想化电路，而实际电路往往由多参数组合而成。例如电动机、继电器等设备都含有线圈，线圈通电后总要发热，说明实际线圈不仅有电感，还存在发热电阻。

2.3.1　电压三角形

图2-8是由电阻 R、电感 L 和电容 C 相互串联的正弦交流电路，这三个元件流过同一个电流 i。电流与各个电压参考方向如图2-8（a）所示。u、u_R、u_L、u_C 和 i 的相量用 $\dot{U}$、$\dot{U}_R$、$\dot{U}_L$、$\dot{U}_C$ 和 $\dot{I}$ 表示，其相量模型如图2-8（b）所示，由图可知

$$\dot{U} = \dot{U}_R + \dot{U}_L + \dot{U}_C = R\dot{I} + \mathrm{j}X_L\dot{I} + (-\mathrm{j}X_C\dot{I}) = [R + \mathrm{j}(X_L - X_C)]\dot{I} \tag{2-28}$$

式（2-28）称为基尔霍夫电压定律的相量表示式，用相量图表示如图2-8（c）所示。由图2-8（c）可见，$\dot{U}_R$、$\dot{U}_L-\dot{U}_C$、$\dot{U}$组成一个直角三角形，称为电压三角形。利用这个三角形可以求得电源电压的有效值，即

$$\begin{aligned} U &= \sqrt{U_R^2+(U_L-U_C)^2} \\ &= \sqrt{(IR)^2+(X_L I-X_C I)^2} \\ &= \sqrt{R^2+(X_L-X_C)^2}\,I \end{aligned} \tag{2-29}$$

电压与电流之间的相位差φ也可从中得出，即

$$\varphi = \arctan\frac{U_L-U_C}{U_R} \tag{2-30}$$

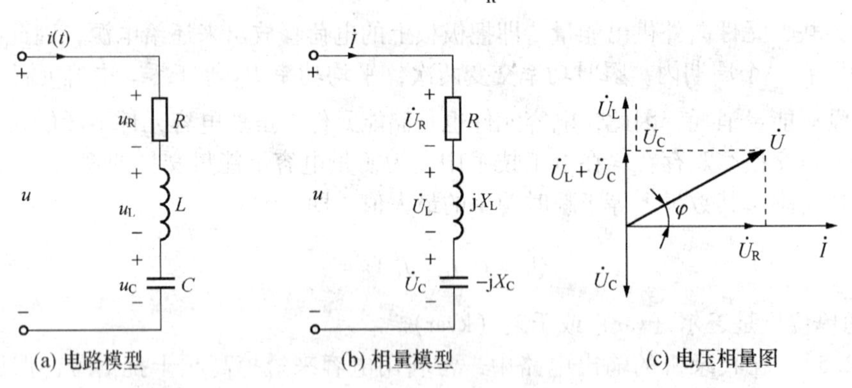

(a) 电路模型　(b) 相量模型　(c) 电压相量图

图2-8　R、L与C串联交流电路

2.3.2　阻抗三角形

由式（2-29）可进一步得到

$$\dot{U} = \dot{I}\sqrt{R^2+(X_L-X_C)^2}\Big/\arctan\frac{X_L-X_C}{R} = \dot{I}\,|Z|\underline{/\varphi} \tag{2-31}$$

式（2-31）中的Z叫复阻抗，其模值$|Z|$反映了电阻、电感和电容串联电路对正弦交流电流所产生的总的阻碍作用，称为正弦交流电的阻抗，即

$$|Z| = \sqrt{R^2+(X_L-X_C)^2} \tag{2-32}$$

复阻抗Z的幅角φ可表示为

$$\varphi = \arctan\frac{X_L-X_C}{R} \tag{2-33}$$

从式（2-33）可知，当频率一定时，φ的大小由电路负载参数决定，即

（1）若$X_L>X_C$，则$\varphi>0$，此时电压超前电流φ角，电路呈感性；

（2）若$X_L<X_C$，则$\varphi<0$，此时电压滞后电流φ角，电路呈容性；

（3）若$X_L=X_C$，则$\varphi=0$，此时电压与电流同相位，电路呈阻性。

【例2.6】　已知RLC串联电路的电路参数为$R=100\ \Omega$、$L=300\ \text{mH}$、$C=100\ \mu\text{F}$，接于100 V、50 Hz的交流电源上，试求电流I，并以电源电压为参考相量写出电压和电流的瞬时值表达式。

【解】　感抗　$X_L=\omega L=2\pi fL=2\pi\times50\times300\times10^{-3}=94.2\ (\Omega)$

容抗　$$X_C=\frac{1}{\omega C}=\frac{1}{314\times100\times10^{-6}}=31.8\ (\Omega)$$

阻抗　$$|Z|=\sqrt{R^2+(X_L-X_C)^2}=\sqrt{100^2+(94.2-31.8)^2}=117.8\ (\Omega)$$

故电流　$$I=\frac{U}{|Z|}=\frac{100}{117.8}=0.85\ (A)$$

以电源电压为参考相量，则电源电压的瞬时值表达式为

$$u=100\sqrt{2}\sin\omega t\ (V)$$

又因阻抗角　$$\varphi=\arctan\frac{X}{R}=\arctan\frac{94.2-31.8}{100}=32°$$

故电流的瞬时值表达式为　$i=0.85\sqrt{2}\sin(\omega t-32°)$ (A)

【例2.7】 已知某继电器的电阻为2 kΩ，电感为43.3 H，接于380 V的工频交流电源上。试求通过线圈的电流及电流与外加电压的相位差。

【解】 这是RL串联电路，可看成是$X_C=0$的RLC串联电路。电路中的电抗为

$$X=X_L=2\pi fL=2\pi\times50\times43.3=13\,600\ (\Omega)$$

复阻抗　$$Z=R+jX=2\,000+j13\,600=13\,700\ (\Omega)$$

若以外加电压$\dot{U}$为参考相量，即令$\dot{U}=380\angle0°$ V，则通过线圈的电流数值和相位可一并求出：

$$\dot{I}=\frac{\dot{U}}{Z}=\frac{380}{13\,700}\angle0°-81.63°=27.7\angle-81.63°\ (mA)$$

以上为复数运算求解方法。同学们可尝试用相量图法求解，也可以先求阻抗、阻抗角再求电流有效值办法求解。

2.3.3　功率三角形

在电阻、电感与电容元件串联的正弦交流电路中，瞬时功率p由下式计算求得

$$p=ui=U_mI_m\sin\omega t\sin(\omega t+\varphi)=U_mI_m\left[\frac{1}{2}\cos\varphi-\frac{1}{2}\cos(2\omega t+\varphi)\right]$$
$$=UI\cos\varphi-UI\cos(2\omega t+\varphi)\tag{2-34}$$

有功功率（平均功率）P为

$$P=\frac{1}{T}\int_0^T[UI\cos\varphi-UI\cos(2\omega t+\varphi)]dt=UI\cos\varphi\tag{2-35}$$

从电压三角关系可得

$$U\cos\varphi=U_R=RI$$
$$P=UI\cos\varphi=U_RI=I^2R\tag{2-36}$$

由式（2-36）可知，交流电路中的平均功率一般不等于电压与电流有效值的乘积。把电压与电流有效值的乘积称为视在功率，其单位为伏安（VA），用S表示，即

$$S=UI\tag{2-37}$$

电感元件和电容元件都要在正弦交流电路中进行能量的互换，因此相应的无功功率Q为这两个元件的共同作用形成，即

$$Q=U_LI-U_CI=(X_L-X_C)I^2=UI\sin\varphi\tag{2-38}$$

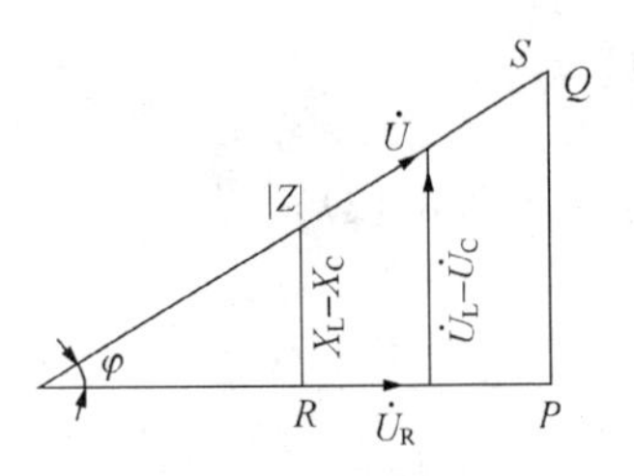

图2-9　阻抗和功率三角

有功功率 P、无功功率 Q 和视在功率 S 三者之间的关系构成了一个直角三角形，称为功率三角形，其三者之间的关系表达式如式（2-39）所示。电压、阻抗和功率三角形可用图2-9表示。

$$\begin{aligned} P &= UI\cos\varphi \\ Q &= UI\sin\varphi \\ S &= UI = \sqrt{P^2+Q^2} \end{aligned} \tag{2-39}$$

2.3.4　功率因数的提高

设交流电路中电压和电流之间有相位差为 φ，则有功功率 P 为

$$P = UI\cos\varphi$$

这里我们称 $\cos\varphi$ 为电路的功率因数。由以前分析可知，$\cos\varphi$ 的大小由电路的参数决定，对纯电阻负载 φ 为0，则 $\cos\varphi=1$；对于其他负载电路，$\cos\varphi$ 介于0～1之间。

电路功率因数过低，会引起两个方面不良后果：一是发电设备的容量不能充分利用；二是线路损耗增加。当负载的有功功率 P 和电压 U 一定时，线路中的电流为

$$I = \frac{P}{U\cos\varphi} \tag{2-40}$$

可见 $\cos\varphi$ 越小，线路中的电流I就越大，消耗在输电线路和设备上的功率损耗就越大。因此，提高功率因数有很大的经济意义，我国供电规则中要求：高压供电企业的功率因数不低于0.95，其他用电单位不低于0.9。要提高功率因数的值，必须尽可能减小阻抗角 φ，常用的方法是在电感性负载端并联补偿电容。

【例2.8】　如图2-10（a）所示电路中，已知感性负载的功率 $P=100\text{ W}$，电源电压有效值为100 V，功率因数 $\cos\varphi_1=0.6$，要将功率因数提高到 $\cos\varphi_2=0.9$，求两端应并联多大的电容器（设 $f=50\text{ Hz}$）。

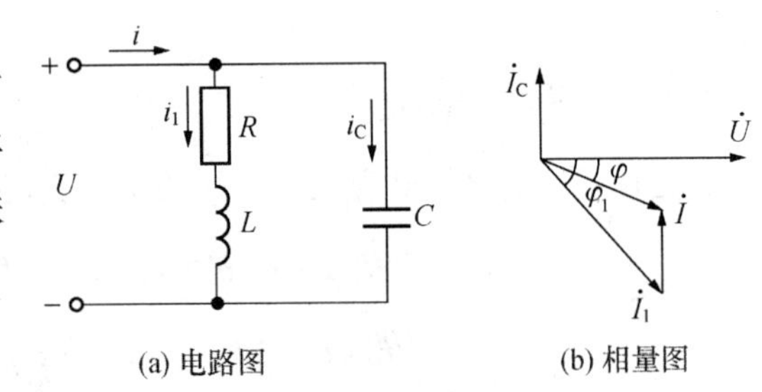

图2-10　例2.8题图

【解】　并联电容前：$I_1 = \dfrac{P}{U\cos\varphi_1} = \dfrac{100}{100\times0.6}\approx1.67$（A）

并联电容后，虽然电路的总电流发生变化，但是流过电感负载的电流、负载吸收的有功功率和无功功率都没有变化，而流过电容的电流将比电压超前90°，电压和电流的相量图如图2-10（b）图所示，因此可得

$$\begin{aligned} \varphi_1 &= \arctan0.6\approx53.1^\circ \\ \varphi &= \arctan0.9\approx25.8^\circ \\ UI_1\cos\varphi_1 &= UI\cos\varphi_2 \end{aligned}$$

故并联后的电路总电流 I 为

$$I = \frac{UI_1\cos\varphi_1}{U\cos\varphi} = \frac{0.6\times1.67}{0.9}\approx1.11\ (\text{A})$$

根据相量图 I_C 可求得

$$I_C = I_1 \sin\varphi_1 - I\sin\varphi = 1.67 \times \sin53.1° - 1.11 \times \sin25.8° \approx 0.85\ (A)$$

因为

$$I_C = \frac{U}{X_C} = U\omega C$$

由此可求得

$$C = \frac{I_C}{\omega U} = \frac{0.85}{2 \times 3.14 \times 50 \times 100} \approx 27\ (\mu F)$$

2.4　阻抗的串联与并联

通过以前的学习我们知道，阻抗不是一个相量，而仅仅是一个复数形式的数学表达式。其表达式为 $Z = R + j(X_L - X_C)$，阻抗的实部为电阻，虚部为电抗，它表示了电路中电压与电流之间的关系。在交流电路中，简单的阻抗连接形式是串联和并联。

2.4.1　阻抗的串联

图2-11（a）是两个阻抗串联的电路，根据基尔霍夫电压定律可列相量表示式

$$\dot{U} = \dot{U}_1 + \dot{U}_2 = Z_1\dot{I} + Z_2\dot{I} = (Z_1 + Z_2)\dot{I} \tag{2-41}$$

可见，两个阻抗串联可用一个等效阻抗来代替，如图2-11（b）所示，即

$$Z_{eq} = Z_1 + Z_2 \tag{2-42}$$

通常情况下，正弦交流电路中 $U \neq U_1 + U_2$，由分析可得

$$|Z_{eq}| \neq |Z_1| + |Z_2|$$

可见，在阻抗串联电路中等效阻抗是所有阻抗之和，阻抗模之和不等于等效阻抗模。

【例2.9】 电路如图2-12所示，已知 $u = 100\sqrt{2}\sin(5000t)$ V，$R = 15\,\Omega$，$L = 12$ mH，$C = 5\,\mu F$，求电流和各元件电压相量。

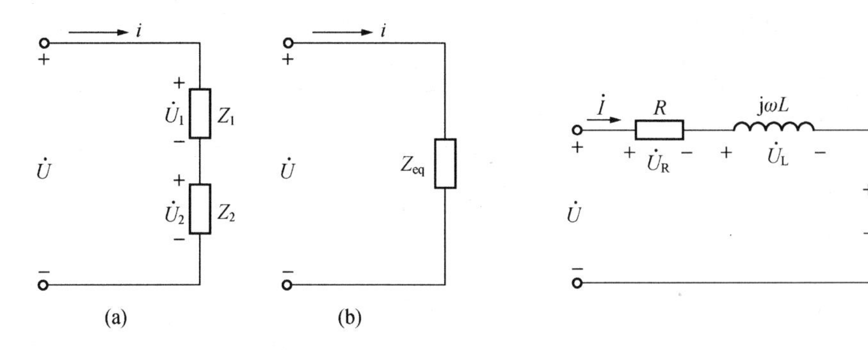

图2-11　阻抗的串联电路　　**图2-12　例2.9题图**

【解】 由题意，已知 $\dot{U} = 100\angle 0°$ V，可求出

$$Z_R = 15\ (\Omega),\ Z_L = j\omega L = j60\ (\Omega),\ Z_C = \frac{1}{j\omega C} = -j40\ (\Omega)$$

等效阻抗是 $Z_{eq}=Z_R+Z_L+Z_C=(15+j20)=25\angle 53.1^\circ\ (\Omega)$

$$\dot{I}=\frac{\dot{U}}{Z}=\frac{100\angle 0^\circ}{25\angle 53.1^\circ}=4\angle -53.1^\circ\ (\text{A})$$

各元件电压相量为

$$\dot{U}_R=R\cdot\dot{I}=60\angle -53.1^\circ\ (\text{V})$$

$$\dot{U}_L=j\omega L\dot{I}=240\angle 36.9^\circ\ (\text{V})$$

$$\dot{U}_C=-j\frac{1}{\omega C}\dot{I}=160\angle -143.1^\circ\ (\text{V})$$

正弦电流 i 为 $i=4\sqrt{2}\sin(5\,000t-53.1^\circ)\ (\text{A})$

2.4.2 阻抗的并联

图2-13（a）是两个阻抗并联电路，根据基尔霍夫电定律可列相量表示式

$$\dot{I}=\dot{I}_1+\dot{I}_2=\frac{\dot{U}}{Z_1}+\frac{\dot{U}}{Z_2}=\dot{U}\left(\frac{1}{Z_1}+\frac{1}{Z_2}\right) \tag{2-43}$$

可见，两个阻抗并联可用一个等效阻抗来代替，如图2-13（b）所示。

$$\frac{1}{Z_{eq}}=\frac{1}{Z_1}+\frac{1}{Z_2}=\frac{Z_1Z_2}{Z_1+Z_2} \tag{2-44}$$

通常情况在正弦交流电路中，由于 $I\neq I_1+I_2$，由分析可得

$$\frac{1}{|Z_{eq}|}\neq\frac{1}{|Z_1|}+\frac{1}{|Z_2|}$$

可见，在阻抗并联电路中等效阻抗的倒数之和不等于各个阻抗的倒数之和。

【例2.10】 电路如图2-13（a），已知 $Z_1=3+j4\ (\Omega)$，$Z_2=8-j6\ (\Omega)$，$\dot{U}=220\angle 0^\circ\ (\text{V})$，求电路中各支路的电流。

【解】 已知 $Z_1=3+j4=5\angle 53^\circ\ (\Omega)$，$Z_2=8-j6=10\angle -37^\circ\ (\Omega)$，

由题意先求出等效阻抗

$$Z_{eq}=\frac{Z_1\times Z_2}{Z_1+Z_2}=\frac{5\angle 53^\circ\times 10\angle -37^\circ}{3+j4+8-j6}=\frac{50\angle 16^\circ}{11.8\angle -10.5^\circ}\approx 4.5\angle 26.5^\circ\ (\Omega)$$

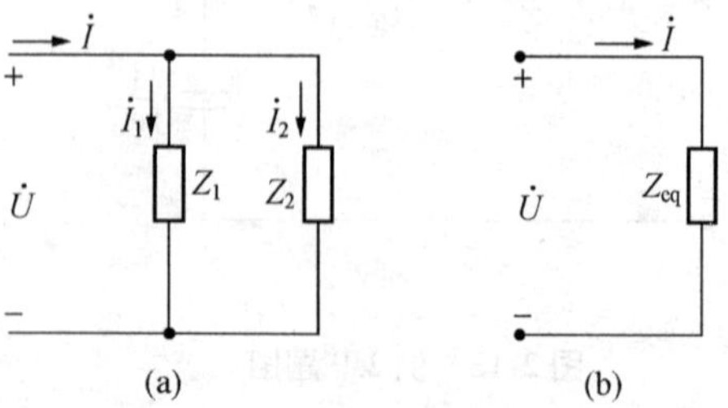

因此：

$$\dot{I}_1=\frac{\dot{U}}{Z_1}=\frac{220\angle 0^\circ}{5\angle 53.1^\circ}=44\angle -53^\circ\ (\text{A})$$

$$\dot{I}_2=\frac{\dot{U}}{Z_2}=\frac{220\angle 0^\circ}{10\angle -36.9^\circ}=22\angle 37^\circ\ (\text{A})$$

$$\dot{I}=\frac{\dot{U}}{Z_{eq}}=\frac{220\angle 0^\circ}{4.5\angle 26.7^\circ}=49\angle -26.5^\circ\ (\text{A})$$

图2-13 阻抗的并联电路

2.5　电路中的谐振

正弦交流电路中，如果包含电感和电容元件，则电路两端的电压和电流一般不同相。如果我们调节电源的频率或调节电路的参数，使得电路端口的电压和电流同相，这种现象称为谐振。所以谐振发生的条件是：电压与电流相位相同。按谐振发生的电路不同，谐振分为串联谐振和并联谐振两种。

2.5.1　串联谐振

在如图 2-14（a）所示的 R、L、C 串联电路中，它的阻抗为

$$Z = R + \mathrm{j}\ (X_L - X_C) = R + \mathrm{j}\left(\omega L - \frac{1}{\omega C}\right)$$

当 $X_L = X_C$ 时，电源电压与电流同相，如图 2-14（b）所示，此时发生的现象称为谐振。因为谐振是发生在串联电路中的，所以该谐振称为串联谐振。此时电路的频率称为谐振频率，用 f_0 表示。

$X_L = X_C$ 是发生串联谐振的条件，谐振频率为

$$f = f_0 = \frac{1}{2\pi\sqrt{LC}} \tag{2-45}$$

从式（2-45）可知，电路发生谐振是通过改变电路的频率和电路的参数来实现的。电路发生串联谐振时具有以下几个特点：

（1）电路的阻抗模最小，电流达到最大；

（2）电路对电源呈电阻性；

（3）$U_L = U_C$ 且相位相反，互相抵消；

（4）有功功率 $P = U_R I = UI$，而无功功率 $Q = 0$。

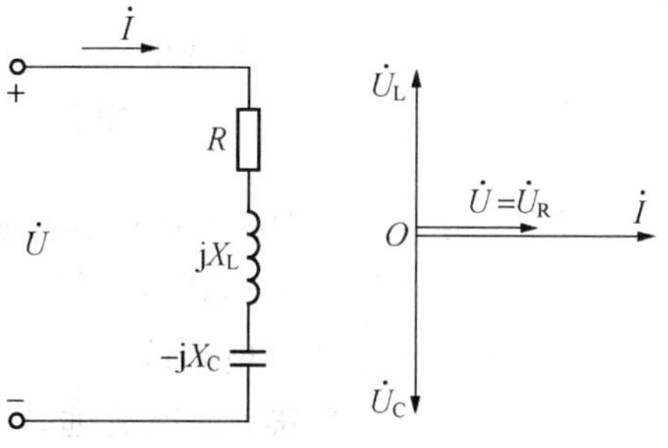

(a) 电路图　　(b) 相量图

图 2-14　R、L、C 串联谐振电路

由于串联谐振具有这些特点，它在无线电工程中有广泛应用。例如，在收音机的输入电路中，就是调节电容值使某一频率的信号在电路中发生谐振，在回路中产生最大电流，再通过互感送到下一级。如果调节可变电容器的值，使电路的谐振频率 f_0 达到某个电台信号的频率 f_i 时，该信号输出最强。相反由于其他电台信号在电路中没有产生串联谐振，相应地在线路中的电流小，无法被选中。这样只有频率为 f_i 的无线电信号被天线回路选出来。

2.5.2　并联谐振

在如图 2-15（a）所示的 R、L 与 C 并联电路中，它的阻抗为

$$Z = \frac{(R + \mathrm{j}\omega L)\ \frac{1}{\omega C}}{(R + \mathrm{j}\omega L)\ + \frac{1}{\omega C}} = \frac{R + \mathrm{j}\omega L}{1 + \mathrm{j}\omega RC - \omega^2 LC}$$

通常电感线圈电阻很小，所以一般在谐振时 $\omega L >> R$，则上式可表示为

$$Z \approx \frac{\mathrm{j}\omega L}{1+\mathrm{j}\omega RC-\omega^2 LC}=\frac{1}{\frac{RC}{L}+\mathrm{j}\left(\omega C-\frac{1}{\omega L}\right)} \tag{2-46}$$

谐振的要求是电源电压与电路电流同相，相量图如图2-15（b）图所示，则并联电路发生谐振的条件为

$$\omega C=\frac{1}{\omega L} \tag{2-47}$$

由此可得谐振频率 f_0 为

$$f=f_0 \approx \frac{1}{2\pi\sqrt{LC}} \tag{2-48}$$

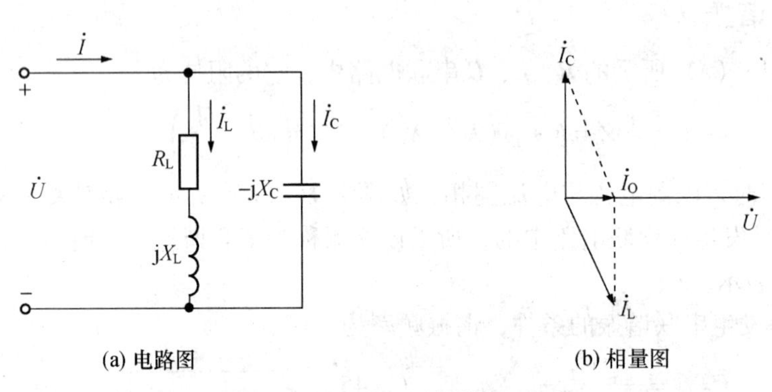

图2-15　R、L与C并联谐振电路

可见，并联谐振频率与串联谐振近似相等，它具有以下几个特点：

（1）电路的阻抗模达到最大值，电流为最小值；

（2）电路对电源呈电阻性；

（3）$I_L \approx I_C$ 且并联支路电流远高于总电流。

如果并联谐振电路改由电流源供电，当电源为某一频率时电路发生谐振，电路阻抗最大，电流通过时电路两端的电压也是最大。当电源频率改变后电路不发生谐振，称为失谐，此时阻抗较小，电路两端的电压也较小，这样就起了从多个不同频率的信号中选择其一的作用。

2.6　三相交流电路

三相交流电路是由一组频率相同、振幅相等、相位互差120°的三个电动势供电的电路。三相电力系统由三相电源、三相负载和三相输电线路三部分组成。

2.6.1　三相交流电源和三相四线制供电系统

1. 三相交流电源

三相电动势是由三相发电机产生的。如图2-16所示是三相交流发电机的原理图，它的主要组成部分是定子和转子，定子铁芯的内圆周表面冲有槽，安放着三组匝数相同的绕

组，各相绕组的结构相同。它们的始端标以 U_1、V_1、W_1，末端标以 U_2、V_2、W_2。

三相绕组分别称为 U 相、V 相和 W 相，它们在空间位置上彼此相差 120°，称为对称三相绕组。当发电机匀速转动时，各相绕组均与磁场相切割而感应电压。由于三相绕组的匝数相等、切割磁力线的角速度相同、且空间位置上互差 120°，所以感应电压的最大值相等、角频率相同、相位上互差 120°，称为对称三相交流感应电压，其相量图和正弦波形如图 2-17 所示。由图 2-17 可得，三相感应电压解析式为

$$\begin{aligned} e_U &= U_m \sin\omega t \\ e_V &= U_m \sin(\omega t - 120°) \\ e_W &= U_m \sin(\omega t - 240°) \end{aligned} \tag{2-49}$$

三相交流电在相位上的先后顺序称为相序。相序指三相交流电达到最大值的顺序。实际中常采用 U→V→W 的顺序作为三相交流电的正序，而把 W→V→U 的顺序称为负序。

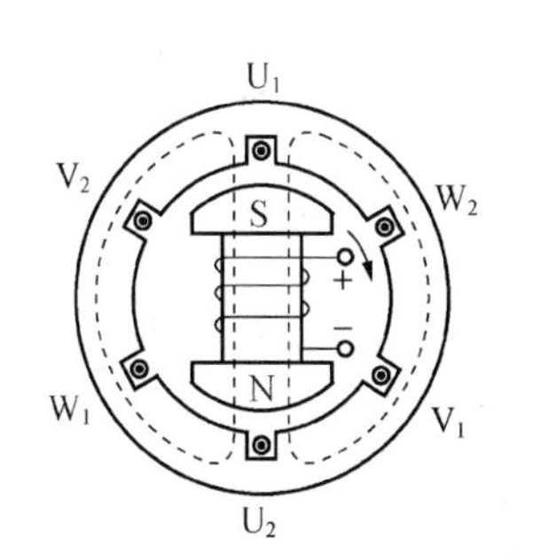

图 2-16　三相交流发电机原理图

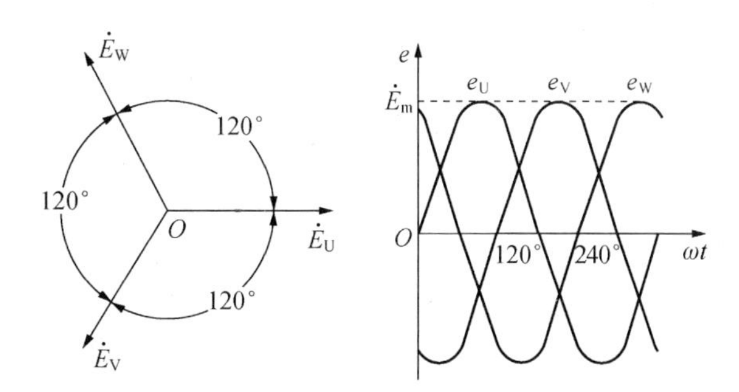

图 2-17　三相交流电相量图和波形图

2. 三相四线制供电系统

三相电源的星形连接方式如图 2-18 所示。

把三相电源绕组的尾端连在一起向外引出一根出电线 N，称其为电源的中线（俗称零线）；由三相电源绕组的首端分别向外引出三根输电线，称为电源的相线（俗称火线）。

按照图 2-18 所示 Y 接方式向外供电的体制称为三相四线制。我们把火线与火线之间的电压称为线电压，分别用 u_{UV}、u_{VW} 和 u_{WU} 表示。火线与零线之间的电压称为相电压分别用 u_U、u_V 和 u_W 表示。由于三个相电压通常是对称的，对称三个相电压数量上相等，因此可以用 U_p 统一表示，在相电压对称的情况下，三个线电压也对称，对称三个线电压数量上也相等，用 U_l 统一表示，如图 2-19 所示。根据相量图的几何关系求得各线电压为

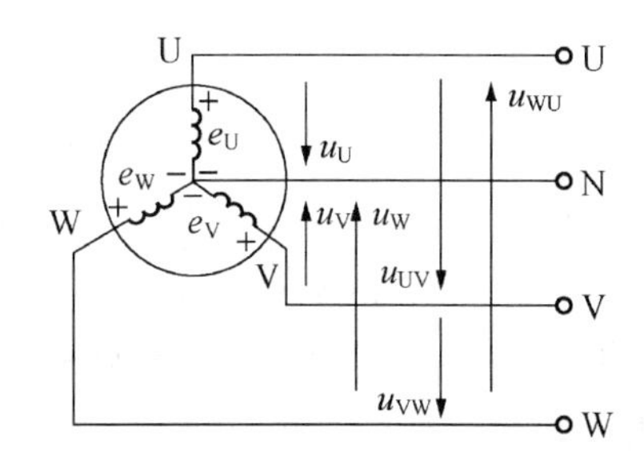

图 2-18　三相电源星形连接图

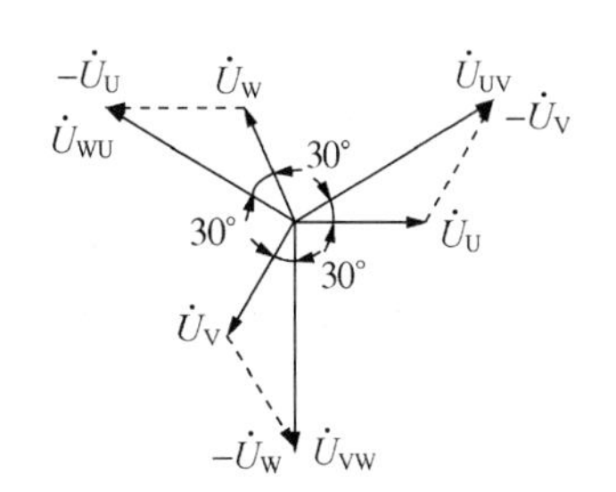

图 2-19　星形连接时电压相量图

$$U_l = \sqrt{3}U_p = 1.732\ U_p \tag{2-50}$$

且由相量图可见，各线电压在相位上超前与其相对应的相电压30°。

一般低压供电系统中，经常采用供电线电压为380 V，对应相电压为220 V。

2.6.2 三相负载的连接形式

三相电路的负载由三部分组成，其中的每一部分叫做一相负载。各相负载的复阻抗相等的三相负载称为对称三相负载。由对称三相电源和对称三相负载所组成的电路称为对称三相电路。三相负载可以有星形和三角形两种连接方式。

1. 负载的星形连接

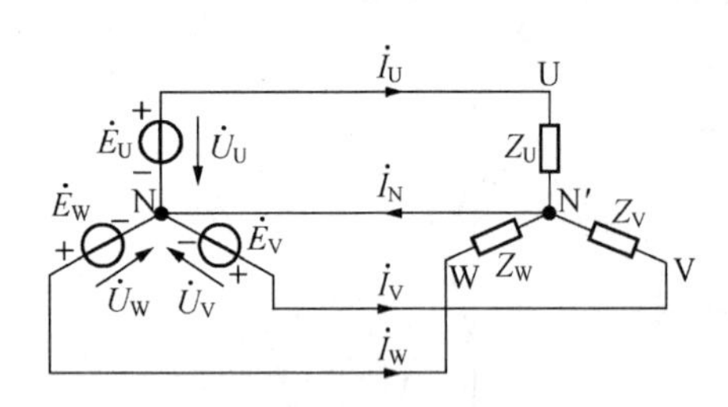

图2-20 负载星形连接时电路的相量模型

负载做星形（Y）连接时电路的相量模型如图2-20所示，可见各相负载两端的电压相量等于电源相电压相量。此时各相负载和电源通过火线和零线构成一个独立的单相交流电路，其中三个单相交流电路均以中线作为它们的公共线。

通常把火线上的电流称为线电流，用I_l表示；把各相负载中的电流称为相电流，用I_p表示。显然，星形连接时电路有如下特点，即

$$\left.\begin{aligned} I_l &= I_p = \frac{U_p}{|Z_p|} \\ U_l &= \sqrt{3}U_p \end{aligned}\right\} \tag{2-51}$$

设各负载阻抗分别为Z_U、Z_V、Z_W，由于各相负载端电压相量等于电源相电压相量，因此每个阻抗中流过的电流相量为

$$\dot{I}_U = \frac{\dot{U}_U}{Z_U},\quad \dot{I}_V = \frac{\dot{U}_V}{Z_V},\quad \dot{I}_W = \frac{\dot{U}_W}{Z_W} \tag{2-52}$$

中线上通过的电流相量根据相量形式的KCL可得：

$$\dot{I}_N = \dot{I}_U + \dot{I}_V + \dot{I}_W \tag{2-53}$$

中线上通过的电流相量$\dot{I}_N$有如下两种情况。

（1）对称三相负载

三相负载对称时，即$Z_U = Z_V = Z_W = |Z|\angle\varphi$，阻抗端电压相量也对称，因此构成星形对称三相电路。对称三相电路中，各阻抗中通过的电流相量也必然对称，因此中线电流相量

$$\dot{I}_N = \dot{I}_U + \dot{I}_V + \dot{I}_W = 0 \tag{2-54}$$

中线电流相量为零，说明中线中无电流通过。这时中线的存在对电路不会产生影响。实际工程应用中的三相异步电动机和三相变压器等三相设备，都属于对称三相负载，因此把它们星接后与电路相连时，一般都不用中线，此时的供电方式叫三相三线制。

（2）不对称三相负载

三相电路的各阻抗模值不等或者幅角不同时，都可构成不对称星形接三相电路。不对

称三相电路中，中线不允许断开，因为中线一旦断开，星接三相不对称负载端的电压就会出现严重不平衡，我们以下面的例题说明。

【例2.11】 如图2-20所示电路中，线电压 $U_U=380\ \text{V}$，三相电源对称，$Z_U=11\ \Omega$，$Z_V=Z_W=22\ \Omega$。求（1）负载的相电流与中线线电流；（2）中线断开，U 相短路时的相电压。

【解】（1）中线存在时，负载相电压即电源相电压，则

$$U_p=\frac{U_U}{\sqrt{3}}=\frac{380}{\sqrt{3}}=220\ (\text{V}),\ I_U=\frac{U_p}{Z_U}=\frac{220}{11}=20\ (\text{A}),$$

$$I_V=I_W=\frac{U_p}{Z_V}=\frac{220}{22}=10\ (\text{A})$$

以 $\dot{U}_U$ 为参考，作相量图如图2-21所示，由相量图得

$$I_N=I_U-2I_V\cos 60°=10\ (\text{A})$$

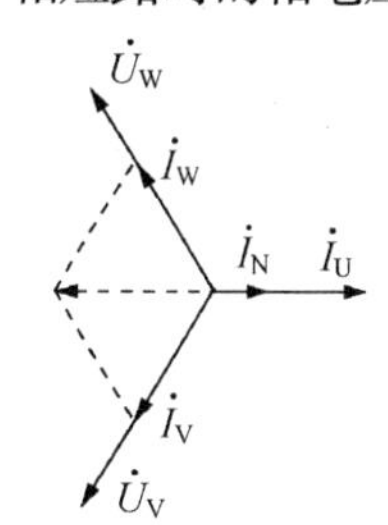

图2-21　例2.11相量图

（2）中线断开，U 相短路时，$U'_U=0$，V、W两相负载均承受电源的线电压，即 $U'_V=U'_W=380\ \text{V}$。这是负载不对称、无中性线时最严重的过压事故，也是三相对称负载严重失衡的情况。因此，中线的作用是为了保证负载的相电压对称，或者说保证负载均工作在额定电压下。故中性线必须牢固，决不允许在中性线上接熔断器或开关。

2. 负载的三角形连接

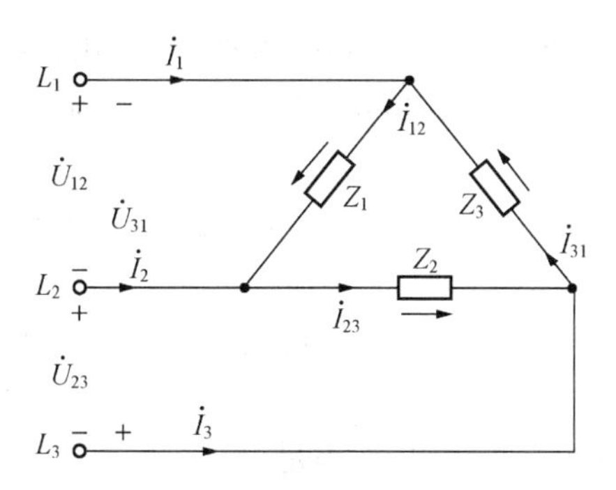

图2-22　负载的三角形连接

负载做三角形连接的三相电路如图2-22所示。其中 $\dot{I}_{12}$、$\dot{I}_{23}$、$\dot{I}_{31}$ 分别为每相负载流过的电流，称相电流，有效值为 I_P；三条相线中的 $\dot{I}_1$、$\dot{I}_2$、$\dot{I}_3$ 是线电流，有效值为 I_l。

三相负载对称时，$Z_U=Z_V=Z_W=|Z|\angle\varphi$，则三个相电流为

$$I_p=I_{12}=I_{23}=I_{31}=\frac{U_p}{|Z|}=\frac{U_l}{|Z|}\qquad(2\text{-}55)$$

可见它们也是对称的，即相位互差120°，对称负载三角形（△）连接的特点是

$$U_l=U_P\qquad(2\text{-}56)$$

$$I_l=\sqrt{3}I_P\qquad(2\text{-}57)$$

负载不对称时，尽管三个相电压对称，但三个相电流因阻抗不同而不再对称，故式（2-57）的关系不再成立，只能逐相计算，读者自行分析。

三相电动机铭牌上常有“Y/△、380 V/220 V”标识，即：Y连接时接380 V线电压，△连接时接220 V线电压，每相负载均工作在220 V相电压下。

2.6.3　三相电路的功率

单相交流电路中，有功功率 $P=UI\cos\varphi$，无功功率 $Q=UI\sin\varphi$，视在功率 $P=UI$，三相电路无疑是三个单相的组合，故三相交流电路的各功率为各功率之和，即

$$P = P_U + P_V + P_W$$
$$Q = Q_U + Q_V + Q_W \tag{2-58}$$
$$S = \sqrt{P^2 + Q^2}$$

若三相负载对称，无论负载是Y连接还是△连接，各相功率都是相等的，此时三相总功率是各相功率的3倍，即

$$P = 3U_pI_p\cos\varphi = \sqrt{3}U_lI_l\cos\varphi$$
$$Q = 3U_pI_p\sin\varphi = \sqrt{3}U_lI_l\sin\varphi \tag{2-59}$$
$$S = 3U_pI_p = \sqrt{3}U_lI_l$$

应该注意，虽然两种连接计算功率的形式相同，但其具体的计算值并不相等。

习　　题

一、填空题

1. 已知一正弦交流电压 $u = 220\sqrt{2}\sin(314t - \pi/3)$（V），则它的三要素的值分别是（　　）、（　　）和（　　）。

2. 在 RLC 串联电路中，电流为5 A，电阻为30 Ω，感抗为40 Ω，容抗为80 Ω，则电路的阻抗为（　　），该电路为（　　）性电路，电路中吸收的有功功率为（　　），无功功率为（　　）。

3. 一电阻接在20 V的直流电路中产生的功率为2 kW，改接到正弦交流电路中消耗的功率为1 kW，则交流电源的电压最大值为（　　）。

4. 串联谐振满足的条件是（　　），此时电路中的阻抗（　　），电流（　　），电路呈（　　）性。

5. 星形连接时，相电压和线电压满足（　　），线电流和相电流满足（　　）；三角形连接时，线电压和相电压满足（　　），线电流和相电流满足（　　）。

二、判断题

（　　）1. 在电感元件的正弦交流电路中，消耗的有功功率等于0。

（　　）2. 感性负载两端并联电容就可提高电路的功率因数。

（　　）3. 功率表用来测量电路的视在功率。

（　　）4. 对称三相电路中负载对称时，三相四线制可改为三相三线制。

（　　）5. 正弦交流电路的视在功率等于有功功率和无功功率的和。

三、选择题

1. 提高供电电路的功率因数是为了（　　）。

A. 减少无用功率　　B. 节省电能
C. 提高设备的利用率和减少功率损耗　　D. 提高设备容量

2. RLC 串联电阻在 f 时发生谐振，则在 $2f$ 时电路性质呈（　　）。

A. 感性　　B. 阻性　　C. 容性　　D. 无法判断

3. 电路中的视在功率表示的是（　　）。

A. 实际消耗的功率　　B. 设备容量
C. 随时间交换的状态　　D. 作功情况

4. 已知电路阻抗为 $3+j4\ \Omega$，则电压和电流的相位关系为（　　）。
A. 超前　　B. 滞后　　C. 同相　　D. 反相

5. 三相四线制电路中若负载不对称，则各相相电压（　　）。
A. 不对称　　B. 仍对称　　C. 不一定对称　　D. 无法判断

四、应用题

1. 220 V、50 Hz 的电压分别加在电阻、电感和电容负载上，此时它们的电阻值、感抗值和容抗值均为 22 Ω，试分别并写出三个电流的瞬时表达式，并以电压为参考相量画出相量图；若电压有效值不变，频率变为 500 Hz，重新回答以上问题。

2. （1）求图 2-23（a）、（b）的电压、阻抗；（2）求图 2-23（c）、（d）的电流、阻抗？

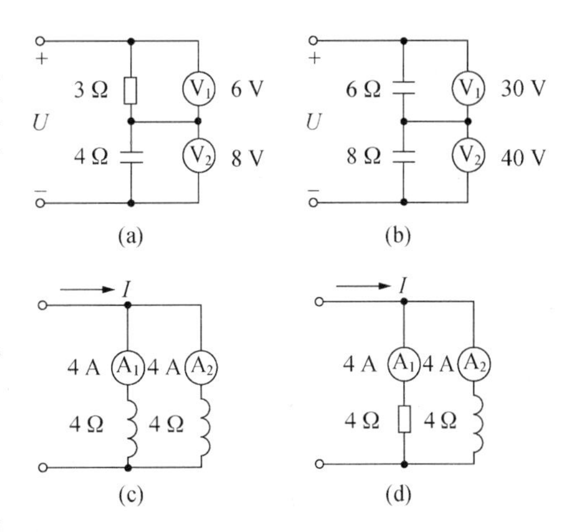

图 2-23　应用题 2 题图

3. 日光灯电路中，已知 $u=28.2\sin(\omega t+45°)$（V），$i=14.1\sin(\omega t+15°)$（A）。（1）求电路的复阻抗 Z；（2）计算有功功率，无功功率，视在功率和功率因数；（3）画出相量图。

4. RLC 串联电路由 $I_S=0.1$ A，$\omega=5000$ rad/s 的正弦恒流源供电，已知 $R=20\ \Omega$，$L=7$ mH，$C=10\ \mu$F，试求各元件电压 $\dot{U}_R$、$\dot{U}_L$、$\dot{U}_C$ 和总电压 $\dot{U}$，并画出相量图。

5. RLC 串联电路中，$R=100\ \Omega$，$L=10$ mH，总电压 $U=100$ V，且频率可调，已知当 $f=5$ kHz 时，电流达最大值，试求电容 C 的值及各元件电压。

6. 一台三相交流电动机，定子绕组星形连接，额定电压 380 V，额定电流 2.2 A，功率因数为 0.8。试求该电动机每相绕组的电阻和电抗。

7. 对称负载为△连接，已知三相对称线电压等于 380 V，电流表读数等于 17.3 A，每相负载的有功功率为 1.5 kW，求每相负载的电阻和感抗。

8. 如图 2-24 所示的三相对称负载，每相负载的电阻 $R=6\ \Omega$，感抗 $X_L=8\ \Omega$，接入 380 V 三相三线制电源。试比较 Y 形和△形连接时三相负载总的有功功率。

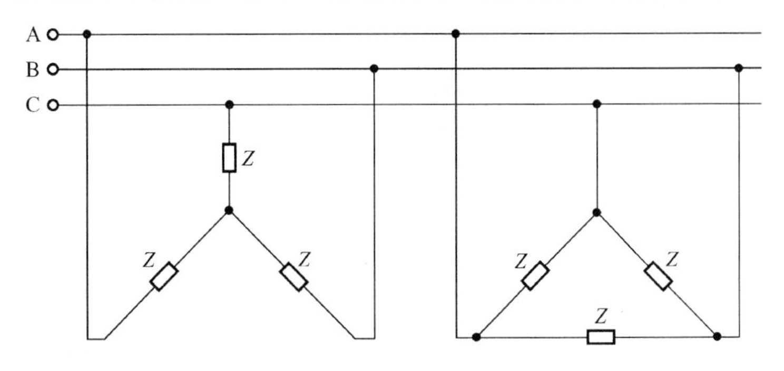

图 2-24　应用题 8 题图

第3章　变　压　器

教学目标

- ▶ 理解变压器的结构特点；
- ▶ 掌握变压器工作原理；
- ▶ 学会运用原理分析特殊变压器。

变压器是利用电磁感应原理制成的，它是传输电能或信号的静止电器，它有变压、变流、阻抗变换及电隔离作用。它的种类很多，应用十分广泛。如在电力系统中把发电机发出的电压升高，以达到远途传输，到达目的地后再用变压器把电压降低供用户使用；在实验室里用自耦变压器（调压器）改变电源电压；在测量电路中，利用变压器原理制成各种电压互感器和电流互感器以扩大对交流电压和交流电流的测量范围；在功率放大器和负载之间用变压器连接，可以达到阻抗匹配，即负载上获得最大功率。变压器虽然用途及种类各异，但基本工作原理是相同的。

3.1　变压器的结构

变压器由铁芯和绕组两部分组成，如图3-1所示。这是一个简单的双绕组变压器，在一个闭合铁芯上套有两组绕组。N_1 为一次绕组的匝数，一次绕组也称为原绕组或原边；N_2 为二次绕组的匝数，二次绕组也称为副绕组或副边。通常绕组都用铜或铝制漆包线绕制而成。

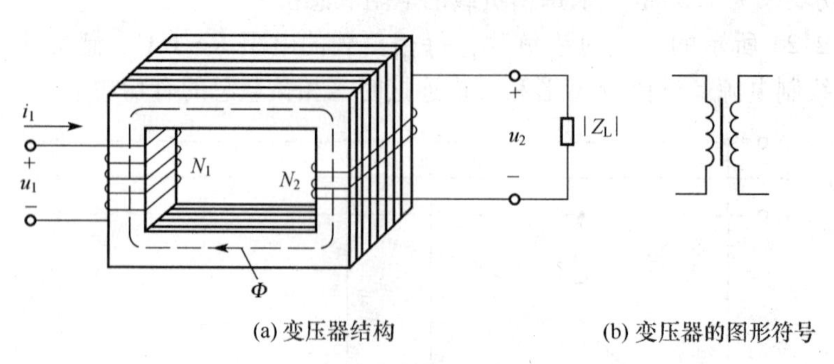

(a) 变压器结构　　(b) 变压器的图形符号

图3-1　结构示意图

铁芯是用0.35～0.5 mm的硅钢片叠压而成，为了降低磁阻，一般用交错叠安装的方式，即将每层硅钢片的接缝处错开。如图3-2所示为几种常见的铁芯形状。

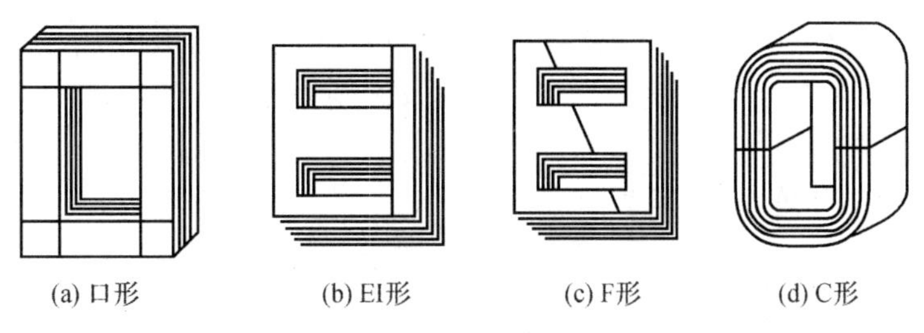

图 3-2 变压器的铁芯形状

3.2 变压器的工作原理

3.2.1 空载运行（变压作用）

变压器一次绕组接上交流电压 u_1，二次绕组开路，这种状态称为空载运行。

此时二次绕组电流为 $I_2=0$，电压为开路电压 U_{20}，一次绕组通过电流为 I_{10}（空载电流），如图 3-3 所示。

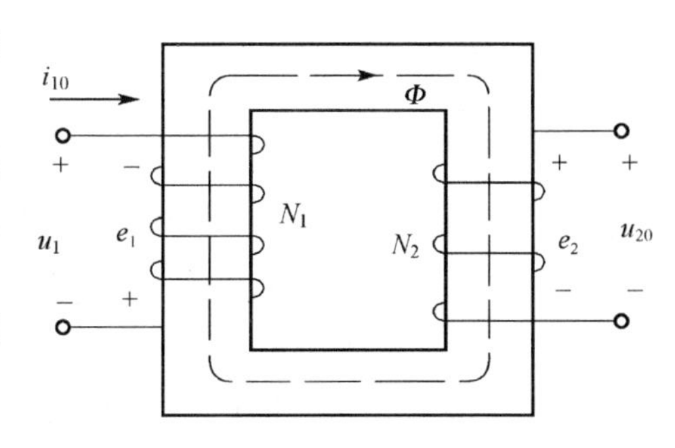

图 3-3 变压器的空载运行

根据图 3-3 中标定的各量参考方向，其电压方程为

$$u_1=r_1i_{10}-e_1 \tag{3-1}$$

由于绕组的电阻 r_1 很小，其电压降 r_1i_{10} 也很小，因此可忽略不计，此时

$$u_1=-e_1 \tag{3-2}$$

设主磁通为

$$\Phi=\Phi_{\rm m}\sin\omega t \tag{3-3}$$

$$\begin{aligned} e_1 &= -N_1\frac{\mathrm{d}\Phi}{\mathrm{d}t}=-N_1\frac{\mathrm{d}(\Phi_{\rm m}\sin\omega t)}{\mathrm{d}t}=-\omega N_1\Phi_{\rm m}\cos\omega t \\ &=2\pi fN_1\Phi_{\rm m}\sin(\omega t-90°)=E_{1\rm m}\sin(\omega t-90°) \end{aligned} \tag{3-4}$$

式（3-4）中，$E_{1\rm m}=2\pi fN_1\Phi_{\rm m}$，是电动势的最大值，而有效值为

$$E_1=\frac{E_{1\rm m}}{\sqrt{2}} \tag{3-5}$$

故

$$u_1=-e_1=E_{1\rm m}\sin(\omega t+90°) \tag{3-6}$$

可见，外电压的相位超前于磁通 90°，而外加电压的有效值为

$$U_1=E_1=4.44fN_1\Phi_{\rm m} \tag{3-7}$$

同理

$$U_2\approx E_2=4.44fN_2\Phi_{\rm m} \tag{3-8}$$

将式（3-7）和式（3-8）进行比较，得

$$\frac{U_1}{U_2}=\frac{E_1}{E_2}=\frac{4.44fN_1\Phi_{\rm m}}{4.44fN_2\Phi_{\rm m}}=\frac{N_1}{N_2}=K \tag{3-9}$$

可见，变压器空载运行时，一、二次绕组上电压的比值等于两者的匝数比。该比值称为变压器的变压比，简称变比，用 K 表示。

当输入电压 U_1 不变时，改变变压器的变比就可以改变输出电压 U_2，这就是变压器的变压作用。若 $N_1<N_2$，$K<1$，为升压变压器；反之则为降压变压器，

3.2.2 负载运行（变流作用）

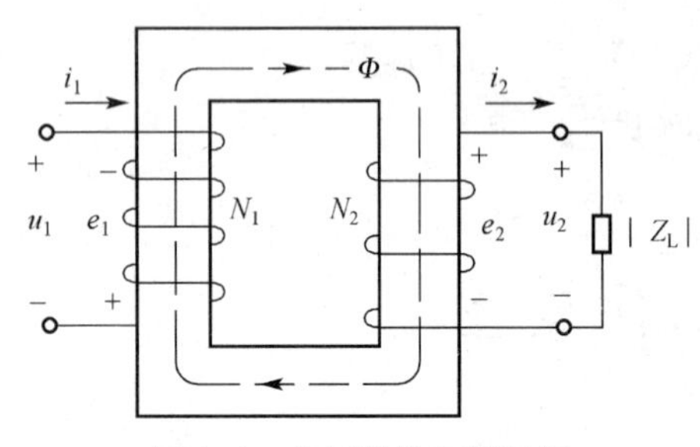

图 3-4 变压器的负载运行

变压器的二次绕组接有负载，称为负载运行。此时在二次绕组电动势 e_2 的作用下，将产生二次绕组电流 I_2，而一次绕组电流由 I_{10} 增加为 I_1，如图 3-4 所示。

为什么一次绕组的电流会由 I_{10} 增至 I_1 呢？因为二次绕组有电流 I_2 后，二次绕组的磁通势 N_2I_2 也要在铁芯中产生磁通。此时变压器的铁芯中的主磁通是由一、二次绕组的磁通势共同产生的。N_2I_2 的出现将改变铁芯中原有的主磁通，但在一次绕组的外加电压（电源电压）不变的情况下，主磁通基本保持不变，因而一次绕组的电流必须由 I_{10} 增到 I_1，以抵消二次绕组电流 I_2 产生的磁通。这样才能保证铁芯中原有的主磁通不变。

其磁通势平衡方程为

$$N_1\dot{I}_1+N_2\dot{I}_2=N_1\dot{I}_{10} \tag{3-10}$$

可是变压器负载运行时，一、二次绕组的磁通势方向相反，即二次绕组电流 I_2 对一次绕组电流 I_1 产生的磁通有去磁作用，当 I_2 增加时，铁芯中的磁通将减小，于是一次绕组电流 I_1 必然增加以保持主磁通基本不变。无论 I_2 如何变化，I_1 总能按比例自动调节，以适应负载电流的变化。由于空载电流很小，因此它产生的磁通势 N_1I_{10} 可忽略不计。故

$$N_1\dot{I}\approx -N_2\dot{I}_2 \tag{3-11}$$

于是变压器一、二次绕组电流有效值的关系为：

$$\frac{I_1}{I_2}=\frac{N_2}{N_1}=\frac{1}{K} \tag{3-12}$$

由式（3-12）可知，当变压器负载运行时，一、二次绕组电流之比近似等于其匝数之比的倒数。改变一、二次绕组的匝数就可以改变一、二次绕组电流的比值，这就是变压器的变流作用。

3.2.3 阻抗变换作用

变压器除了能起变压作用、变流作用外，还有变换阻抗的作用，以实现阻抗匹配。即负载上能获得最大功率。如图 3-5 所示，变压器原边接电源 U_1，副边接负载 $|Z_L|$。对于电源来说，图 3-5 中点画线内的电路可用另一个等效阻抗 $|Z'_L|$ 来等效代替。所谓等效，就是它们从电源吸收的电流和功率相等，两者的关系由下式计算得：

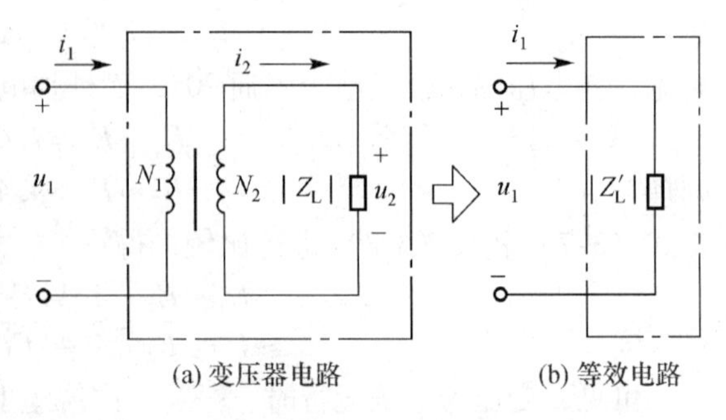

图 3-5 变压器的阻抗变换作用

$$|Z_L'| = \frac{U_1}{I_1} = \frac{\left(\frac{N_1}{N_2}\right)U_2}{\left(\frac{N_2}{N_1}\right)I_2} = \left(\frac{N_1}{N_2}\right)^2 |Z_L| = K^2 |Z_L|$$

匝数不同，实际负载阻抗 $|Z_L|$，折算到原边的等效阻抗 $|Z_L'|$ 也不同。人们可以用不同的匝数比，把实际负载变换为所需要的比较合适的数值，这种做法通常称为阻抗匹配。

【例3.1】 如图3-6所示，某交流信号源的输出电压 U_S 为 120 V，其内阻 $R_0 = 800\ \Omega$，负载电阻 R_L 为 8 Ω，试求：（1）若将负载与信号直接连接，负载上获得的功率是多大？（2）若要负载上获得最大功率，用变压器进行阻抗变换，则变压器的匝数比应该是多少？阻抗变换后负载获得的功率是多大？

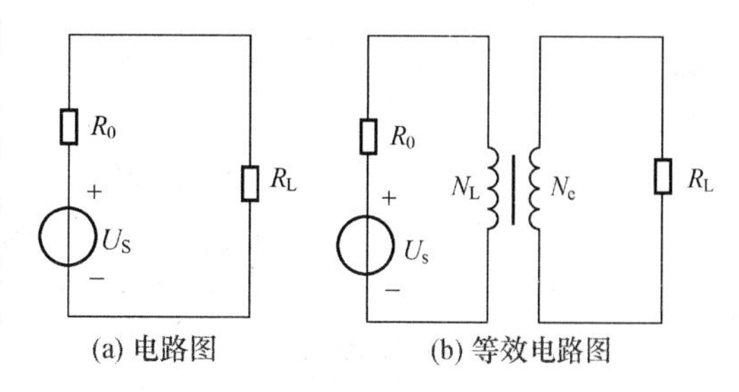

图3-6　例3.1的电路

【解】（1）由图3-6（a）可得负载上的功率为：

$$P = I^2R_2 = \left(\frac{U_S}{R_0 + R_L}\right)^2 R_L = \left[\left(\frac{120}{800+8}\right)^2 \times 8\right] = 0.176\ (\text{W})$$

（2）由图3-6（b）所示，加入变压器后实际负载折算到变压器原边的等效负载为 R_L'，根据负载获得最大功率条件，即 $R_L' = R_0$（内阻等于负载），则

$$R_L' = R_0 = \left(\frac{N_1}{N_2}\right)^2 R_L$$

故变压器的匝数比为

$$\left(\frac{N_1}{N_2}\right) = \sqrt{\frac{R_L'}{R_L}} = \sqrt{\frac{800}{8}} = 10$$

此时，负载上获得的最大功率为

$$P = I^2R_L' = \left(\frac{U_s}{R_0 + R_L'}\right)^2 R_L' = \left[\left(\frac{120}{800+800}\right)^2 \times 800\right] = 4.5\ (\text{W})$$

可见经变压器的匝数匹配后，负载上获得的功率大了许多。

3.3　变压器的额定值及运行特性

3.3.1　变压器的额定值

1. 额定电压 U_{1N}、U_{2N}

原边额定电压 U_{1N} 是根据绕组的绝缘强度和允许发热所规定的应加在原边绕组上的正常工作电压的有效值，副边额定电压 U_{2N}，在电力系统中是指变压器原边施加额定电压时的副边空载的电压有效值。

2. 额定电流 I_{1N}、I_{2N}

原、副边额定电流 I_{1N} 和 I_{2N} 是指变压器在连续运行时，原、副边绕组允许通过的最大电流的有效值。

3. 额定容量 S_N

额定容量 S_N 是指变压器副边额定电压和额定电流的乘积，即副边的额定功率。

$$S_N = U_{2N}I_{2N} \tag{3-13}$$

额定容量反映了变压器所能传送电功率的能力，但不要把变压器的实际输出功率与额定容量相混淆。如一台变压器额定容量 $S_N = 1\,000$ kW，如果负载的功率因数为1，它能输出的最大有功功率为1000 kW。若负载功率因数为0.7，则它能输出的最大有功功率为 $P = 1000 \times 0.7 = 700$（kW）。变压器在实际使用时的输出功率取决于副边负载的大小和性质。

4. 额定频率 f_N

额定频率 f_N 是指变压器应接入的电源频率，我国电力系统的标准频率为50 Hz。

5. 型号

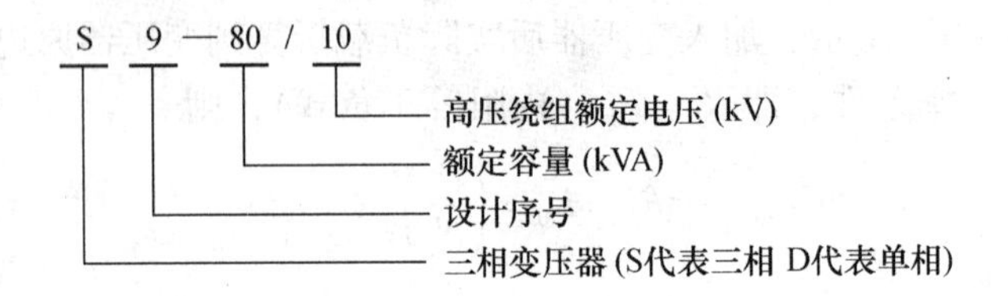

3.3.2 变压器的外特性

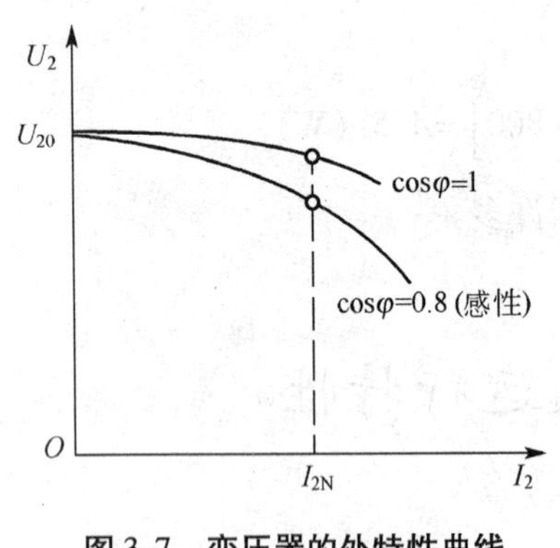

图3-7 变压器的外特性曲线

当电源电压 U_1 不变时，随着副绕组电流 I_2 的增加（负载增加），原、副绕组阻抗上的电压降便增加。这将使副绕组的端电压 U_2 发生变化，当电源电压 U_1 和负载功率因数 $\cos\varphi_2$ 为常数时，U_2 和 I_2 的变化关系曲线 $U_2 = f(I_2)$ 称为变压器的外特性，如图3-7所示。对电阻性和电感性负载而言，电压 U_2 随着电流 I_2 的增加而下降。

通常希望电压 U_2 的变化率越小越好，从空载到额定负载，副绕组电压的变化程度用电压变化率 ΔU 来表示，即

$$\Delta U = \frac{U_{20} - U_2}{U_{20}} \times 100\% \tag{3-14}$$

在一般变压器中，由于其电阻和漏磁感抗很小，电压变化率也很小，约5%左右。

3.3.3 变压器的功率损耗与效率

变压器功率损耗包括铁芯中的铁损 ΔP_{Fe} 和绕组中的铜损 ΔP_{Cu} 两部分，铁损的大小与铁芯内磁感应强度的最大值 B_m 有关，与负载大小无关。而铜损则与负载大小有关（正比

于电流平方）。变压器的效率常用式（3-15）确定：

$$\eta = \frac{P_2}{P_1} = \frac{P_2}{P_2 + \Delta P_{Fe} + \Delta P_{Cu}} \tag{3-15}$$

式（3-15）中，P_2 为变压器输出功率，P_1 为输入功率。

变压器的功率损耗很小，效率很高，一般在95%以上。在电力变压器中，当负载为额定负载的50%～75%时，效率达到最大值。

3.4　常用变压器

3.4.1　自耦变压器和调压器

如果原、副边共用一个绕组，使低压绕组成为高压绕组的一部分，如图3-8（a）所示，就称为自耦变压器。

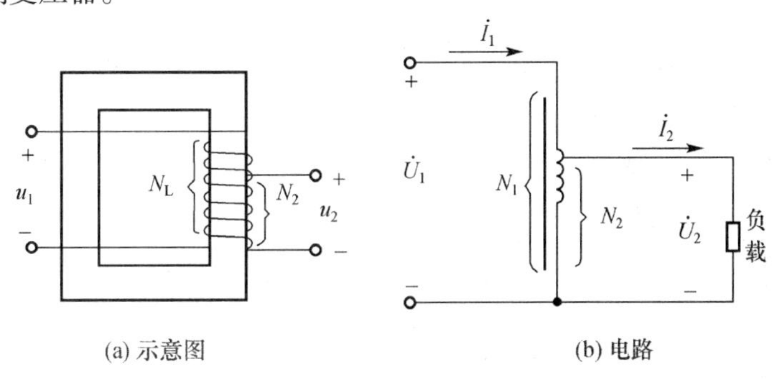

(a) 示意图　　(b) 电路

图3-8　自耦变压器

与普通变压器相比，自耦变压器用料少，质量小，尺寸小，但由于原、副边绕组之间既有磁的联系又有电的联系，故不能用于要求原、副边电路隔离的场合。同时，使用时应特别注意它的高压侧和低压侧不能倒用。

在实用中，为了得到连续可调的交流电压，常将自耦变压器的铁芯做成圆形。副边抽头做成滑动的触头，可自由滑动。如图3-9所示，当用手柄转动触头时，就改变了副边匝数，调节了输出电压的大小，这种变压器称为自耦调压器。使用自耦调变压器需注意：

（1）原、副边不能对调使用，否则可能会烧坏绕组，甚至造成电源短路；

（2）接通电源前，应先将滑动触头调到零位，接通电源后再慢慢转动手柄，将输出电压调至所需值。

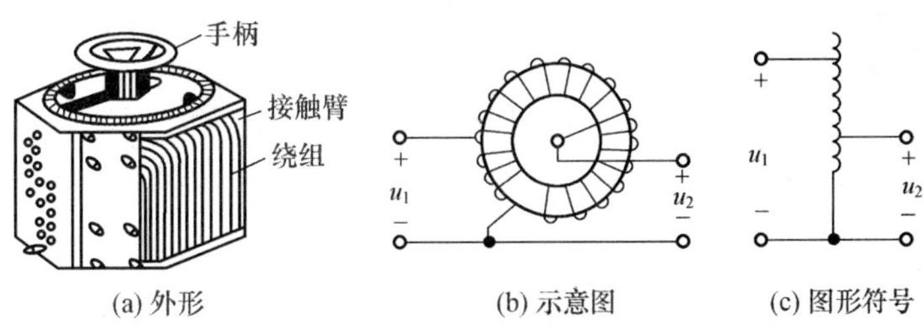

(a) 外形　　(b) 示意图　　(c) 图形符号

图3-9　自耦调压器

3.4.2　小功率电源变压器

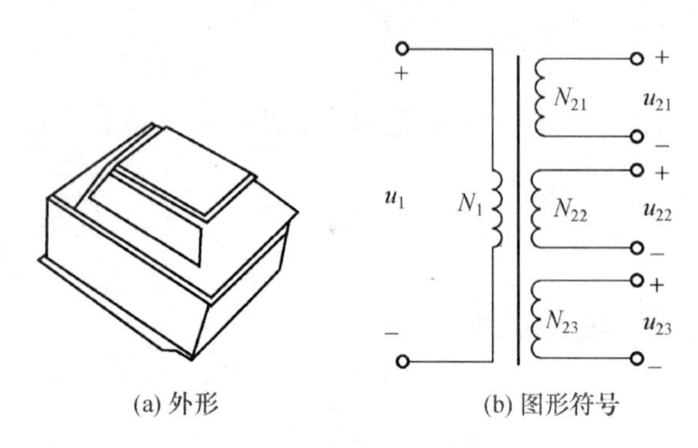

图3-10　小功率电源变压器

在各种仪器设备中提供所需电源电压的变压器，一般容量和体积都较小，称为小功率电源变压器。为了满足各部分需要，这种变压器带有多个副边绕组，以获得不同等级的输出电压，如图3-10所示。

由于这种变压器各绕组的主磁通相同，因此其电压电流的计算与普通变压器相同。

使用小功率电源变压器时，有时需要把副绕组串联起来以提高电压，有时需要把绕组并联起来以增大电流，但连接时必须认清绕组的同极性端，否则不仅达不到预期目的，反而可能会烧坏变压器。

同极性端又称为同名端，是指变压器各绕组电位瞬时极性相同的端点。例如，图3-11（a）所示的变压器有两个副绕组，由主磁通把它们联系在一起，当主磁通交变时，每个绕组中都要产生感应电动势。根据右手螺旋法则，假设主磁通正在增强，可判断第一个绕组中端点1的感应电动势电位高于端点2，第二个绕组中端点3的电位高于端点4，故称端点1和端点3是同名端，端点2和端点4也是同名端，用符号“*”或“·”表示。端点1和端点4是异名端，端点2和3也是异名端。

同名端与绕组的绕向有关。与图3-11（a）相比，图3-11（b）改变了一个绕组的绕向。假设主磁通正在增强，根据右手螺旋法则可知，第一个绕组中端点1的电位高于2的电位，第二个绕组中端点4的电位高于3的电位，故端点1和4是同名端，2和3也是同名端，而1和3是异名端。

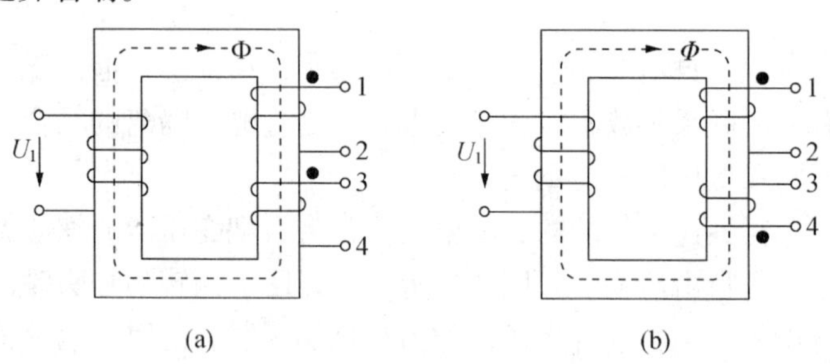

图3-11　变压器的同名端

正确串联方法应把两个绕组的异名端连在一起。如把图3-11（a）中的2、3端连在一起，在1、4端就可以得到一个高电压，即两个副绕组电压之和；若接错，则输出电压会抵消。正确并联方法应把两个电压输出方向相同的绕组的同名端连在一起。如果把图3-11（b）中的1、4端以及2、3端相连，则可向负载提供更大的电流；如果接错，则会造成线圈短路从而烧坏变压器。在实际中，往往无法辨别绕组的绕向，可根据如下实验方法判断同名端。

1. *直流法*

如图3-12（a）所示，当开关S迅速闭合时，若电压表指针正向偏转，则1、3（或2、4）端子为同名端，否则1、3（或2、4）端子为异名端。

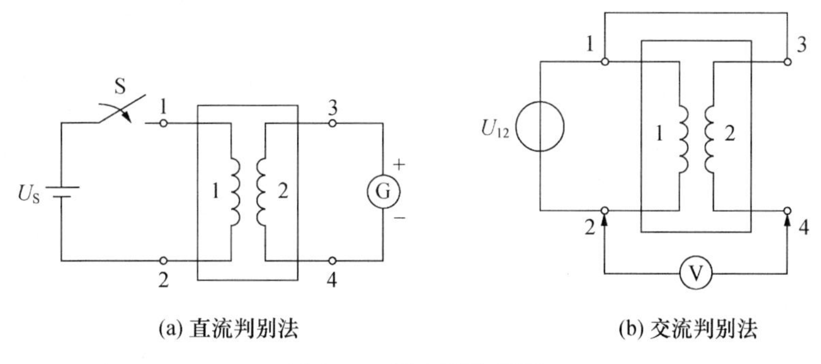

(a) 直流判别法

(b) 交流判别法

图 3-12 同名端的判别

2. 交流法

如图3-12（b）所示，在1、2两端加一交流电压，用电压表分别测量2、4端电压 U_{24} 和3、4端电压 U_{34}，根据电压关系，若 $U_{24}=U_{12}-U_{34}$，则说明两绕组是反向串联，2、4（或1、3）端为同名端；若 $U_{24}=U_{12}+U_{34}$，则说明两绕组是顺向串联，1、4（或2、3）为同名端。

3.4.3 三相电力变压器

在电力系统中，用来变换三相交流电压，输送电能的变压器称为三相电力变压器，如图3-13所示。它有三个铁芯柱，各套一相原、副边绕组。由于三相原边绕组所加的电压是对称的，因此，副边绕组电压也是对称的，为了散去工作时产生的热量，通常铁芯和绕组都浸在装有绝缘油的油箱中，通过油管将热量散发出去。考虑到油的热胀冷缩，故在变压器油箱上安置一个储油柜和油位表，此外还装有一根防爆管，一旦发生故障，产生大量气体时，高压气体将冲破防爆管前端的薄片而释放出来，从而避免发生爆炸。

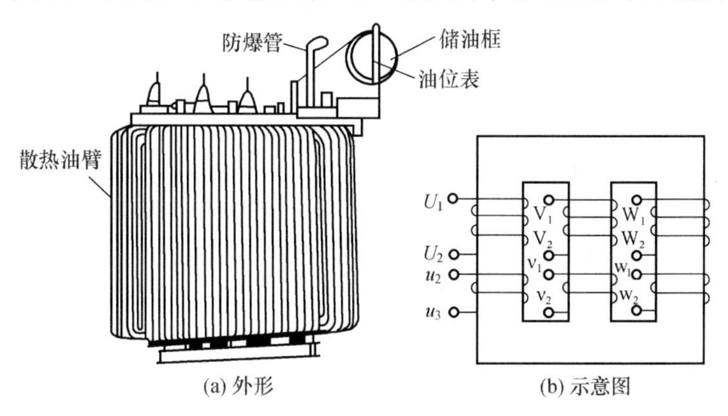

(a) 外形

(b) 示意图

图 3-13 三相电力变压器

三相变压器的原、副边绕组可以根据需要分别接成星形或三角形，三相电力变压器的常见连接方式有 $Y_{,yn}$（Y/Y_0 星形连接有中线）和 $Y_{,d}$（Y/△星形三角形连接），如图3-14所示。其中 $Y_{,yn}$连接常用于车间配电变压器，这种接法不仅给用户提供了三相电源，同时还提供了单相电源，通常在动力和照明混合供电的三相四线制系统中，就是采用这种连接方式的变压器供电的。$Y_{,d}$连接的变压器主要用在变电站（所）作降压或升压用。

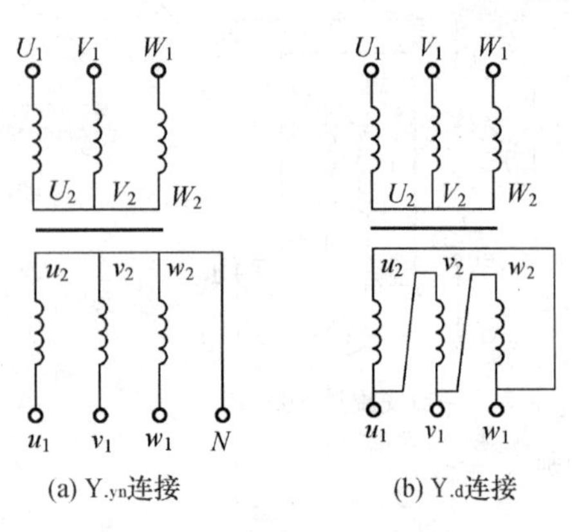

(a) $Y_{.yn}$连接　　(b) $Y_{.d}$连接

图 3-14　三相电力变压器的连接

【例 3.2】 有一带有负载的三相电力变压器，其额定数据如下：$S_N = 100\ \text{kV}\cdot\text{A}$，$U_{1N} = 6\,000\ \text{V}$，$U_{2N} = U_{20} = 400\ \text{V}$，$f = 50\ \text{Hz}$，绕组接成 $Y_{.yn}$，由试验测得，$\Delta P_{Fe} = 600\ \text{W}$，额定负载时的 $\Delta P_{Cu} = 2\,400\ \text{W}$。试求：(1) 变压器的额定电流。(2) 满载和半载时的效率。

【解】 (1) 由 $S_N = \sqrt{3}U_{2N}I_{2N}$得

$$I_{1N} = \frac{S_N}{\sqrt{3}U_{1N}} = \frac{100\times 10^3}{\sqrt{3}\times 6\,000} = 9.62\ (\text{A})$$

$$I_{2N} = \frac{S_N}{\sqrt{3}U_{2N}} = \frac{100\times 10^3}{\sqrt{3}\times 400} = 144\ (\text{A})$$

(2) 满载时和半载时的效率分别为

$$\eta_1 = \frac{P_2}{P_2 + \Delta P_{Fe} + \Delta P_{Cu}} = \frac{100\times 10^3}{100\times 10^3 + 600 + 2\,400} = 97.1\%$$

$$\eta_{\frac{1}{2}} = \frac{\frac{1}{2}\times 100\times 10^3}{\frac{1}{2}\times 100\times 10^3 + 600 + \left(\frac{1}{2}\right)^2\times 2\,400} = 97.6\%$$

3.4.4　仪用互感器

仪用互感器是在交流电路中专供电工测量和自动保护装置使用的变压器，它可以扩大测量装置的量程，使测量装置与高压电路隔离以保证安全，为高压电路的控制和保护设备提供所需的低电压、小电流，并可以使其后连接的测量仪表或其他测量电路结构简化。仪用互感器按用途不同可分为电压互感器和电流互感器两种。

1. 电压互感器

电压互感器是一台小容量的降压变压器，其外形及结构原理图如图 3-15 所示。它的原绕组匝数较多，与被测的高压电网并联；副绕组匝数较少，与电压表或功率表的电压线圈连接。

因为电压表和功率表的电压线圈电阻很大，所以电压互感器副边电流很小，近似于变压器的空载运行。根据变压器的工作原理，有

$$U_1 = \frac{N_1}{N_2}U_2 = K_u U_2$$

式中，K_u 称为电压互感器的变压比。通常电压互感器低压侧的额定值均设计为 100 V。例如，电压互感器的额定电压等级有 6 000 V/100 V、10 000 V/100 V等。将测量仪表的读数乘以电压互感器的变压比，就可得到被测电压值。通常选用与电压互感器变压比相配合的专用电压表，其表盘按高压侧的电压设计刻度，可直接读出高压侧的电压值。使用电压互感器时应注意：

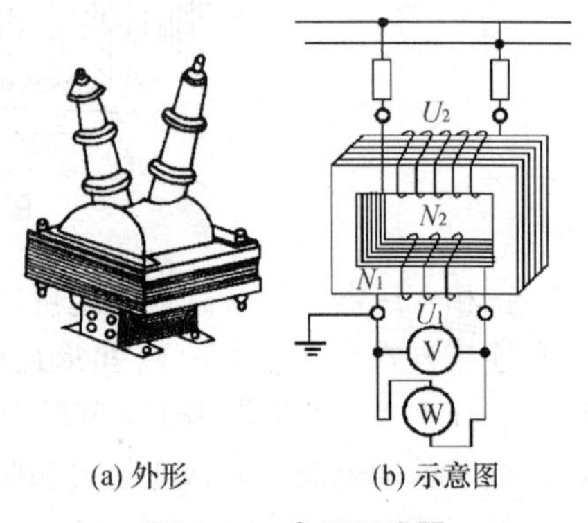

(a) 外形　　(b) 示意图

图 3-15　电压互感器

(1) 电压互感器的低压侧（二次侧）不允许短路，否则会造成副边、原边出现大电流，烧坏互感器，故在高压侧应接入熔断器进行保护；

(2) 为防止电压互感器高压绕组绝缘损坏，使低压侧出现高电压，电压互感器的铁芯、金属外壳和副绕组的一端必须可靠接地。

2. 电流互感器

电流互感器是将大电流变换成小电流的升压变压器，其外形及结构原理图如图3-16所示。它的原绕组用粗线绕成，通常只有一匝或几匝，与被测电路负载串联，原绕组经过的电流与负载电流相等。副绕组匝数较多，导线较细，与电流表或功率表的电流线圈连接。

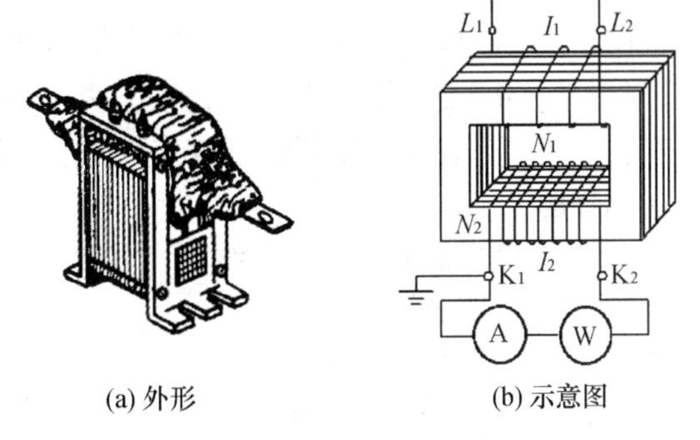

(a) 外形 (b) 示意图

图3-16 电流互感器

因为电流表和功率表的电流线圈电阻很小，所以电流互感器副边相当于短路。根据变压器的工作原理，有

$$I_1 = \frac{N_2}{N_1} I_2 = K_i I_2$$

式中，K_i 称为电流互感器的变流比。通常电流互感器二次侧额定电流设计成标准值5 A或1 A。例如，电流互感器的额定电流等级有30 A/5 A、75 A/5 A、100 A/5 A等。将测量仪表的读数乘以电流互感器的变流比，就可得到被测电流值。通常选用与电流互感器变流比相配合的专用电流表，其表盘按一次侧的电流值设计刻度，可直接读出一次侧的电流值。使用电流互感器时应注意以下两点。

(1) 电流互感器在运行中不允许副边开路。因为它的原绕组是与负载串联的，其电流 I_1 的大小决定于负载的大小，而与副边电流 I_2 无关，所以当副边开路时铁芯中由于没有 I_2 的去磁作用，主磁通将急剧增加，这不仅使铁损急剧增加，铁芯发热，而且将在副绕组感应出数百甚至上千伏的电压，造成绕组的绝缘击穿，并危及工作人员的安全。为此，在电流互感器二次电路中不允许装设熔断器，在二次电路中拆装仪表时，必须先将绕组短路。

(2) 为了安全，电流互感器的铁芯和二次绕组的一端也必须接地。

习 题

一、填空题

1. 变压器是一种能够变换（　　）、（　　）和（　　）的电气设备。

2. 变压器在运行中，只要（　　）和（　　）不变，其工作主磁通将基本不变。

3. 变压器绕组中引起电流热效应的损耗称为（　　），交变磁场在铁芯中引起的（　　）损耗和（　　）损耗合称为（　　），其中（　　）又称不变损耗，（　　）又称为可变损耗。

4. 变压器空载运行时，其（　　）很小而（　　）也很小，此时总损耗近等于（　　）。

5. 发电厂向外输出电能时应采用（　　）变压器，分配电能时应采用（　　）变压器。

二、判断题

（　　）1. 变压器原边、副边电流的大小均取决于负载阻抗的大小。

（　　）2. 防磁手表的外壳是用铁磁性材料制作的。

（　　）3. 电机、电器的铁芯通常都用硬磁材料制作。

（　　）4. 变压器从空载到满载，铁芯中的主磁通和铁耗基本不变。

（　　）5. 自耦变压器也可以作为安全变压器使用。

三、选择题

1. 电力变压器的外特性曲线与负载的大小和性质有关，当负载为电阻性或电感性时，其外特性曲线（　　）。

A. 随负载增大而下降　　B. 随负载增大而上升

C. 一平行横坐标的直　　D. 以上都不正确

2. 变压器的铜损耗与负载的关系是（　　）。

A. 与负载电流的平方成正比　　B. 与负载电流成正比

C. 与负载无关　　D. 以上都不正确

3. 自耦变压器不能作为安全电压变压器的原因是（　　）。

A. 公共部分电流小　　B. 原副边有电的联系.

C. 原副边有磁的联系　　D. 公共部分电流大

4. 变压器空载运行时，自电源输入的功率等于（　　）。

A. 铜损　　B. 铁损

C. 零　　D. 以上都不正确

5. 变压器副边的额定电压是指当原绕组接额定电压时副绕组（　　）。

A. 满载时端电压　　B. 开路时端电压

C. 满载和空载时端电压平均值　　D. 以上都不正确

四、应用题

1. 如图 3-17 所示是一电源变压器，原边有 550 匝，接 220 V 电压；副边有两个绕组，一个电压 36 V，负载 36 W，另一个电压 12 V，负载 24 W。不计空载电流，两个都是纯电阻负载。试求：(1) 二次侧两个绕组的匝数，(2) 一次侧绕组的电流，(3) 变压器的容量至少为多少?

2. 在图 3-18 中已知信号源的电压 $U_S = 12$ V，内阻 $R_0 = 1$ kΩ，负载电阻 $R_L = 8$ Ω，变压器的变比 $K = 10$，求负载上的电压 U_2。

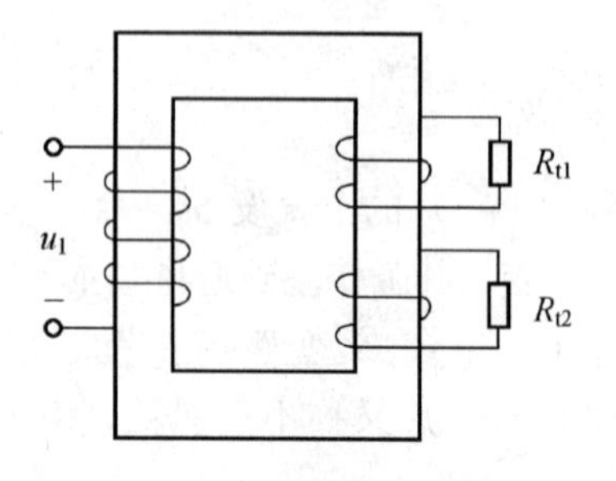

图 3-17　应用题 1 题图

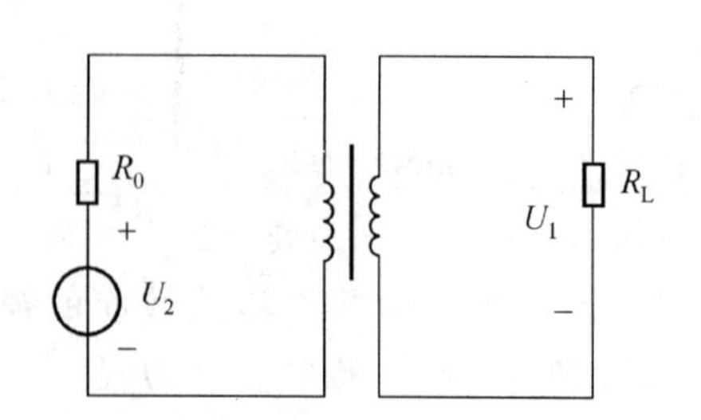

图 3-18　应用题 2 题图

3. 已知信号源的交流电动势 $E=2.4\ \mathrm{V}$，内阻 $R_0=600\ \Omega$，通过变压器使信号源与负载完全匹配，若这时负载电阻的电流 $I_2=4\ \mathrm{mA}$，则负载电阻应为多大?

4. 单相变压器一次绕组匝数 $N_1=1\ 000$ 匝，二次绕组 $N_2=500$ 匝，现一次侧加电压 $U_1=220\ \mathrm{V}$，二次侧接电阻性负载，测得二次侧电流 $I_2=4\ \mathrm{A}$，忽略变压器的内阻抗及损耗，试求：(1) 一次侧等效阻抗 $|Z_1'|$；(2) 负载消耗的功率 P_2。

第 4 章　三相异步电动机

教学目标

- ▶ 了解三相异步电动机的基本结构、工作原理和铭牌数据；
- ▶ 理解三相异步电动机机械特性的分析方法；
- ▶ 掌握三相异步电动机的启动、制动、调速的工作原理。

把电能转化为机械能的装置，称为电动机。电动机主要用于拖动产生机械之用。电动机按所需电源的种类可分为交流电动机和直流电动机，交流电动机又可分为异步电动机和同步电动机。异步电动机由于具有结构简单、运行可靠、维护方便、价格低廉等优点，在所有电动机中应用最广泛。

4.1　三相异步电动机的结构及转动原理

4.1.1　三相异步电动机的结构

三相异步电动机分成两个基本组成部分：定子和转子，如图 4-1 所示。

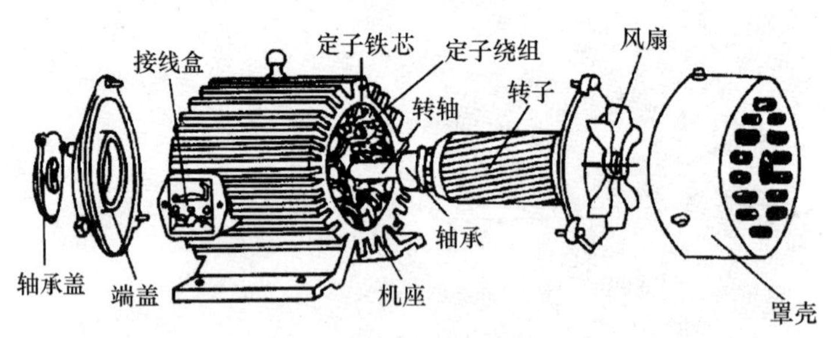

图 4-1　三相异步电动机的结构

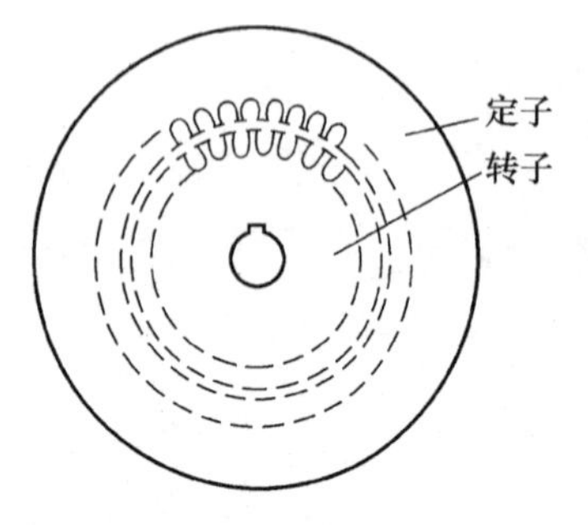

图 4-2　定子和转子的铁芯

定子由机座和机座内的圆筒形铁芯以及其中的三相定子绕组构成。机座是用铸铁或铸钢所制成，铁芯是由相互绝缘的硅钢片叠成。铁芯圆筒内表面冲有槽，如图 4-2 所示，用来放置三相对称绕组 AX，BY，CZ，三相绕组可接成星形或三角形。

转子有两种形式，即鼠笼式和绕线式。转子铁芯是圆柱状，也用硅钢片叠成，表面冲有槽，以放置导条或绕组。轴上加机械负载。鼠笼式转子做成鼠笼状，就是在转子铁芯的槽中置入铜条或铝条（导条）。其两端用端环连接，称为短路环，如图 4-3 所示。在中小型鼠笼式电动机中，转子的导条多用铸铝制成。

绕线式异步电动机的结构如图 4-4 所示，它的转子绕组同定子绕组一样，也是三相，接成星形。每相的始端接在三相滑环上，尾端接在一起；滑环固定在转轴上，同轴一起旋转；环与环，环与轴，都相互绝缘。在环上用弹簧压着碳质电刷，借助于电刷可以改变转子电阻以改变它的启动和调速性能。

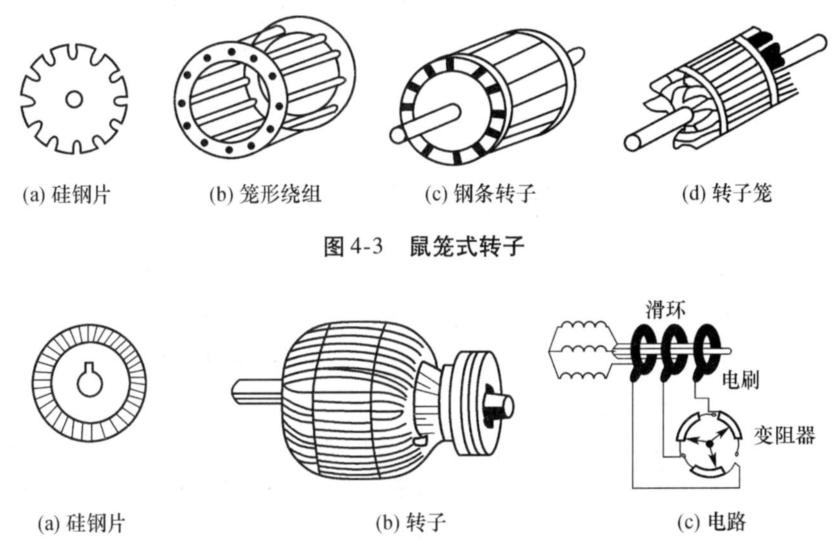

(a) 硅钢片　(b) 笼形绕组　(c) 钢条转子　(d) 转子笼

图 4-3　鼠笼式转子

(a) 硅钢片　(b) 转子　(c) 电路

图 4-4　绕线式转子

4.1.2　三相异步电动机的工作原理

三相异步电动机接上电源就会转动，这是什么道理呢？下面来做个演示。如图 4-5 所示，装有手柄的蹄形磁铁极间放有一个可以自由转动的鼠笼转子。磁极和转子之间没有机械联系。当摇动磁极时，发现转子跟着磁极一起转动：摇得快，转子也转得快；摇得慢，转子转动得也慢；反摇，转子马上反转。

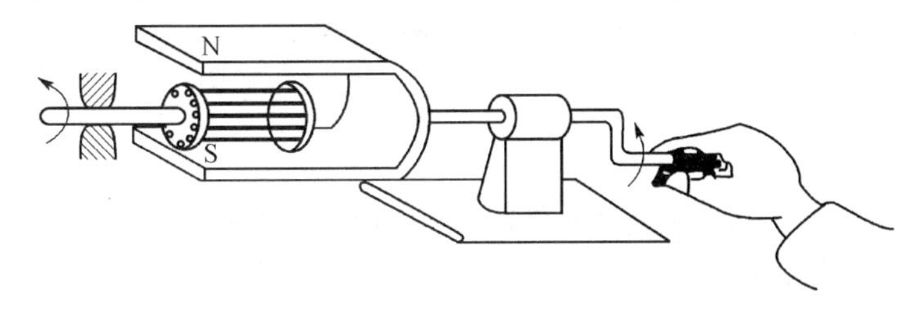

图 4-5　异步电动机模型

从这个演示实验中得出两点启示：第一，有一个旋转磁场；第二，转子跟着磁场旋转。因此，在三相异步电动机中，只要有一个旋转磁场和一个可以自由转动的转子就可以了。

1. *旋转磁场的产生*

在三相异步电动机定子铁芯中放有三相对称绕组：AX，BY，CZ。设将三相绕组接成星形，接在三相电源上，绕组中便通入三相对称电流，其波形如图 4-6 所示。

$$i_A = I_m \sin\omega t$$
$$i_B = I_m \sin(\omega t - 120°)$$
$$i_C = I_m \sin(\omega t + 120°)$$

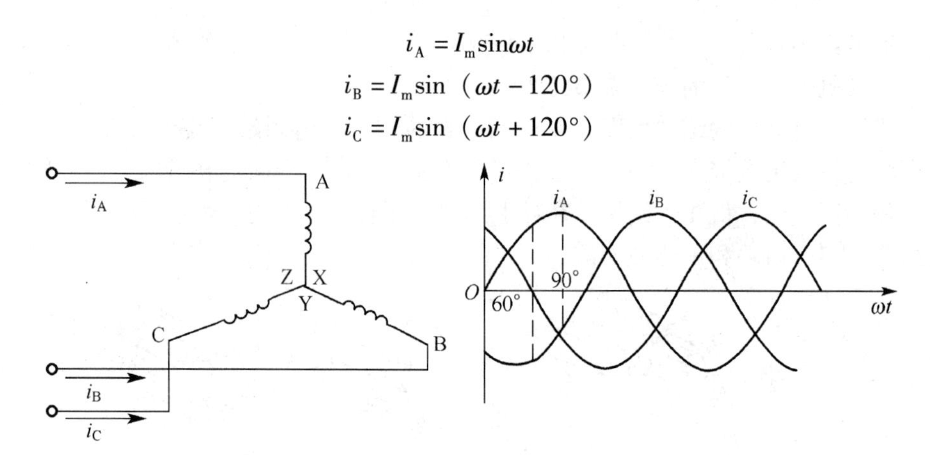

图 4-6　三相对称电流

设在正半周时，电流从绕组的首端流入，尾端流出。在负半周时，电流从绕组的尾端流入，首端流出。在 $\omega t=0$ 时，定子绕组中电流方向如图 4-7（a）所示。此时 $i_A=0$，i_C 为正半周，其电流从首端流入，尾端流出；i_B 为负半周，电流从尾端流入，首端流出。可由右手定则判断合成磁场的方向。

同理可得出 $\omega t=60°$和 $\omega t=90°$时的合成磁场方向如图 4-7（b）、（c）所示，由图发现，当定子绕组中通入三相电流后，它们产生的合成磁场是一个随电流的变化的旋转磁场。

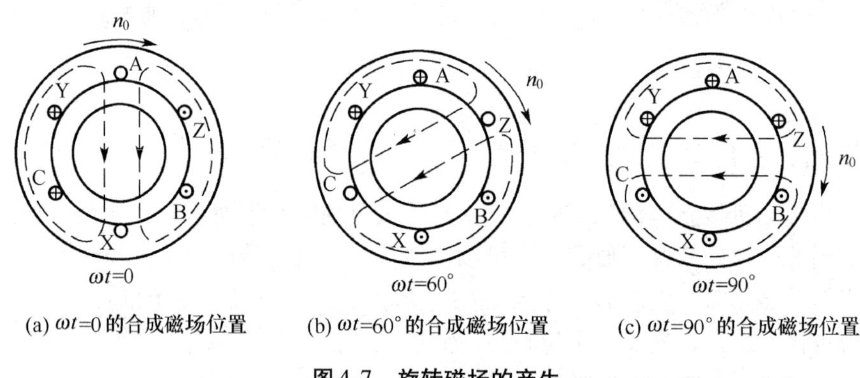

图 4-7　旋转磁场的产生

2. 磁场的方向

旋转磁场的转向和三相电流的顺序有关，也称相序。图 4-7 是按 A→B→C 的相序，旋转磁场就按顺时针方向旋转。如将三相电源任意对调两相位置，按 A→C→B 的相序。可发现旋转磁场也反转。因此改变相序可以改变三相异步电动机的转向，如图 4-8 所示。

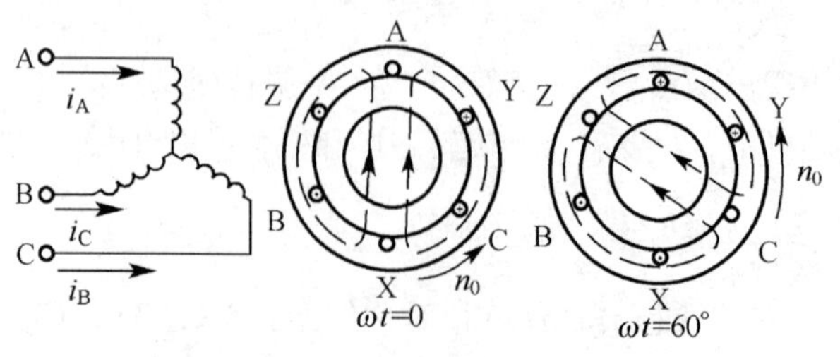

图 4-8　旋转磁场的反转

3. 旋转磁场的极数

旋转磁场的极数与每相绕组的串联个数有关。图4-7为每相有一个绕组，能产生一对磁极（$p=1$，p 为磁极对数）。当每相有两个绕组串联时，其绕组首端之间的相位差为 $120°\div2=60°$ 的空间角。产生的旋转磁场具有两对极（$p=2$）的电动机称4极电动机，如图4-9、图4-10所示。

同理，每相有三个绕组串联（$p=3$ 时，6极电动机）时，绕组首端之间相位差为 $120°\div3=40°$ 的空间角。

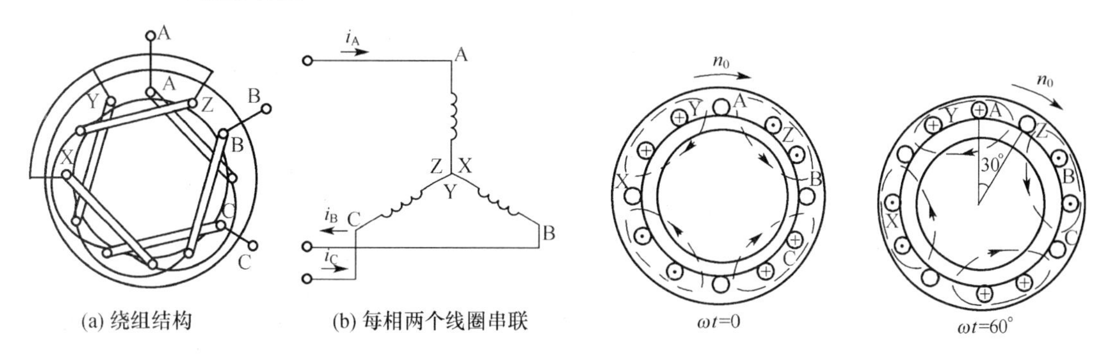

图4-9　产生四极旋转磁场的定子绕组　　图4-10　三相电流产生的旋转磁场（$P=2$）

4. 旋转磁场的转速

由上述分析可知，定子绕组通以三相交流电后，将产生磁极对数 $p=1$ 的旋转磁场，电流交变一周后，合成磁场亦旋转一周。

旋转磁场的磁极对数 p 与定子绕组的空间排列有关，通过适当的安排，可以制成两对、三对或更多对磁极的旋转磁场。

根据以上分析可知，电流变化一周期，两极旋转磁场（$p=1$）在空间旋转一周。若电流频率为 f，则旋转磁场每分钟的转速 $n_0=60f$。若使定子旋转磁场为四极（$p=2$），可以证明电流变化一周期，旋转磁场旋转半周（180°），则按 $n_0=60f/2$ 类似方法，可推出具有 p 对磁极旋转磁场的转速为

$$n_0=\frac{60f}{p}\ (\mathrm{r/min}) \tag{4-1}$$

n_0 为旋转磁场的转速，又称同步转速，一对磁极的电动机同步转速为3 000 r/min。由式（4-1）可知，旋转磁场的转速 n_0 取决于电源频率 f 和电动机的磁极对数 p。我国电源频率为50 Hz，不同磁极对数旋转磁场的转速参见表4-1。

表4-1　不同磁极对数旋转磁场转速表

磁极对数 p	1	2	3	4	5
旋转磁场的转速 n_0（r/min）	3 000	1 500	1 000	750	600

5. 电动机的转动原理

三相异步电动机的转动原理如图4-11所示。旋转磁场以同步转速 n_0 顺时针方向旋转，

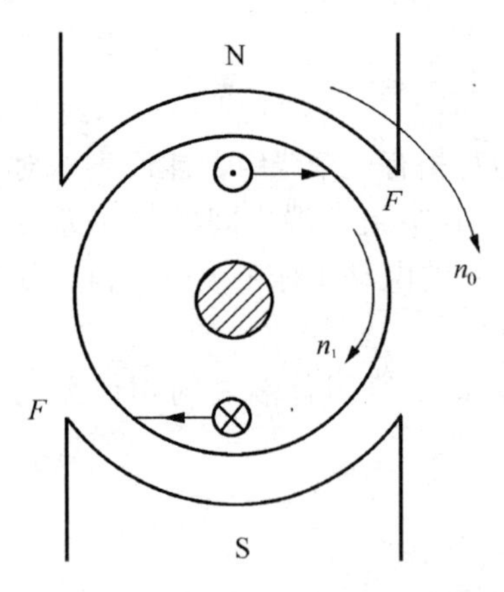

图 4-11　三相异步电动机的转动原理

相当于磁场不动，转子导体逆时针方向切割磁感线，产生感应电动势、感应电流。用右手定则可判定其方向，在转子导体上半部分流出纸面，下半部分流入纸面。有电流的转子导体在旋转磁场中受到电磁力的作用，用左手定则判断转子受力（F）的方向。电磁力对转子转轴形成电磁转矩，使转子沿旋转磁场的方向（顺时针方向）旋转。当旋转磁场反转时，电动机也反转。转子转速 n_1 与旋转磁场转速 n_0 同方向，且 $n_0 > n_1$，故称为异步电动机。

通常把同步转速 n_0 与转子转速 n_1 的差值与同步转速 n_0 之比称为异步电动机的转差率，用 s 表示，即

$$s = \frac{n_0 - n_1}{n_0} \tag{4-2}$$

转差率 s 是描绘异步电动机运行情况的重要参数。电动机在启动瞬间，$n_1 = 0$，$s = 1$，转差率最大；空载运行时，n_1 接近于同步转速，转差率 s 最小。可见转差率 s 是描述转子转速与旋转磁场转速差异程度的，即电动机异步程度。

【例 4.1】 某三相异步电动机额定转速（即转子转速）$n = 950$（r/min），试求工频情况下电动机的额定转差率及电动机的磁极对数。

【解】 由于电动机的额定转速接近于同步转速，所以可得电动机的同步转速 $n_0 =$ 1 000（r/min），磁极对数 $p = 3$，额定转差率为：

$$s_N = \frac{n_0 - n_1}{n_0} = \frac{1\,000 - 950}{1\,000} = 0.05$$

一般情况下，异步电动机额定转差率 $s_N = 0.02 \sim 0.06$。当三相异步电动机空载时，由于电动机只需克服摩擦阻力和空气阻力，故转速 n_1 很接近同步转速 n_0，转差率 s 很小。

※4.2　三相异步电动机的电磁转矩与机械特性

4.2.1　三相异步电动机的电磁转矩

电动机拖动生产机械工作时，负载改变，电动机输出的电磁转矩随之改变，因此电磁转矩是一个重要参数。因为三相异步电动机的电磁转矩是由转子绕组中的电流与旋转磁场相互作用产生的，所以电磁转矩 T 与旋转磁场的主磁通 ϕ 及转子电流 I_2 有关。

1. 定子电路分析

旋转磁场以同步转速 n_1 切割静止的定子绕组，产生感应电动势 e_1，与变压器原理类似，感应电动势的有效值为：

$$E_1 \approx 4.44 f_1 N_1 \phi \tag{4-3}$$

式（4-3）中，f_1 是电源频率；N_1 是定子绕组每相的匝数；ϕ 是旋转磁场每个磁极下的磁通量。略去定子绕组电路中其他次要因素的影响，可近似认为电源电压的有效值 $U_1 \approx E_1$，其中

$$\phi \approx \frac{U_1}{4.44 f_1 N_1} \tag{4-4}$$

因为 f_1 和 N_1 都是定值，故式（4-4）表明，旋转磁场每个磁极下的磁通量 ϕ 是单一地由电源电压 U_1 决定。

2. 转子电路分析

与变压器不同的是，异步电动机的转子是以（$n_0 - n_1$）的相对速度与旋转磁场相切割，转子电路频率为

$$f_2 = \frac{n_0 - n_1}{60} p = \frac{n_0 - n_1}{n_0} \times \frac{n_0}{60} p = s f_1 \tag{4-5}$$

转子绕组中产生的感应电动势为：

$$E_2 = 4.44 k_2 f_2 N_2 \phi = 4.44 k_2 s f_1 N_2 \phi = s E_{20} \tag{4-6}$$

式（4-6）中，k_2 是转子绕组结构常数；N_2 是转子每相绕组的匝数。

电动机的转子电流是由转子电路中感应电动势 E_2 和阻抗 Z_2 共同决定的，即

$$I_2 = \frac{s E_{20}}{\sqrt{R_2^2 + s X_2^2}} \tag{4-7}$$

式（4-7）表明，转子电路的感应电动势随转差率的增大而增大，转子电路阻抗虽然也随转差率的增大而增大，但增加量与感应电动势相比较小。因此转子电路中的电流随转差率的增大而上升。

由于转子电路中存在电抗 X_2，因而使转子电流 I_2 滞后感应电动势 E_2 一个相位差 φ_2，转子电路的功率因数为

$$\cos\varphi_2 = \frac{R_2}{\sqrt{R_2^2 + (s X_{20}^2)}} \tag{4-8}$$

显然，转子电路的功率因数随转差率 s 的增大而下降。由以上分析可得，转子电路中各物理量都与转差率 s 有关，即与转速有关，这是学习电动机时应该注意的特点。

3. 三相异步电动机的转矩特性

经实验和数学推导证明，异步电动机的电磁转矩与气隙磁通及转子电流的有功分量成正比，即

$$T = K_T \phi I_2 \cos\varphi_2 \tag{4-9}$$

式（4-9）中，K_T 是电动机结构常数。将式（4-6）、式（4-7）和式（4-8）代入式（4-9）可得

$$T = K_T U_1^2 \frac{s R_2}{R_2^2 + (s X_{20})^2} \tag{4-10}$$

式（4-10）表明，当电源电压有效值 U_1 一定时，电磁转矩是转差率的函数，其关系曲线如图4-12所示，称为异步电动机的转矩特性。

式（4-10）还表明电磁转矩与电源电压的平方成正比，但这并不意味着电动机工作电压越高，电动机实际输出的转矩就越大。电动机稳定运行情况下，不论电源电压高低，其输出转矩只决定于负载转矩。

4.2.2 三相异步电动机的机械特性

当异步电动机的电磁转矩改变时，异步电动机的转速也会随之发生变化，电动机产生的电磁转矩 T 与转子转速 n_1 的关系曲线称为电动机的机械特性曲线，如图 4-13 所示。

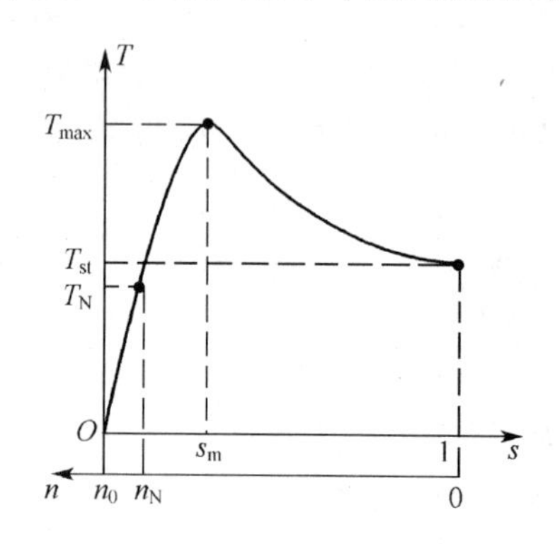

图 4-12 异步电动机转矩特性曲线

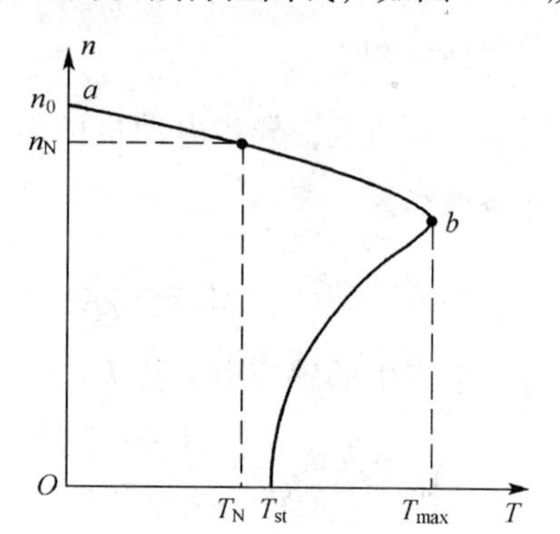

图 4-13 三相异步电动机的机械特性曲线

1. 稳定区和不稳定区

以最大转矩 T_m 为界，机械特性分为两个区，上边为稳定运行区，下边为不稳定区。

（1）稳定区

在稳定运行区，电磁转矩能自动适应负载。即电动机稳定运行时，其电磁转矩和转速的大小都决定于它所拖动的机械负载。由图 4-13 可见，异步电动机的稳定运行区比较平坦，当电动机的负载转矩增加时，在最初的瞬间电动机的电磁转矩 $T<T_L$，所以它的转速开始下降。随着转速的下降，电磁转矩增加，电动机在新的稳定状态下运行，这时的转速较前者为低，但是，a、b 比较平坦。当负载在空载与额定值之间变化时，转速变化不大，一般仅 2%～8%，这样的机械特性称为硬特性，这种硬特性很适应于金属切削机床等工作机械的需要。

（2）不稳定区

在不稳定运行区，则电磁转矩不能自动适应负载转矩的变化，因而不能稳定运行。当负载转矩超过电动机最大转矩时，电动机转速将急剧下降，直到停转（堵转）。通常电动机都有一定的过载能力，启动后会很快通过不稳定运行区而进入稳定区工作。

2. 三个重要转矩

（1）额定转矩 T_N

额定转矩是指电动机在额定负载的情况下，其轴上输出的转矩。由于电机稳定运行时，其电磁转矩等于负载转矩，所以可以用额定电磁转矩来表示额定输出转矩。电动机的额定转矩可以通过电机铭牌上的额定功率和额定转速求得，即

$$T_N = T_L = \frac{P_N}{2\pi n_N/60} = 9\,550\,\frac{P_N}{n_N} \tag{4-11}$$

式（4-11）中，P_N 是电动机轴上输出的机械功率（kW），n_N 是电动机的额定转速（r/min），得到的额定转矩单位为（N·m）。

（2）最大转矩 T_m

T_m 是三相异步电动机电磁转矩最大值。最大转矩对电动机的稳定运行有重要意义。当电动机负载突然增加，短时过载，接近最大转矩，电动机仍能稳定运行，也不至于过热。当电动机负载转矩大于最大转矩，即 $T_L > T_m$ 时，电动机就因带不动负载而停转（故最大转矩也称为停转转矩），此时电动机电流即刻升到（6～7）I_N，导致定子绕组过热而烧毁电动机。为保证电动机稳定运行，不因短时间过载而停转，要求电动机有一定的过载能力。最大转矩与额定转矩之比也称为过载系数，用λ表示。

$$\lambda = \frac{T_{max}}{T_N} \tag{4-12}$$

一般三相异步电动机的过载系数为1.8～2.2。在选用电动机时，必须考虑可能出现的最大负载转矩，而后根据所选电动机的过载系数算出最大转矩。

（3）启动转矩 T_{st}

电动机刚启动的瞬间，$n=0$，$s=1$ 时的转矩称为启动转矩。只有当启动转矩大于负载转矩时，电动机才能够启动。启动转矩越大，启动越迅速。如果启动转矩小于负载转矩，则电动机不能启动。这时与堵转情况一样，电动机的电流达到最大，容易过热。因此当发现电动机不能启动时，应立即断开电源停止启动，在减轻负载排除故障以后再重新启动。

T_{st} 与额定转矩 T_N 之比称为启动系数，记作 k_{st}。

$$k_{st} = \frac{T_{st}}{T_N} \tag{4-13}$$

它反映了电动机的启动能力，Y系列三相异步电动机的启动系数为1.7～2.2。

【例4.2】 有两台功率相同的三相异步电动机，一台 $P_N = 7.5\ \text{kW}$，$U_N = 380\ \text{V}$，$n_N = 962\ \text{r/min}$，另一台 $P_N = 7.5\ \text{kW}$，$U_N = 380\ \text{V}$，$n_N = 1\,450\ \text{r/min}$，求它们的额定转矩。

【解】 第一台：$T_N = 9\,550\dfrac{P_N}{n_N} = 9\,550 \times \dfrac{7.5}{962} = 74.45$（N·m）

第二台：$T_N = 9\,550\dfrac{P_N}{n_N} = 9\,550 \times \dfrac{7.5}{1\,450} = 49.4$（N·m）

由以上结果可知，当输出功率 P_N 一定时，额定转矩与转速成反比，也近似与磁极对数 p 成正比。因此，相同功率的异步电动机，磁极对数越多，则转速越低，其额定转矩越大。

3. 影响机械特性的两个重要因素

前已述及，在式（4-10）中可以人为改变参数的是外加电压 U_1 和转子电路的电阻 R_2，它们是影响电动机机械特性的两个重要因素。

在保持转子电阻 R_2 不变的条件下，同一转速（即相同转差率）时，电动机的电磁转矩 T 与定子绕组外加电压 U_1 的平方成正比。图4-14画出了几条不同电压时的机械特性曲线。

由图4-14可见，当电动机负载的阻力矩一定时，由于电压降低，电磁转矩迅速下降，将使电动机有可能带不动原有的负载，于是转速下降，电流增大。如果电压下降过多，以致最大转矩也低于负载转矩时，则电动机会被迫停转，时间稍长，电动机会因过热损坏。

在保持外加电压 U_1 不变的条件下，增大转子电路电阻 R_2 时，电动机机械特性的稳定

区保持同步转速 n_1 不变，而斜率增大，即机械特性变软，如图4-15所示。由此可见，电动机的最大转矩 T_m 不随 R_2 而变，而启动转矩 T_{st} 则随 R_2 的增大而增大，启动转矩最大时可达到与最大转矩相等。可见，绕线式异步电动机可以采用加大转子电阻的办法来增大启动转矩。

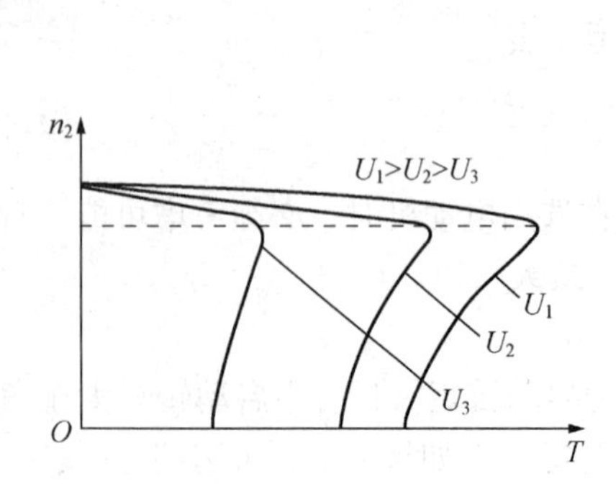

图4-14　三相异步电动机的机械特性曲线

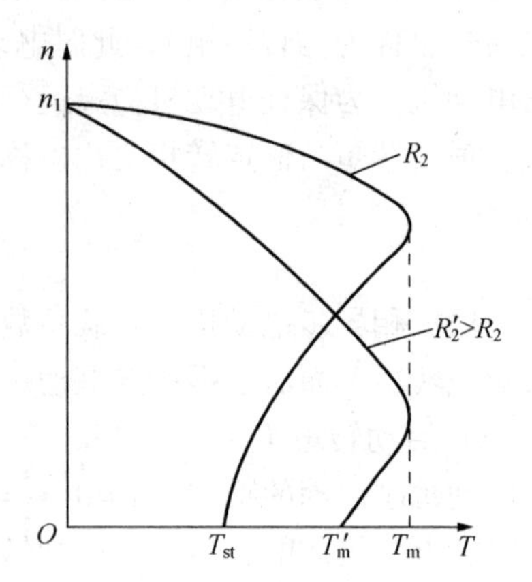

图4-15　转子电阻对机械特性的影响

4.3　三相异步电动机的控制

三相异步电动机的控制包括启动、制动、反转和调速四个控制过程，每个过程都有一定的要求。下面分别简要介绍（其中反转控制将在第5章详细介绍）。

4.3.1　电动机的启动控制

1. 启动控制

电动机的启动控制就是把电动机的定子绕组与电源接通，使电动机的转速由静止（$n=0$，$s=1$）加速到额定转速的过程。

在电动机启动的瞬间，其转速 $n=0$，转差率 $s=1$，转子电流达到最大值，这时定子电流也达到最大值。一般为电动机额定电流的4～7倍，这样大的启动电流在短时间内会使线路上造成较大的电压降落，而使负载的端电压降低，影响邻近负载的正常工作，如使日光灯熄灭等。因此，电动机启动的主要缺点是启动电流过大。一般采用一些适当的启动方法，以限制启动电流。

2. 启动方法

鼠笼式异步电动机的启动方法有直接启动和降压启动两种。

（1）直接启动

直接启动就是利用闸刀开关或接触器将电动机定子绕组直接接到电源上，这种方法称为直接启动或称全压启动，如图4-16所示。

直接启动的优点是设备简单，操作方便，启动过程短。只要电网的容量允许，应尽量采用直接启动。在电动机频繁启动，电动机的容量小于为其提供电源的变压器容量的 20% 时，允许直接启动；如果电动机不频繁启动，其容量小于变压器的 30% 时，允许直接启动。通常 20～30 kW 以下的异步电动机一般都是采用直接启动。

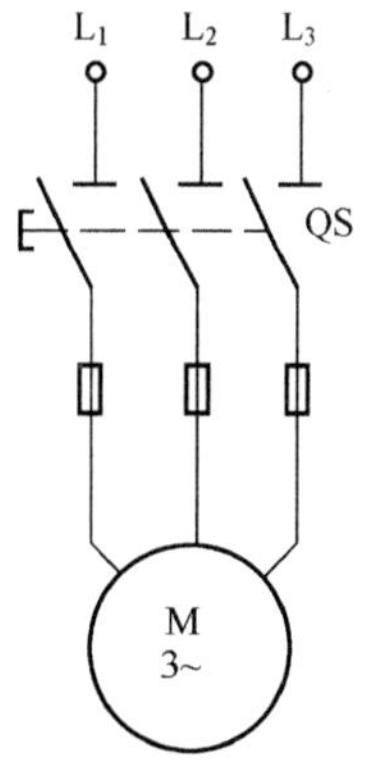

（2）降压启动

如果电动机的容量较大，不满足直接启动条件，则必须采用降压启动。降压启动就是利用启动设备降低电源电压后，加在电动机定子绕组上以减小启动电流。鼠笼式电动机降压启动常用以下几种方法。

图 4-16　电动机的直接启动

① 星形-三角形（Y-△）换接启动

如果电动机在运行时其定子绕组接成三角形，那么在启动时可把它接成星形，等到转速接近额定转速时再换接成三角形，这样，在启动时就把定子每相绕组上的电压降低到正常运行时的$\frac{1}{\sqrt{3}}$，而启动时的电流只是三角形启动的$\frac{1}{3}$。当然，由于电磁转矩与定子绕组电压的平方成正比，所以启动转矩也减小为直接启动时的$\left(\frac{1}{\sqrt{3}}\right)^2=\frac{1}{3}$，启动过程较长，如图 4-17 所示。

② 自耦降压启动

自耦降压启动就是利用自耦变压器将电压降低后加到电动机定子绕组上，当电动机转速接近额定转速时，再加额定电压的降压启动方法，如图 4-18 所示。

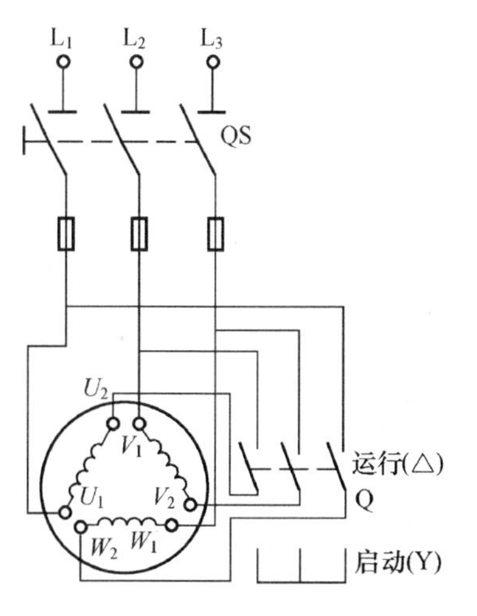

图 4-17　Y-△换接启动

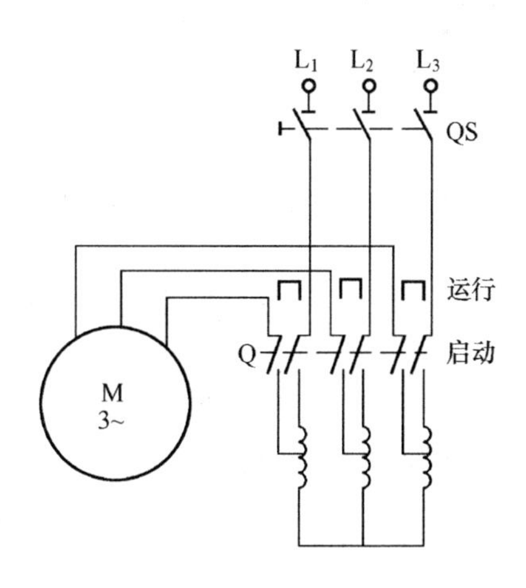

图 4-18　自耦降压启动

启动时把 QS 扳到启动位置，使三相交流电源经自耦变压器降压后，接在电动机的定子绕组上，这时电动机定子绕组得到的电压低于电源电压，因而，减小了启动电流。待电动机转速接近额定转速时，再把 QS 从启动位置迅速扳到运行位置，让定子绕组得到全压。

自耦降压启动时，电动机定子绕组电压降为直接启动时的 $1/K$（K 为变压比），定子电流也降为直接启动时的 $1/K$。而电磁转矩与外加电压的平方成正比，故启动转矩为直接启动时的 $1/K^2$。

启动用的自耦变压器专用设备称为补偿器，它通常有几个抽头，可输出不同的电压，如电源电压的80%、60%、40%等，可供用户选用。

一般补偿器只用于大功率的电动机启动，且运行时采用星形连接的鼠笼式异步电动机。

③ 转子串电阻的降压启动

对于绕线式电动机而言，只要在转子电路串入适当的启动电阻 R_{st}，就可以限制启动电流，如图4-19所示。随着转速的上升可将启动电阻逐段切除。卷扬机、锻压机、起重机及转炉等设备中的电动机启动常用串电阻降压启动。

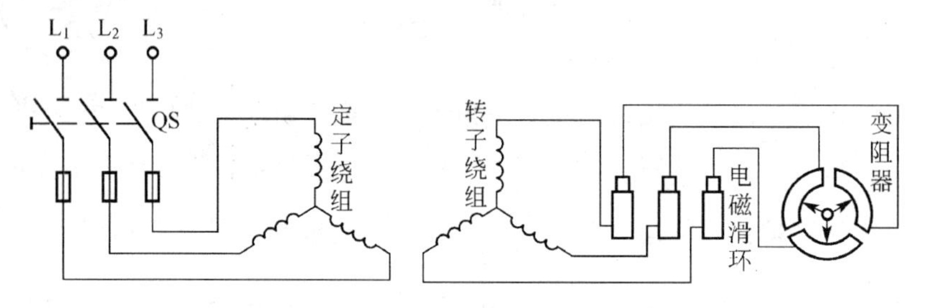

图4-19 绕线式电动机的串电阻启动

【例4.3】 已知Y280S-4型鼠笼式异步电动机的额定功率为75 kW，额定转速为1 480 r/min，启动系数为 $T_{st}/T_N=1.9$，负载转矩为200 N · m，电动机由额定容量为320 kVA，输出电压为380 V的三相变压器供电，试问：（1）电动机能否直接启动？（2）电动机能否用Y-△换接启动？（3）如果采用有40%、60%、80%三个抽头的启动补偿器进行降压启动，应选用哪个抽头？

【解】（1）电动机额定功率占供电变压器额定容量的比值为 $\frac{75}{320}=0.234=23.4\%>20\%$，故不能直接启动，必须采用降压启动。

（2）电动机的额定转矩 T_N 和启动转矩 T_{st} 分别为

$$T_N=9\,550\frac{P_N}{n_N}=9\,550\times\frac{75}{1\,480}=484\ (\mathrm{N\cdot m})$$

$$T_{st}=\left(\frac{T_{st}}{T_N}\right)T_N=1.9\times484=920\ (\mathrm{N\cdot m})$$

如果用Y-△换接启动，则启动转矩为

$$T_{stY}=\frac{1}{3}T_{st}=\frac{1}{3}\times920=307\ (\mathrm{N\cdot m})>200\ (\mathrm{N\cdot m})$$

当启动转矩大于负载转矩时，电动机可以启动，否则电动机不能启动。故该电动机可以采用Y-△换接启动。

（3）用40%、60%、80%三个抽头降压时，启动转矩分别为

$T_{st}\ (40\%)=(0.4)^2\times920=147\ (\mathrm{N\cdot m})<200\ (\mathrm{N\cdot m})$（不能启动）；

$T_{st}\ (60\%)=(0.6)^2\times920=331\ (\mathrm{N\cdot m})>200\ (\mathrm{N\cdot m})$（可以启动）；

$T_{st}\ (80\%)=(0.8)^2\times920=589\ (\mathrm{N\cdot m})>200\ (\mathrm{N\cdot m})$（可以启动，但启动转矩远远大于负载转矩时，启动电流较大）。

故采用60%抽头最佳。

4.3.2　电动机的制动控制

1. 制动过程

因为电动机的转动部分有惯性，所以当切断电源后，电动机还会继续转动一定时间后才能停止。但某些生产机械要求电动机脱离电源后能迅速停止，以提高生产效率和安全度，为此，需要对电动机进行制动。对电动机的制动也就是在电动机停电后施加与其旋转方向相反的制动转矩。

2. 制动方法

制动方法有机械制动和电气制动两类。机械制动通常用电磁铁制成的电磁抱闸来实现。当电动机启动时电磁抱闸的线圈同时通电，电磁铁吸合，闸瓦离开电动机的制动轮（制动轮与电动机同轴连接），电动机运行；当电动机停电时，电磁抱闸线圈时失电，电磁铁释放，在弹簧作用下，闸瓦把电动机的制动轮紧紧抱住，以实现制动。起重设备常采用这种制动方法，不但提高了生产效率，还可以防止在工作中因突然停电使重物下滑而造成的事故。电气制动是利用在电动机转子导体内产生的反向电磁转矩来制动，常用的电气制动方法有以下两种。

（1）能耗制动

这种制动方法是在切断三相电源的同时，在电动机三相定子绕组的任意两相中通以一定电压的直流电，直流电流将产生固定磁场，而转子由于惯性继续按原方向转动。根据右手定则和左手定则，不难确定这时转子电流与固定磁场相互作用产生的电磁转矩与电动机转动方向相反，因而起到制动的作用。制动转矩的大小与通入定子绕组直流电流的大小有关，一般为电动机额定电流的 0.5 倍，可通过调节电位器 R_P 来控制。因为这种制动方法是利用消耗转子的动能（转换为电能）来进行制动控制的，所以称为能耗制动，如图 4-20 所示。

能耗制动的优点是制动平稳，消耗电能少，但需要有直流电源。目前一些金属切削机床中常采用这种制动方法。在一些重型机床中还将能耗制动与电磁抱闸配合使用，先进行能耗制动，待转速降至某一值时，令电磁抱闸动作，从而有效地实现准确快速停车。

（2）反接制动

改变电动机三相电源的相序，使电动机的旋转磁场反转的制动方法称为反接制动。

在电动机需要停车时，可将接在电动机上的三相电源中的任意两相对调位置，使旋转磁场反转，而转子由于惯性仍按原方向转动，这时的转矩方向与电动机的转动方向相反，因而起到制动作用。当转速接近零时，利用控制电器迅速切断电源，否则电动机将反转，如图 4-21 所示。

在反接制动时，由于旋转磁场 n_0 与转子转速 n 之间的转速差（n_0-n）很大，转差率 $s>1$，因此电流很大。为了限制电流及调整制动转矩的大小，常在定子电路（鼠笼式）或转子电路（绕线式）中串入适当电阻。

反接制动不需要另备直流电源，结构简单，且制动力矩较大，停车迅速，但机械冲击和能耗较大，一般在中小型车床和铣床等机床中使用这种制动方法。

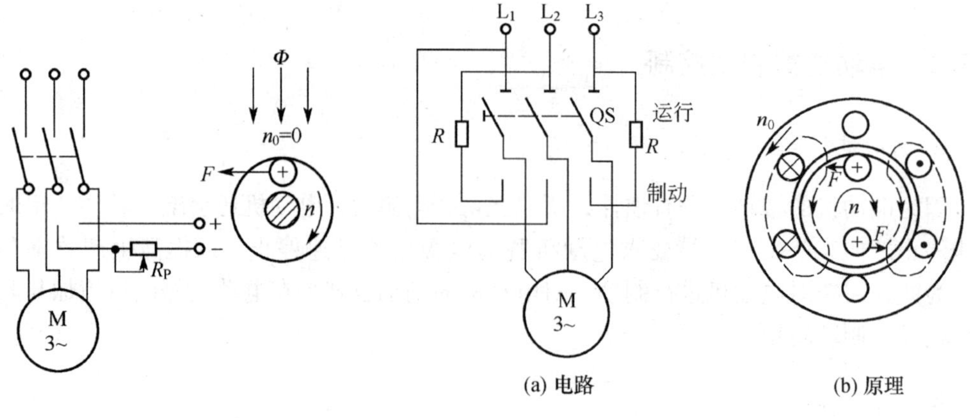

(a) 电路　　(b) 原理

图4-20　能耗制动　　图4-21　反接制动

4.3.3　电动机的调速控制

1. 调速过程

电动机的调速是在同一负载下得到不同的转速，以满足生产过程的要求，如各种切削机床的主轴运动随着工件与刀具的材料、工件直径、加工工艺的要求及吃刀量的大小不同，要求电动机有不同的转速，以获得最高的生产效率和保证加工质量。若采用电气调速，则可以大大简化机械变速机构。由电动机的转速公式：$n=(1-s)n_0=60f_1/p$ 可知，改变电动机转速的方法有三种，即改变极对数 p，改变转差率 s 和改变电源频率 f_1。

2. 调速方法

（1）变极调速

改变电动机的极对数 p，即改变电动机定子绕组的接线，从而得到不同的转速。由于极对数 p 只能成倍改变，因此这种调速方法是有级调速，如图4-22所示。

在图4-22（a）中两个线圈串联，得出 $p=2$，在图4-22（b）中两个线圈并联，得出 $p=1$，从而得到两种极对数（双极电动机）的转速，实现了变极调速。这种方法不能实现无级调速。双速电动机在机床上应用较多，如镗床、磨床、铣床等。

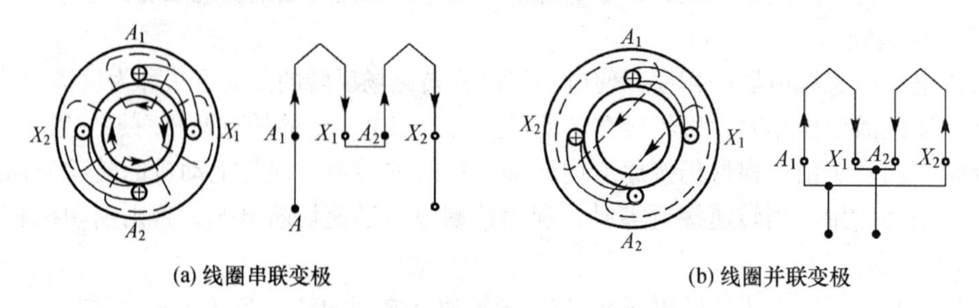

(a) 线圈串联变极　　(b) 线圈并联变极

图4-22　变极调速

（2）变转差率调速

改变转差率调速是在不改变同步转速 n_0 条件下的调速，这种调速只适用于绕线式电动机，是通过在转子电路中串入调速电阻（和串入电阻启动电阻相同）来实现调速的。这种调速方法的优点是设备简单、投资少，但能量损耗较大。

（3）变频调速

近年来，交流变频调速在国内外发展非常迅速。由于晶闸管变流技术的日趋成熟和可靠，变频调速在生产实际中应用非常普遍，它打破了直流拖动在调速领域中的统治地位。交流变频调速需要有一套专门的变频设备，所以价格较高。但由于其调速范围大，平滑性好，适应面广，能做到无级调速，因此它的应用将日益广泛。

4.4　三相异步电动机的铭牌数据

电动机的外壳上都有一块铭牌，标出了电动机的型号以及主要技术数据，以便能正确使用电动机。表4-2为某三相异步电动机的铭牌。

表4-2　三相异步电动机铭牌数据

<table>
<tr><td colspan="2">型号 Y—112M—4</td><td colspan="2">编号</td></tr>
<tr><td colspan="2">4.0 kW</td><td colspan="2">8.8 A</td></tr>
<tr><td>380 V</td><td>1 440 r/min</td><td>LW</td><td>82 dB</td></tr>
<tr><td>接法：△</td><td>防护等级 IP44</td><td>50 Hz</td><td>45 kg</td></tr>
<tr><td>标准编号</td><td>工作制 S_1</td><td>B级绝缘</td><td>年　月</td></tr>
<tr><td colspan="4">XXX电机厂</td></tr>
</table>

型号（Y-112M-4）：指国产Y系列异步电动机，机座中心高度为112 mm，“M”表示中机座规格（“L”表示长机座，“S”表示短机座），“4”表示旋转磁场为四极（$p=2$）。

额定功率 P_N（4.0 kW）：表示电动机在额定工作状态下运行时轴上输出的机械功率。

额定电压 U_N（380 V）：表示定子绕组上应施加的线电压。为了满足定子绕组对额定电压的要求，通常功率3 kW以下的异步电动机，定子绕组作星形连接；功率在4 kW以上时，定子绕组做三角形连接。

额定电流 I_N（8.8 A）：表示电动机额定运行时定子绕组的线电流。

额定转速 n_N（1 440 r/min）：表示电动机在额定运行时转子的转速。

额定频率 f（50 Hz）：表示电动机定子绕组输入交流电源的频率。

接法（△）：表示在额定电压下，定子绕组应采取的连接方式。Y系列4 kW以上电动机均采用三角形接法。

防护等级（IP44）：表示电动机外壳防护的方式为封闭式电动机。

工作制（工作制 S_1）：表示电动机可以在铭牌标出的额定状态下连续运行。S_2 为短时运行，S_3 为短时重复运行。

绝缘等级（B级绝缘）：表示电动机各绕组及其他绝缘部件所用绝缘材料的等级。绝缘材料按耐热性能可分为Y，A，E，B，F，H，C七个等级。目前，国产Y系列电动机一般采用B级绝缘。

此外，铭牌上标注“LW 82 dB”是电动机的噪声等级。除铭牌上标出的参数之外，在产品目录或电工手册中还有其他一些技术数据。

功率因数：在额定负载下定子等效电路的功率因数。

效率：电动机在额定负载时的效率，它等于额定状态下输出功率与输入功率之比，即

$$\eta_N = \frac{P_N}{P_1} \times 100\% = \frac{P_N}{\sqrt{3} I_N U_N \cos\phi} \times 100\% \tag{4-14}$$

温升：指在额定负载时，绕组的工作温度与环境温度的差值。

【例 4.4】 某三相异步电动机，型号为 Y225-M-4，其额定数据如下：额定功率 45 kW，额定转速 1480 r/min，额定电压 380 V，效率 92.3%，功率因数 0.88，$I_{st}/I_N = 7.0$，启动系数 $K_{st} = 2.2$，过载系数 $\lambda = 1.9$，试求：（1）额定电流 I_N 和启动电流 I_{st}；（2）额定转差率 S_N；（3）额定转矩 T_N、最大转矩 T_{max}、启动转矩 T_{st}。

【解】 （1）4～100 kW 的电动机通常采用 380 V/△（三角形连接），因此有

$$I_N = \frac{P_N}{\sqrt{3} U_N \cos\phi \eta_N} = \frac{45 \times 10^3}{\sqrt{3} \times 380 \times 0.88 \times 0.923} = 84.2 \text{（A）}$$

$$I_{st} = \left(\frac{I_{st}}{I_N}\right) \times I_N = 7 \times 84.2 = 589.4 \text{（A）}$$

（2）由 $n_N = 1\,480$ r/min 可知，该电动机是四极的，即 $p = 2$，$n_0 = 1\,500$（r/min）

所以

$$S_N = \frac{n_0 - n_N}{n_0} = \frac{1\,500 - 1\,480}{1\,500} = 0.013 = 1.3\%$$

（3）$$T_N = 9\,550 \frac{P_N}{n_N} = 9\,550 \times \frac{45}{1\,480} = 290.4 \text{（N·m）}$$

$$T_{max} = \lambda T_N = 2.2 \times 290.4 = 638.9 \text{（N·m）}$$

$$T_{st} = k_{st} T_N = 1.9 \times 290.4 = 551.7 \text{（N·m）}$$

习　　题

一、填空题

1. 旋转磁场的旋转方向与通入定子绕组中的三相电流的（　　）有关，异步电动机的转动方向与（　　）的方向相同。

2. 转差率为（　　）与（　　）之比，电动机的转差率随转速的升高而（　　），功率因数随转差率的增大而（　　），转子的电流随转差率的增大而（　　）。

3. 电动机铭牌上标示的功率值是电动机额定运行状态下轴上输出的（　　）值，它比输入的电功率（　　），它们的比值叫（　　）。

4. 电动机是（　　）性负载，其功率因数（　　），不宜在（　　）和（　　）下运行。

5. 旋转磁场的主磁通与外加电压成（　　），电磁转矩与电源（　　）成正比。

二、判断题

（　　）1. 当加在定子绕组上的电压降低时，将引起转速下降，电流减小。

(　　) 2. 异步电动机转子电路的频率随转速而改变，转速越高，频率越高。
(　　) 3. 三相异步电动机在空载和满载下启动时的电流是一样的。
(　　) 4. 电动机电磁转矩与电源电压平方成正比，因此电压越高，电磁转矩越大。
(　　) 5. 电动机任何情况下都不允许过载。

三、选择题

1. 三相异步电动机的旋转方向与通入的三相电流的（　　）有关。
A. 大小　B. 方向　C. 相序　D. 频率
2. 三相异步电动机旋转磁场的转速与（　　）有关。
A. 负载大小　B. 电压大小　C. 电源频率　D. 电阻大小
3. 三相异步电动机的最大转矩与（　　）。
A. 电压成正比　B. 电压成反比
C. 电压平方成反比　D. 电压平方成正比
4. 与电动机的机械特性有关的是（　　）。
A. 环境　B. 参数　C. 负载　D. 电源
5. 下列与转差率无关的是（　　）。
A. 电流　B. 速度　C. 功率因数　D. 频率

四、应用题

1. 一台三相异步电动机的铭牌数据如下：

型号：Y-112M-4	接法：△	功率：4.0 kW
电流：8.8 A	电压：380 V	转速：1440 r/min

又知其满载时的功率因数为0.8，试求：(1) 电动机的极数；(2) 电动机满载运行时的输入电功率；(3) 额定转差率；(4) 额定效率；(5) 额定转矩。

2. 某三相异步电动机铭牌数据如下表所示：

功率(kW)	电压(V)	电流(A)	转速(r/min)	效率	功率因数	I_{st}/I_N	T_{st}/T_N	T_{max}/T_N
11	380	21.8	2930	0.872	0.88	7.0	2.0	2.2

(1) 电源线电压 $U_L = U_N = 380$ V，该电动机可否采用Y-△降压法启动？如果可以，计算启动转矩和启动电流。

(2) 若启动时负载转矩是50 N·m，电源线电压 $U_L = U_N$ 时，能否采用直接启动法启动？当电源线电压 $U_L = 0.8U_N$ 时，情况又如何？

第5章 继电接触器控制系统

教学目标

- ▶ 掌握常用控制电器的工作原理、使用及图形符号；
- ▶ 掌握三相异步电动机基本控制电路的工作原理及接线；
- ▶ 能够读懂基本的电气原理图。

应用电力拖动是实现生产过程自动化控制的一个重要前提。目前国内外普遍采用由接触器、继电器、按钮等有触点电器组成的控制电路，对电动机进行控制，称为继电接触器控制。如果再配合其他无触点控制电器、控制电机、电子电路以及计算机化的可编程序控制器（PLC）等，则可构成生产机械现代化自动控制系统。

5.1 常用控制电器

5.1.1 刀开关

刀开关是结构最简单的一种手动电器。在低压电路中，刀开关多用于不频繁接通和分断电路，或用来将电路和电源隔离，因此刀开关又称为“隔离开关”。按极数不同，刀开关分为单极（单刀）、双极（双刀）和三极（三刀）三种，它在电路图中的符号如图5-1所示。

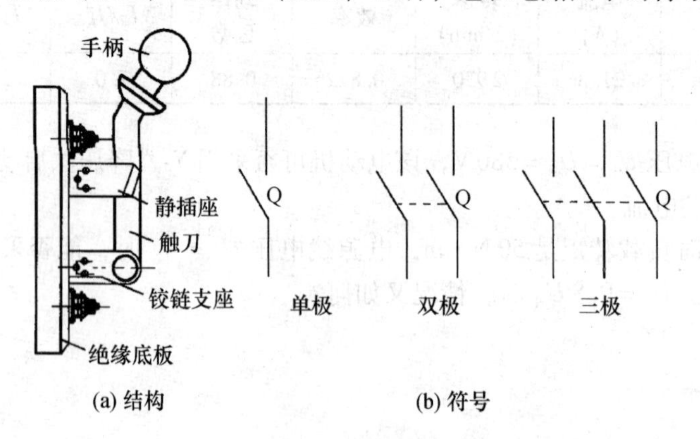

图5-1 刀开关

5.1.2 组合开关

在机床电气控制线路中，组合开关（又称转换开关）。常用做为电源引入开关，也可用它来直接启动和停止小容量鼠笼式电动机或使电动机正反转。其结构和符号如图 5-2 所示。

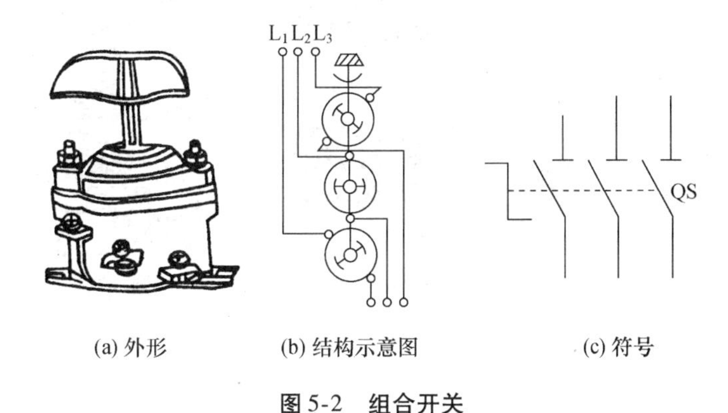

(a) 外形　(b) 结构示意图　(c) 符号

图 5-2　组合开关

它有三对静触片，每个触片的一端固定在绝缘垫板上，另一端伸出盒外，连在接线柱上。三个动触片套在装有手柄的绝缘转动轴上，转动轴就可以将三个触点同时接通或断开。组合开关有单极、双极、三极和多极几种。

5.1.3　按钮

按钮通常用来接通或断开控制电路（其电流较小），其结构如图 5-3 所示。在按钮未按下时，动触点与上面的静触点接通，这对触点称为动断触点（常闭触点）；同时和下面的静触点是断开的，这对触点称为动合触点（常开触点）。当按下按钮帽时，上面的动断触点断开，而下面的动合触点接通；当松开按钮帽时，动触点在复位弹簧的作用下复位。

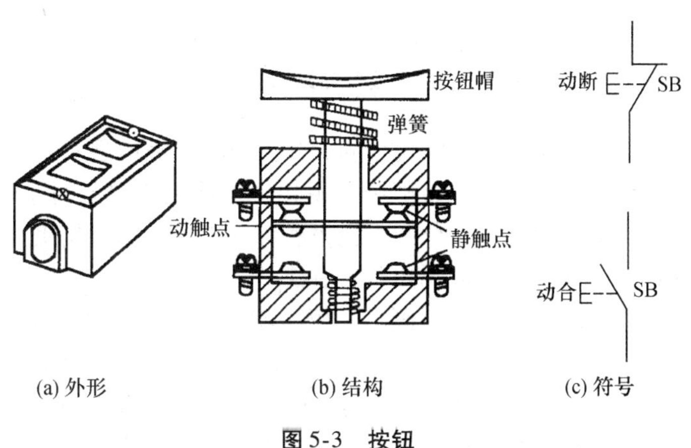

(a) 外形　(b) 结构　(c) 符号

图 5-3　按钮

5.1.4　熔断器

熔断器是最常用的短路保护电器。熔断器中的熔片（或熔丝）用电阻率较高且熔点较低的合金制成，例如铅锡合金等。在正常工作时，熔断器中的熔丝（或熔片）不应熔断。一旦发生短路，熔断器中的熔丝（或熔片）应立即熔断，及时切断电源，以达到保护线路和电气设备的目的。如图 5-4 所示为三种常用的熔断器及熔断器的图形符号。

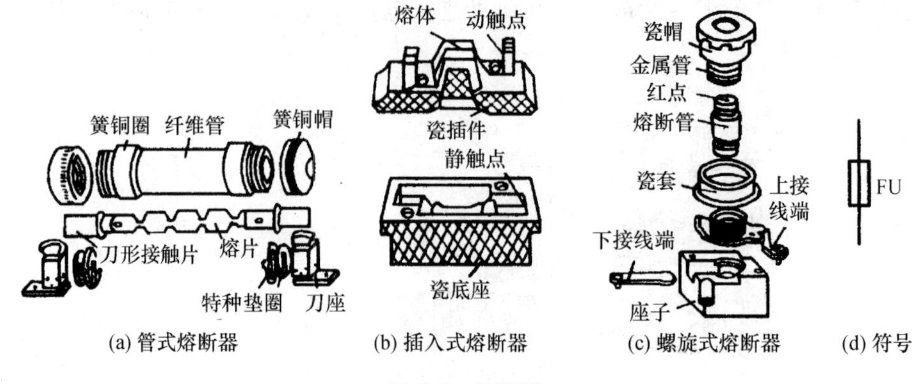

(a) 管式熔断器　(b) 插入式熔断器　(c) 螺旋式熔断器　(d) 符号

图 5-4　熔断器

5.1.5　自动空气开关

自动空气断路器也称空气开关或自动开关，是常用的一种低压保护电器，可实现短路、过载和失（欠）压保护。它的结构形式很多，如图 5-5 所示的是一般原理图。

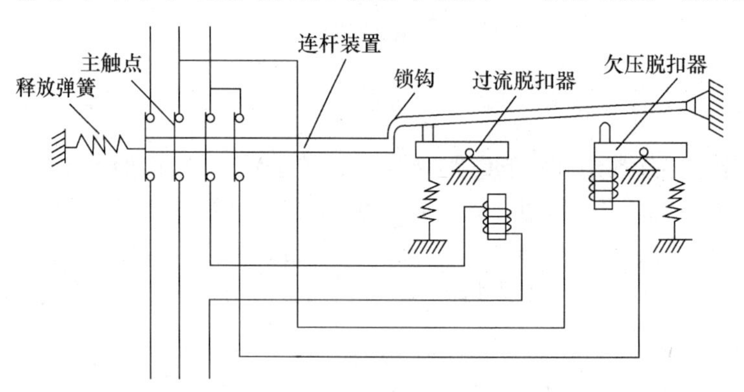

图 5-5　自动空气断路器的原理图

主触点通常是由手动的操作机构来闭合的。开关的脱扣机构是一套连杆装置。当主触点闭合后就被锁钩锁住。如果电路发生故障，脱扣机构就在脱扣器的作用下将锁钩脱开，于是主触点在释放弹簧的作用下迅速分断。脱扣器有过流脱扣器和欠压脱扣器等，它们都是电磁铁装置。在正常情况下，过流脱扣器的衔铁是释放着的；一旦发生严重过载或短路故障时，与主电路串联的线圈（图中只画出一相）就将产生较强的电磁吸力把衔铁往下吸而顶开锁钩，使主触点断开。欠压脱扣器的工作恰恰相反，在电压正常时，吸住衔铁，主触点才得以闭合；一旦电压严重下降或断电时，衔铁就被释放而使主触点断开。当电源电压恢复正常时，必须重新手动合闸后才能工作，实现了失压保护。

5.1.6　交流接触器

交流接触器是一种靠电磁力的作用使触点闭合或断开来接通和断开电动机（或其他电气设备）电路的自动电器。如图 5-6 所示是交流接触器的外形、结构和图形符号。

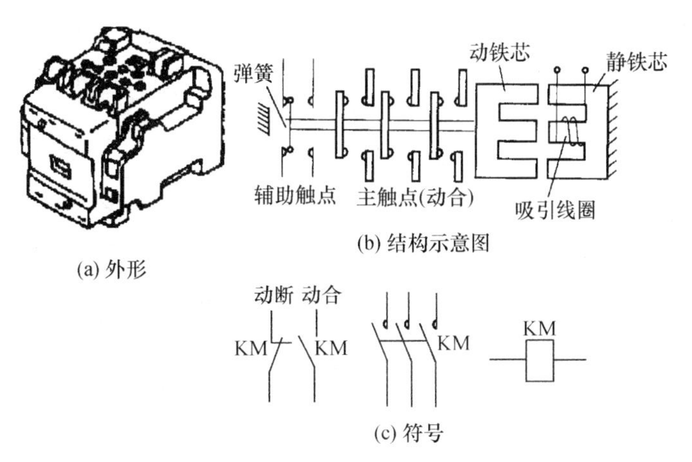

(a) 外形

(b) 结构示意图

(c) 符号

图 5-6　交流接触器

交流接触器电磁铁的铁芯分为静铁芯和动铁芯两部分。静铁芯固定不动，动铁芯与动触点连在一起可以左右移动。当静铁芯的吸引线圈通过额定电流时，静、动铁芯之间产生电磁吸力，动铁芯带动动触点一起右移，使动断触点断开，动合触点闭合；当吸引线圈断电时，电磁力消失，动铁芯在弹簧的作用下带动触点复位。可见利用交流接触器线圈的通电或断电可以控制交流接器触点闭合或断开。

交流接触器的触点分为主触点和辅助触点两种。主触点的接触面积较大，允许通过较大的电流；辅助触点的接触面积较小，只能通过较小的电流（5A 以下）。主触点通常是 3～5 对动合触点，可接在电动机的主电路中。当接触器线圈通电时，主触点闭合，电动机旋转；当接触器线圈断电时，主触点断开，电动机停止。这就是利用线圈中小电流的通、断来控制主电路中大电流的通断。交流接触器的辅助触点通常是两对动合触点和两对动断触点，可以用于控制电路中。

5.1.7　热继电器

热继电器是用来保护电动机使之不过载的保护电器。它是利用膨胀系数不同的双金属片遇热后弯曲变形去推动触点，从而断开控制电路。它主要由发热元件、双金属片、触点及一套传动和调整机构组成，如图 5-7 所示。

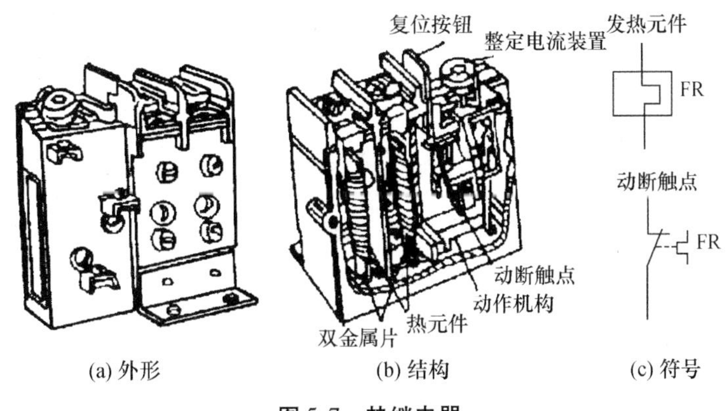

(a) 外形　(b) 结构　(c) 符号

图 5-7　热继电器

由于热惯性，热继电器不能作短路保护。因为发生短路时，我们要求电路立即断开，而热继电器是不能立即动作的。但是这个“热惯性”也是合乎我们要求的，在电动机启动或短时过载时，热继电器不会动作，这可避免电动机的不必要停车。如果热继电器动作后，应排除故障后手动复位。

热继电器的主要技术数据是整定电流（整定值）。所谓整定电流，就是热元件中通过的电流超过此值的20%时，热继电器应当在20 min内动作。根据整定电流选用热继电器，整定电流与电动机的额定电流基本一致。

5.2　笼型异步电动机的直接启动控制线路

对于小容量鼠笼式异步电动机可以进行直接启动。工业中生产机械动作是各种各样的，因而满足这些生产机械动作要求的继电接触器控制电路也是多种多样的，但各种控制电路一般都由主电路和控制电路这两大基本环节按照一定要求连接而成。下面以工业中最常用的鼠笼式异步电动机的控制电路为例，说明继电接触器控制的基本环节及其控制原理。

5.2.1　点动控制

点动控制就是按下启动按钮时电动机转动，松开启动按钮电动机就停止，如图5-8所示。

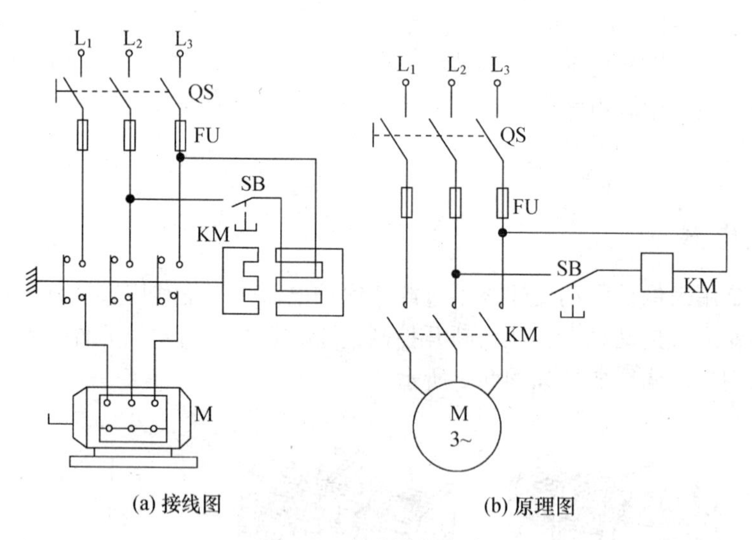

(a) 接线图　　(b) 原理图

图5-8　点动控制电路

当电动机需要点动时，先合上QS，再按下SB，此时接触器的吸引线圈（称线圈）通电，铁芯吸合，于是接触器的三对主触点闭合，电动机与电源接通而运转。当松开SB时，接触器线圈失电，动铁芯在弹簧力作用下释放复位，主触点KM断开，电动机停止。

图5-8（a）是接线图，这种画法不便画图和读图，通常采用规定的图形符号和文字符号把电路画成图5-8（b）那样的原理图。原理图分成两部分，一部分由转换开关（或三相刀闸）QS、熔断器FU、接触器的主动合触点KM和电动机M组成，这是电动机的工作电路，电流较大，称为主电路；另一部分由按钮SB和接触器线圈KM组成，它是控制主电路通或

断的，电流较小，称为控制电路。控制电路通常与主电路共用一个电源，但也有另设电源的。在原理图中，同一电器的各个部件必须采用同一文字符号，如接触器的线圈和触点都用 KM 表示，对复杂的控制电路可把主电路与控制电路分开来画，如龙门刨床，其控制电路非常复杂，为了便于对图纸的晒图、读图、保管、携带，都采用把主电路和控制电路分开。

5.2.2　启、停控制（自锁控制）

大多数生产机械需要连续工作，如水泵、通风机、机床等，如仍采用点动控制电路，则需要操作人员一直按着按钮来工作，这显然不符合生产实际的要求。为了使电动机在按下启动按钮后能保持连续运转，需用接触器的一对辅助动合触点与启动按钮并联，如图 5-9 所示。

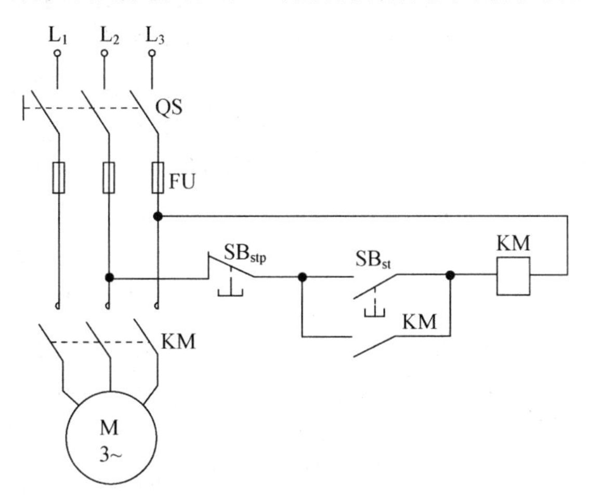

图 5-9　启、停控制电路

此时电路中有两个按钮：启动按钮 SB_{st}（绿色按钮帽）和停止按钮 SB_{stp}（红色按钮帽）。其操作过程如下。

1. 启动操作

合上QS → 按下启动按钮SB_{st} → 接触器线圈KM通电 → 接触器主动合触点闭合 → 电动机M运转
　　　　　　　　　　　　　　　　　　　　　　　　→ 接触器辅助动合触点闭合SB_{st}自锁

这时若松开启动按钮 SB_{st}，由于接触器的辅助动合触点已闭合，它给线圈 KM 提供了另外一条通路，因此松开启动按钮 SB_{st}后线圈仍然保持通电，于是电动机便可连续运行。接触器用自己的辅助动合触点“锁住”自己的线圈电路，这种作用称为“自锁”。此时该触点称为“自锁触点”。

2. 停止操作

按下停止按钮SB_{stp} → 接触器线圈失电 → 主动合触点断开 → 电动机M停止
　　　　　　　　　　　　　　　　　　→ 辅助动合触点断开解除自锁

在图 5-9 所示电路中，开关 QS 作为隔离开关使用，当需要对电动机或电路进行检查、维修时，用它来隔离电源，确保操作人员安全。隔离开关一般不能用于带负载切断或接通电源。启动时应先合上 QS，再按启动按钮 SB_{st}；停止时则应先按下停止按钮 SB_{stp}，再断开 QS。

5.3 笼型异步电动机的正反转控制

在生产机械中往往需要运动部件向正、反两个方向运动。如机床工作台的前进与后退，起重机的提升与下降等，都是由电动机的正、反转实现的。为了实现正反转，我们在学习三相异步电动机的工作原理时已经知道，只要将三相电源中的任意两相对调，改变旋转磁场的方向，即可改变电动机的转向。为此，只要用两个交流接触器就能实现这一要求。

如图 5-10 所示，KM_F 为正转接触器，KM_R 为反转接触器，SB_F 为正转启动按钮，SB_R 为反转启动按钮。正转接触器 KM_F 的三对主动合触点把电动机按相序 L_1—U_1、L_2—V_1、L_3—W_1 与电源相接；反转接触器 KM_R 的三对主动合触点把电动机按相序 L_1—W_1、L_2—V_1、L_3—U_1 与电源相接。显然在反转时，反转接触器 KM_R 把电源的 L_1 和 L_3 对调后加在电动机上，因此主电路能够实现正反转。但从主电路中可以看出，KM_F 和 KM_R 的主动合触点是不允许同时闭合的，否则会发生相间短路。因此正、反两个接触器只能有一个工作，这就是正反转控制电路的约束条件。怎样实现这一约束条件呢？接触器必须把自己的辅助动断触点串入对方的线圈电路中。当正转接触器 KM_F 线圈通电时，其辅助动断触点断开，切断 KM_R 线圈电路，即使按下 SB_R，KM_R 线圈也不会通电。这两个接触器利用各自的辅助动断触点封锁对方的控制电路，称为接触器“互锁”的正反转控制电路。正反转控制电路加入互锁环节后，就能够避免两个接触器同时通电，从而防止了相间短路事故的发生。

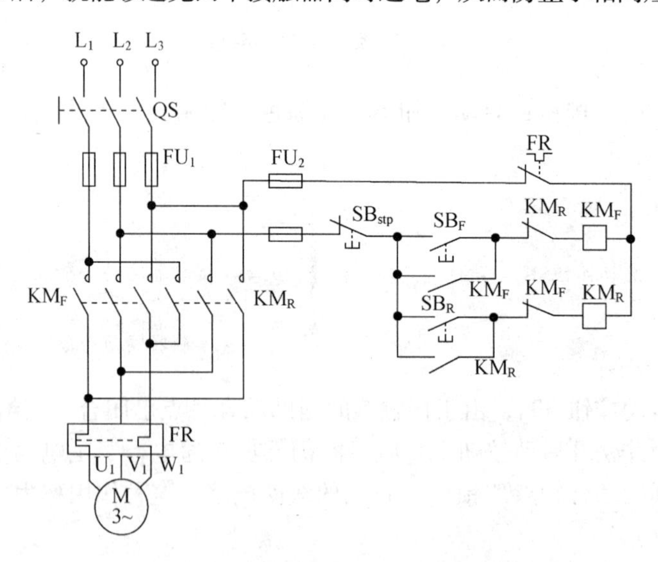

图 5-10 接触器互锁的正反转控制电路

上述电路中，正、反转之间的相互转换必须先按下停止按钮 SB_{stp}。例如由正转到反转时，先按停止按钮 SB_{stp}，令 KM_F 失电，辅助动断触点 KM_R 闭合，然后按下 SB_R，才能使 KM_R 通电，电动机反转。如果不按 SB_{stp} 而直接按 SB_R，将不起作用。反之，由反转改为正也要先按下停止按钮。这种操作方式适用于功率较大的电动机及一些频繁正、反转的电动机。因为电动机如果由正转直接变为反转或由反转直接变为正转时，在换接瞬间，旋转磁场已经反向，而转子由于惯性仍按原方向旋转，转子导体与旋转磁场之间切割速度突然增大，感应电动势和感应电流随之增大，电磁转矩也突然增大，其方向又与旋转磁场方向相反，这时转差率接近于 2，不仅会引起很大的电流冲击，而且会造成相当大机械冲击。如果频繁正、反转还会使热继电器动作，故对功率较大的电动机及一些频繁正、反转的电动机一般应先按停止按钮，待转速下降后再反转。

接触器互锁的正反转控制电路的操作过程如下。

1. 正转操作

合上QS按下正转启动按钮SB_F → KM_F通电
- → KM_F的主动合触点闭合 → 电动机M得电正向运行
- → KM_F的辅助动合触点闭合自锁
- → KM_F的辅助动断触点断开，对KM_R互锁

2. 反转操作

按下停止按钮SB_{stp} → KM_F线圈失电
- → KM_F的主动合触点断开 → 电动机M失电停止
- → KM_F的辅助动断触点闭合，为接通KM_R做准备
- → KM_F的辅助动合触点断开，解除自锁

按下反转启动按钮SB_R → KM_R通电
- → KM_R的主动合触点闭合 → 电动机M得电反向运行
- → KM_R的辅助动合触点闭合自锁
- → KM_R的辅助动断触点断开，对KM_F互锁

由以上分析可以看出，电动机正、反转之间都要操作停止按钮 SB_{stp}。这对于功率较大的电动机是必要的，但是对一些功率较小的允许直接正、反转的电动机而言，就有些繁锁。为此可采用复式按钮互锁的控制电路，这种互锁方式是接触器互锁和按钮互锁结合在一起，如图 5-11 所示。

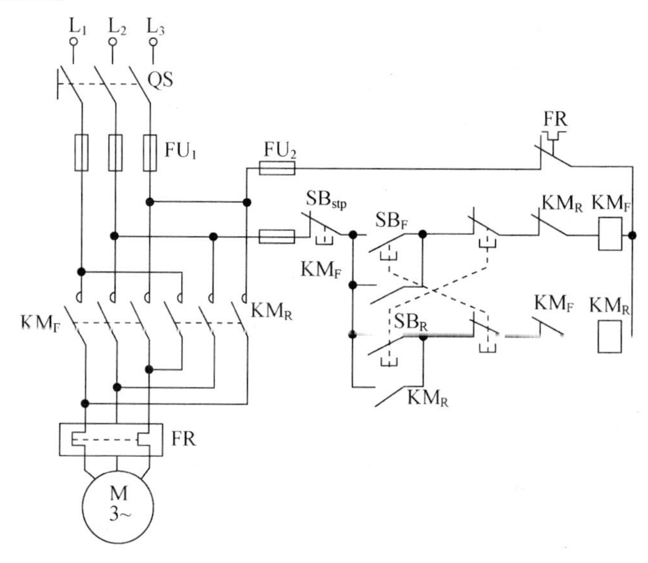

图 5-11　复式按钮互锁的正反转控制电路

当电动机正转时，按下反转按钮 SB_R，它的动断触点断开，使正转接触器线圈 KM_F 失电；同时它的动合触点闭合，使反转接触器线圈 KM_R 通电，于是电动机由正转直接变为反转。同理，当电动机反转时，按 SB_F 可以使电动机直接变为正转，操作快捷方便。

5.4 行程控制

行程控制，就是当运动部件到达一定行程或位置时采用行程开关（又称限位开关）来进行控制。如吊钩上升到达终点时，要求自动停止；龙门刨床的工作台要求在一定的范围内自动往返；等等。这类控制称为行程控制。

5.4.1 行程开关

行程开关又称限位开关，它是利用机械部件的位移来切换电路的自动电器。它的结构和工作原理都与按钮相似，只不过按钮用手按，而行程开关用运动部件上的撞块（挡铁）来撞压。当撞块压着行程开关时，就像按下按钮一样，使其动断触点断开，动合触点闭合；而当撞块离开时，就如同手松开了按钮，靠弹簧作用使触点复位。行程开关有直线式、单滚轮式、双滚轮式等，如图5-12所示，其中双滚轮式行程开关无复位弹簧，不能自动复位，它需要两个方向的撞块来回撞压，才能复位。

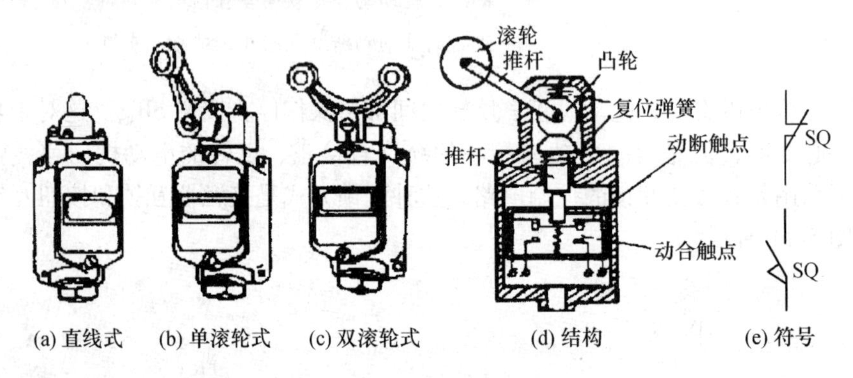

图5-12 行程开关

5.4.2 自动往复行程控制

某些生产机械如万能铣床要求工作台在一定范围内能自动往复运动，以便对工件连续加工。为了实现这种自动往复行程控制，电动机的正、反转是实现工作台自动往复循环的基本环节。控制线路按照行程控制原则，利用生产机械运动的行程位置实现控制，通常采用限位开关。可将行程开关 SQ_F 和 SQ_R 装在机床床身的左右两侧，将撞块装在工作台上，随工作台一起运动。自动循环控制线路如图5-13所示。

当电动机正转带动工作台向右运动到极限位置，撞块a撞到行程开关 SQ_F，一方面使其动断触点断开，使电动机先停转；另一方面也使其动合触点闭合，相当于自动按下了反转启动按钮 SB_R，使电动机反转带动工作台向左运动。这时撞块a离开行程开关 SQ_F，其触点自动复位。由于接触器 KM_R 自锁，故电动机继续带动工作台左移，当移动到左面极限位置时，撞块b撞到行程开关SQ_R，一方面使其动断触点断开，使电动机先停转；另一方面其动合触点又闭合，相当于按下正转启动按钮SB_F，使电动机正转带动工作台右移。如此往复不已，直到按下停止按钮SB_{stp}电动机才会停止。

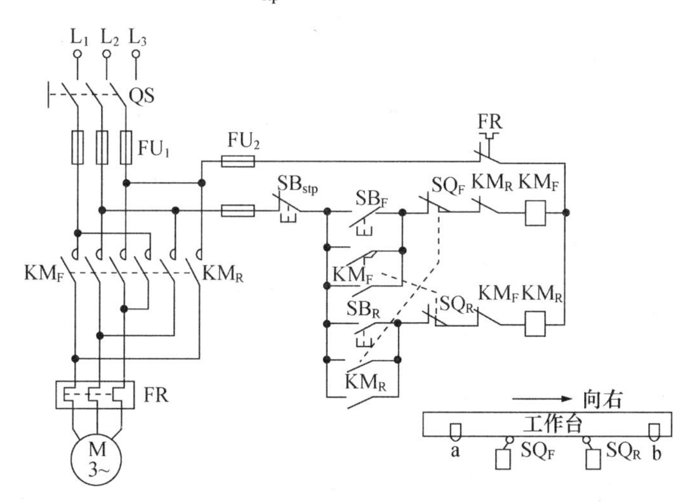

图5-13　自动往返行程控制电路

5.5　时间控制

时间控制就是利用时间继电器进行延时控制。在生产中经常需要按一定的时间间隔来对生产机械进行控制，如电动机的降压启动需要一定的延时时间，然后才能加上额定电压；在一条生产线中的多台电动机，需要分批启动，在第一批电动机启动后，需经过一定延时时间，才能启动第二批电动机。这类控制称为时间控制。

5.5.1　时间继电器

时间继电器是按照所整定时间间隔的长短来切换电路的自动电器，它的种类很多，常用的有空气式、电子式等。空气式时间继电器的延时范围大，有0.4～60 s和0.4～180 s两种，结构简单，但准确度较差。如图5-14所示为JS7-A型空气式时间继电器，它是利用空气的阻尼作用而获得动作延时的。

当线圈通电时，动铁芯就被吸下，使铁芯与活塞杆之间有一段距离，在释放弹簧的作用下，活塞杆就向下移动。由于在活塞上固定有一层橡皮膜，因此当活塞向下移动时，橡皮膜上方空气变稀薄，压力减小，而下方的压力加大，从而限制了活塞杆下移的速度。只有当空气从进气孔进入时，活塞杆才能继续下移，直至压下杠杆，使微动开关动作。可是，从线圈通电开始到触点（微动开关）动作需经过一段时间，此即时间继电器的延时时间。旋转调节螺钉，改变进气孔的大小，就可以调节延时时间的长短。线圈断电后复位弹簧使橡皮膜上升，空气从单向排气孔迅速排出，不产生延时作用。这类时间继电器称为通电延时式继电器，它有两对通电延时触点，一对是动合触点，一对是动断触点，此外还装设一个具有两对瞬时动作触点的微动开关。该空气式时间继电器经过适当改装后，还可成为断电延时式继电器，即通电时它的触点瞬时动作，而断电时要经过一段时间它的触点才复位。时间继电器的符号如图5-15所示。

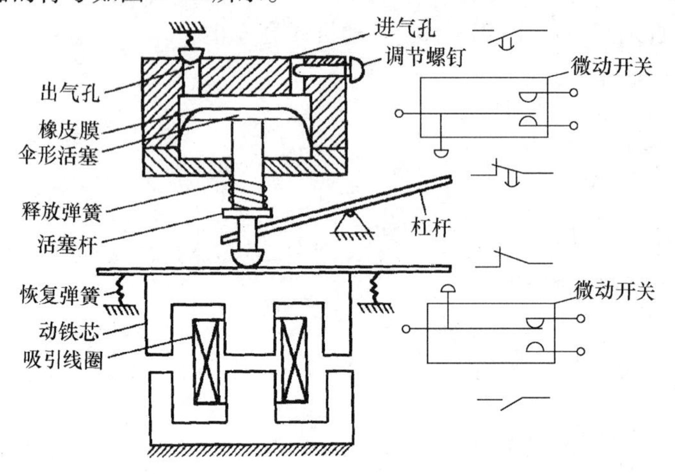

图5-14　JS7-A型空气式时间继电器

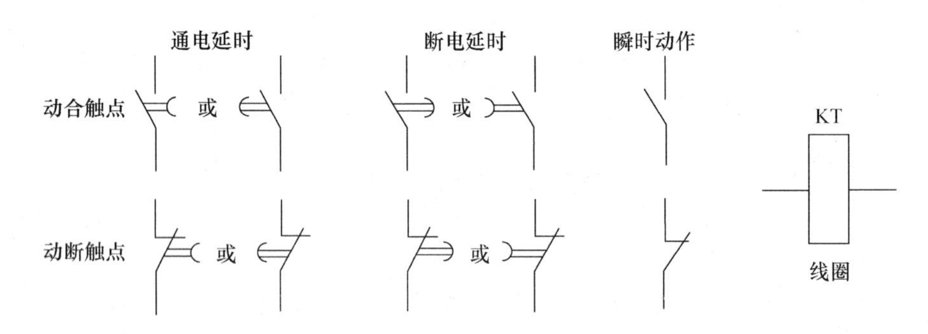

图5-15　时间继电器的线圈及触点符号

5.5.2　笼型异步电动机的Y-△换接启动控制

对于正常运行时为△形连接的电动机，可在启动时接成Y形，以减小启动电流，待转速上升后再换接成△形，投入正常运行。控制电路如图5-16所示，图中KM、KM_Y、$KM_\triangle$是交流接触，KT是时间继电器，操作过程如下。

启动时：

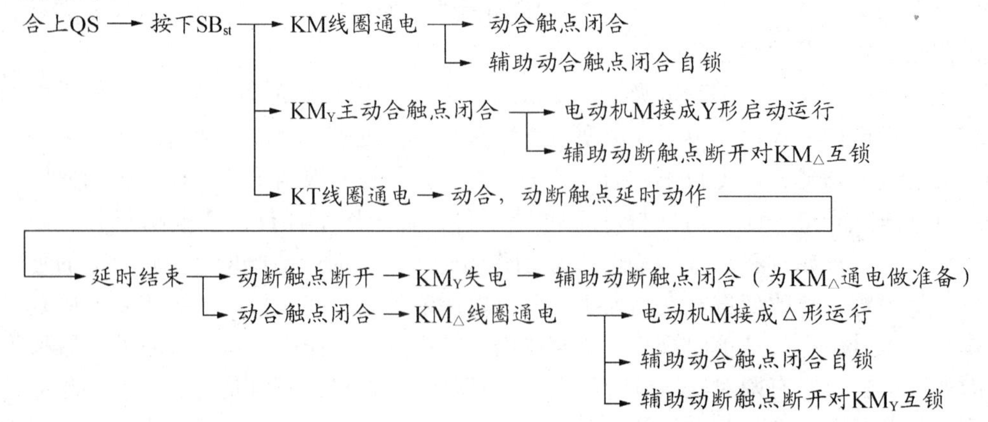

停止时：按下 SB_{stp}，使 KM 和 $KM_{\triangle}$ 线圈失电，主动合触点断开，电动机 M 失电停止。在 Y-△启动中，KM_Y 和 $KM_{\triangle}$ 也要有一定的约束条件，读者可自行分析。

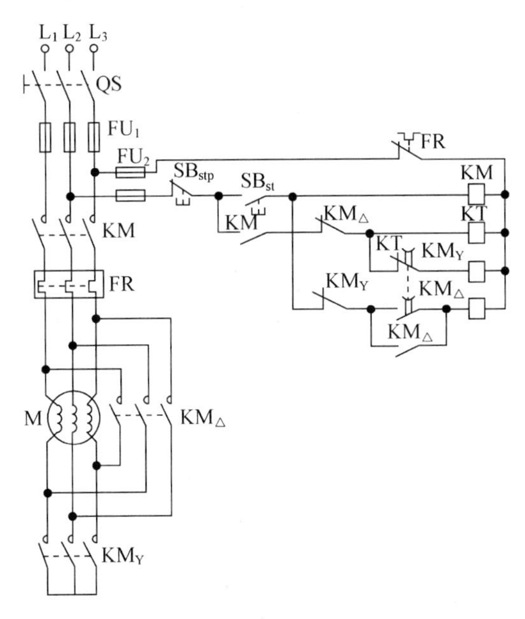

图 5-16　Y-△换接启动电路

5.6　速 度 控 制

某些电动机的控制电路需要速度接通或断开某些控制电路，如三相异步电动机的反接制动，这就需采用速度继电器来实现延时控制。

5.6.1　速度继电器

速度继电器是利用转轴的一定转速来切换电路的自动电器，如图 5-17 所示，它的工作原理与鼠笼式异步电动机相似。转子是一块永久磁铁，与电动机或机械转轴连在一起，随轴一起转动。它的外边有一个可转动一定角度的外杯，有鼠笼式绕组。当转轴带动永久磁铁旋转时，定子外杯中的鼠笼式转子绕组因切割磁力线而产生感应电动势和电流，该电流在转子磁场作用下产生电磁力和电磁转矩，使定子外杯随转子转动一个角度。如果永久磁铁逆时针方向转动，则定子外杯带动摆杆靠向右边，使右边的动断触点断开，动合触点闭合；当永久磁铁顺时针方向旋转时，使左边的触点动作，当电动机转速较低时（一般低于 100 r/min），触点复位。

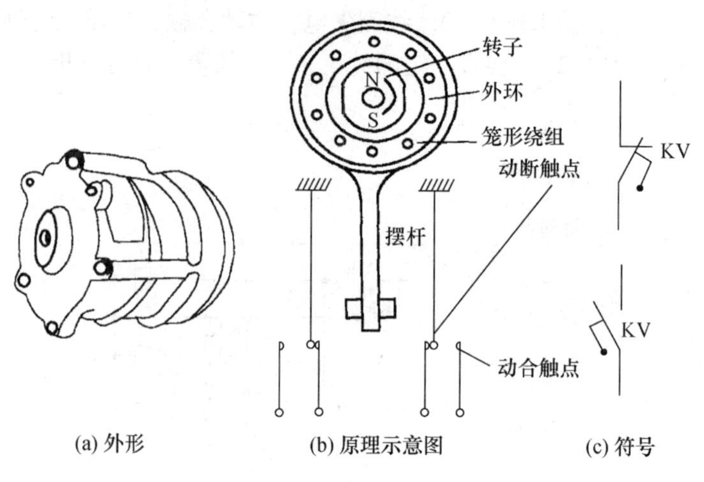

(a) 外形　　(b) 原理示意图　　(c) 符号

图 5-17　速度继电器

5.6.2　笼型异步电动机反接制动控制电路

如图 5-18 所示为鼠笼式异步电动机单向直接启动反接制动控制电路。在反接制动中，为了减小制动电流，在 KM_R 主动合触点电路中串入对称电阻 R（相等的电阻），其操作过程如下：

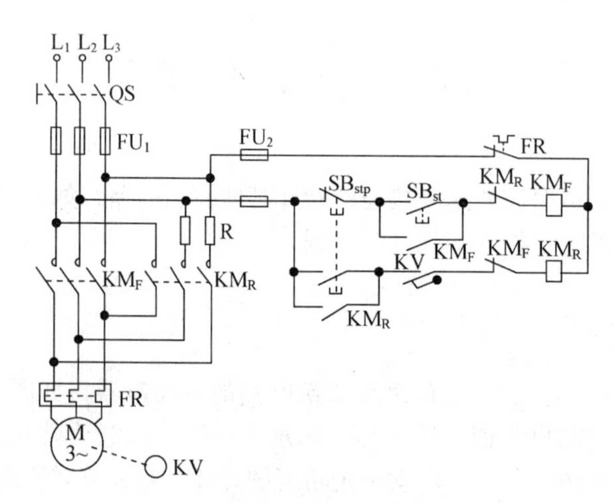

图 5-18　反接制动控制电路

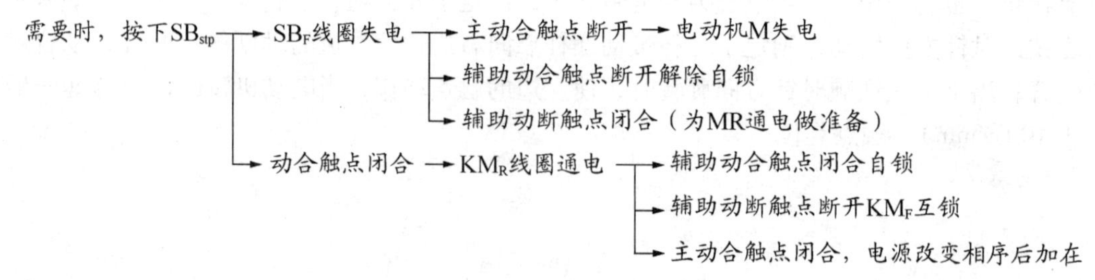

电动机 M 上开始制动→当转速低于 100 r/min 时→KV 断开→KM_R 失电→电动机 M 停止

5.7　连 锁 控 制

在多台电动机相互配合完成一定的工作时，这些电动机之间必须有一些约束关系，这些关系在控制电路中称为“连锁”。电动机的连锁一般由接触器的辅助触点在控制电路中的串联或并联来实现，它们是保证生产机械或自动生产线工作可靠的重要措施。下面以两台电动机为例介绍几种常见的连锁方法。

5.7.1　按顺序启动

很多机床在主轴电动机工作之前，必须先启动油泵电动机，使机械系统充分润滑，然后才能启动主轴电动机。如图 5-19 所示，M_1 为油泵电动机应先启动，由接触器 KM_1 控制；M_2 为主轴电动机应后启动，由接触器 KM_2 控制。其操作过程如下。

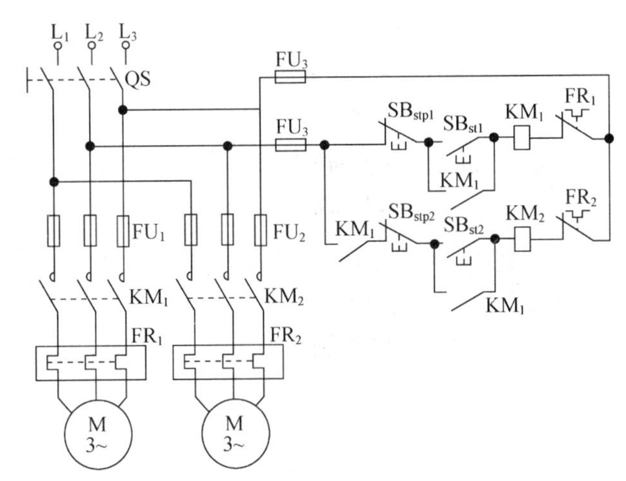

图 5-19　两台电动机按顺序启动的电路

启动时：

按下 SB_{st1} → KM_1 线圈通电 → 主动合触点闭合 → 电动机 M_1 启动运行
　→ 辅助动合触点闭合自锁
　→ 辅助动合触点闭合，为 KM_2 线圈通电做准备

按下 SB_{st2} → KM_2 线圈通电 → 主动合触点闭合 → 电动机 M_2 启动运行
　→ 辅助动合触点闭合自锁

停止时：如果按 SB_{stp1}，则 KM_1 失电，其辅助动合触点断开，使 KM_2 也失电，故 M_1、M_2 同时停车。如果按 SB_{stp2}，则 KM_2 失电，电动机 M_2 单独停车。如果先按下 SB_{t2}，KM_2 不会通电，因此实现了 M_1 先启动，M_2 才能启动，同时停止的要求。实现这种控制方法是把 KM_1 的辅助动断触点与 KM_2 的启动（停止）按钮相串联。

5.7.2　按顺序停止

机床主轴工作时，油泵电动机是不允许停止的，只有当主轴电动机停止后，油泵电动机才能停止，即两台电动机的停止要有先后顺序。如图 5-20 所示是两台电动机同时启动，按顺序先后停转的控制电路（主电路与图 5-19 相同）。

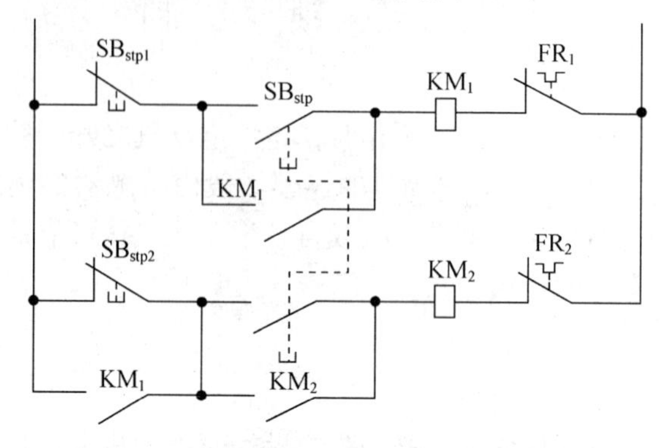

图 5-20　两台电动机按顺序停止的控制电路

其操作过程如下：M_1 为主轴电动机，M_2 为油泵电动机。

启动时：

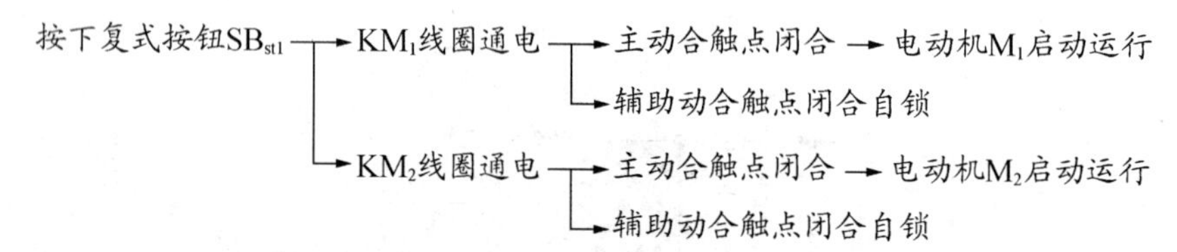

停止时：先按下 SB_{stp1}，切断 KM_1，使电动机 M_1 先停止；然后按下 SB_{stp2}，切断 KM_2，使电动机 M2 再停止。如果先按 SB_{stp2}，由于与其并联的 KM_1 动合触点闭合，则不能使 KM_2 断电，所以无法停止。实现这种连锁控制方法是把 KM_1 的辅助动合触点并联在 M_2 的停止按钮 SB_{stp2} 的两端。

5.8　电气原理图的阅读

电路图习惯上称电气原理图，它是根据电路工作原理绘制的，可用于分析系统的组成和工作原理，并可为寻找故障提供帮助，同时也是编制接线图的依据。

1. 读图的方法与步骤

阅读继电接触器控制原理图时，要掌握以下几点。

（1）分清主电路和控制电路，此外还有信号电路、照明电路等。

（2）电气原理图中，同一电器的不同部件，通常不画在一起，而是画在电路的不同地方，同一电器的不同部件都用相同的文字符号标明。如接触器的主动合触点通常画在主电路中，而线圈和辅助触点通常画在控制电路中，它们都用 KM 表示。

（3）全部触点都按常态给出。对接触器和各种继电器而言，常态是指其线圈未通电时的状态。

在阅读电气原理图以前，必须对控制对象有所了解，尤其对于机械、液压（或气动）、电气配合得比较密切的生产机械的动作过程要了解，单凭电气原理图往往不能完全看懂其控制原理。

阅读电气原理图的步骤：一般先看主电路，再看控制电路，最后看显示及照明等辅助电路。先看主电路有几台电动机，各有什么特点，如是否有正反转，常用什么启动方法，有无调速和制动等；看控制电路时，一般从主电路接触器入手，按动作的先后顺序自上而下一个一个分析，搞清它们的动作条件和作用。控制电路一般都由一些基本环节组成，阅读时可把它们分解出来，便于分析。此外还要看电路中有哪些保护环节。

2. 读图实例

（1）C620-1 型普通车床电气原理图

如图 5-21 所示为 C620-1 型普通车床的电气原理图，它由主电路、控制电路和照明电路三部分组成。

① 阅读主电路

从主电路看 C620-1 型普通车床有两台电动机，即主轴电动 M_1 和冷却泵电动机 M_2，它们都由接触器 KM 直接控制启、停，同时工作，同时停止。如果不需要冷却泵工作时，则可用开关 QS_2 将电源断开。

电动机采用 380 V 交流电源，由电源开关 QS_2 引入，主轴电动机 M_1 用熔断器 FU_1 做短路保护，由热继电器 FR_1 做过载保护；冷却泵电动机 M_2 由熔断器 FU_2 做短路保护，由热继电器 FR_2 做过载保护。M_1、M_2 两台电动机的失压和欠压保护都由接触器 KM 来完成。

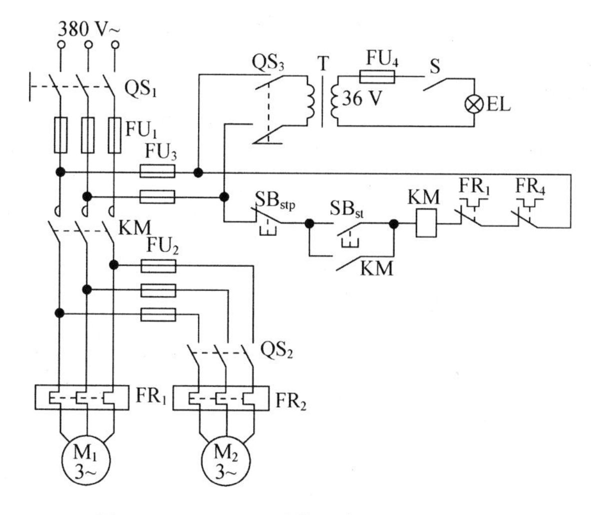

图 5-21　C620-1 型普通车床电气原理图

② 阅读控制电路

两个热继电器 FR_1 和 FR_2 的动断触点串接在控制电路中，无论主轴电动机或冷却泵电动发生过载，都会切断控制电路，使两台电动机同时停止。FU_3 是控制电路的熔断器。

③ 阅读照明电路

照明电路由变压器 B 将 380 V 电压变为 36 V 安全照明电压供照明灯 EL 使用；QS_3 是照明电路的电源开关，S 是照明灯的开关；FU_4 是照明灯电路的熔断器。

（2）抽水机的电气原理图

如图 5-22 所示是抽水机电气原理图，它也由主电路和控制电路两部分组成。

① 阅读主电路

主电路有一台电动机 M_1，它是拖动水泵的电动机，由接触器 KM_1、KM_2 的主动合触点控制。KM_1 为启动接触器，由于该电动机容量较大，故采用串电阻降压启动。当 KM_1 闭合时，串入对称电阻以限制启动电流，KM_2 为运行接触器；当 KM_2 闭合时，电动机与电源直接接通。至于 KM_1 和 KM_2 的动作顺序应看控制电路。电动机和控制电路的短路保护分别由熔断器 FU_1 和 FU_2 完成，电动机过载保护由热继电器 FR 完成失压和欠压保护由接触器完成。

② 阅读控制电路

控制电路有接触器 KM_1、KM_2 和时间继电器 KT 三条回路。接触器 KM_1 和时间继电器 KT 由按钮 SB_{st} 控制，接触器 KM_2 则由时间继电器 KT 的延时闭合的动合触点控制。其操作过程如下。

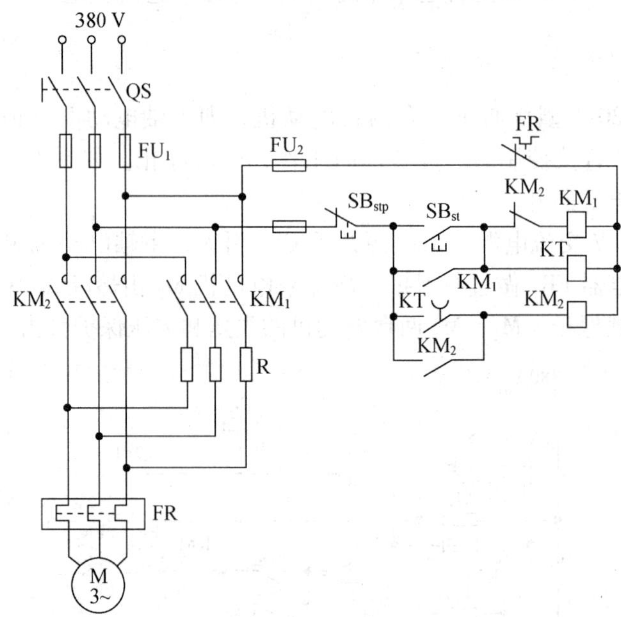

图 5-22　抽水机的电气原理图

启动时：

合上QS → 按下 SB_{st} → KM_1线圈通电 ┬→ 主动合触点闭合 → 电动机M串入电阻R启动
└→ 辅助动合触点闭合自锁 → KT线圈通电（开始延时）→ 延时结束 → KT动合触点闭合 → KM_2线圈通电 ┬→ 主动合触点闭合 ┬→ R被短路（切除）
└→ 电动机M运行
├→ KM_2辅助动合触点闭合自锁
└→ KM_2辅助动断触点断开 → KM_1、KT线圈失电

停止时：

按下 SB_{stp} → KM_2线圈失电 ┬→ 主动合触点断开，电动机停止
├→ 辅助动合触点断开，解除自锁
└→ 辅助动断触点断开，为下次启动做准备

通过以上分析可知，水泵电动机先是 KM_1 通电，电动机串入电阻 R 启动，这时 R 上有

一定的电压降，使加在电动机定子绕组上的电压降低，从而减少了启动电流。经过一定时间的延时后，KM_2 通电，再将电动机直接与电源接通，使电动机在额定电压下正常运行。电动机进入正常运行状态后，KM_1、KT 都不起作用了，故将其断电以节约电能。这是一种简单的降压启动方法，其缺点是启动时电阻 R 上要消耗一定的电能，常用于不频繁启动的场合。

习　　题

一、填空题

1. 熔断器在电路中起（　　）保护作用，热继电器在电路中起（　　）保护作用，接触器具有（　　）保护和（　　）保护作用，这三种保护功能均有的电器是（　　）。

2. 笼型异步电动机采用（　　）换接启动，其中启动时采用（　　）接法，达到额定转速后采用（　　）接法，换接是通过（　　）实现的。

3. 行程开关的文字符号是（　　），它主要用在（　　）控制中；时间继电器的文字符号是（　　），它主要用在（　　）控制中；速度继电器的文字符号是（　　），它主要用在（　　）控制中。

4. 自锁是利用接触器（　　）触点，连锁是利用接触器（　　）触点；自锁（　　）联在电路中，连锁（　　）联在电路中。

5. 笼型异步电动机的制动采用（　　）制动控制，其原理是利用改变输入电流的（　　）。

二、判断题

（　　）1. 只要电路发生过载，热继电器就要工作断开电路。

（　　）2. 时间继电器的触点都是延时动作的。

（　　）3. 电动机在任何情况下都可以采用换接启动控制。

（　　）4. 由于短路时电流也很大，热继电器会工作，因此没必要安装熔断器。

（　　）5. 三相异步电动机空载启动电流小，满载启动电流大。

三、选择题

1. 如图5-23所示控制电路中，在接通电源后将出现的现象是（　　）。

　A. 按一下 SB_2，接触器 KM 自锁　　B. 接触器线圈交替通、断电

　C. 按一下 SB_2，接触器 KM 不吸合　　D. 以上皆错

2. 如图5-24所示控制电路的作用是（　　）。

　A. 按一下 SB_1，KM 通电并连续运行　　B. 按一下 SB_2，KM 通电并连续运行

　C. 按住 SB_1，KM 通电，松开 SB_1，KM 断电　　D. 以上皆错

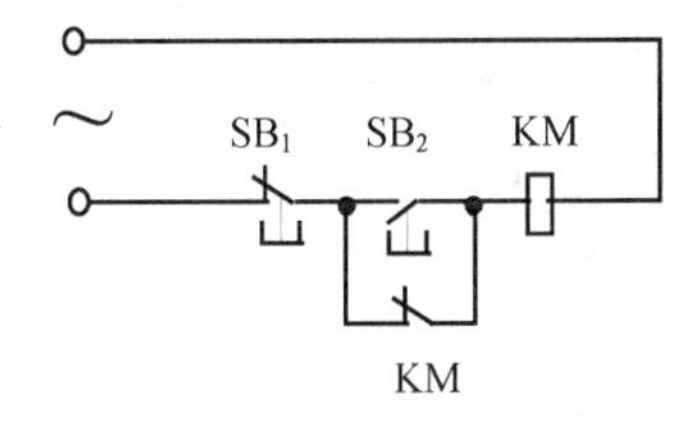

图5-23　选择题1题图

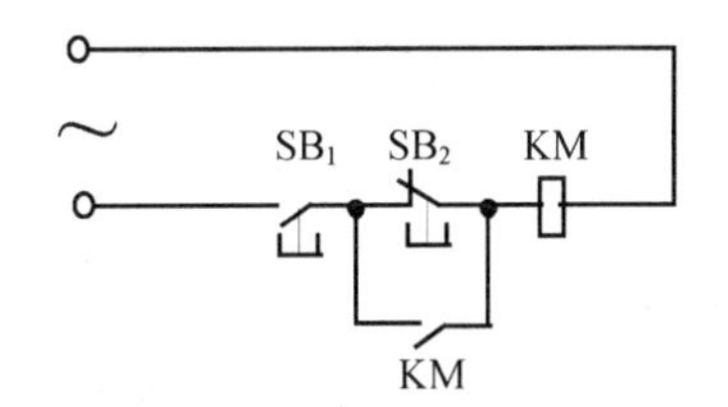

图5-24　选择题2题图

3. 在如图 5-25 所示电路中，SB 是按钮，KM 是接触器，KM_1 控制电动机 M_1，KM_2 控制电动机 M_2，能单独运行的电动机是（　　）。

   A. M_1　　　　B. M_2

   C. 两者都可以　　　　D. 两者都不可以

4. 在如图 5-26 所示的控制电路中，按下 SB_2，则（　　）。

   A. KM_1、KT 和 KM_2 同时通电，按下 SB_1 后经过一定时间 KM_2 断电

   B. KM_1、KT 和 KM_2 同时通电，经过一定时间后 KM_2 断电

   C. KM_1 和 KT 同时通电，经过一定时间后 KM_2 通电

   D. KM_1、KT 和 KM_2 同时通电，按下 SB_1 后经过一定时间 KM_2 通电

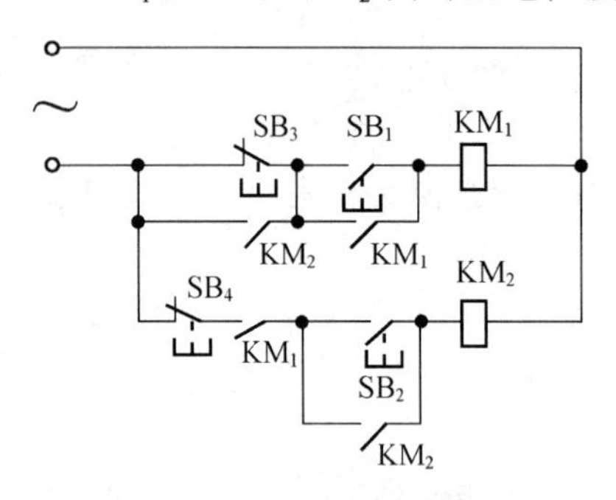

图 5-25　选择题 3 题图

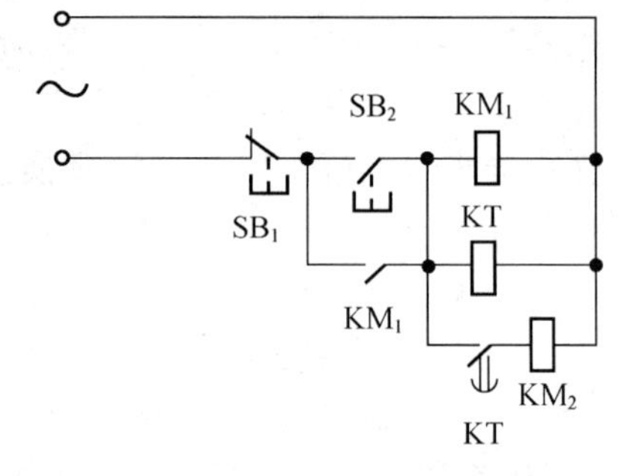

图 5-26　选择题 4 题图

5. 在机床电力拖动中要求油泵电动机启动后主轴电动机才能启动。若用接触器 KM_1 控制油泵电动机，KM_2 控制主轴电动机，则在此控制电路中必须（　　）。

   A. 将 KM_1 的动断触点串入 KM_2 的线圈电路中

   B. 将 KM_2 的动合触点串入 KM_1 的线圈电路中

   C. 将 KM_1 的动合触点串入 KM_2 的线圈电路中

   D. 将 KM_2 的动断触点串入 KM_1 的线圈电路中

四、应用题

1. 如图 5-27 所示为两台异步电动机的直接启动控制电路，试说明其控制功能。

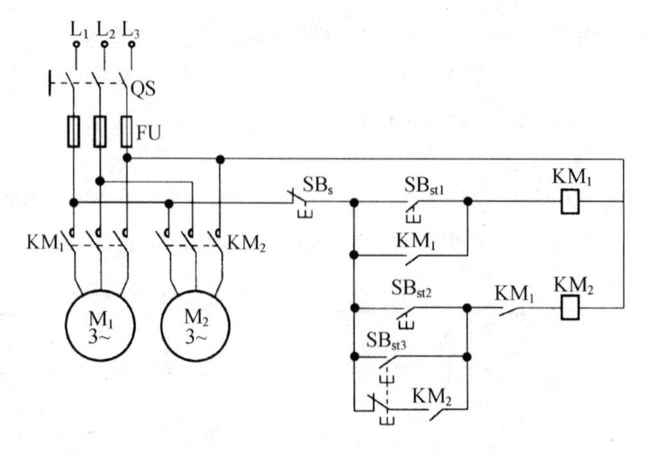

图 5-27　应用题 1 题图

2. 某生产机械由两台鼠笼式异步电动机 M_1、M_2 拖动，要求 M_1 启动后 M_2 才能启动，M_2 停止后 M_1 才能停止。分析图 5-28 所给设计图中有无错误？应如何改正？

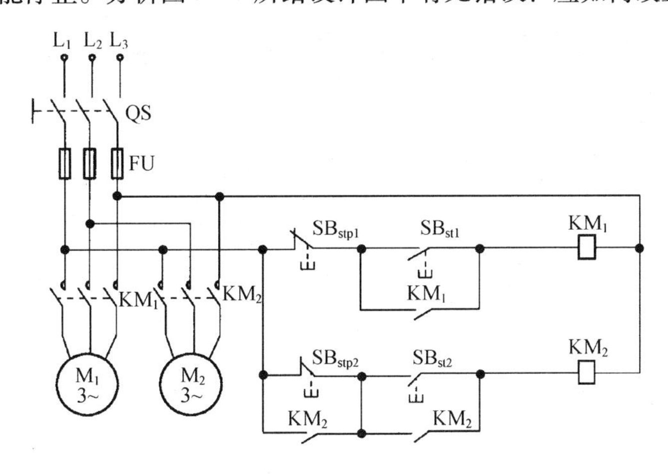

图 5-28　应用题 2 题图

3. 说明如图 5-29 所示制动电磁铁（抱闸）电路的工作原理。

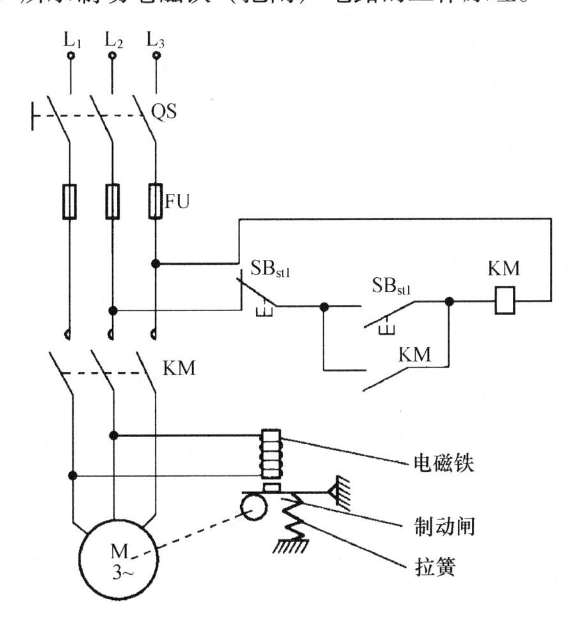

图 5-29　应用题 3 题图

4. 试设计电动机控制运料小车在 A、B 两地自动往返循环运行的继电接触器控制原理图，并说明其控制原理及动作顺序。满足以下要求：

（1）小车启动后，前进到 A 地，然后做以下往复运动：到 A 地后停 2 分钟等待装料，然后自动走向 B；到 B 地后停 2 分钟等待卸料，然后自动走向 A；（2）有过载和短路保护；（3）小车可停在任意位置。

第6章　常用半导体器件

教学目标

- 了解半导体结构及特点；
- 掌握二极管、三极管的特性及应用；
- 了解特殊二极管的主要应用。

半导体器件是组成各种电子电路的基础，也是构成集成电路的基本单元，具有体积小、重量轻、使用寿命长、可靠性高等优点，因而在现代电子技术中得到普遍的应用。其中，使用最广泛的是半导体二极管、三极管。

6.1　二 极 管

6.1.1　半导体概述

1. 本征半导体

导电性能介于导体与绝缘体之间的物质称半导体。常用的半导体有硅和锗，将它们提纯后，其原子结构排列成晶体状，称单晶硅和单晶锗，又称本征半导体。半导体的原子外层都有4个价电子，每个原子的价电子与相邻原子的价电子形成共价键结构，如图6-1所示。具有共价键结构的半导体有下述特点。

（1）共价键上的电子被束缚得较紧，不像自由电子那样活泼。因此，半导体的导电能力不如导体。

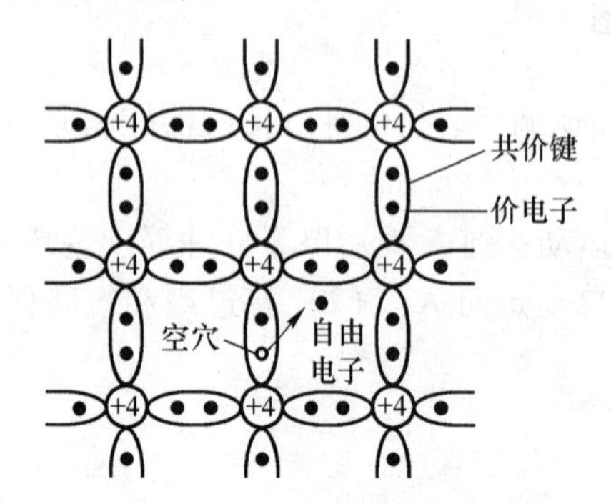

图6-1　半导体内部结构示意图

（2）共价键上的某些电子受外界能量激发（如受热或光照）后，可以挣脱共价键的束缚，成为带负电荷的自由电子，如图6-1所示。自由电子在电场力的作用下，逆着电场方向作定向运动，形成电子流。因此，电子是半导体的载流子之一。

（3）共价键上的电子挣脱束缚成为自由电子后，在其原来位置留下一个空位，称空穴。具有空穴的粒子带正电荷，它对邻近原子共价键上的电子有吸引作用，加上外电场的作用，就会产生共价键上的价电子填补空穴的运动，形成空穴电流。空穴是半导体的载流子之二。

本征半导体中的自由电子和空穴总是成对出现的，同时又不断地复合。在一定温度或光照下，载流子的产生和复合达到动态平衡时，半导体中的自由电子和空穴便维持一定的数目。温度越高或光照越强，载流子数目越多，导电性能也就越好。所以温度或光照对半导体导电性能的影响很大，这就是半导体的热敏和光敏特性。

2. N 型半导体

用特殊工艺在本征半导体中掺入微量五价元素，如磷或砷。这种元素在和半导体原子组成共价键时，就多出一个电子。这个多出来的电子不受共价键的束缚，很容易成为自由电子而导电。这种掺入五价元素，电子为多数载流子，空穴为少数载流子的半导体叫电子型半导体，简称 N 型半导体。

3. P 型半导体

在半导体硅或锗中掺入少量最外层只有 3 个电子的硼元素，和外层电子数是 4 个的硅或锗原子组成共价键时，就自然形成一个空穴，这就使半导体中的空穴载流子增多，导电能力增强。这种掺入三价元素，空穴为多数载流子，而自由电子为少数载流子的半导体叫空穴型半导体，简称 P 型半导体。

6.1.2　PN 结及其单向导电性

1. PN 结的形成

在一块纯净的半导体晶片上，采用特殊的掺杂工艺，在两侧分别掺入三价元素和五价元素。一侧形成 P 型半导体，另一侧形成 N 型半导体，如图 6-2 所示。

P 区的空穴浓度大，会向 N 区扩散，N 区的电子浓度大则向 P 区扩散。这种在浓度差作用下多数载流子的运动称为扩散运动。空穴带正电，电子带负电，这两种载流子在扩散到对方区域后复合而消失，但在结合面的两侧分别留下了不能移动的正负离子，呈现出一个空间电荷区。这个空间电荷区就称为 PN 结，因此 PN 结的形成会产生一个由 N 区指向 P 区的内电场。内电场的产生对 P 区和 N 区间多数载流子的相互扩散运动起阻碍作用。同时，在内电场的作用下，P 区中的少数载流子电子、N 区中的少数载流子空穴会越过交界面向对方区域运动。这种在内电场作用下少数载流子的运动称漂移运动。漂移运动和扩散运动最终会达到动态平衡，PN 结的宽度一定。

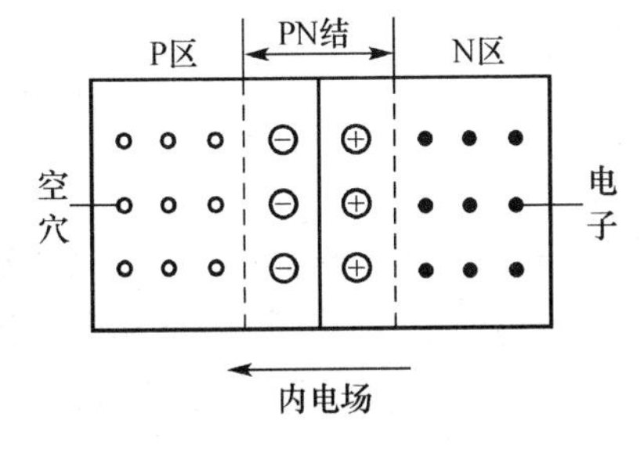

图 6-2　PN 结的形成

2. PN 结的单向导电性

PN 结外加正向电压，即 P 区接电源的正极，N 区接电源的负极，称为 PN 结正偏，如图 6-3（a）所示。外加电压在 PN 结上所形成的外电场与 PN 结内电场的方向相反，相当于削弱了内电场的作用，使 PN 结变窄，破坏了原有的动态平衡，加强了多数载流子的扩散运动，形成较大的正向电流。这时称 PN 结为正向导通状态。

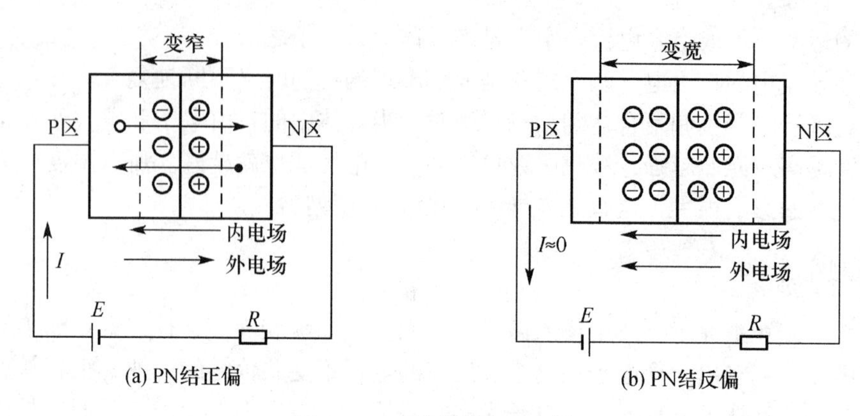

图6-3　PN 结的单向导电性

如果给 PN 结外加反向电压，即 P 区接电源的负极，N 区接电源的正极，则称为 PN 结反偏，如图6-3（b）所示。外加电压在 PN 结上所形成的外电场与 PN 结内电场的方向相同，相当于增强了内电场的作用，使 PN 结变厚，破坏了原有的动态平衡，加强了少数载流子的漂移运动，由于少数载流子的数量很少，所以只有很小的反向电流，一般情况下可以忽略不计。这时称 PN 结为反向截止状态。

综上所述，PN 结正偏（P^+N^-）导通，反偏（P^-N^+）截止，因此它具有单向导电性。这是 PN 结的重要特性，也是制造各种半导体器件的基础。

6.1.3　二极管的结构与类型

从一个 PN 结引出两个电极，再加上外壳封装，就构成一个二极管（D①）。P 区的引出线称为阳极，N 区的引出线称为阴极。常见的外形如图6-4 所示。

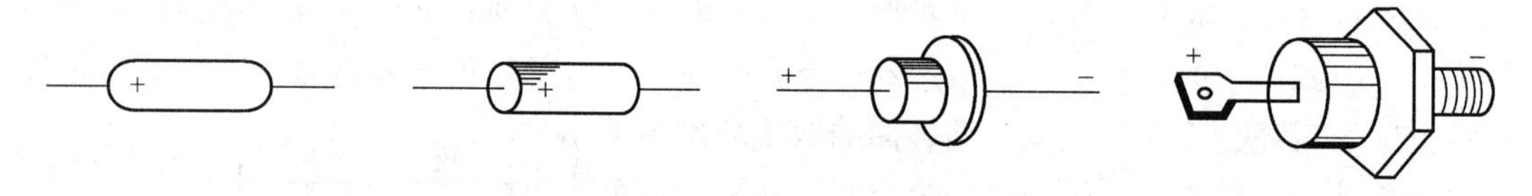

图6-4　二极管的几种外形

按 PN 结接触面的大小，二极管可分为点接触型和面接触型；按制造所用的半导体材料的不同，二极管可分为硅管和锗管；按不同的用途，二极管可分为普通管、整流管和开关管等。其常用类型如图 6-5（a）～（c）所示。有关二极管的命名方法见附录 A。

二极管的符号如图6-5（d）所示，其中的箭头符号表示 PN 结正偏时电流的流向。因为二极管内部就是一个 PN 结，PN 结具有单向导电性，所以二极管也具有单向导电性。

① Diode 的缩写。

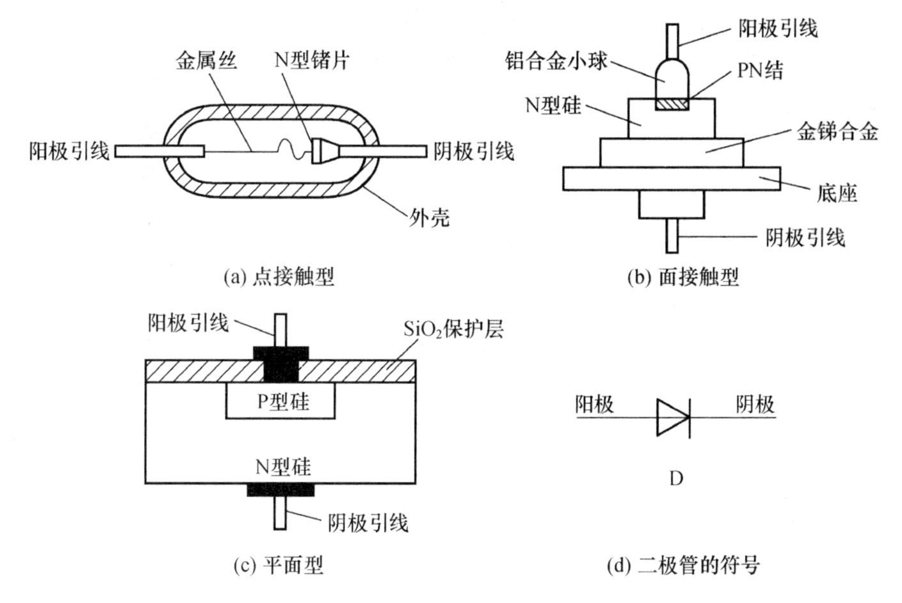

图6-5　半导体二极管常见类型

6.1.4　二极管的伏安特性和主要参数

1. 伏安特性

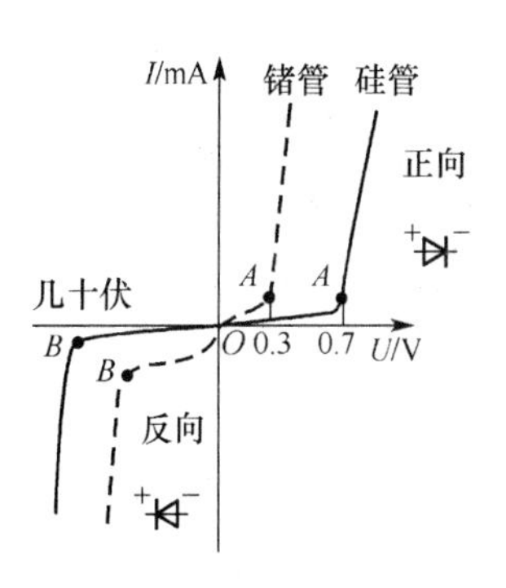

图6-6　二极管的伏安特性

伏安特性是指二极管流过的电流与二极管两端电压之间的关系曲线，如图6-6所示。当二极管承受正偏电压而外加电压还不足以克服内电场的作用时，二极管不能导通，此时二极管中几乎没有电流，如图6-6中的*OA*段。如正偏电压继续增大达到某一数值，PN结内电场被抵消，正向电流急剧增大，二极管导通，一般硅管的导通压降约为0.7 V，锗管的导通压降约为0.3 V。二极管外加正向电压所得到的电压电流关系曲线称为正向特性。

如果二极管外加反向电压，二极管内部的PN结被加宽，只有少数的载流子漂移形成很微弱的反向电流，称为反向饱和电流。硅管的反向饱和电流约几微安，锗管约几百微安，一般情况下忽略不计，二极管反偏截止。但当反偏电压超过某一数值时，二极管就会产生急剧增大的反向电流，如图6-6中的*B*点。原因是外加反向电场过强，使半导体内被共价键束缚的电子被强行拉出，形成自由电子和空穴，大量的电子高速运动又会碰撞出更多的电子并产生更多的空穴，形成更多的载流子。这种反偏导通的现象称为反向击穿，对应的电压称为反向击穿电压。除稳压二极管外，反向击穿都将使二极管损坏。

2. 主要参数

参数是选择和使用二极管的依据，其主要参数如下。

(1) 最大整流电流I_F。I_F是指二极管长时间使用时，允许流过二极管的最大正向平均电流。使用时电流超过I_F，二极管的PN结将因过热而烧断，测其阻值正反向均为无穷大。

（2）最高反向工作电压 U_{RM} 。U_{RM} 是指二极管两端允许施加的最大反向电压，为了安全，一般取反向击穿电压值的1/2，作为最高反向工作电压 U_{RM} 。二极管一旦过压击穿损坏，则其阻值正反向均为零，便会失去单向导电性。

（3）最大反向电流 I_{RM} 。I_{RM} 是指二极管承受最高反向工作电压时的反向电流。这个电流越小，二极管的单向导电性就越好。当温度升高时，I_{RM} 增大。同一型号的二极管，其反向阻值越大，则其反向电流 I_{RM} 就越小。

（4）最高工作频率 f_M 。f_M 是指保证二极管具有良好的单向导电性能的最高工作频率。结电容越大，则 f_M 越低，当工作频率过高时，二极管就会失去单向导电性能。

利用二极管的单向导电性，可实现整流、限幅、钳位、保护、开关等。

6.1.5 二极管的应用

二极管在电子技术中有着广泛的应用，本节介绍几种最基本的应用。

1. 整流电路

整流电路是利用二极管的单向导电作用，将交流电变成脉动直流电的电路。这种方法简单、经济，在日常生活中及电子电路中经常采用。第9章稳压电源中的整流电路就是根据这个原理构成的。下面通过一个简单的演示即可验证二极管的整流作用，电路如图6-7所示。

图6-7（a）中M为3V的直流电动机，其轴头上焊个小风叶，以显示其是否旋转。当开关S在1位时，交流电的正半周二极管导通，负半周二极管截止，所以直流电动机上得到的是只有正半周的直流电，如图6-7（b）所示。由于直流电动机的运转惯性，虽然直流电是脉动的，但直流电动机是连续转动的；当开关S打到2位时，交流电没有经过二极管，而直接加到了直流电动机上，直流电动机不转。

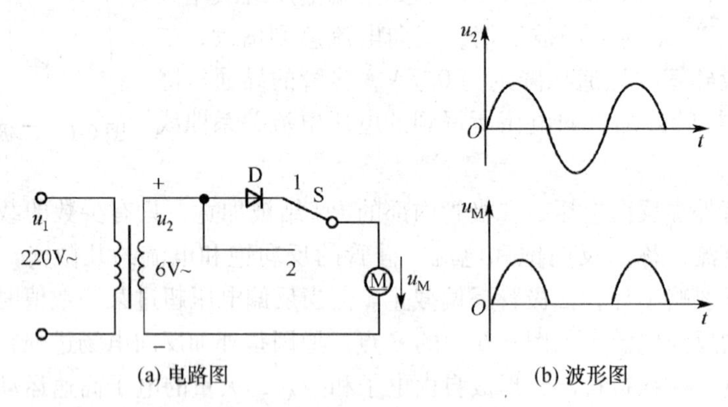

(a) 电路图 (b) 波形图

图6-7 半波整流演示电路

日常使用的电褥子的调温开关的低温挡，实际上就是串入了一个二极管，使电热线上只得到半波整流的电压，使电流减小，从而降低了发热量。

2. 限幅电路

限幅电路是限制输出信号幅度的电路，它在计算机、电视机等很多电子电路中都有应用。如果输入信号幅度变化较大，要使其输出信号限制在一定的范围之内，则可接入限幅电路，如图6-8（a）所示。

为了分析方便起见，忽略二极管的正向压降和反向电流，即设D为理想的二极管。当输入信号 $u_i > E$ 时，二极管正偏导通，输出电压 $u_o = E$，即输出电压正半周幅度被限制为 E 的值，输入电压超出 E 的部分降在电阻 R 上，$u_R = u_i - E$；当 $u_i < E$ 时，二极管反偏截止，电路中电流为零，R 上的压降为零，所以 $u_o = u_i$，波形如图6-8（b）所示。如果要实现双向限幅，则再并入一个D、E 反方向串联的支路即可。

二极管限幅电路还可做保护电路，以保护半导体器件不受过电压的危害。

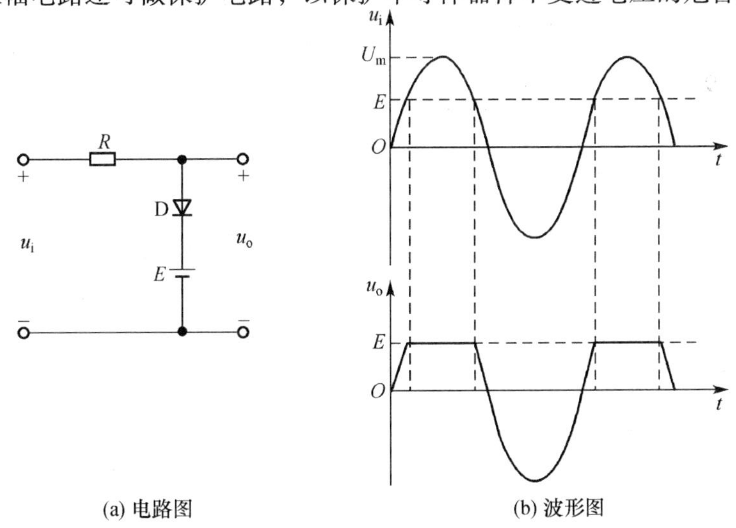

(a) 电路图　　(b) 波形图

图6-8　单相限幅电路

3. 钳位电路

钳位电路是使输出电位钳制在某一数值上保持不变的电路。钳位电路在数字电子技术中的应用最广。如图6-9所示是数字电路中最基本的与门电路，也是钳位电路的一种形式。

设二极管为理想元件，当输入 $V_A = V_B = 3$ V 时，二极管 D_1、D_2 正偏导通，输出被钳制在 V_A 和 V_B 上，即 $V_F = 3$ V；当 $V_A = 0$ V，$V_B = 3$ V，则 D_1 导通，输出被钳制在 $V_F = V_A = 0$ V，D_2 反偏截止。

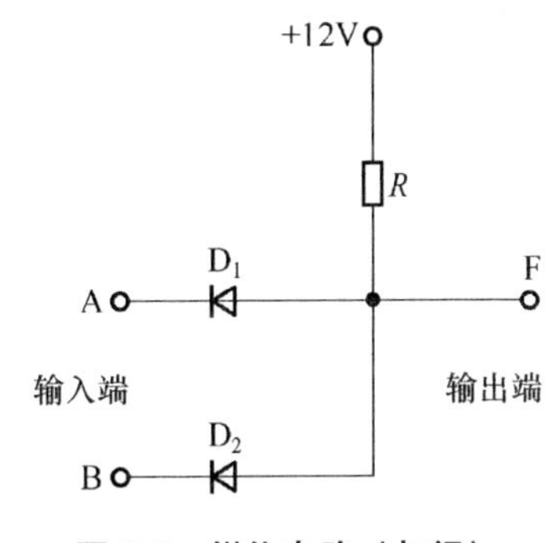

图6-9　钳位电路（与门）

6.1.6　特殊二极管

1. 发光二极管

发光二极管（LED①）是一种将电能转换成光能的特殊二极管，它的外形和符号如图

① 是 Light Emitting Diode 的缩写。

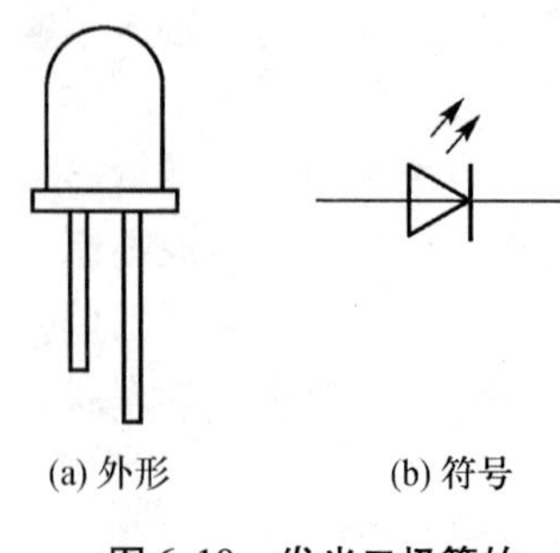

图6-10　发光二极管的外形和符号

6-10所示。在LED的管头上一般都加装了玻璃透镜。

通常制成LED的半导体的掺杂浓度很高，当向管子施加正向电压时，大量的电子和空穴在空间电荷区复合时释放出的能量大部分转换为光能，从而使LED发光。

LED常用半导体砷、磷、镓及其化合物制成，它的发光颜色主要取决于所用的半导体材料，具有单向导电性，通电后不仅能发出红、绿、黄等可见光，也可发出看不见的红外光。使用时必须正向偏置。它工作时只需1.5～3V的正向电压和几毫安的电流就能正常发光。由于LED允许的工作电流小，使用时应串联限流电阻。

如图6-11所示为LED的驱动电路，用于交流驱动时为避免LED承受较高的反向电压，在其两端并联了一个反向接法的二极管D。

LED具有体积小、工作电压低、电流小、发光均匀稳定且亮度较高、响应快以及寿命长等优点。它主要用来做显示器件，除单个使用外，也常做成七段式或矩阵式显示器件。

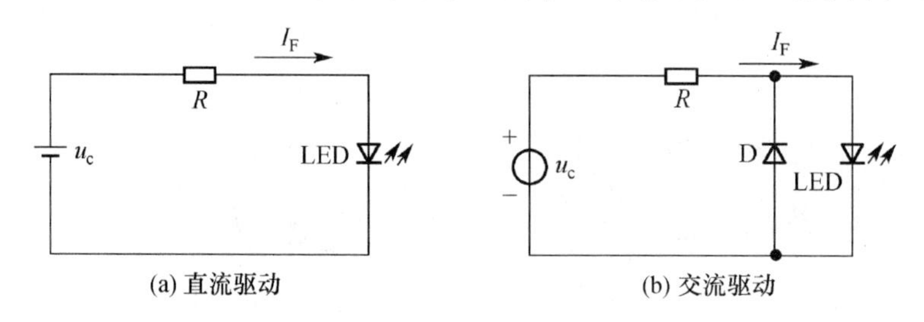

图6-11　LED驱动电路

在日常生活中所见到的热水器电源指示灯、计算机上的电源指示灯等都使用发光二极管。在遥控器上所采用的是红外发光二极管，发出的是不可见的红外光，也是发光二极管的一种类型。

2. 光电二极管

光电二极管又称光敏二极管，是一种将光信号转换为电信号的特殊二极管（受光器件）。

与普通二极管一样，光电二极管的基本结构也是一个PN结。它的管壳上开有一个嵌着玻璃的窗口，以便光线的射入。光电二极管的外形及符号如图6-12所示。

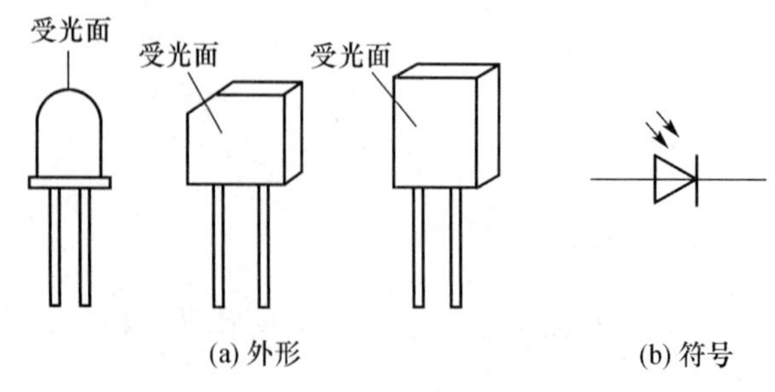

图6-12　光电二极管的外形及符号

光电二极管工作在反向偏置下，无光照时，流过光电二极管的电流（称暗电流）很小；受光照时，产生电子—空穴对（称光生载流子），在反向电压作用下，流过光电二极管的电流（称光电流）明显增强。利用光电二极管制成光电传感器，可以把非电信号转变为电信号，便可实现控制或测量等。

如果把发光二极管和光电二极管组合并封装在一起，则构成二极管型光电耦合器件。光电耦合器可以实现输入和输出电路的电气隔离和实现信号的单方向传递，它常用在数/模电路或计算机控制系统中做接口电路。

3. 稳压二极管

稳压二极管是一种在规定反向电流范围内可以重复击穿的硅平面二极管。它的伏安特性曲线、图形符号及稳压管电路如图 6-13 所示。它的正向伏安特性与普通二极管相同，它的反向伏安特性非常陡直。使用时，它的阴极接外加电压的正极，阳极接外加电压负极，用电阻 R 将流过稳压管的反向击穿电流 I_Z 限制在 I_{Zmin}～I_{Zmax}之间时，稳压管两端的电压 U_Z 几乎不变。利用稳压管的这种特性，就能达到稳压的目的。如图 6-13（c）所示就是稳压管的稳压电路。稳压管 D_Z 与负载 R_L 并联，属并联稳压电路。显然，负载两端的输出电压 U_o 等于稳压管稳定电压 U_Z。其工作原理将在第 9 章详细阐述。

稳压管的主要参数如下。

（1）稳定电压 U_Z。U_Z 是稳压管反向击穿稳定工作的电压。型号不同，U_Z 值就不同，根据需要查手册确定。

（2）稳定电流 I_Z。I_Z 是指稳压管工作的最小电流值。如果电流小于 I_Z，则稳压性能差，甚至失去稳压作用。

（3）动态电阻 r_Z。r_Z 是稳压管在反向击穿工作区，电压的变化量与对应的电流变化量的比值，即 $r_Z = \dfrac{\Delta U_Z}{\Delta I_Z}$。$r_Z$ 越小，稳压性能越好。

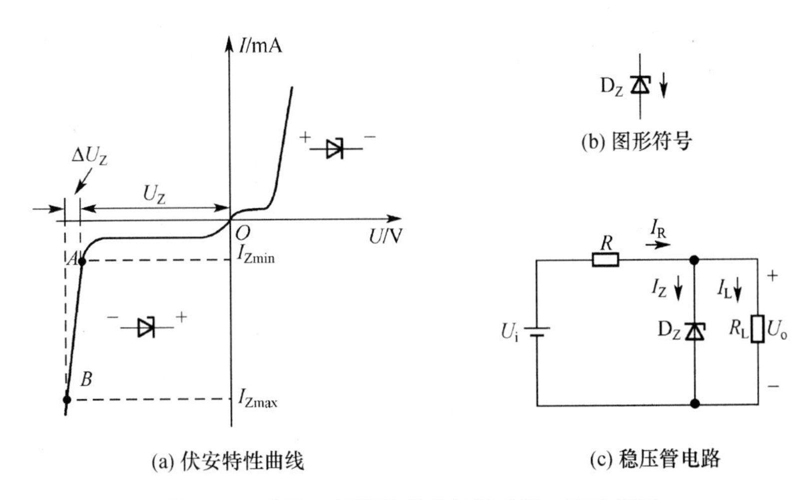

图 6-13　稳压二极管的伏安特性曲线、图形符号

6.2 三极管

三极管（常用BJT[①]表示）是半导体三极管的一种类型，由于它有电子和空穴两种载流子参与导电，故又称为双极型三极管。三极管是电子电路中最基本的电子元件之一，在模拟电子电路中其主要的作用是构成放大电路。

6.2.1 三极管的结构和分类

根据不同的掺杂方式，在同一个硅片上制造出3个掺杂区域，并形成2个PN结，3个区引出3个电极，就构成三极管。采用平面工艺制成的NPN型硅材料三极管的结构示意图如图6-14（a）所示。位于中间的P区称为基区，它很薄且掺杂浓度很低；位于上层的N区是发射区，掺杂浓度最高；位于下层的N区是集电区，因而集电结面积很大。显然，集电区和发射区虽然属于同一类型的掺杂半导体，但不能调换使用。如图6-14（b）所示是NPN型管的结构示意图，基区与集电区相连接的PN结称集电结，基区与发射区相连接的PN结称发射结。由3个区引出的3个电极分别称集电极c、基极b和发射极e。

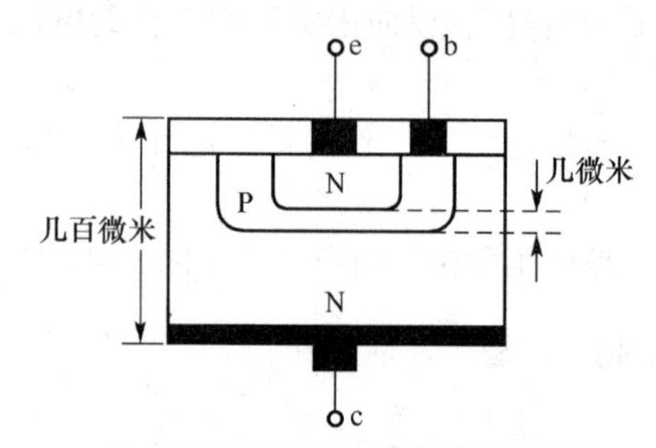

(a) NPN型硅材料二级管的结构示意图

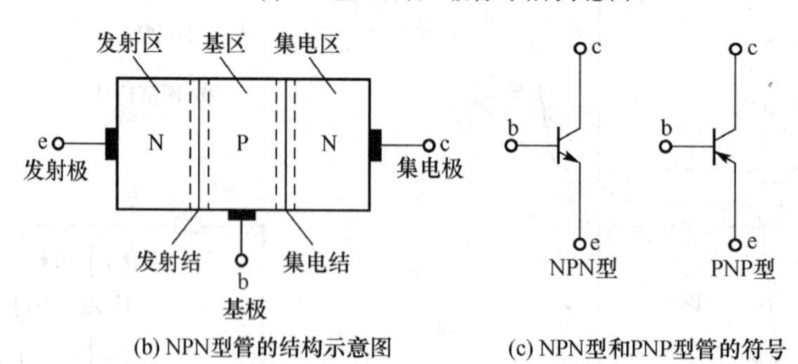

(b) NPN型管的结构示意图　　(c) NPN型和PNP型管的符号

图6-14　三极管的结构和符号

按3个区的组成形式，三极管可分为NPN型和PNP型，如图6-14（c）所示。从符号上区分，NPN型发射极箭头向外，PNP型发射极箭头向里。发射极的箭头方向除了用来区分类型之外，更重要的是表示三极管工作时发射极电流的流动方向。

---

① 是Bipolar Junction Transistor的缩写。

三极管如按所用的半导体材料可分为硅管和锗管；按功率可分为大、中、小功率管；按频率特性可分为低频管和高频管等。常见三极管的类型如图6-15所示。

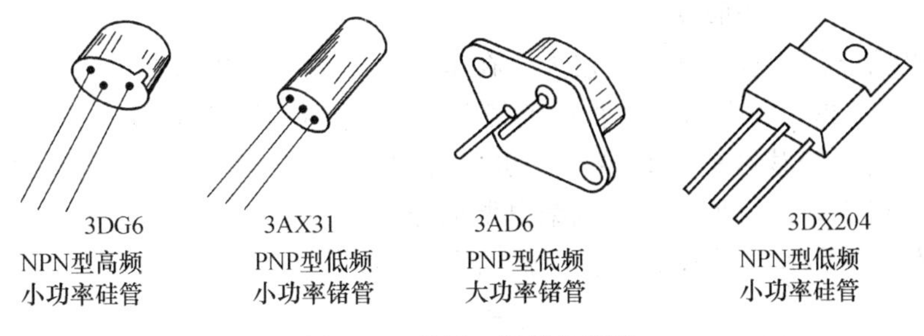

图6-15　常见三极管的类型

6.2.2　电流分配与放大原理

三极管要实现放大作用，其条件是发射结正偏，集电结反偏。如NPN型三极管，$U_{BE}>0$发射结正偏，$U_{CB}>0$集电结反偏；PNP型三极管，$U_{BE}<0$发射结正偏，$U_{CB}<0$集电结反偏。

下面以常用的NPN型三极管为例进行讨论。

如图6-16（a）所示为NPN型三极管放大工作必须提供的外部条件，图6-16（a）中的基极电源V_{BB}使发射结正偏，集电极电源$V_{CC}>V_{BB}$使集电结反偏。三极管内部载流子的运动规律如图6-16（b）所示，图中所画出的载流子的运动方向是电子流方向。下面分析电子流的运动过程及各极电流的形成。

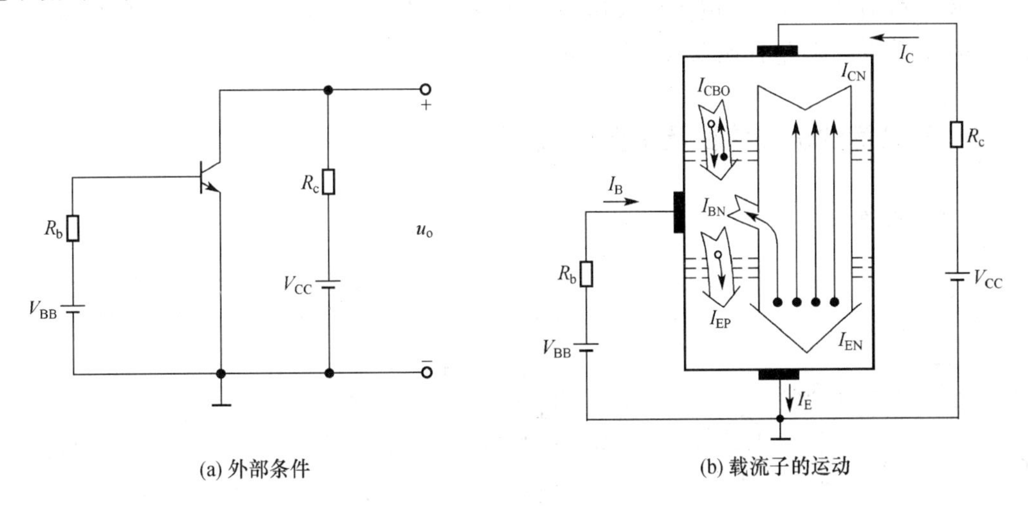

(a) 外部条件　　(b) 载流子的运动

图6-16　电流分配

（1）发射区发射电子形成I_E

发射结正偏，由于发射区掺杂浓度高而产生的大量自由电子，在外场的作用下，被发射到基区。与此同时，空穴也从基区向发射区扩散，但由于基区杂质浓度低，所以空穴形成的电流非常小（I_{EP}），近似分析时可忽略不计。可见扩散运动形成了发射极电流I_E，I_E的方向与电子流方向相反。

（2）基区复合电子形成I_B

发射区发射到基区的大量电子有很少一部分与基区中的空穴复合，大部分达到集电结附近。又因电源 V_{BB} 的作用，电子与空穴的复合运动将源源不断地进行，形成基极电流 I_B。

（3）集电区收集电子形成 I_C

由于集电结反偏，且其结面积很大，在基区没有被复合掉的大量的电子，在外加强电场 V_{CC} 的作用下越过集电结，被收集到集电区，并流向集电极电源正极形成漂移电流。与此同时，集电区与基区的少数载流子也参与漂移运动（I_{CBO}），但它的数量很小，近似分析中可忽略不计。可见，在集电结电源的作用下，漂移运动形成集电极电流 I_C。

从外部看，根据 KCL 定律，3 个电流之间的关系为

$$I_E = I_B + I_C \tag{6-1}$$

如果发射结正偏电压 U_{BE} 增大，发射区发射的载流子增多，I_B、I_C 和 I_E 都相应地增大。

通过实验可以验证：改变 U_{BE} 时 I_C 与 I_B 几乎是按一定的比例变化。其比值定义为 $\bar{\beta}$，称为三极管的直流电流放大系数，一般在几十至上百倍。

$$\bar{\beta} = \frac{I_C}{I_B} \tag{6-2}$$

则有

$$I_C = \bar{\beta} I_B \tag{6-3}$$

$$I_E = I_B + I_C = I_B + \bar{\beta} I_B = (1 + \bar{\beta}) I_B \tag{6-4}$$

从式（6-3）和式（6-4）可见，当 I_B 有很小的变化时，就会导致 I_C 及 I_E 有较大的变化，这就是所谓的三极管的电流放大作用。这种放大作用的实质是一种电流的控制作用，即以很小的基极电流 I_B 控制较大的集电极电流 I_C。

6.2.3 三极管的伏安特性及主要参数

1. 伏安特性

三极管的伏安特性是指各电极间电压与电流的关系曲线，它是分析三极管放大电路的重要依据。伏安特性可用晶体管图示仪测出，也可以通过实验的方法测得。下面以常用的 NPN 型管共发射极放大电路为例来讨论。实验电路如图 6-17 所示。

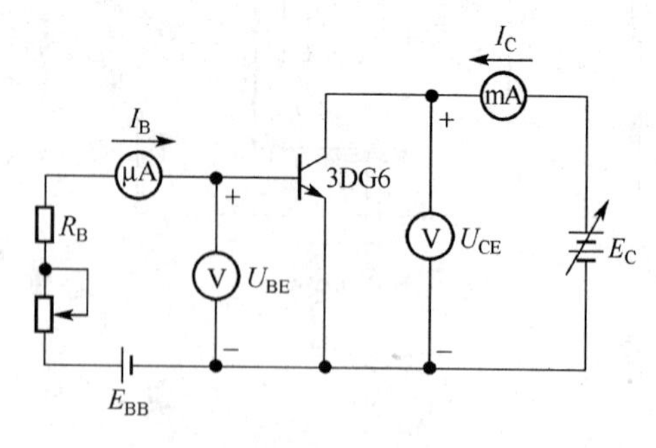

图 6-17 伏安特性测试电路

（1）输入特性

输入特性是指在集射极之间的电压 U_{CE} 为常数时，基极电流 I_B 与基射极之间的电压 U_{BE} 的关系曲线 $I_B = f(U_{BE})$。如图 6-18（a）所示为在 $U_{CE} \geq 1$ V 时测得的硅管的输入特性曲线。

当 $U_{CE} \geq 1$ V 时，集电结反偏，三极管可以工作在放大区，I_B 由 U_{BE} 确定。它和二极管的伏安特性曲线基本相同，也有一段死区，只有 U_{BE} 大于死区电压，才有电流 I_B，三极管才工作在放大区。在放大区，硅管的发射结压降 U_{BE} 一般取 0.6～0.7 V，锗管的发射结压

降 U_{BE}一般取0.2～0.3 V。

（2）输出特性

输出特性是指在基极电流 I_B 为常数时，集电极电流 I_C 与集射极电压 U_{CE}之间的关系曲线 $I_C=f(U_{CE})$，如图6-18（b）所示。输出特性曲线可分为3个区，也就是三极管的3种工作状态。

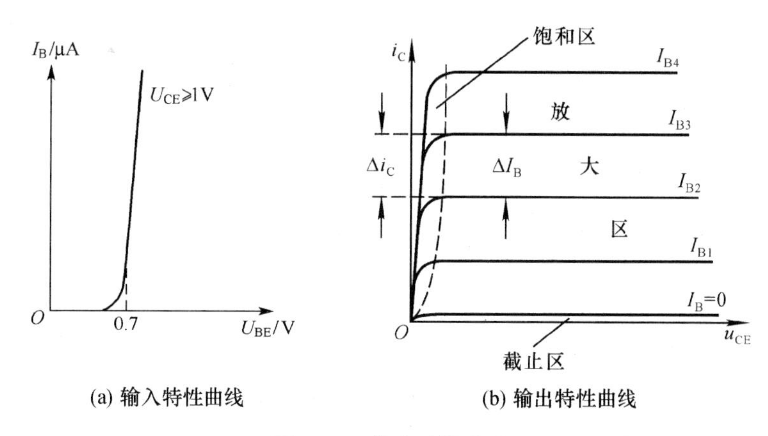

图6-18　伏安特性曲线

① 放大区

输出特性曲线近似于水平的部分称为放大区。三极管工作在放大区的条件是发射结正偏，集电结反偏，特点是 $I_C=\bar{\beta} I_B$。在放大区，当发射结电压 U_{BE}一定时，I_B 为定值，发射区到基区的电子数也是定值，当 $U_{CE}\geqslant 1$ V 时集电结反偏，足以把基区没有复合的电子全部收集到集电极，所以 U_{CE}再增加已没有更多的载流子参与导电。因此，在放大区 I_C 仅由 I_B 决定。

② 饱和区

$u_{CE}=u_{BE}$是饱和区和放大区的的分界，虚线以左的区域为饱和区。三极管工作在饱和区的条件是两个PN结均正偏，特点是集电极与发射极之间的压降很小，$U_{CE}\leqslant 1$ V，有 I_B 和 I_C，但 $I_C\neq\bar{\beta} I_B$。I_C 已不受 I_B 控制，无放大作用。饱和时的 u_{CE} 称饱和管压降，用 U_{CES} 表示，估算时，小功率硅管约0.3 V，锗管约为为0.1 V。由于饱和时 $u_{CE}\approx 0$ V，三极管可以当作闭合的开关。

③ 截止区

$I_B=0$ 曲线以下的区域称为截止区。三极管处于截止区的条件是两个PN结均反偏，特点是 $I_B=0$、$I_C=I_{CEO}\approx 0$，对NPN硅管而言，$U_{BE}\leqslant 0.5$ 时已开始截止，但是为了可靠截止，常使 $U_{BE}\leqslant 0$。这时的三极管相当于一个断开的开关。

【例6.1】　在三极管放大电路中，用直流电压表测得某三极管3个电极的电位分别是：$V_1=-4$ V，$V_2=-1.2$ V，$V_3=-1.4$ V，试判断三极管的类型、制造材料及电极。

【解】　三极管在正常放大状态时，3个电极的电位有如下特点。

（1）NPN管中 $V_C>V_B>V_E$，PNP管中 $V_C<V_B<V_E$；由此，可确定三极管的类型，并知3个电极的电位中间值为b极（基极）。

（2）不同材料的管子，正向偏置的发射结电压不同，NPN硅管的 $U_{BE}\approx 0.7$ V，PNP锗管的 $U_{BE}\approx -0.2$ V，由此可确定三极管的制造材料，并确定管子的e极（发射极）。

本例中 $V_1<V_2<V_3$，且 $V_3-V_2=-1.4-(-1.2)=-0.2$(V)，故可知该三极管为锗

材料 PNP 型三极管，1 脚为 c 极，3 脚为 b 极，2 脚为 e 极。

2. 主要参数及使用常识

三极管的参数是选择和使用三极管的重要依据。三极管的参数可分为性能参数和极限参数两大类。值得注意的是，由于制造工艺的离散性，即使同一型号规格的管子，参数也不完全相同。

（1）电流放大系数 $\bar{\beta}$ 和 β

$\bar{\beta}$ 是三极管共射连接时的直流放大系数，$\bar{\beta}=\dfrac{I_C}{I_B}$。

β 是三极管共射连接时的交流放大系数，它是集电极电流变化量 ΔI_C 与基极电流 ΔI_B 的比值，即 $\beta=\Delta I_C/\Delta I_B$。$\beta$ 和 $\bar{\beta}$ 在数值上相差很小，一般情况下可以互相代替使用。

电流放大系数是衡量三极管电流放大能力的参数。但是 β 值过大热稳定性差，做放大用 β 一般取 80 左右为宜。

（2）穿透电流 I_{CEO}

I_{CEO} 是当三极管基极开路即 $I_B=0$ 时，集电极与发射极之间的电流。它受温度的影响很大，I_{CEO} 小，管子的温度稳定性好。

（3）集电极最大允许电流 I_{CM}

三极管的集电极电流 I_C 增大时，其 β 值将减小，当由于 I_C 的增加使 β 值下降到正常值的 2/3 时的集电极电流，称为集电极最大允许电流 I_{CM}。

（4）集电极最大允许耗散功率 P_{CM}

P_{CM} 是三极管集电结上允许的最大功率损耗，如果集电极耗散功率 $P_C>P_{CM}$ 将烧坏三极管。对于功率较大的管子，应加装散热器。集电极耗散功率

$$P_C=U_{CE}I_C \tag{6-5}$$

（5）反向击穿电压 $U_{(BR)CEO}$

$U_{(BR)CEO}$ 是三极管基极开路时，集射极之间的最大允许电压。当集射极之间的电压大于此值，三极管将被击穿损坏。

三极管的主要应用分为两个方面：一是工作在放大状态，作放大器（第7章将重点介绍）；二是在脉冲数字电路中，三极管工作在饱和与截止状态，作晶体管开关。实用中常通过测量 U_{CE} 值的大小来判断它的工作状态。

【例6.2】 晶体管作开关的电路如图6-19所示。输入信号为幅值 $u_{im}=3\text{ V}$ 的方波。若 $R_B=100\text{ k}\Omega$，$R_C=5.1\text{ k}\Omega$ 时，验证晶体管是否工作在开关状态？

【解】 当 $u_i=0$ 时，$V_B=V_E=0$。$I_B=0, I_C=\beta I_B+I_{CEO}\approx 0$。则 $V_C\approx V_{CC}=12\text{ V}$，说明晶体管处于截止状态。

当 $u_i=3\text{ V}$ 时，取 $U_{BE}=0.7\text{ V}$，则基极电流 $I_B=\dfrac{u_i-U_{BE}}{R_B}=\dfrac{3-0.7}{100\times 10^3}=23(\mu\text{A})$

集电极电流

$$I_C=\beta I_B=100\times 23\ (\mu\text{A})\ =2.3\ (\text{mA})$$

集电极、射极电压

$$U_{CE}=V_{CC}-I_CR_C=12-2.3\times 5.1=0.27(\text{V})$$

$U_{CE}<U_{CES}$，晶体管工作在饱和状态。

可见，u_i 为幅值达3 V的方波时，晶体管工作在开关状态。

【例6.3】　例6.2中，将 R_C 改成3 kΩ，其余数据不变，u_i =3 V时，晶体管工作在何种状态？

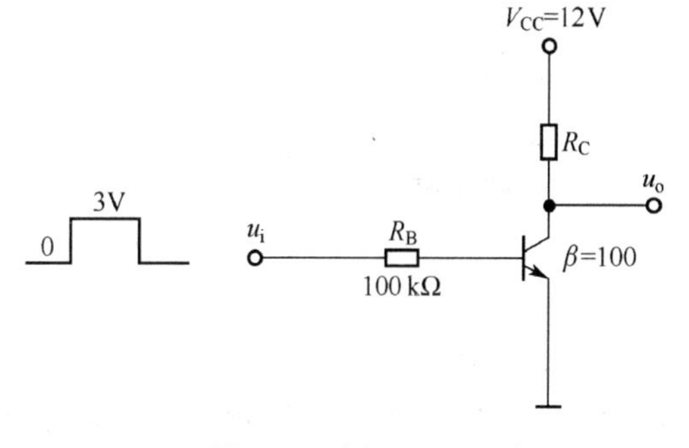

图6-19　例6.2图

【解】　除 R_C 由5.1 kΩ减小为3 kΩ外，其余参数未变。u_i =3 V时，I_B、I_C 与例6.2相同，即

$I_B = 23\ \mu A, \quad I_C = 2.3\ mA$

$U_{CE} = V_{CC} - I_C R_C = 12 - 2.3 \times 3 = 5.1 (V)$

由 $V_{CC} > U_{CE} > U_{CES}$，可知晶体管工作在放大状态，晶体管作放大元件。

习　　题

一、填空题

1. 半导体有（　　）和（　　）两种载流子，根据多数载流子的差异分为（　　）半导体和（　　）半导体。

2. PN结形成过程中，P型半导体中的空穴向（　　）扩散，N型半导体中的（　　）向P区扩散，两种运动的结果形成（　　）。

3. PN结具有（　　）特性，因此当P接电源正极N接负极时，二极管（　　）；当P接电源负极N接正极时，二极管（　　）。

4. 双极性三极管分为（　　）型和（　　）型两种，其中导通压降为0.7 V的是（　　）型，它一般由（　　）材料制成。

5. 用万用表测得三极管数据如下：$U_{BE} = -0.2$ V，$U_{CE} = -0.3$ V，则三极管为（　　）型三极管，用（　　）材料制成，其工作在（　　）区。

二、判断题

（　　）1. 工作于饱和区的三极管，I_C 不再受 I_B 的控制。

（　　）2. 处于放大状态的三极管，I_C 与 U_{CE} 基本无关。

（　　）3. 双极性三极管的集电极和发射极类型相同，因此可以互换使用。

（　　）4. NPN型三极管饱和导通时各电极电位满足 $V_C > V_B > V_E$。

（　　）5. 光电二极管是受光器件，它工作在反偏电压下。

三、选择题

1. 稳压管的稳压区是其工作在（　　）。

A. 正向导通　　　　B. 反向截止

C. 反向击穿区　　　D. 不一定

2. 用万用表测得三极管任意两极间的正反向电阻均很小，则该管（　　）。

A. 两个PN结均击穿　　　　B. 发射结击穿，集电结正常

C. 发射结正常，集电结击穿　　D. 两个PN结均开路

3. 测得某三极管三个电极对地电位分别为 $V_E = 2.1\,\text{V}$，$V_B = 2.8\,\text{V}$，$V_C = 4.4\,\text{V}$，则三极管工作在（　　）。

A. 放大区　　B. 饱和区

C. 截止区　　D. 击穿区

4. 当温度升高时二极管的反向饱和电流将（　　）。

A. 增大　　B. 不变

C. 变小　　D. 不一定

5. 如图 6-20 所示三极管各电极电流为 $I_1 = -2.05\,\text{mA}$，$I_2 = 2\,\text{mA}$，$I_3 = 0.05\,\text{mA}$，则 A 是三极管的（　　）。

A. 集电极　　B. 发射极

C. 基极　　D. 无法判断

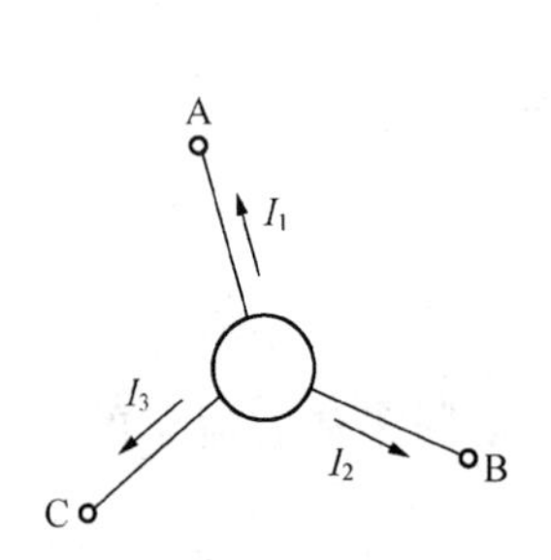

图 6-20　选择题 5 题图

图 6-21　应用题 1 题图

四、应用题

1. 在如图 6-21 所示电路中，试求下列几种情况下的输出电压 V_F：（1）$V_A = V_B = 0\,\text{V}$；（2）$V_A = V_B = 3\,\text{V}$；（3）$V_A = 0\,\text{V}$，$V_B = 3\,\text{V}$。管子导通压降忽略不计。

2. 二极管电路如图 6-22 所示，试判断各二极管是导通还是截止，并求出 A、O 端的电压 U_{AO}（设二极管为理想二极管）。

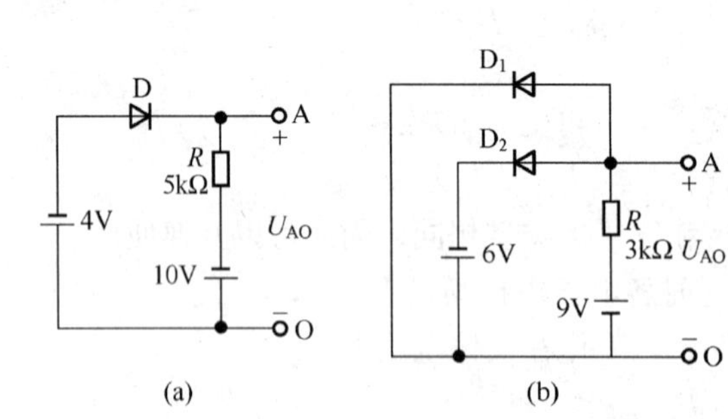

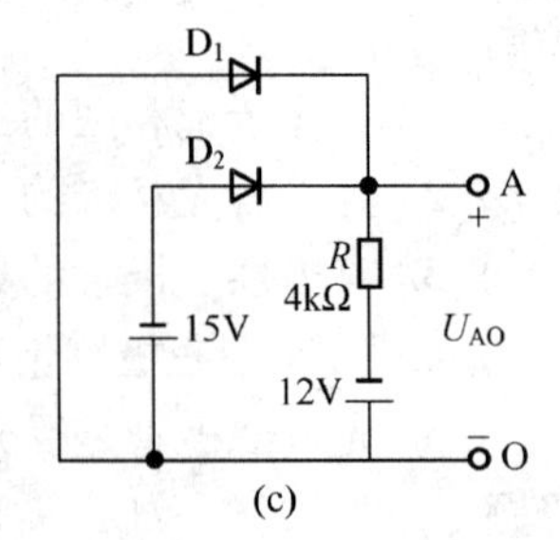

图 6-22　应用题 2 题图

3. 在如图 6-23 所示的各电路图中，$E = 5\,\text{V}$，$u_i = 10\sin\omega t\,(\text{V})$，二极管的正向压降可以忽略不计，试分别画出输出电压 u_o 的波形。

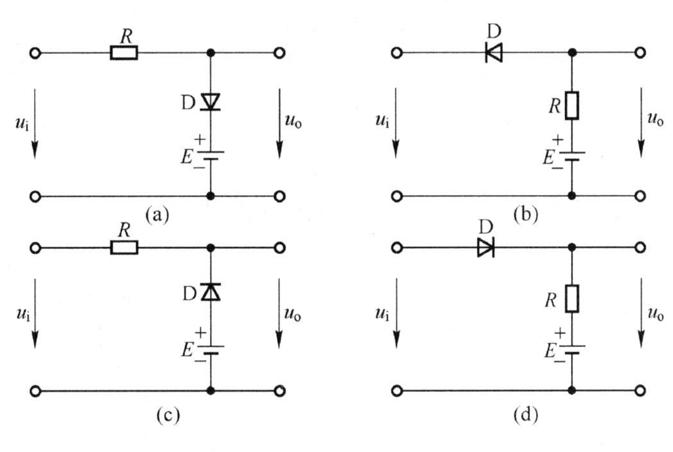

图6-23　应用题3题

4. 特性完全相同的稳压二极管2CW15，$U_Z=8.2\,V$，接成如图6-24所示的电路，各电路输出电压U_o是多少？

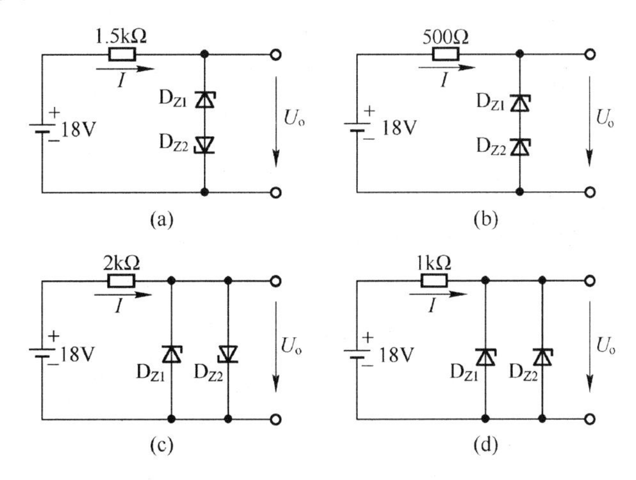

图6-24　应用题4题图

5. 用直流电压表测得放大电路中的几个三极管的3个电极电位参见表6-1，试判断它们是NPN型还是PNP型，是硅管还是锗管，并确定每个管子的e、b、c极。

表6-1　应用题5题表

	Ⅰ	Ⅱ	Ⅲ	Ⅳ
U_1/V	2.8	2.9	5	8
U_2/V	2.1	2.6	8	5.5
U_3/V	7	7.5	8.7	8.3

6. 用直流电压表测得几个三极管的U_{BE}和U_{CE}，参见表6-2，试问它们各处于何种工作状态？它们是NPN管还是PNP管？

表 6-2　应用题 6 题表

	Ⅰ	Ⅱ	Ⅲ	Ⅳ	Ⅴ	Ⅵ
U_{BE}/V	-2	0.7	0.7	-0.3	-0.3	2
U_{CE}/V	5	0.3	5	-4	-0.1	-4

7. 判断图 6-25 所示电路中的三极管工作在三极管哪个区？设发射结压降为 0.7 V。

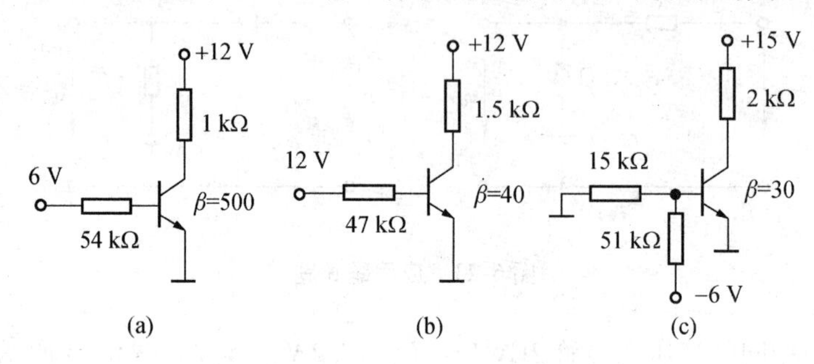

图 6-25　应用题 7 题图

第 7 章　基本放大电路

教学目标

- ▶掌握共射极放大电路的组成和工作原理，理解静态工作点的概念；
- ▶掌握基本放大电路动态性能参数的计算；
- ▶了解射极输出器的电路结构、性能特点及应用；
- ▶了解多级放大电路的耦合方式及特点。

在生产实际中，常常要监测和控制一些与设备运行有关的非电量，例如温度、压力、机械位移等。虽然这些非电量的变化可以用传感器转换成相应的电信号，但所获得的电信号一般都很微弱，必须经过放大以后，才能驱动功率放大的继电器、控制电动机、显示仪表或其他执行机构动作。所以，放大器是自动控制、检测、通信和计算机等电子设备中最基本的组成部分之一。

7.1　共射极基本放大电路

7.1.1　电路的组成及各元件的作用

放大电路组成的原则是必须有直流电源，而且电源的设置应保证三极管工作在线性放大状态；元件的安排要保证信号的传输，即保证信号能够从放大电路的输入端输入，经过放大电路放大后从输出端输出；元件参数的选择要保证信号能不失真地放大，并满足放大电路的性能指标要求。

1. 电路组成

如图 7-1 所示为根据上述要求由 NPN 型晶体管组成的最基本的放大单元电路。许多放大电路就是以它为基础，经过适当地改造组合而成的。因此，掌握它的工作原理及分析方法是分析其他放大电路的基础。

在一般的放大电路中，有两个端点与输入信号相接，而由另两个端点引出输出信号。所以放大电路是一个四端网络。作为放大电路中的晶体管，只有 3 个电极。因此，必有一个电极作为输入、输出电路的公共端。由于公共端选择不同，晶体管有 3 种连接方式，分别为共发射极电路、共集电极电路和共基极电路。在实用中，三种电路各有特点，本书以共发射极电路为主进行分析。下面具体分析各元件的作用。

2. 各元件的作用

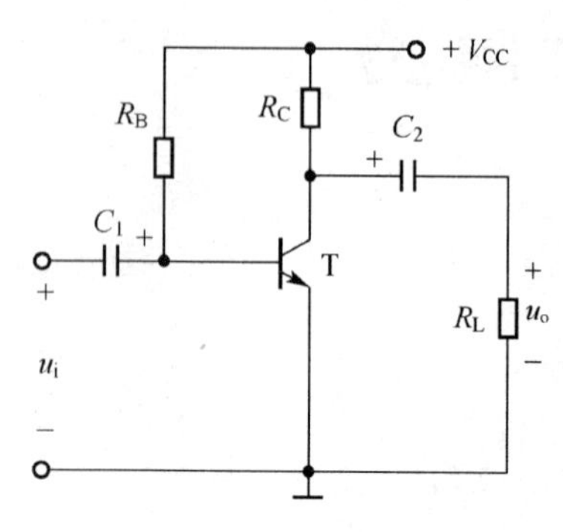

图7-1　共射极基本放大电路

晶体管T：如图7-1所示，T是放大电路的放大元件。利用它的电流放大作用，在集电极电路获得放大的电流，此电流受输入信号的控制。从能量的观点来看，输入信号的能量是较小的，而输出信号的能量是较大的，但不是说放大电路把输入的能量放大了。能量是守恒的，不能放大，输出的较大能量来自直流电源 V_{CC}。即能量较小的输入信号通过晶体管的控制作用，去控制电源 V_{CC} 所供给的能量，以便在输出端获得一个能量较大的信号。这种小能量对大能量的控制作用，就是放大作用的实质，所以晶体管也可以说是一个控制元件。

集电极电源 V_{CC}：它除了为输出信号提供能量外，一方面取代了 V_{BB} 保证发射结正偏，另一方面为集电结提供反向偏置电压，以使晶体管起到放大作用。V_{CC} 一般为几伏到几十伏。

集电极负载电阻 R_C：它的主要作用是将已经放大的集电极电流的变化变换为电压的变化，以实现电压放大。R_C 阻值一般为几千欧到几十千欧。

基极电阻 R_B：它与电源 V_{CC} 为基极提供一个合适的基极偏置电流，使放大电路获得较合适的工作点。R_B 阻值一般为几十千欧。

耦合电容 C_1 和 C_2：它们分别接在放大电路的输入端和输出端。利用电容器对直流的阻抗很大、对交流的阻抗很小这一特性，一方面隔断放大电路的输入端与信号源、输出端与负载之间的直流通路，保证放大电路的静态工作点不因输出、输入的连接而发生变化；另一方面又要保证交流信号畅通无阻地经过放大电路，沟通信号源、放大电路和负载三者之间的交流通路。通常要求 C_1、C_2 上的交流压降低到可以忽略不计，即对交流信号可视作短路。所以电容值要求取值较大，对交流信号其容抗近似为零。一般取值5～50 μF，用的是极性电容器，因此连接时一定要注意其极性。R_L 是外接负载电阻。故在 C_1 与 C_2 之间为直流与交流信号叠加，而在 C_1 与 C_2 外侧只有交流信号。

通常为便于分析，我们将电压和电流的符号作统一规定，参见表7-1。

表7-1　放大电路中电压、电流符号的含义

名　称	直 流 值	交流分量		总电压或总电流		直流电源
		瞬 时 值	平 均 值	总瞬时值	平 均 值	
基极电流	I_B	i_b	I_b	i_B	$I_{B(AV)}$	
集电极电流	I_C	i_c	I_c	i_C	$I_{C(AV)}$	
发射极电流	I_E	i_e	I_e	i_E	$I_{E(AV)}$	
集极、发射极电压	U_{CE}	u_{be}	U_{ce}	u_{CE}	$U_{CE(AV)}$	
基极、发射极电压	U_{BE}	u_{ce}	U_{be}	u_{BE}	$U_{BE(AV)}$	
集电极电源						V_{CC}
基极电源						V_{BB}
发射极电源						V_{EE}

7.1.2　放大电路的分析

对于放大电路的分析一般包括两个方面的内容：静态工作情况和动态工作情况的分析。前者主要确定静态工作点（直流值），后者主要研究放大电路的性能指标。

1. 静态分析

无输入信号（$u_i=0$）时电路的状态称为静态。此时只有直流电源 V_{CC}加在电路上，三极管各极电流和各极之间的电压都是直流量，分别用 I_B、I_C、U_{BE}、U_{CE}表示，它们对应着三极管输入输出特性曲线上的一个固定点，习惯上称它们为静态工作点，简称 Q 点。

静态值既然是直流，故可用交流放大电路的直流通路来分析计算。如图 7-2（a）所示为图 7-1 放大电路的直流通路。画直流通路时，电容 C_1 和 C_2 可视作开路。

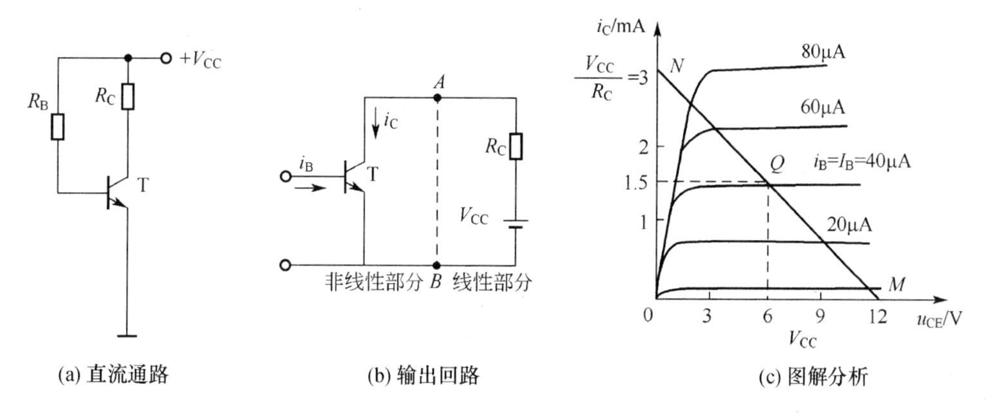

(a) 直流通路　(b) 输出回路　(c) 图解分析

图 7-2　共发射极放大电路的直流通路和静态工作点

（1）估算法

由图 7-2（a）的输入回路（V_{CC}→R_B→b 极→e 极→地）可知

$$V_{CC}=I_BR_B+U_{BE}$$

则

$$I_B=\frac{V_{CC}-U_{BE}}{R_B} \tag{7-1a}$$

式中：U_{BE}对于硅管约 0.7 V，锗管约 0.3 V（绝对值）。由于 V_{CC}和 R_B 选定后，I_B（偏流）即为固定值，所以如图 7-1 所示电路又称为固定偏流式共射放大电路。一般情况下 $V_{CC}\gg U_{BE}$，故式（7-1a）可近似为

$$I_B\approx\frac{V_{CC}}{R_B} \tag{7-1b}$$

在忽略 I_{CEO}的情况下，根据三极管的电流分配关系可得

$$I_C\approx\beta I_B \tag{7-2}$$

由图 7-2（a）的输出回路（V_{CC}→R_C→c 极→e 极→地）可知

$$U_{CE}=U_{CC}-I_CR_C \tag{7-3}$$

至此，根据式（7-1）～式（7-3）就可以估算出放大电路的静态工作点。

（2）图解法

用图解法确定放大电路的静态工作点的步骤如下。

① 做直流负载线

如图7-2（b）所示电路是图7-2（a）直流通路的输出回路，它由两部分组成（以AB两点为界），左边是非线性部分——三极管；右边是线性部分——由电源 V_{CC} 和 R_C 组成的外部电路。由于三极管和外部电路一起构成输出回路的整体，因此在这个电路中的 i_C 和 u_{CE} 既要满足三极管的输出特性，又要满足外部电路的伏安特性。于是，由这两条特性曲线的交点便可确定出 I_C 和 U_{CE}。

由图7-2（b）可知，外部电路的伏安特性为

$$u_{CE}=V_{CC}-i_CR_C \tag{7-4}$$

令 $i_C=0$ 时，$u_{CE}=V_{CC}$，在横轴上得 M 点（V_{CC}，0）；令 $u_{CE}=0$ 时，$i_C=\dfrac{V_{CC}}{R_C}$，在纵轴上得 N 点$\left(0,\ \dfrac{V_{CC}}{R_C}\right)$。连接 MN，便得到了外部电路的伏安特性曲线，如图7-2（c）所示。由于该直线由直流通路定出，其斜率为 $\tan\alpha=-\dfrac{1}{R_C}$，由集电极负载电阻 R_C 决定，故称为输出回路的直流负载线。

② 求静态工作点

I_B 通常由式（7-1b）估算出。直流负载线 MN 与 $i_B=I_B$ 对应的那条输出特性曲线的交点 Q，即为静态工作点，如图7-2（c）所示。

【例7.1】 试分别用估算法和图解法求如图7-1所示放大电路的静态工作点。已知该电路中 $V_{CC}=12\text{ V}$，三极管 $\beta=37.5$，$R_B=300\text{ k}\Omega$，$R_C=4\text{ k}\Omega$，$R_L=4\text{ k}\Omega$；直流通路如图7-2（a）所示，输出特性曲线如图7-2（c）所示。

【解】（1）用估算法求静态工作点。由式（7-1）～式（7-3）得

$$I_B\approx\frac{V_{CC}}{R_B}=\frac{12}{300}=0.04\ (\text{mA})=40\ (\mu\text{A})$$

$$I_C\approx\beta I_B=37.5\times0.04=1.5\ (\text{mA})$$

$$U_{CE}=V_{CC}-I_CR_C=12-(1.5\times4)=6\ (\text{V})$$

（2）用图解法求静态工作点。由

$$u_{CE}=V_{CC}-i_CR_C=12\text{ V}-4i_C$$

可知：$i_C=0$ 时，$u_{CE}=V_{CC}=12\text{ V}$，得 M 点（12，0）；$u_{CE}=0$ 时，$i_C=V_{CC}/R_C=12\div4=3\text{ mA}$，得 N 点（0，3），输出特性曲线如图7-2（c）所示。连接 MN 两点的直线与 $i_B=I_B=40\ \mu\text{A}$ 的那条输出特性曲线相交点，即是静态工作点 Q。从曲线上可查出：$I_B=40\ \mu\text{A}$，$I_C=1.5\text{ mA}$，$U_{CE}=6\text{ V}$，与估算法所得结果一致。

（3）电路参数对静态工作点的影响

从以上分析可知，静态工作点 Q 是输出回路的直流负载线与 $i_B=I_B$ 所对应的那条输出特性曲线的交点，改变 R_B、R_C 或 V_{CC} 都可改变 Q 点。通常是通过改变 R_B 来调整静态工作点的。R_B 增大时，I_B 减小，称 Q 点降低；R_B 减小时，I_B 增大，称 Q 点抬高。当 Q 点过低时，三极管趋向于截止；当 Q 点过高时，三极管趋向于饱和。此时三极管均会失去放大作用，而使放大电路不能正常工作，失去放大功能。实用中，放大电路安装好后，就是通过

调节 R_B 来选择一个合适的静态工作点，确保放大电路正常高效的工作。

2. 动态分析

所谓动态，是指放大电路输入端接入输入信号 u_i 后的工作状态。此时，放大电路在输入电压和直流电源 V_{CC} 的共同作用下工作，电路中既有直流分量，又有交流分量。三极管各极的电流和各极之间的电压都在静态值的基础上叠加了一个随输入信号 u_i 做相应变化的交流分量，它们对应着三极管输入输出特性曲线上一个变化的点，习惯上称为动态工作点，简称为工作点。动态分析就是要找出工作点随输入信号变化的规律，进而确定放大电路的动态性能参数。动态分析常用下面介绍的微变等效电路法。

（1）微变等效电路法

① 三极管微变等效电路

如图 7-3（a）所示为三极管输入特性曲线，它是非线性的。但是，在输入信号很小的情况下，可将静态工作点 Q 附近的工作段认为是直线，即 Δi_B 和 Δu_{BE} 成正比关系。把 Δu_{BE} 与 Δi_B 之比称为三极管的输入电阻，用 r_{be} 表示，即

$$r_{be} = \frac{\Delta u_{BE}}{\Delta i_B}$$

在小信号情况下，微变量可用交流量来代替，即 $\Delta i_B = i_b$，$\Delta u_{BE} = u_{be}$，故有

$$r_{be} = \frac{u_{be}}{i_b}$$

因此，三极管的输入回路可用 r_{be} 来等效，如图 7-3（b）所示。

它是对信号的变化量而言的，因此它是一个动态电阻。对于低频小功率管，r_{be} 可用式（7-5）估算

$$r_{be} = 300\,\Omega + (1+\beta)\frac{26\text{ mV}}{I_E\text{mA}} \qquad (7\text{-}5)$$

式中：I_E 为三极管发射极静态电流。需要说明的是，r_{be} 是动态电阻只能用于计算交流量，式（7-5）适用范围为 $0.1\text{ mA} < I_E < 5\text{ mA}$，否则将产生较大的误差。

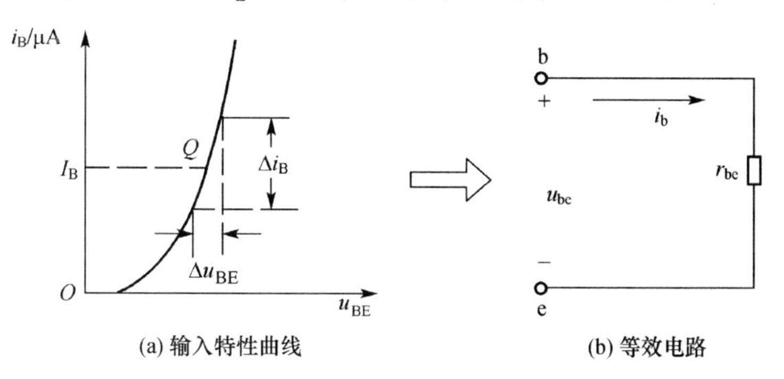

(a) 输入特性曲线　　(b) 等效电路

图 7-3　三极管输入回路等效电路

如图 7-4（a）所示是三极管的输出特性曲线，在 Q 点附近，特性曲线近似为一组与横轴平行的直线，且它们的间隔大致相等。这说明 β 近似为一常数，Δi_C 仅取决于 Δi_B，而与 Δu_{CE} 几乎无关，即 $\Delta i_C = \beta\Delta i_B$。因此，在小信号情况下，三极管的输出回路可以用一个受控电流源来等效，如图 7-4（b）所示。

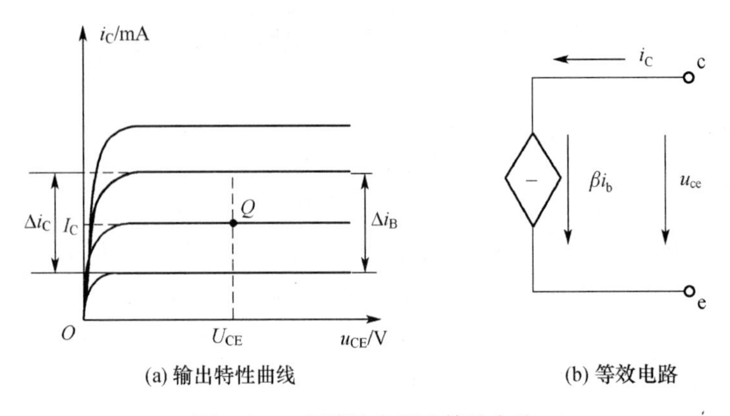

(a) 输出特性曲线　　(b) 等效电路

图 7-4　三极管输出回路等效电路

将输入回路等效电路与输出回路等效电路合起来，即为整个三极管的微变等效电路，如图 7-5 所示。

② 共射极放大电路的微变等效电路

放大电路的微变等效电路就是用三极管的微变等效电路替代交流通路中的三极管。交流通路是指放大电路中耦合电容和直流电源做短路处理后所得的电路。因此画交流通路的原则是：将直流电源 V_{CC}短接；将输入耦合电容 C_1 和输出耦合电容 C_2 短接。因此，图 7-1 的微变等效电路如图 7-6 所示。在微变等效电路中电压和电流用相量表示正弦量，其方向均为参考方向。

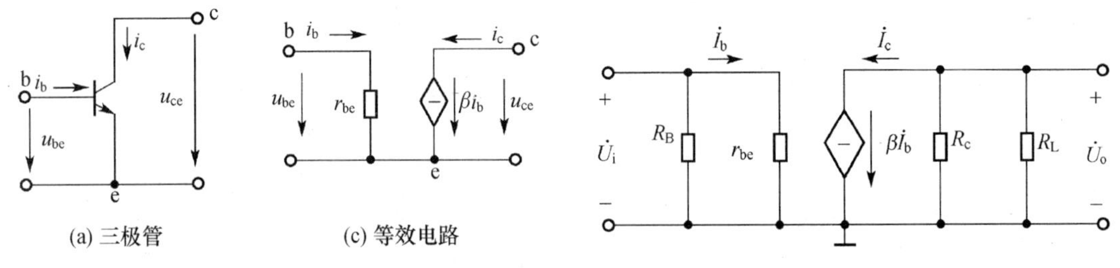

(a) 三极管　　(c) 等效电路

图 7-5　三极管的微变等效电路

图 7-6　共发射极基本放大电路的微变等效电路

③ 动态性能分析

现在，用图 7-6 来分析放大电路的电压放大倍数、输入电阻和输出电阻等动态性能指标。

A. 电压放大倍数 A_u

电压放大倍数是放大电路的基本性能指标，定义为

$$\dot{A}_u = \frac{\dot{U}_o}{\dot{U}_i} \tag{7-6}$$

由图 7-6 可知

$$\begin{aligned}
\dot{U}_i &= \dot{U}_{be} = \dot{I}_b r_{be} \\
\dot{U}_o &= -\dot{I}_C(R_C//R_L) = -\beta\dot{I}_b R'_L \\
\dot{A}_u &= \frac{\dot{U}_o}{\dot{U}_i} = \frac{-\beta\dot{I}_b R'_L}{\dot{I}_b r_{be}} = -\beta\frac{R'_L}{r_{be}}
\end{aligned} \tag{7-7}$$

式中：负号表示输出电压与输入电压相位相反。

共发射极放大电路的电压放大倍数通常为几十到几百。

B. 输入电阻 R_i

对于信号源（或前级放大电路）来说，放大电路相当于一个负载电阻，这个电阻就是放大电路的输入电阻，它是指从放大电路的输入端，如图 7-7 中 AA' 端看进去的等效电阻，定义为

$$R_i = \frac{\dot{U}_i}{\dot{I}_i} \tag{7-8}$$

由式（7-8）可求得共射放大电路的输入电阻

$$R_i = \frac{\dot{U}_i}{\dot{I}_i} = r_{be} /\!/ R_B \tag{7-9}$$

若考虑信号源内阻（如图 7-7 所示），则放大电路输入电压 U_i 是信号源 U_S 在输入电阻 R_i 上的分压，即

$$\dot{U}_i = \dot{U}_S \frac{R_i}{R_i + R_S} \tag{7-10}$$

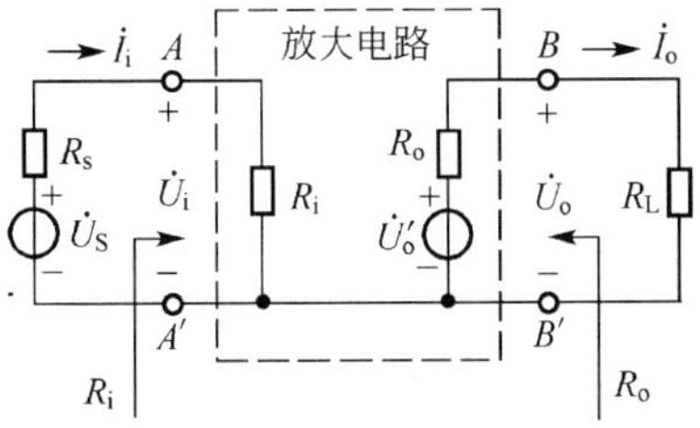

图 7-7　放大电路的输入电阻和输出电阻

由此可见：R_i 越大，U_i 越接近 U_S，信号传递效率越高，所以输入电阻 R_i 是衡量信号源传递信号效率的指标。实用中，常采取一些措施来提高放大电路的输入电阻。一些如电子示波器、晶体管毫伏表等电子测量仪器的第一级放大电路，均有很高的输入电阻，以使 $U_i \approx U_S$。

通常 $R_B >> r_{be}$，故 $R_i \approx r_{be}$，则式（7-10）变为

$$\dot{U}_i = \dot{U}_S \frac{r_{be}}{r_{be} + R_S} \tag{7-11}$$

因此对信号源 $\dot{U}_S$ 的电压放大倍数为

$$\begin{aligned} A_{uS} &= \frac{\dot{U}_o}{\dot{U}_S} = \frac{\dot{U}_o}{\dot{U}_i} \cdot \frac{\dot{U}_i}{\dot{U}_S} \\ &= -\beta \frac{R'_L}{r_{be}} \cdot \frac{r_{be}}{R_S + r_{be}} = -\beta \frac{R'_L}{R_S + r_{be}} \end{aligned} \tag{7-12}$$

可见，考虑信号源内阻 R_S 影响时，放大电路的电压放大倍数降低了，R_S 愈大，A_{uS} 愈小。

C. 输出电阻 R_o

对于负载（或后级放大电路），放大电路相当于一个具有内阻 R_o 和电压 $\dot{U}'_o$ 的信号源（如图 7-7 所示）。R_o 称为放大电路的输出电阻，它是指从放大电路输出端 BB' 端看进去的等效电阻。

输出电阻的计算方法较多，常用的加压求流法要求将信号源短路（$\dot{U}_S = 0$）、负载开路（$R_L = \infty$），如图 7-8 所示，然后在 BB' 端外加电压 $\dot{U}$，求出在 $\dot{U}$ 作用下输出端的电流 $\dot{I}$，则输出电阻为

$$R_o = \frac{\dot{U}}{\dot{I}} \tag{7-13}$$

由于 R_o 的存在，使放大电路接上负载后输出电压为

$$\dot{U}_o = \dot{U}'_o - \dot{I}_o R_o$$

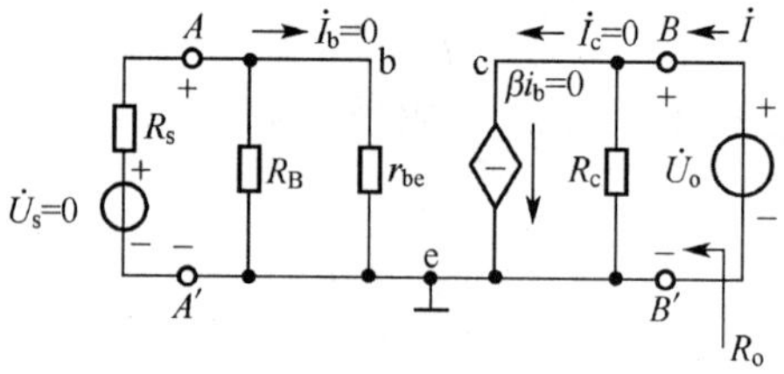

图 7-8　求共射放大电路的输出电阻

由此可见：R_o 越大，负载变化（即 I_o 变化）时，输出电压的变化也越大，说明放大电路带负载能力弱；反之，R_o 越小，负载变化时输出电压变化也越小，说明放大电路带负载能力强。所以输出电阻是衡量放大电路带负载能力的指标。

由于 $\dot{U}_s = 0$，有 $\dot{I}_b = 0$，故 $\beta \dot{I}_b = 0$，受控电流源作开路处理，则外加电压 $\dot{U}$ 产生的电流 $\dot{I} = \dfrac{\dot{U}}{R_c}$，由式（7-13）可得

$$R_o = \frac{\dot{U}}{\dot{I}} = R_c \tag{7-14}$$

故共发射极放大电路的输出电阻近似为几千欧，其带负载能力较弱。

对于输出级来说，往往希望输出电阻越小越好，从而可以提高带负载的能力，例如功率放大电路的输出电阻较小；但稳流源一类设备的输出电阻较大，因为它要求负载变动时，输出电流变化小。

【例 7.2】 试用微变等效电路法求例 7.1 电路中：（1）动态性能指标 A_u、R_i、R_o；（2）断开负载 R_L 后，再计算 A_u、R_i、R_o。其交流通路和微变等效电路如图 7-9 所示。

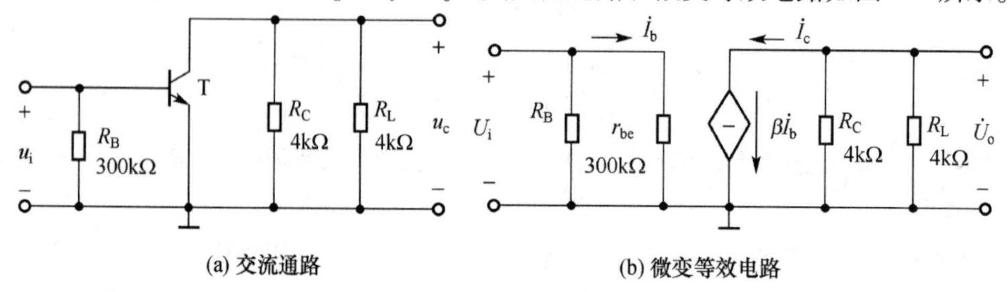

图 7-9　例 7.2 图

【解】（1）由例 7.1 可知

$$I_E \approx 1.5\ (\text{mA})$$

故

$$r_{be} = 300\,\Omega + (1+\beta)\frac{26\,\text{mV}}{I_E} = 300 + (1+37.5) \times \frac{26}{1.5} = 967(\Omega)$$

$$A_u = -\beta\frac{R_L'}{r_{be}} = -\frac{37.5 \times (4//4)}{0.967} = -78$$

$$R_i = R_B//r_{be} = 300//0.967 \approx 0.964\ (\text{k}\Omega)$$

$$R_o = R_C = 4\ (\text{k}\Omega)$$

（2）断开 R_L 后

$$A_u = -\beta\frac{R_C}{r_{be}} = -\frac{37.5 \times 4\,\text{k}\Omega}{0.967\,\text{k}\Omega} \approx -156$$

$$R_i = R_B//r_{be} = 300//0.967 \approx 0.964\ (\text{k}\Omega)$$

$$R_o = R_C = 4\ (\text{k}\Omega)$$

由此可见：当 R_L 断开后，R_i、R_o 不变，但电压放大倍数增大了。

（2）放大电路的非线性失真

对放大电路来说，我们对它的基本要求就是放大后的输出信号波形与输入信号波形尽可能相似，即失真要尽量小。引起失真的原因有多种，其中最基本的一个，就是静态工作点的位置不合适，使放大电路的工作范围超出了晶体管特性曲线的线性范围，这种失真称为非线性失真。

① 截止失真

如图 7-10 所示的 Q_1 的位置太低，在 i_{c_1} 的负半周造成晶体管发射结处于反向偏置而进入截止区，使 i_{c_1} 的负半周和 u_{ce_1} 的正半周几乎等于零，形成放大电路的截止失真。

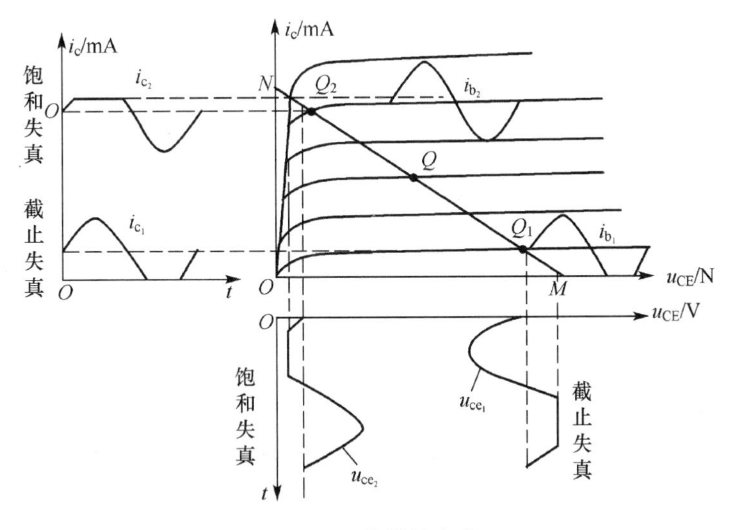

图 7-10　非线性失真

② 饱和失真

如果静态工作点选在图 7-10 中的 Q_2 点时，由于工作点选择过高，在 i_{b_2} 的正半周，放大电路进入饱和区，使 i_{c_2} 的正半周电流不随 i_{b_2} 而变化，形成放大电路的饱和失真。

通常可以用示波器观察输出电压 u_o 的波形来判别失真类型。对 PNP 型三极管，当正半周出现了平顶是截止失真；当负半周出现了平顶是饱和失真。

要避免产生上述非线性失真，就必须正确地选择放大电路的静态工作点的位置，通常静态工作点应大致选在交流负载线的中央，如图 7-10 所示的 Q 点。使静态时的集电极电压 U_{CE}大致为电源电压 V_{CC}的一半，此时放大器工作于晶体管特性曲线上的线性范围，从而获得较大输出电压幅度，而波形上下又比较对称，因此，正确地设置静态工作点是调试和设计放大电路的最重要的一步。此外，输入信号的幅度不能太大，以避免放大电路的工作范围超过特性曲线的线性范围。在小信号放大电路中，此条件一般都能满足。

7.1.3　放大电路的改进

在实际工作中，当温度变化、更换三极管、电路元件老化、电源电压波动时，都可能导致前述共发射极放大电路静态工作点不稳定，进而影响放大电路的正常工作。在这些因素中，又以温度变化的影响最大。因此，必须采取措施稳定放大电路的静态工作点。

射极偏置电路是实用中普遍应用的一种稳定静态工作点的基本放大电路，它的偏置电路由基极电阻 R_{B1}、R_{B2}和发射极电阻 R_E 组成，又称为基极分压式射极偏置电路，其电路结构如图 7-11（a）所示。

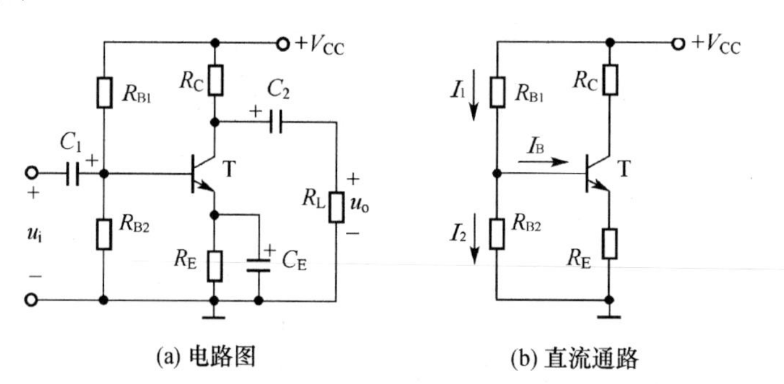

图 7-11　射极偏置电路

稳定工作点原理介绍如下。

首先，利用电阻 R_{B1}和 R_{B2}分压来固定基极电位。图 7-11（b）为其直流通路，设流过电阻 R_{B1}和 R_{B2}的电流分别为 I_1 和 I_2，且 $I_1 = I_2 + I_B$，一般 I_B 很小，$I_1 \geqslant I_B$，可以近似认为 $I_1 \approx I_2$，这样基极电位

$$V_B = V_{CC} \cdot \frac{R_{B2}}{R_{B1} + R_{B2}} \tag{7-15}$$

可见，基极电位 V_B 由电源电压 V_{CC}、电阻 R_{B1}和 R_{B2}的分压所决定，不随温度而改变。

其次，利用发射极电阻 R_E 的降压作用，当工作点产生移动趋势时，使晶体管基射极电压 U_{BE}减小，以此来减小 I_C，达到稳定工作点的目的。这个过程可简单表述如下：

$$T\uparrow \rightarrow I_C\uparrow \rightarrow V_E\uparrow \rightarrow U_{BE}\downarrow \rightarrow I_B\downarrow \rightarrow I_C\downarrow$$

通常 $V_B >> V_{BE}$，所以集电极电流

$$I_C \approx I_E = \frac{V_B - U_{BE}}{R_E} \approx \frac{V_B}{R_E} \tag{7-16}$$

根据 $I_1 >> I_B$和 $V_B >> U_{BE}$两个条件，得出式（7-15）和式（7-16），说明了 V_B 是固定

的，因而 I_C 也是稳定的，它不随温度而变化，而且也与管子参数无关。所以，在维修中换用不同 β 的管子时，工作点仍然稳定。

显然，I_1 和 V_B 越大，工作点稳定性越好。但 I_1 不能太大，因为 I_1 太大，将使 R_{B1} 和 R_{B2} 上电耗太大，有效输入信号减小。同样，V_B 也不能太大，因为 V_B 太大，V_E 必然也大，导致 U_{CE} 减小，甚至影响放大电路正常工作点。所以，通常选择 $I_1 \geqslant (5\sim10)\ I_B$，$V_B \geqslant (5\sim10)\ U_{BE}$。

从上面的分析可见，R_E 愈大，稳定性能愈好。但 R_E 太大时，将使 V_E 增大，因而减小放大电路输出电压的幅值。R_E 在小电流情况下为几百欧到几千欧，在大电流情况下为几欧到几十欧。实际使用时，为了避免交流信号在 R_E 上产生交流压降，导致电压放大倍数下降，通常在 R_E 上并联一个大容量的极性电容 C_E，这对交流分量可视作短路，而对直流分量并无影响，故 C_E 称为发射极交流旁路电容，其容量一般为几十微法到几百微法。

计算射极偏置电路的静态工作点应从计算 V_B 入手。由直流通路得

$$V_B = V_{CC} \cdot \frac{R_{B2}}{R_{B1} + R_{B2}}$$

$$I_C \approx I_E = \frac{V_B - U_{BE}}{R_E} \approx \frac{V_B}{R_E} \tag{7-17a}$$

$$I_B = \frac{I_C}{\beta} \tag{7-17b}$$

$$U_{CE} = V_{CC} - I_C R_C - I_E R_E \approx V_{CC} - I_C\ (R_C + R_E) \tag{7-18}$$

如图 7-12 所示为图 7-11（a）的微变等效电路。不难看出，射极偏置放大电路的动态性能与共发射极基本放大电路的动态性能一样。

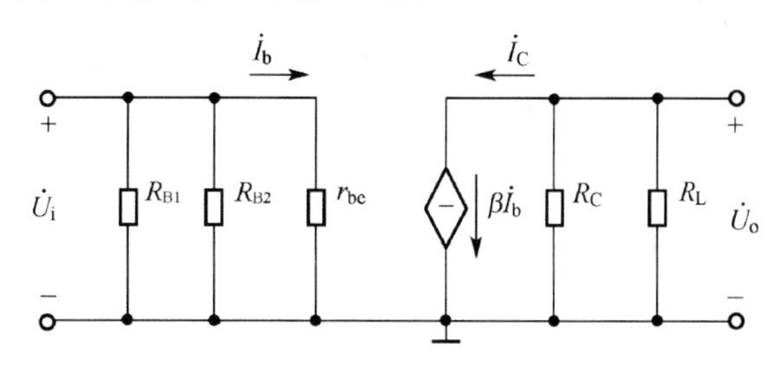

图 7-12　微变等效电路

【例 7.3】　图 7-11（a）是某扩音机的前置放大器电路，已知晶体管 3DG201 的电流放大系数 $\beta = 50$，$R_{B1} = 15\,\text{k}\Omega$，$R_{B2} = 6.2\,\text{k}\Omega$，$R_C = 3\,\text{k}\Omega$，$R_E = 2\,\text{k}\Omega$，$R_L = 1\,\text{k}\Omega$，$V_{CC} = 12\,\text{V}$。试求：（1）静态工作点；（2）电压放大倍数、输入电阻、输出电阻；（3）若换用 $\beta = 100$ 的三极管，重新计算静态工作点和电压放大倍数。

【解】　（1）求静态工作点

$$V_B = V_{CC} \cdot \frac{R_{B2}}{R_{B1} + R_{B2}} = 12 \times \frac{6.2}{15 + 6.2} = 3.5\ (\text{V})$$

$$I_C \approx I_E = \frac{V_B - U_{BE}}{R_E} = \frac{3.5 - 0.7}{2} = 1.4\ (\text{mA})$$

$$I_B = \frac{I_C}{\beta} = \frac{1.4}{50} = 0.028\ (\text{mA}) = 28\ (\mu\text{A})$$

$$U_{CE} \approx V_{CC} - I_C\ (R_C + R_E) = 12 - 1.4 \times (3 + 2) = 5\ (\text{V})$$

（2）求 A_u、R_i、R_o

由于

$$r_{be}=300\,\Omega+(1+\beta)\frac{26\,\text{mV}}{I_E(\text{mA})}=300\,\Omega+(1+50)\times\frac{26}{1.4}\Omega=1.25\ (\text{k}\Omega)$$

$$R'_L=R_C/\!/R_L=\frac{3\times 1}{3+1}=0.75\ (\text{k}\Omega)$$

故

$$A_u=-\beta\frac{R'_L}{r_{be}}=-50\times\frac{0.75}{1.25}=-30$$

$$R_i=r_{be}/\!/R_{B1}/\!/R_{B2}=1.25/\!/6.5/\!/6.2=0.97\ (\text{k}\Omega)$$

$$R_o\approx R_C=3\ (\text{k}\Omega)$$

（3）当改用 $\beta=100$ 的三极管后，其静态工作点为

$$I_C\approx I_E=\frac{V_B-U_{BE}}{R_E}=\frac{3.5-0.7}{2}=1.4(\text{mA})$$

$$I_B=\frac{I_C}{\beta}=\frac{1.4}{100}=14\ (\mu\text{A})$$

$$U_{CE}=V_{CC}-I_C(R_C+R_E)=12-1.4\times(3+2)=5\ (\text{V})$$

可见，在射极偏置电路中，虽然更换了不同 β 的管子，但静态工作点基本上不变。此时

$$r'_{be}=300\,\Omega+(1+\beta)\frac{26\,\text{mV}}{I_E(\text{mA})}$$

$$=300\,\Omega+(1+100)\times\frac{26}{1.4}\Omega=2.2(\text{k}\Omega)$$

$$A_u=-\beta\frac{R'_L}{r'_{be}}=-100\times\frac{0.75}{2.2}\approx-34$$

与 $\beta=50$ 时的放大倍数差不多。

【例7.4】 求图7-11（a）不接 C_E 时的电压放大倍数、输入电阻、输出电阻。

【解】 当射极偏置电路中 C_E 不接或断开时，R_E 将影响动态性能。此时交流通路如图7-13（a）所示，图7-13（b）为对应的微变等效电路。

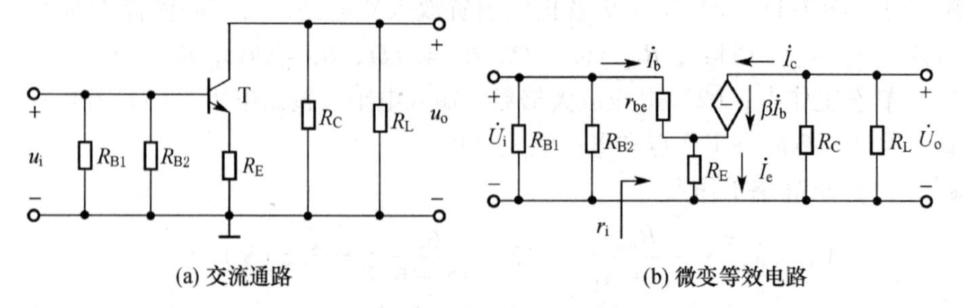

图7-13 不接 C_E 时的电路

由图7-13（b）可得

$$\dot{U}_o=-\dot{I}_o(R_C/\!/R_L)=-\dot{I}_C R'_L=-\beta\dot{I}_b R'_L$$

$$\dot{U}_i=\dot{I}_b r_{be}+\dot{I}_e R_E=\dot{I}_b r_{be}+(1+\beta)\dot{I}_b R_E$$

故
$$A'_u=\frac{\dot{U}_o}{\dot{U}_i}=\frac{-\beta\dot{I}_bR'_L}{\dot{I}_br_{be}+(1+\beta)\dot{I}_bR_E}=-\beta\frac{R'_L}{r_{be}+(1+\beta)R_E} \tag{7-19}$$

$$r_i=\frac{\dot{U}_i}{\dot{I}_b}=\frac{\dot{I}_br_{be}+(1+\beta)\dot{I}_bR_E}{\dot{I}_b}=r_{be}+(1+\beta)R_E$$

$$\begin{aligned}R'_i&=r_i//R_{B1}//R_{B2}\\&=[r_{be}+(1+\beta)R_E]//R_{B1}//R_{B2}\end{aligned} \tag{7-20}$$

根据输出电阻的定义，可得用加压求流法计算输出电阻的等效电路，如图 7-14 所示。

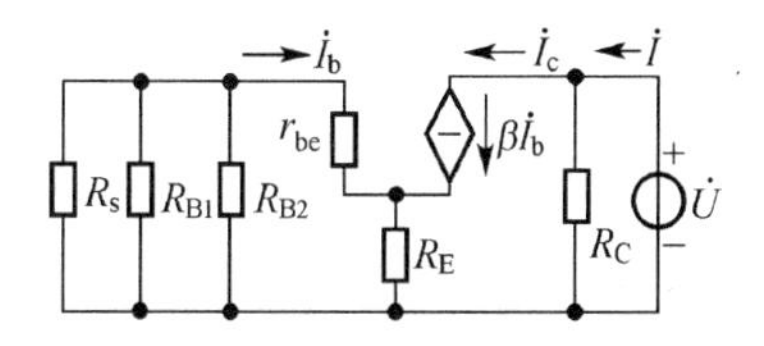

图 7-14　不接 C_E 时求输出电阻的等效电路

从图 7-14 可知 $I_b=0$，所以

$$R_o=\frac{\dot{U}}{\dot{I}}\approx R_C \tag{7-21}$$

将有关数据分别代入式（7-19）～式（7-21）得

$$A'_u\approx-0.36$$
$$R'_i=103.25\ (\text{k}\Omega)$$
$$R'_o=3\ (\text{k}\Omega)$$

由此可见，电压放大倍数下降了很多，但输入电阻得到了提高。所以要根据电路的具体要求选择 R_E 的量值及旁路电容器。从式（7-19）可见，由于（$1+\beta$）$R_E>>r_{be}$，则 $A_u\approx-\frac{R'_L}{R_E}$，管子 β 和温度的变化对 A_u 无多大影响，这种电路性能较稳定，且对维修更换管子较为方便。

7.2　射极输出器

1. 电路的组成及工作原理

共集电极放大电路的组成如图 7-15（a）所示，图 7-15（b）为微变等效电路。由交流通路可见，基极是信号的输入端，集电极则是输入、输出回路的公共端，所以是共集电极放大电路，发射极是信号的输出端，又称射极输出器。各元件的作用与共发射极放大电路基本相同，只是 R_E 除具有稳定静态工作点外，还作为放大电路空载时的负载。

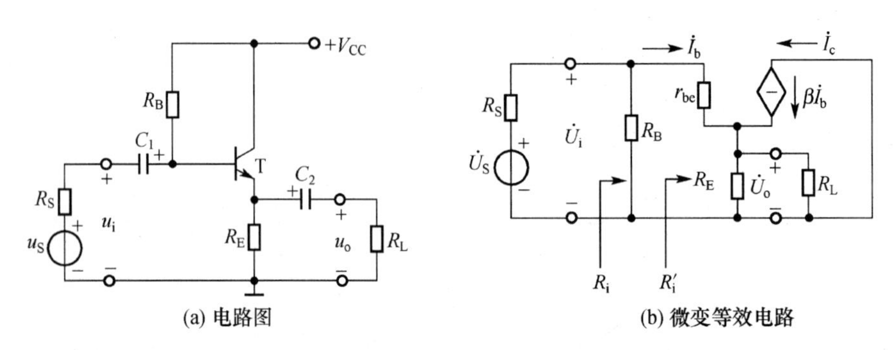

(a) 电路图　　(b) 微变等效电路

图 7-15　共集电极放大电路

（1）静态分析

由 7-15（a）可得方程

$$V_{CC}=I_BR_B+U_{BE}+(1+\beta)I_BR_E$$

则

$$I_B=\frac{V_{CC}-U_{BE}}{R_B+(1+\beta)R_E} \tag{7-22}$$

$$I_C=\beta I_B \tag{7-23}$$

$$U_{CE}=V_{CC}-I_ER_E\approx V_{CC}-I_CR_E \tag{7-24}$$

（2）动态分析

① 电压放大倍数 A_u

由图 7-15（b）可知

$$\dot{U}_i=\dot{I}_br_{be}+\dot{I}_eR_L'=\dot{I}_b[r_{be}+(1+\beta)R_L']$$

$$\dot{U}_o=\dot{I}_eR_L'=(1+\beta)\dot{I}_bR_L'$$

式中：$R_L'=R_E/\!/R_L$。故

$$\dot{A}_u=\frac{\dot{U}_o}{\dot{U}_i}=\frac{\dot{I}_b(1+\beta)R_L'}{\dot{I}_b[r_{be}+(1+\beta)R_L']}=\frac{(1+\beta)R_L'}{r_{be}+(1+\beta)R_L'} \tag{7-25}$$

一般 $(1+\beta)R_L'>>r_{be}$，故 $A_u\approx1$，即共集电极放大电路输出电压与输入电压大小近似相等，相位相同，没有电压放大作用。

② 输入电阻 R_i

$$R_i'=\frac{\dot{U}_i}{\dot{I}_b}=\frac{\dot{I}_br_{be}+(1+\beta)\dot{I}_bR_L'}{\dot{I}_b}=r_{be}+(1+\beta)R_L'$$

$$R_i=R_B/\!/R_L'=R_B/\!/[r_{be}+(1+\beta)R_L'] \tag{7-26}$$

式（7-26）说明，共集电极放大电路的输入电阻比较高，它一般比共射基本放大电路的输入电阻高几十倍到几百倍。

③ 输出电阻 R_o

将图 7-15（b）中信号源 U_S 短路，负载 R_L 断开，计算 R_o 的等效电路如图 7-16 所示。

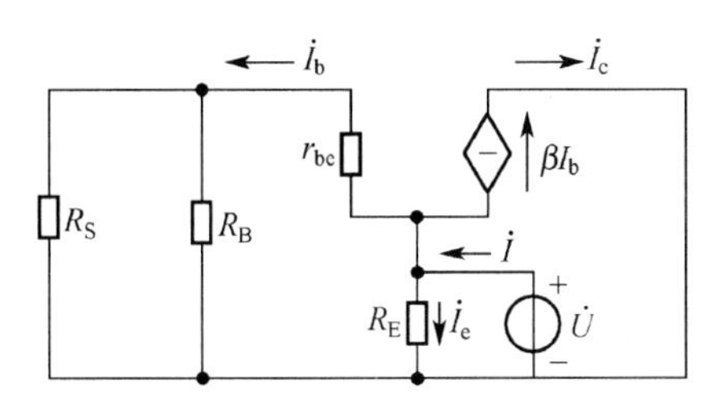

图 7-16　计算输出电阻的等效电路

由图 7-16 可得

$$\dot{I} = \dot{I}_e + \dot{I}_b + \beta\dot{I}_b = \dot{I}_e + (1+\beta)\dot{I}_b$$
$$= \frac{\dot{U}}{R_E} + (1+\beta)\frac{\dot{U}}{r_{be} + R'_S}$$

式中：$R'_S = R_S // R_B$，故

$$R_o = \frac{\dot{U}}{\dot{I}} = R_E // \left(\frac{r_{be} + R'_S}{1+\beta}\right)$$

通常 $R_E \gg \frac{r_{be} + R'_S}{1+\beta}$，所以

$$R_o \approx \frac{r_{be} + R'_S}{1+\beta} = \frac{r_{be} + (R_S // R_B)}{1+\beta} \tag{7-27}$$

式（7-27）中，信号源内阻和三极管输入电阻 r_{be} 都很小，而管子的 β 值一般较大，所以共集电极放大电路的输出电阻比共发射极放大电路的输出电阻小得多，一般在几十欧左右。

【例 7.5】　若如图 7-15（a）所示电路中各元件参数为：$V_{CC} = 12\text{ V}$，$R_B = 240\text{ k}\Omega$，$R_E = 3.9\text{ k}\Omega$，$R_S = 600\ \Omega$，$R_L = 12\text{ k}\Omega$。$\beta = 60$，C_1 和 C_2 容量足够大，试求：A_u，R_i，R_o。

【解】　由式（7-22）得

$$I_B = \frac{V_{CC} - U_{BE}}{R_B + (1+\beta)R_E} \approx \frac{12}{240 + (1+60) \times 3.9}(\text{mA}) = 25\ (\mu\text{A})$$

$$I_E \approx I_C = \beta I_B = 60 \times 25\ (\mu\text{A}) = 1.5\ (\text{mA})$$

因此 $r_{be} = 300\Omega + (1+\beta)\frac{26\text{ mV}}{I_E} = 300\ \Omega + (1+60)\frac{26\text{ mV}}{1.5\text{ mA}} = 1.4\ (\text{k}\Omega)$

又

$$R'_L = R_E // R_L = \frac{3.9 \times 12}{3.9 + 12} \approx 2.9\ (\text{k}\Omega)$$

由式（7-25）～式（7-27），得

$$A_u = \frac{(1+\beta)R'_L}{r_{be} + (1+\beta)R'_L} = \frac{(1+60) \times 2.9}{1.4 + (1+60) \times 2.9} = 0.99$$

$$R_i = R_B // [r_{be} + (1+\beta)R'_L] = 200 // [1.4 + (1+60) \times 2.9] = 102\ (\text{k}\Omega)$$

$$R_o \approx \frac{r_{be} + (R_S // R_B)}{1+\beta} = \frac{1.4 \times 10^3 + (0.6 // 240) \times 10^3}{1+60} = 33(\Omega)$$

2. 电路特点及应用

通过以上分析可见，共集电极放大电路的主要特点是：输入电阻高，传递信号源信号效率高；输出电阻低，带负载能力强；电压放大倍数小于1而接近于1，且输出电压与输入电压相位相同，具有跟随特性。虽然没有电压放大作用，但仍有电流放大作用，因而有功率放大作用。这些特点使它在电子电路中获得了广泛的应用。

（1）作多级放大电路的输入级。由于输入电阻高可使输入到放大电路的信号电压基本上等于信号源电压。因此常用在测量电压的电子仪器中作输入级。

（2）作多级放大电路的输出级。由于输出电阻小提高了放大电路的带负载能力，故常用于负载电阻较小和负载变动较大的放大电路的输出级。

（3）作多级放大电路的缓冲级。将射级输出器接在两级放大电路之间，利用其输入电阻高、输出电阻小的特点。可作阻抗变换用，在两级放大电路中间起缓冲作用。

7.3　多级放大电路

7.3.1　电路结构与耦合方式

1. 概述

在许多情况下，输入信号是很微弱的（毫伏或微伏级），要把这样微弱的信号放大到足以带动负载，仅用一级电路放大是做不到的，必须经多级放大，以满足放大倍数和其他性能方面的要求。一般多级放大器的组成方框图如图7-17所示。

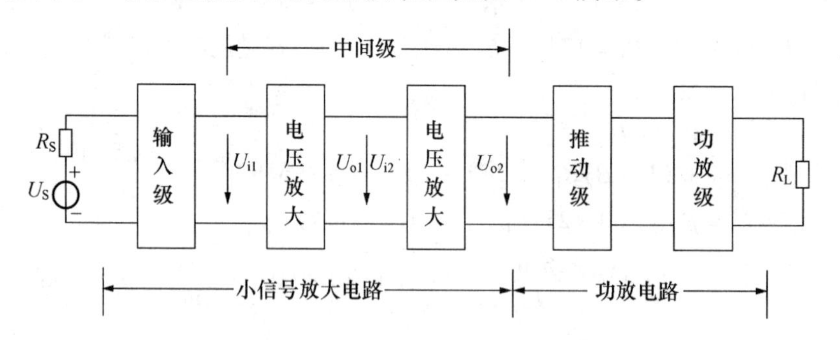

图7-17　多级放大电路组成框图

根据信号源和负载性质的不同，对各级电路有不同的要求，输入级一般要求有尽可能高的输入电阻和低的静态工作电流；中间级主要提高电压放大倍数，一般选2～3级，级数过多易产生自激振荡；推动级（或称激励级）输出一定的信号幅度推动功率放大电路工作；功放级则以一定的功率驱动负载工作。

2. 级间耦合方式

在多级放大器中，每两个单级放大电路之间的连接方式称为级间耦合。实现耦合的电路称为级间耦合电路，其任务是将前级信号传送到后级。对级间耦合电路的基本要求是：不引起信号失真，尽量减小信号电压在耦合电路上的损失。目前，常用的耦合方式有阻容耦合、直接耦合和变压器耦合。

（1）阻容耦合。阻容耦合指用较大容量的电容连接两个单级放大电路的连接方式，其特点是各级静态工作点互不影响，电路调试方便，但因电容对交流信号具有一定的容抗，在信号传输过程中有损失，尤其对变化缓慢的信号，不便于传输。此外，由于集成电路制造较大容量的电容很困难，因此集成电路中一般不采用阻容耦合方式。

（2）直接耦合。直接耦合指用导线连接两个单级放大电路的连接方式，其特点是既可以放大交流信号，也可以放大直流信号，但各级静态工作点相互影响，电路调试麻烦。电路简单，便于集成，所以集成电路中多采用这种耦合方式。

（3）变压器耦合。变压器耦合指级与级之间用变压器连接的方式。其特点是不能传输直流信号，能传输交流信号并进行阻抗变换。所以各级静态工作点互不影响，改变其变比，容易获得较大的输出功率。由于变压器体积大而重，不便于集成化。

7.3.2　多级放大电路的电路分析

实用中，多级放大电路分析主要指确定电压放大倍数、输入电阻、输出电阻等动态性能指标。除功率放大电路外，其他组成部分都可用简化微变等效电路来分析、计算。

1. 多级放大电路电压放大倍数的计算

多级放大电路不论采用何种耦合方式和何种组态电路，从交流参数来看：前级的输出信号（如 U_{o1}），为后级的输入信号（如 U_{i2}）；而后级的输入电阻（如 R_{i2}），为前级的负载电阻。因此，由图7-17可知，两级电压放大器的放大倍数分别为：

$$A_{u1} = \frac{U_{o1}}{U_{i1}} \qquad A_{u2} = \frac{U_{o2}}{U_{i2}}$$

由于 $U_{o1} = U_{i2}$，故两级放大电路总的电压放大倍数为：

$$A_u = \frac{U_{o2}}{U_{i1}} = \frac{U_{o1}}{U_{i1}} \times \frac{U_{o2}}{U_{i2}}$$

即
$$A_u = A_{u1} \times A_{u2} \tag{7-28}$$

式（7-28）可推广到 n 级放大电路 $A_u = A_{u1}A_{u2}\cdots A_{un}$ （7-29）

可见，多级放大电路总的电压放大倍数等于各级电路电压放大倍数的乘积。在计算单级放大电路电压放大倍数时，把后一级的输入电阻作为本级的负载即可。

2. 多级放大电路的输入电阻和输出电阻

多级放大电路的输入电阻即为第一级放大电路的输入电阻；多级放大电路的输出电阻即为最后一级（第 n 级）放大电路的输出电阻。

故
$$R_i = R_{i1} \tag{7-30}$$
$$R_o = R_{on} \tag{7-31}$$

【例7.6】 某电子设备的两级阻容耦合放大电路如图7-18（a）所示，各元件参数为：$V_{CC} = 12\ V$，$R_{B1} = 100\ k\Omega$，$R_{B2} = 39\ k\Omega$，$R_{C1} = 5.6\ k\Omega$，$R_{E1} = 2.2\ k\Omega$，$R'_{B1} = 82\ k\Omega$，$R'_{B2} = 47\ k\Omega$，$R_{C2} = 2.7\ k\Omega$，$R_{E2} = 2.7\ k\Omega$，$R_L = 3.9\ k\Omega$，$r_{be1} = 1.4\ k\Omega$，$r_{be2} = 1.3\ k\Omega$，$\beta_1 = \beta_2 =$

50。求：电压放大倍数，输入电阻，输出电阻。

【解】 其微变等效电路如图7-18（b）所示。

由于

$$R_{L1}=R'_{B1}//R'_{B2}//r_{be2}=82//47//1.3\approx1.3\ (\mathrm{k\Omega})$$

$$R'_{L1}=R_{C1}//R_{L1}=5.6//1.3\approx1.06\ (\mathrm{k\Omega})$$

由式（7-7）得

$$A_{u1}=-\beta_1\frac{R'_{L1}}{r_{be1}}=-50\times\frac{1.06}{1.4}=-37.7$$

而

$$R'_{L2}=R_{C2}//R_L=2.7//3.9\approx1.6\ (\mathrm{k\Omega})$$

$$A_{u2}=-\beta_2\frac{R_{L2}}{r_{be2}}=-50\times\frac{1.6}{1.3}=-61.5$$

故

$$A_u=A_{u1}A_{u2}=-37.7\times(-61.5)=2318.55$$

(a) 电路图

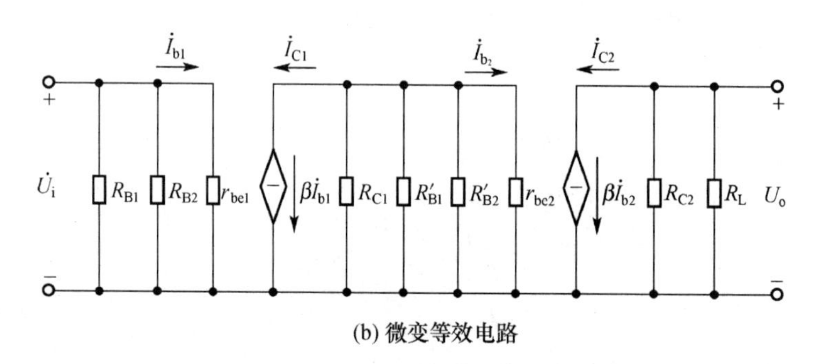

(b) 微变等效电路

图7-18　单级阻容耦合放大电路的频率特性

由式（7-30）、式（7-31）得

$$R_i=R_{i1}=R_{B1}//R_{B2}//r_{be1}=100//39//1.4\approx1.4\ (\mathrm{k\Omega})$$

$$R_o=R_{C2}=2.7\ (\mathrm{k\Omega})$$

当多级放大电路的电压放大倍数很高时，可用增益来衡量放大电路的放大能力。增益的定义为

$$G_u=20\,\mathrm{Lg}\,|A_u| \tag{7-32}$$

增益的单位为分贝（dB）。由式（7-32）可知：电压放大倍数每增加10倍，增益增加20 dB。

习　　题

一、填空题

1. 放大电路有两种工作状态，u_i =0 时称为（　　）；有交流信号 u_i 时称为（　　），此时晶体管各极电压、电流均包含（　　）分量和（　　）分量。基本放大电路的静态分析主要是求（　　）、（　　）和（　　）三个量，而动态分析主要是求（　　）、（　　）和（　　）三个量。

2. 静态工作点的设置原则是保证（　　）信号不失真的放大和输出，其中失真包括（　　）失真和（　　）失真。

3. 共集电极放大电路又叫（　　），其电压放大倍数约为（　　）。

4. 多级放大电路的耦合方式有（　　）、（　　）和（　　）三种，既能放大交流信号，又能放大直流信号的是（　　）。

5. 分别说出图 7-19 中各电路能否放大交流信号，并说明原因。

（a）图因为（　　）而（能、不能）放大交流信号；

（b）图因为（　　）而（能、不能）放大交流信号；

（c）图因为（　　）而（能、不能）放大交流信号。

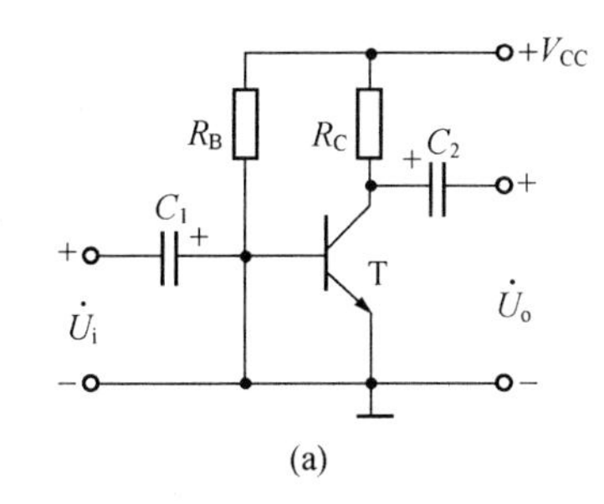

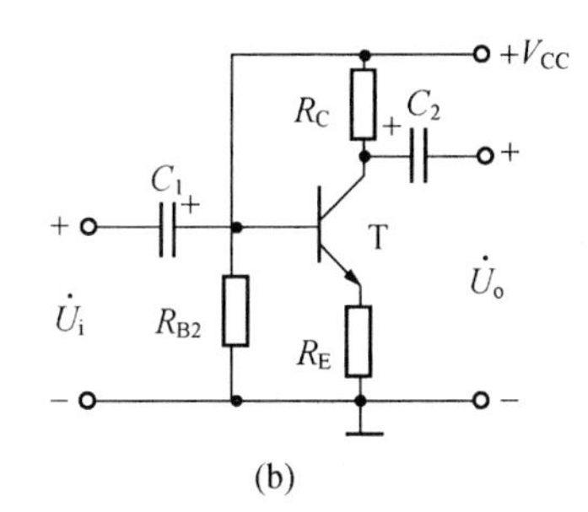

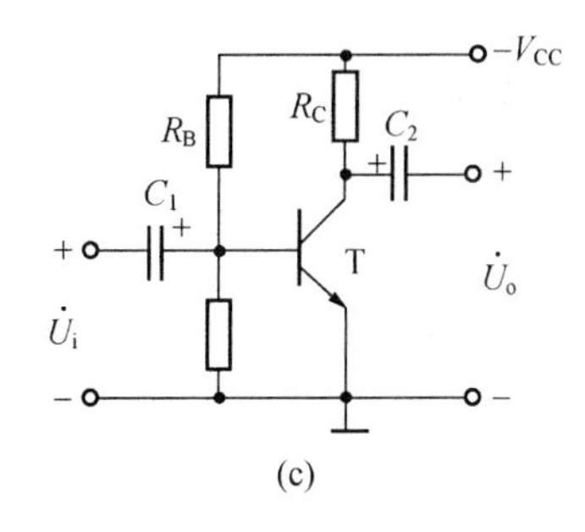

图 7-19　填空题 5 题图

二、判断题

（　　）1. 放大电路中的输出信号和输入信号总是反相关系。

（　　）2. 分压偏置共射极放大电路能够稳定静态工作点。

（　　）3. 共射放大电路输出波形出现了上削波，说明电路出现了饱和失真。

（　　）4. 放大电路中放大的是交流信号，因此可以没有直流电源。

（　　）5. 放大器的输入电阻越小越好，输出电阻越大越好。

三、选择题

1. 固定偏置放大电路中晶体管的 β = 30，若将该管换为 β = 50 的另外一个晶体管，则该电路中晶体管基极电流 I_B 将（　　）；集电极电流 I_C 将（　　）。

A. 增加　　B. 减少

C. 基本不变　　D. 无法确定

2. 基本放大电路中，经过晶体管的信号有（　　）；主要放大对象是（　　）。

A. 直流成分　　B. 交流成分

C. 交直流都有　　D. 交直流都没有

3. 分压偏置共发射放大电路中，若基极电位过高，电路容易出现（　　）。

A. 截止失真　　B. 饱和失真

C. 交越失真　　D. 没有影响

4. 射极输出器的输出电阻小，说明该电路（　　）。

A. 带负载能力强　　B. 带负载能力差

C. 减轻后级负荷　　D. 没有影响

5. 某两级阻容耦合共射放大电路不接第二级时第一级放大倍数是100，接上第二级后第一级放大倍数是50，第二级放大倍数是50，则此电路的放大倍数是（　　）。

A. 5 000　　B. 2 500　　C. 150　　D. 50

四、应用题

1. 在如图7-20所示电路中，三极管是PNP型锗管。(1) V_{CC}和C_1、C_2的极性如何选择，并在图上标出。(2) 若V_{CC}取12 V，$R_C = 3\,k\Omega$，$\beta = 75$，如果要将静态值I_C调到1.5 mA，问R_B应调到多大？(3) 在调静态工作点时，如不慎将R_B调到零，对三极管有无影响？为什么？通常采取何种措施来防止这种情况？

2. 在如图7-20所示电路中，由于电路参数不同，在信号源电压为正弦波时，测得输出波形如图7-21 (a)、(b)、(c) 所示，试说明电路分别产生了什么失真，如何消除。

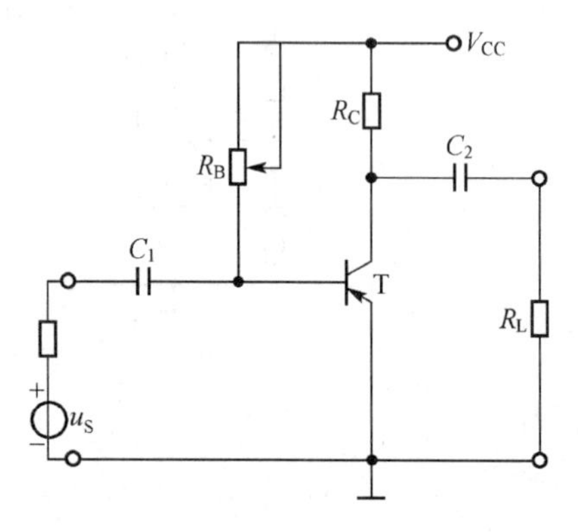

图7-20　应用题1题图

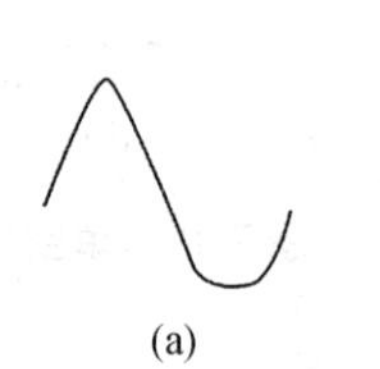

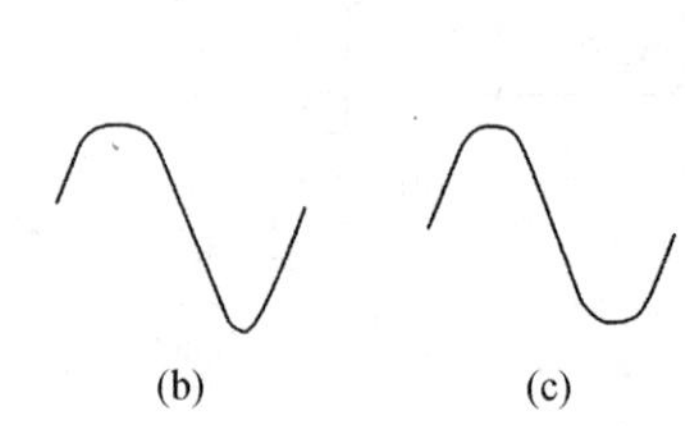

图7-21　应用题2题图

3. 如图7-20放大电路的已知条件中，试用微变等效电路法求解下列问题：(1) 不接负载电阻时的电压放大倍数；(2) 接负载电阻$R_L = 2\,k\Omega$时的电压放大倍数；(3) 电路的输入电阻和输出电阻；(4) 信号源内阻$R_S = 100\,\Omega$时的源电压放大倍数；

4. 在如图7-22所示电路中，已知$V_{CC} = 24\,V$，$R_C = 3.3\,k\Omega$，$R_S = 100\,\Omega$，$R_E = 1.5\,k\Omega$，$R_{B1} = 33\,k\Omega$，$R_{B2} = 10\,k\Omega$，$R_L = 5.1\,k\Omega$，$\beta = 60$，硅管。试求：(1) 估算静态工作点；(2) 标出电容C_1、C_2、C_E的极性；(3) 画出微变等效电路；(4) 计算A_u、A_{us}、R_i及R_o。

5. 在如图7-23所示电路中，已知三极管$\beta = 50$（硅管），试求：(1) 当开关S在“1”位置时的电压放大倍数，输入电阻及输出电阻；(2) 当开关S在“2”位置时电压放大倍数，输入电阻及输出电阻；(3) 比较这两种情况的异同。

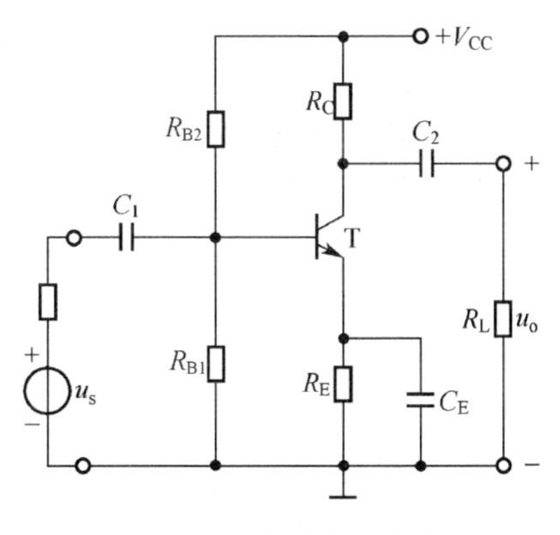

图7-22　应用题4题图

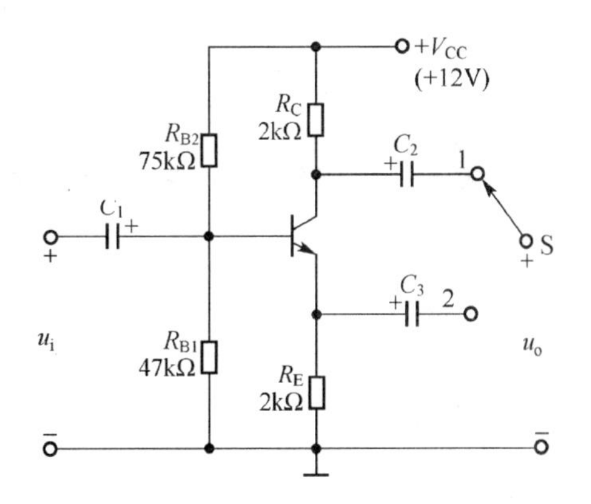

图7-23　应用题5题图

6. 两级阻容耦合放大电路如图7-24所示。设$\beta_1=80$，$\beta_2=100$。试：(1) 画出电路的微变等效电路；(2) 求各级的输入电阻和输出电阻；(3) 求各级的电压放大倍数和两级的电压放大倍数（设信号源内阻$R_S=0$）；(4) 如果信号源内阻$R_S=100$（Ω），试问当信号电压$U_S=1$（mV）（有效值）时，放大电路的输出电压U_{o2}为多大?

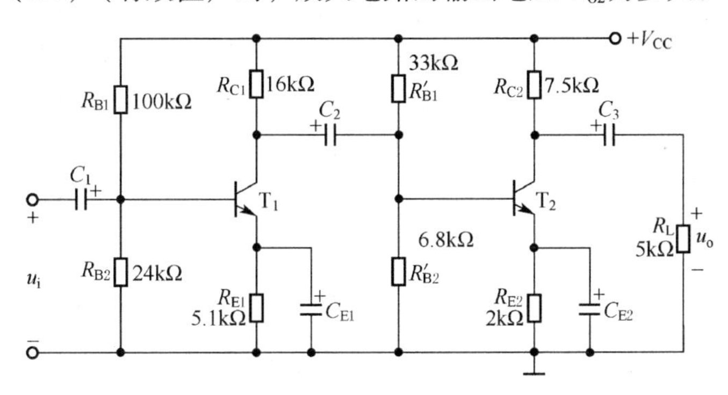

图7-24　应用题6题图

第 8 章　集成运算放大器基础

教学目标

▶掌握理想运算放大器的条件和分析依据；
▶理解负反馈的概念；
▶了解负反馈的类型及其对放大器的影响；
▶掌握集成运算放大器的线性应用和非线性应用的分析方法。

采用半导体制造工艺将管子、电阻、电容等器件及连线制作在一块硅片上，形成一个不可分割的固体组件，称为集成电路。集成电路按其功能可分为模拟集成电路和数字集成电路两大类。模拟集成电路中应用最广泛的是集成运算放大器（简称集成运放），它是高增益多级直接耦合放大器。目前，集成运放作为独立电子器件的一个门类，业已广泛应用于计算技术、自动控制、无线电工程和各种电与非电量的电测线路中。其品种数量繁多，本章仅介绍其几种基本应用电路的分析方法，旨在引导读者登堂入室，为今后实际工作中的应用奠定基础。

8.1　集成运放简介

8.1.1　集成运放的基本结构

1. 集成运算放大器的基本结构

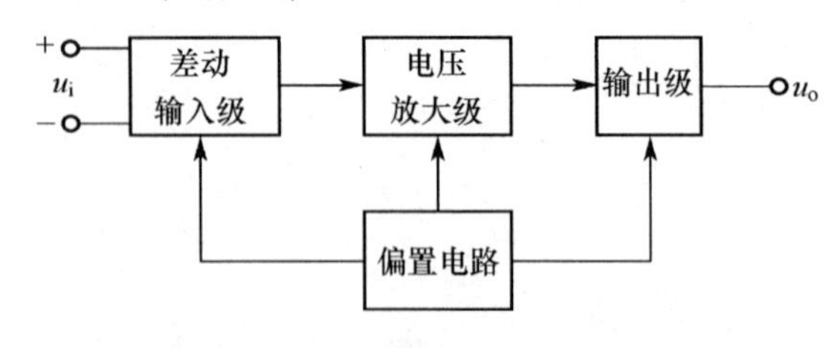

图 8-1　集成运算放大器组成方框图

集成运算放大器是模拟集成电子电路中最重要的器件之一，近几年来得到了迅速的发展。它的种类、型号众多，但其基本结构归纳起来通常由输入级、中间级、输出级和偏置电路 4 部分组成，如图 8-1 所示。

（1）输入级。输入级是提高运放质量的关键部分，要求其输入电阻高，为了能减小零点漂移和抑制共模干扰信号，输入级都采用具有恒流源的差动放大电路，也称差动输入级。

（2）中间级。中间级的主要作用是提供足够大的电压放大倍数，故而也称电压放大级。要求中间级本身具有较高的电压增益。

（3）输出级。输出级的主要作用是输出足够的电流以满足负载的需要，同时还需要有较低的输出电阻和较高的输入电阻，以起到将放大级和负载隔离的作用。

（4）偏置电路。偏置电路的作用是为各级提供合适的工作电流，一般由各种恒流源电路组成。

集成运算放大器的内部电路是很复杂的，但从使用的角度来说，可将它视为一个完整独立的电子器件。对使用者来说，只需要掌握集成运放的主要性能及与外部电路的正确接法，故这里对内部电路的分析不做介绍。

2. 集成运算放大器的图形符号和引脚功能

集成运放的外形有双列直插式、扁平式和圆壳式3种，如图8-2所示。

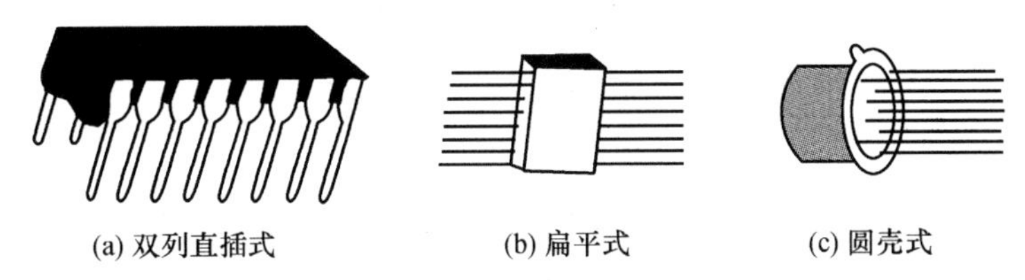

(a) 双列直插式　(b) 扁平式　(c) 圆壳式

图8-2　常见集成运算放大器的外形

集成运放的图形符号如图8-3所示。u_+ 为信号的同相输入端，由此端输入信号时，输出电压与输入电压相位相同；u_- 为反相输入端，由此端输入信号时，输出电压与输入电压相位相反；从“-”、“+”两端输入称差分输入（$u_{id}=u_- - u_+$），输出电压与差分输入电压相位相反。

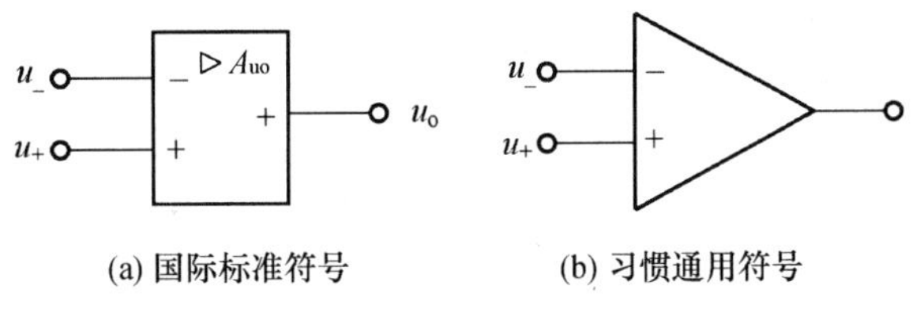

(a) 国际标准符号　(b) 习惯通用符号

图8-3　集成运放符号

国产F007（5G24）型集成运放的外形有圆壳式，也有双列直插式。圆壳式的引脚排列及外形引线连接如图8-4所示。图8-4（a）是F007运放的顶视图，图中引脚编号是逆时针排列的。对照图8-4（b），各引脚的功能是：1，5为外接调零电位器（通常为10 kΩ）；2为反相输入端；3为同相输入端；4为外接负电源（-15 V）；6为输出端；7为外接正电源（+15 V）；8为空脚。

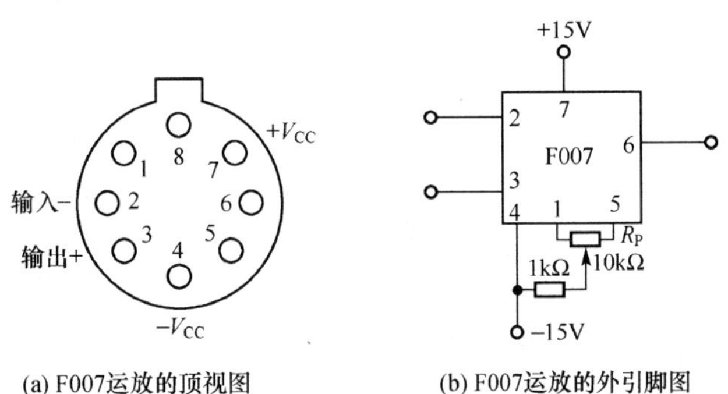

(a) F007运放的顶视图　(b) F007运放的外引脚图

图8-4　F007外形引线连接图

8.1.2　集成运放的主要参数

集成运算放大器的性能可用一些参数来表示，为了合理地选用和正确地使用运放，必须了解各主要参数的意义。

（1）开环差模电压放大倍数 A_{uo}。在没有外接反馈电路时测出的差模电压放大倍数，A_{uo} 越高，运放的精度越高。性能较好的运放，其 A_{uo} 可达 140 dB。

（2）共模抑制比 K_{CMRR}。它表示运放的差模电压放大倍数 A_d 与共模电压放大倍数 A_c 之比的绝对值。若用分贝为单位，则 $K_{CMRR} = 20\lg\left|\frac{A_d}{A_c}\right|$ dB。K_{CMRR} 越大，说明运放共模抑制性能愈好。F007 的 K_{CMRR} 约为 80 dB，目前，高质量集成运放的 K_{CMRR} 已经高达 160 dB。

（3）开环输入电阻（差模输入电阻）r_{id}。它指运放开环时，输入电压的变化与由它引起输入电流的变化之比，即从两个输入端看进去的动态电阻。r_{id} 越大，表明运放由差模信号源输入的电流就越小，精度越高。F007 的 r_{id} 约为 1～2 MΩ。若以场效应管做输入级，则 r_{id} 可高达 10^6MΩ。

（4）开环输出电阻 r_o。指运放输出级的输出电阻。r_o 越小，运放带负载能力越强。F007 的 r_o 约为 500 Ω，高质量集成运放的 r_o 小于 100 Ω。

（5）输入失调电压 U_{IO}。一个理想的集成运放，当输入电压为零时，静态输出电压也应为零。但实际上，由于制造中元件参数不可能做到完全对称，故当输入电压为零时，存在一定的静态输出电压。为使静态输出电压为零，设想在输入端加一个很小的补偿电压，它就是输入失调电压 U_{IO}。U_{IO} 越大，说明电路的对称程度越差，U_{IO} 一般在几毫伏以下。

（6）最大输出电压 U_{opp}。能使输出电压和输入电压失真不超过允许值时的最大输出电压，称运算放大器的最大输出电压，一般用峰-峰值表示，有时也称为动态输出范围，其值不可能超出电源电压值。F007 的 U_{opp} 约为 ±12～ ±13 V。

运放的技术参数尚有许多，这里不再赘述，使用时需参看各种产品的说明书及参数表。

8.2　放大电路中的负反馈

反馈技术在电子电路中得到了极为广泛的应用。在放大电路中采用负反馈，可以改善放大电路的性能。因此实用的放大电路几乎都采用负反馈，故通常也称作负反馈放大电路。

8.2.1　反馈的基本概念

将放大电路的输出量（电压或电流）的一部分或全部，通过一定的电路（反馈网络），再送回到输入回路，这一过程称反馈。要识别一个电路是否存在反馈，只要分析放大电路的输出回路与输入回路之间是否存在联系作用的反馈网络。反馈网络通常由一个纯电阻或串、并联电容元件组成。

实际上，在讨论工作点稳定时，已经用到了反馈的概念。如图 7-11（a）所示的射极电阻 R_E 就是起反馈作用的。例如当温度升高使电流 I_C 增加时，增加的电流通过 R_E 反馈到输入回路，利用 R_E 上的电压降的增大迫使 I_B 和 I_C 减少，维持工作点稳定，这个调整过程称为反馈过程。为加深印象，我们把这个物理过程重新表示如下：

$$T\uparrow\rightarrow I_C\uparrow\rightarrow I_E\uparrow\rightarrow V_E\uparrow\rightarrow U_{BE}\downarrow\rightarrow I_B\downarrow\rightarrow I_C\downarrow$$

可见，在 R_E 阻值一定的情况下，反馈电流 I_E 变化越大，则放大器的工作点就越稳定。因此这种电路的反馈强弱决定于电流 I_E 的大小。

8.2.2　反馈的形式

1. 反馈极性与判断

根据反馈极性的不同，可将反馈分为正反馈和负反馈。如果引入的反馈信号使放大电路的净输入信号增强，使电路的电压放大倍数增加，该反馈称为正反馈；反之，如果引入的反馈信号使放大电路的净输入信号减小，使电路的电压放大倍数降低，则为负反馈。

通常可采用瞬时极性法来判断反馈极性。先假定输入信号在某一瞬时对地的极性，瞬时极性的正负在图中用正、负号表示，分别代表该点瞬时信号的升高或降低；然后根据各级电路输出端与输入信号的相位关系（同相或反相），标出电路各点的瞬时极性，得到反馈信号的极性；最后判断反馈信号的极性是增强还是削弱净输入信号，如果是削弱，便可判定是负反馈，反之则为正反馈。

当输入信号与反馈信号在不同端子引入时，反馈信号与输入信号极性相同，为负反馈；若两者极性相反，为正反溃。如图 8-5（a）所示电路中，输入信号与反馈信号分别在反相输入端和同相输入端引入，两者极性相反使净输入 u_{id}增加，故是正反馈。可以证明，当输入信号和反馈信号在同一结点引入时，若两者极性相同者，为正反馈；两者极性相反时，为负反馈。故如图 8-5（b）所示属于负反馈电路。

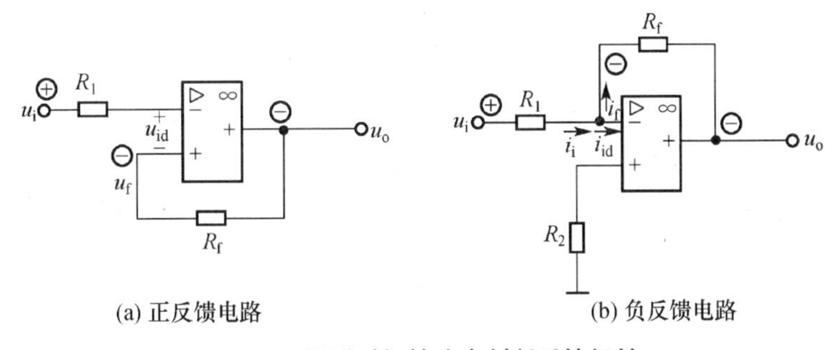

图 8-5　用瞬时极性法来判断反馈极性

2. 直流反馈与交流反馈

根据反馈信号的交直流性质，可以分为直流反馈和交流反馈。直流反馈的作用是稳定静态工作点，如具有旁路电容的共射极放大电路的射极电阻。而射极输出器中的射极电阻，除起直流反馈作用外，也起交流反馈作用。各种类型的交流反馈将对放大电路的各项动态性能产生不同的影响，是用以改善电路技术指标的主要手段。

3. 电压反馈和电流反馈

根据反馈采样方式的不同，可以分为电压反馈和电流反馈。若反馈信号取自输出电压，或与输出电压成正比，称为电压反馈，如前面讲的射极输出器；若反馈信号取自输出电流，或与输出电流成正比，则称为电流反馈，如共射极放大电路。

放大电路中引入电压负反馈，稳定输出电压，其效果是减小了电路的输出电阻；而电流负反馈，稳定输出电流，因而增大了输出电阻。

判断电压反馈还是电流反馈，一般可以将输出端交流短路，此时若反馈信号不复存在，则为电压反馈；否则就是电流反馈。

4. 串联反馈和并联反馈

根据反馈信号与输入信号在放大电路输入端连接方式的不同，可以分为串联反馈和并联反馈。若反馈信号与输入信号在输入回路中以电压形式相加减（即反馈信号与输入信号串联），称之为串联反馈，这时，反馈信号和输入信号不在同一结点引入；若反馈信号与输入信号在输入回路中以电流形式相加减（即反馈信号与输入信号并联），称之为并联反馈，这时的反馈信号和输入信号通常在同一结点引入。

另外，判断是串联反馈还是并联反馈也可以用输入短路法进行判别，具体作法为：将输入端口短接，若反馈信号被旁路掉，可确定为并联反馈；否则，为串联反馈。

通常，若放大电路的输入端采用并联负反馈，将使其输入电阻减小；若放大电路的输入端采用串联负反馈，将使其输入电阻增大。

8.2.3 负反馈的组态与判别

由上述4种反馈形式可组合成下列4种类型的负反馈：电压串联负反馈，电压并联负反馈，电流串联负反馈，电流并联负反馈。现结合具体的电路来分析它们的特点。

1. 电压串联负反馈

在如图8-6所示的电路中，R_L 短路时 $u_o=0$，反馈电压 $u_f=0$，故为电压反馈；输入量 u_i 从“+”端引入，u_f 从“-”端引入，u_i 与 u_f 不在同一点引入，故为串联反馈。

根据瞬时极性法，由图8-6所标极性可知，输入信号与反馈信号在不同端子引入，反馈信号与输入信号极性相同，故为负反馈。因此，图8-6为电压串联负反馈电路。

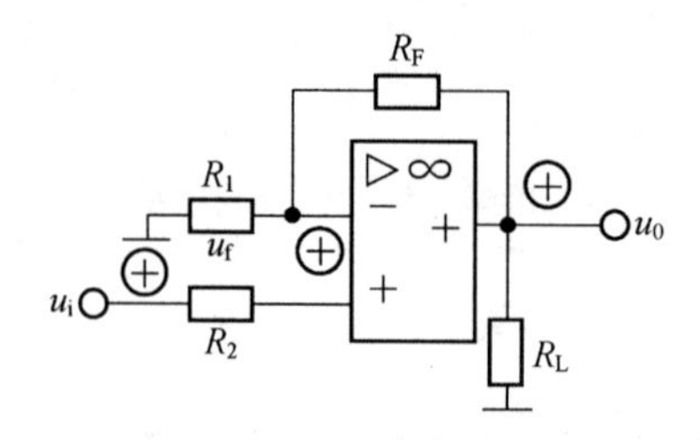

图8-6 电压串联负反馈电路

电压负反馈有稳定输出电压的作用。设 u_i 为某一固定值时，若负载电阻 R_L 增大，使输出电压 u_o 有上升的趋势，结果将使放大电路的净输入信号 u_{id} 减小，于是 u_o 就随之回到接近原来的数值。上述过程可简单表示如下：

$$R_L\uparrow\rightarrow u_o\uparrow\rightarrow u_f\uparrow\rightarrow u_{id}\downarrow\rightarrow u_o\downarrow$$

2. 电压并联负反馈

在如图8-7所示的电路中，当$u_o=0$时，反馈电压$u_f=0$，故为电压反馈；输入量u_i与反馈量u_f均从“-”端输入，故为并联反馈；由图中极性可知，为负反馈。因此，图8-7为电压并联负反馈电路。

3. 电流串联负反馈

在如图8-8所示的电路中，当$u_o=0$时，反馈电压$u_f\neq 0$，故为电流反馈；输入量与反馈量不在同一结点引入，故为串联反馈；由图中极性可知，当输入量与反馈量在不同端子引入时，反馈信号与输入信号极性相同，为负反馈。因此，图8-8为电流串联负反馈电路。

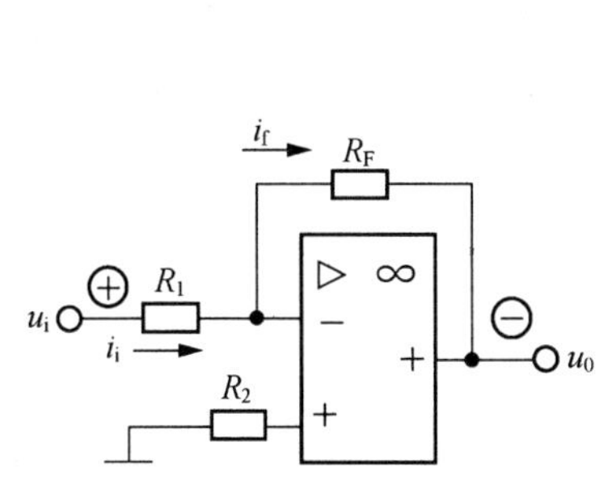

图8-7　电压并联负反馈电路

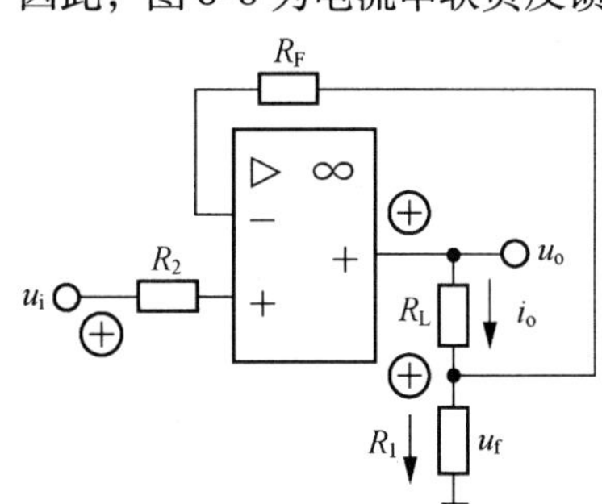

图8-8　电流串联负反馈电路

电流负反馈具有稳定输出电流i_o的作用。当输出电流i_o减小时，通过u_f减小，使放大电路的净输入信号u_{id}增大，从而使i_o得到稳定，其过程为：

$$i_o\downarrow\rightarrow u_f\downarrow\rightarrow u_{id}\uparrow\rightarrow i_o\uparrow$$

4. 电流并联负反馈

在如图8-9所示电路中，当$u_o=0$时，反馈电压$u_f\neq 0$，故为电流反馈；输入量与反馈量在同一结点输入，故为并联反馈；由图中极性可知，为负反馈。因此，图8-9为电流并联负反馈电路。

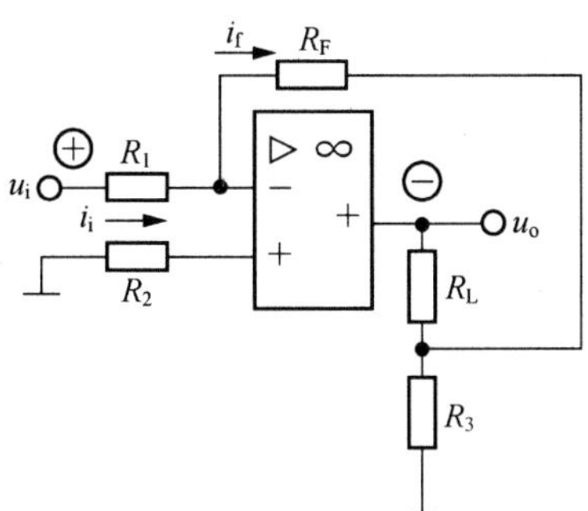

图8-9　电流并联负反馈电路

8.2.4　反馈放大电路的基本关系式

通过上面的讨论可以看出，无论什么类型的反馈放大电路，也无论采用什么反馈方式，它们都可以简化为图8-10所示的方框图。反馈放大电路主要包括两部分。其中，标

有 A 的方框称为基本放大电路，它可以是单级也可以是多级；标有 F 的方框为反馈网络，它是联系放大电路的输出回路和输入回路的环节，多数由电阻和电容元件组成。$\dot{X}_i$、$\dot{X}_o$、$\dot{X}_f$ 分别表示放大电路的输入信号、输出信号和反馈信号，它们可以是电压，也可以是电流。$\dot{X}_d$ 为基本放大电路的净输入信号，即 $\dot{X}_i$ 与 $\dot{X}_f$ 的差值信号。符号⊗表示比较环节，箭头表示信号的传递方向。

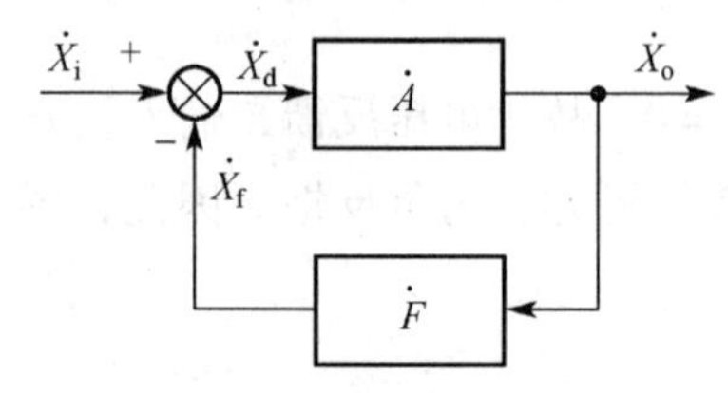

图 8-10　反馈放大电路的方框图

由图 8-10 可知

净输入信号
$$\dot{X}_{id} = \dot{X}_i - \dot{X}_f \tag{8-1}$$

开环放大倍数
$$\dot{A} = \frac{\dot{X}_o}{\dot{X}_{id}} \tag{8-2}$$

反馈系数
$$\dot{F} = \frac{\dot{X}_f}{\dot{X}_o} \tag{8-3}$$

则闭环放大倍数
$$\dot{A}_f = \frac{\dot{X}_o}{\dot{X}_i} = \frac{\dot{X}_o}{\dot{X}_{id} + \dot{X}_f} = \frac{\dot{X}_o}{\dot{X}_{id} + \dot{A}\dot{F}\dot{X}_{id}} = \frac{\dot{A}}{1 + \dot{A}\dot{F}} \tag{8-4}$$

式（8-4）是反馈放大电路的基本关系式。它表明，反馈放大电路的闭环放大倍数是基本放大器开环放大倍数的 $\frac{1}{1+\dot{A}\dot{F}}$ 倍。在后面的讨论还会发现，负反馈放大电路性能的改善程度多与（$1+\dot{A}\dot{F}$）的值有关。$|1+\dot{A}\dot{F}|$ 越大，反馈越深，因此它是衡量负反馈程度的一个重要指标，称为反馈深度。

当 $|1+\dot{A}\dot{F}| >> 1$ 时，式（8-4）可简化为
$$\dot{A}_f = \frac{\dot{A}}{1 + \dot{A}\dot{F}} \approx \frac{1}{F} \tag{8-5}$$

式（8-5）表明，在深度负反馈条件下，闭环放大倍数 $\dot{A}_f$ 与开环放大倍数 A 无关，也就是说不受管子参数的影响，仅决定于反馈电路。运算放大器负反馈电路都能满足深度负反馈的条件，这一点在本章第3节中的“集成运放的线性应用”中将得到验证。

8.2.5　负反馈对放大电路性能的影响

为了分析方便，设输入信号处于中频段，反馈网络为纯电阻。以下分析时，有关参数符号均用实数表示。

1. 提高放大倍数的稳定性

放大电路引入负反馈的一个主要目的是提高放大电路工作的稳定性，即提高放大倍数的稳定性。为了定量地说明这一点，我们用放大倍数的相对变化量来比较。由式（8-4）对 A_f 求导数，得
$$\frac{dA_f}{dA} = \frac{1}{1+AF} - \frac{AF}{(1+AF)^2} = \frac{1}{(1+AF)^2}$$

或
$$dA_f = \frac{dA}{(1+AF)^2}$$

为了研究 A_f 的相对变化量，用 A_f 除上式，得
$$\frac{dA_f}{A_f} = \frac{1}{1+AF} \cdot \frac{dA}{A} \tag{8-6}$$

式（8-6）表明放大电路闭环放大倍数的相对变化量 $\frac{dA_f}{A_f}$ 只有开环放大倍数相对变化量 $\frac{dA}{A}$ 的 $\frac{1}{1+AF}$ 倍，即放大倍数的稳定性提高了（$1+AF$）倍。可见，反馈越深，放大电路的增益稳定度越好。

【例 8.1】 某一放大电路 $A=4950$，若引入负反馈，反馈系数 $F=0.02$，试比较引入负反馈前后放大倍数的稳定性。

【解】 由于
$$\frac{1}{1+AF} = \frac{1}{1+4950\times 0.02} = 0.01$$

代入式（8-6），得
$$\frac{dA_f}{A_f} = 0.01\frac{dA}{A}$$

而
$$A_f = \frac{A}{1+AF} = \frac{4950}{1+4950\times 0.02} \approx 50$$

可见，引入负反馈后的放大倍数相对变化量只是无负反馈时放大倍数相对变化量的1%，但是，这是以牺牲放大倍数为代价的。因此，为了获得同样的输出，放大电路的输入信号必须加大。

2. 减小非线性失真

由于晶体管是非线性元件，在输入信号较大时，其工作范围可能会进入特性曲线的非线性部分，使输出波形产生非线性失真。

由于放大电路存在非线性元件，因此放大电路不可避免存在非线性失真。如图 8-11（a）所示为无负反馈时的放大电路，由图可见，若正弦波输入信号放大后的失真波形为前半周幅度大，后半周幅度小；引入负反馈后，如图 8-11（b）所示，由于反馈量正比于输出量，反馈信号 $\dot{X}_f$ 也是前半周大，后半周小；但它和输入信号 $\dot{X}_i$ 相减后的净输入信号 $\dot{X}_i' = \dot{X}_i - \dot{X}_f$ 则变成了前半周小、后半周大的波形，从而使输出波形趋于对称，这样就改善了输出波形。但输出波形仍然是正半周略大于负半周波形，但比无反馈时的差距减小了。但是如果原信号本身就有失真，则引入负反馈也无法改善。

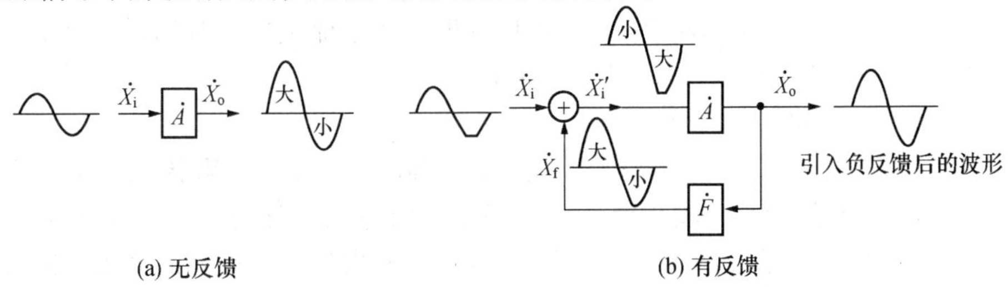

(a) 无反馈　　(b) 有反馈

图 8-11　非线性失真的改善

3. 改变了输入/输出电阻

放大电路引入不同类型的负反馈后，将对输入、输出电阻产生不同的影响。我们经常以此来满足实际工作中的特定需要。下面将具体分析。

（1）对输入电阻的影响

放大电路的输入电阻是从输入端看进去的交流等效电阻。而输入电阻的变化，取决于输入端的负反馈方式（串联或并联），与输出端采用的反馈方式（电流或电压）无关。

① 串联负反馈使输入电阻增大

在串联负反馈电路中，反馈网络与基本放大电路的输入电阻串联，如图8-12所示，故串联负反馈放大电路的输入电阻是增加的。这时的输入电阻为

$$R_{if} = \frac{u_i}{i_i} = \frac{u_{id} + u_f}{i_i} = \frac{u_{id} + AFu_{id}}{i_i} = R_i(1 + AF) \tag{8-7}$$

其中：R_i 是基本放大电路的输入电阻。

② 并联负反馈使输入电阻减小

在并联负反馈电路中，反馈网络与基本放大电路的输入电阻并联，如图8-13所示，并联负反馈放大电路的输入电阻是减小的。这时的输入电阻为

$$R_{if} = \frac{u_i}{i_i} = \frac{u_i}{i_{id} + i_f} = \frac{u_i}{i_{id} + AFi_{id}} = \frac{R_i}{1 + AF} \tag{8-8}$$

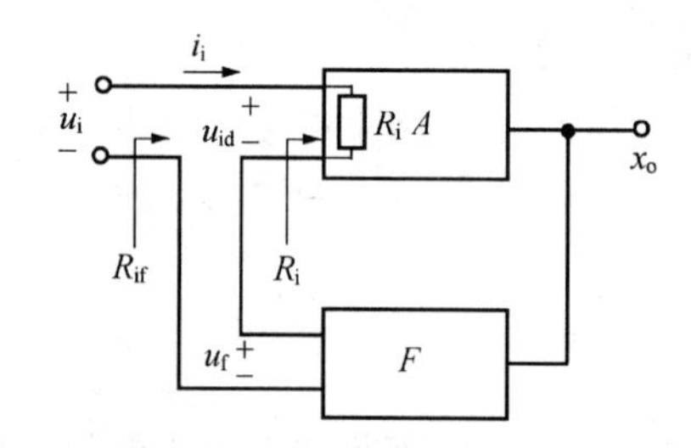

图8-12　串联负反馈方框图

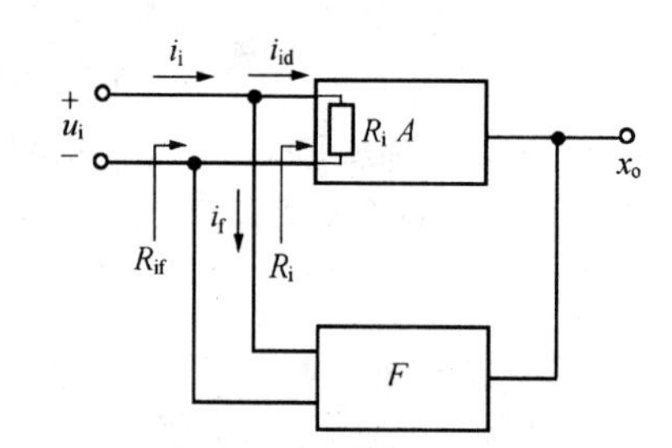

图8-13　并联负反馈方框图

（2）对输出电阻的影响

放大电路的输出电阻就是从放大电路的输出端看进去的交流等效电阻。而输出电阻的变化，取决于输出端采用的反馈方式（电流或电压），与输入端采用的反馈方式（串联或并联）无关。

① 电流负反馈使输出电阻增大

放大电路对输出端而言，可以等效成一个实际的电流源，它的内阻就是放大电路的输出电阻。显然，输出电阻越大，输出电流就越稳定。而电流负反馈可以稳定输出电流，因此，其效果就是增大了电路的输出电阻。可以证明，有电流负反馈时的输出电阻 R_{of} 与无反馈时相比，增大的倍数就是反馈深度（$1+AF$）。

② 电压负反馈使输出电阻减小

放大电路对输出端而言，也可以等效成一个实际的电压源，内阻就是放大电路的输出电阻。显然，输出电阻越小，输出电压就越稳定。而电压负反馈可以稳定输出电压，因此，其效果就是减小了电路的输出电阻。可以证明，有电压负反馈时的输出电阻 R_{of} 与无反馈时相比，减小的倍数就是反馈深度（$1+AF$）。

通过以上分析，可以看出，反馈深度是影响放大电路性能的一个重要指标。反馈深度越大，放大电路的性能改变的程度也越大，但负反馈过深又容易引起自激振荡，因此在设计放大电路时，其反馈深度要适当地选择，既要保证放大电路有良好的工作性能，也要保证不产生自激振荡。

8.3　理想集成运放的分析方法

集成运算放大器的许多技术指标是相当良好的。例如，它的开环电压放大倍数很大，可达几十万；它的输入电阻很高，常常在兆欧级；它的输出电阻很小，仅为几十欧。因此，在工程应用中，为便于分析，常把实际运算放大器看作理想运算放大器来处理，以简化计算。

8.3.1　理想集成运放及其传输特性

1. 理想集成运放

通常把具有理想参数的集成运算放大器称为理想集成运放。如图 8-14 所示为理想集成运放的图形符号，图中的“∞”表示电压放大倍数 $A_{uo} \to \infty$。它的主要特点为：

（1）开环电压放大倍数 $A_{uo} \to \infty$；

（2）输入电阻 $r_{id} \to \infty$；

（3）输出电阻 $r_o \to 0$；

（4）共模抑制比 $K_{CMRR} \to \infty$；

（5）有无限宽的频带。

2. 集成运放的传输特性

（1）传输特性

表示输出电压与输入电压之间关系的曲线称为传输特性曲线。如图 8-15 所示为运算放大器的传输特性曲线。图中虚线部分为集成运放工作的线性区，实线部分为集成运放工作的非线性区（即饱和区）。由于集成运放的电压放大倍数极高，虚线部分很接近纵轴，故在理想情况下，认为虚线与纵轴重合。图 8-15 是反相传输（输入信号接在反相端的情况），若为同相传输（输入信号接在同相端的情况），则传输特性曲线在Ⅰ、Ⅲ象限，具有正的斜率。

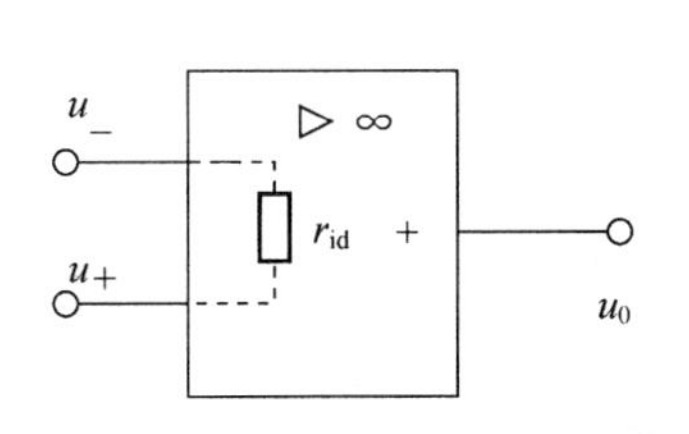

图 8-14　理想运算放大器的图形符号

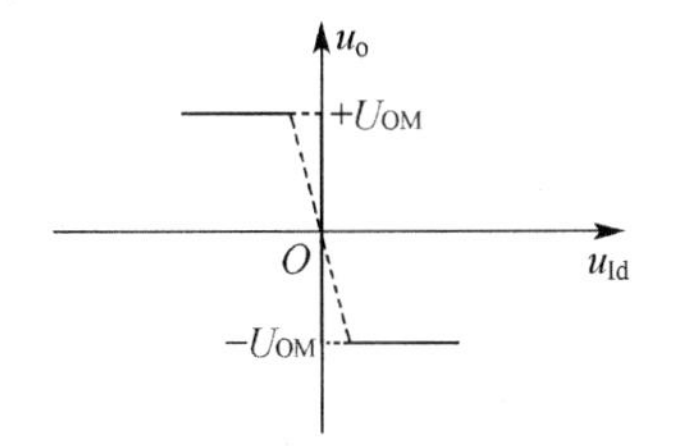

图 8-15　运算放大器的电压传输特性

一般来说，集成运放具体工作在线性区还是非线性区主要取决于其外接反馈电路的性质。只有在深度电压负反馈情况下，运放才工作于线性区，如图8-16（a）所示；而在开环或正反馈状态下，运放则工作在非线性区，如图8-16（b）、（c）所示。

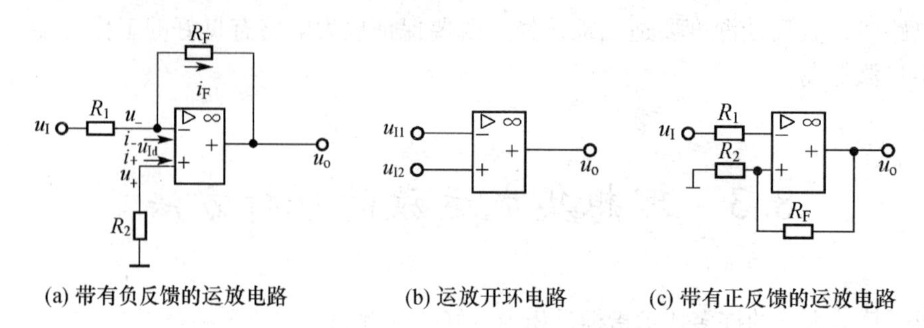

(a) 带有负反馈的运放电路　(b) 运放开环电路　(c) 带有正反馈的运放电路

图8-16　集成运放电路

（2）工作在线性区的集成运放

根据上述理想化条件，对于工作在线性状态的理想集成运放具有两个重要特性。此时，输出电压与两个端电压之差的函数关系是线性的，满足

$$u_o = A_{uo}u_{Id} = A_{uo}(u_+ - u_-)$$

由于开环放大倍数 $A_{uo}\to\infty$，u_o 为一有限值，所以

$$u_+ \approx u_- \tag{8-9}$$

式（8-9）表明，理想集成运放两输入端间的电压为0，但又不是短路，故常称为“虚短”。

又由于集成运放的输入电阻 $r_{id}\to\infty$，所以同相端和反相端都不取输入电流，即

$$i_- = i_+ \approx 0 \tag{8-10}$$

即理想运放的两个输入端不取电流，但又不是开路，一般称为“虚断”。

式（8-9）和式（8-10）是分析和计算运算放大器的两个重要依据，应用这两个依据，将大大简化运算放大器线性应用电路的分析。

（3）工作在非线性区的集成运放

对于工作在非线性区的理想集成运放，则有

$$当 u_+ > u_- 时，u_o = +U_{OM}$$

$$当 u_- > u_+ 时，u_o = -U_{OM}$$

其中，U_{OM}是集成运放的正向或反向输出电压最大值。

8.3.2　集成运放的线性应用

1. 信号运算电路

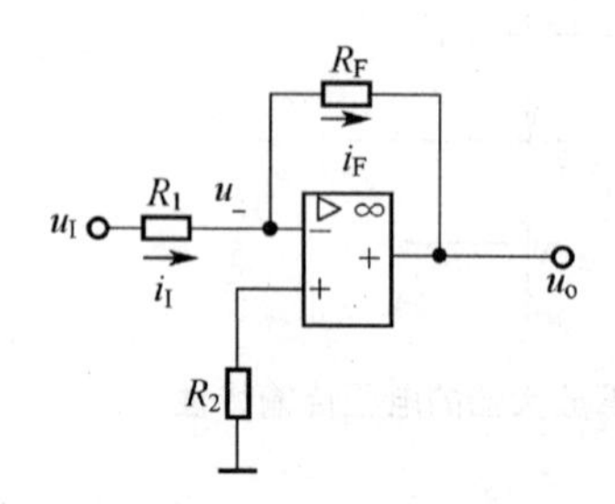

图8-17　反相比例运算电路

用集成运放外接电阻、电容可以实现各种模拟信号的比例、加减、积分和微分的运算电路，称为基本运算电路。此时集成运放工作在线性区。本节主要介绍常用的几种运算电路，对特殊应用领域所需的运算电路读者可查阅相关的参考文献。

（1）反相比例运算电路

如图8-17所示是反相比例运算电路。输入信号 u_I 经电阻 R_1 加到集成运放的反相端，同相端经电阻 R_2 接地。为使集成

运放工作在线性区，在集成运放的输出端与反相端之间接有反馈电阻 R_F。根据“虚短”和“虚断”的特点，即

$$u_- \approx u_+$$

$$i_- = i_+ \approx 0$$

可得 $u_- = 0$，$i_I = i_F$。

将
$$i_I = \frac{u_I - u_-}{R_1} = \frac{u_I}{R_1}$$

$$i_F = \frac{u_- - u_o}{R_F} \approx -\frac{u_o}{R_F}$$

代入可得
$$\frac{u_I}{R_1} = -\frac{u_o}{R_F}。$$

整理得
$$u_o = -\frac{R_F}{R_1}u_I \tag{8-11}$$

式（8-11）表明，输出电压 u_o 与输入电压 u_I 之间存在着比例运算关系，比例系数由 R_F 与 R_1 的阻值决定，与集成运放本身参数无关。这说明电路引入了深度负反馈，保证了比例运算的精度和稳定性。从反馈组态来说，属于电压并联负反馈。

图 8-17 中，同相输入端电阻 R_2 对运算结果没有影响，只是为了提高集成运放输入级的对称性，使两个输入端电阻保持平衡，以便消除集成运放的偏置电流及其漂移的影响，故习惯上称 R_2 为平衡电阻。通常取 $R_2 = R_1 // R_F$。

由电压放大倍数定义，可得

$$A_{uf} = \frac{u_o}{u_I} = -\frac{R_F}{R_1} \tag{8-12}$$

式（8-12）中，负号表明输出电压 u_o 与输入电压 u_I 的相位总是相反的。

若取 $R_F = R_1$，则 $u_o = -u_I$，即输出电压与输入电压大小相等、相位相反，此时，反相比例运算电路称为反相器。

在反相比例运算电路中，同相端接地，$u_+ = 0$，使 $u_- \approx u_+ = 0$，相当于反相端也接“地”，这个“地”常称为“虚地”。

（2）同相比例运算电路

如图 8-18（a）所示是同相比例运算电路。输入信号 u_I 经电阻 R_2 加到集成运放的同相端，而集成运放的反相端经电阻 R_1 接地。为使集成运放工作在线性区，在集成运放的输出端与反相端之间接有反馈电阻 R_F。

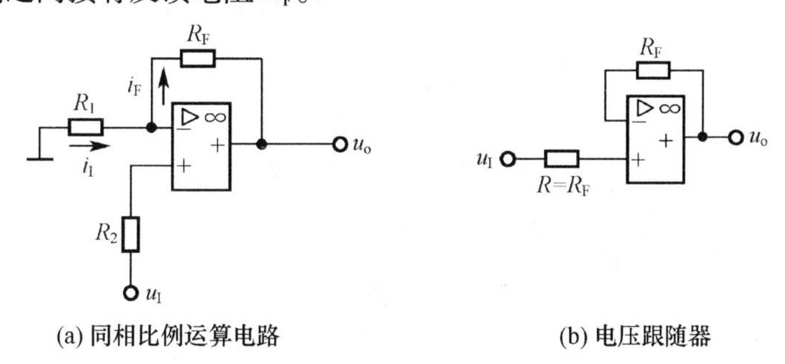

(a) 同相比例运算电路　　(b) 电压跟随器

图 8-18　同相比例运算电路

由虚短、虚断性质和图8-18（a）可知

$$u_{-} \approx u_{+} = u_{I}$$

$$i_{-} = i_{+} = 0$$

$$i_{1} = i_{F}$$

而

$$i_{F} = \frac{u_{-} - u_{o}}{R_{F}} = \frac{u_{I} - u_{o}}{R_{F}}$$

$$i_{1} = -\frac{u_{-}}{R_{1}} = -\frac{u_{I}}{R_{1}}$$

所以

$$\frac{u_{I} - u_{o}}{R_{F}} = -\frac{u_{I}}{R_{1}}$$

整理得

$$u_{o} = (1 + \frac{R_{F}}{R_{1}})u_{I} \tag{8-13}$$

则电压放大倍数为

$$A_{uf} = \frac{u_{o}}{u_{I}} = 1 + \frac{R_{F}}{R_{1}} \tag{8-14}$$

式（8-14）表明：输出电压 u_{o} 与输入电压 u_{I} 之间也存在着比例运算关系，且输出电压与输入电压相位相同。从反馈组态来看，图8-18（a）属于电压串联负反馈。由于是深度负反馈，所以与运放的参数无关，其精度和稳定性只取决于 R_{1} 和 R_{f}，同时电路的输入电阻很高，输出电阻很低。

图8-18（a）中，若去掉 R_{1}，如图8-18（b）所示，则

$$u_{o} = u_{-} = u_{+} = u_{I}$$

即输出电压与输入电压大小相等、相位相同，起到电压跟随作用，故该电路称电压跟随器，其电压放大倍数为1。

（3）加法运算电路

在集成运放的反相输入端增加若干个输入信号组成的电路，就构成反相加法运算电路，如图8-19所示为对两个信号的求和电路。

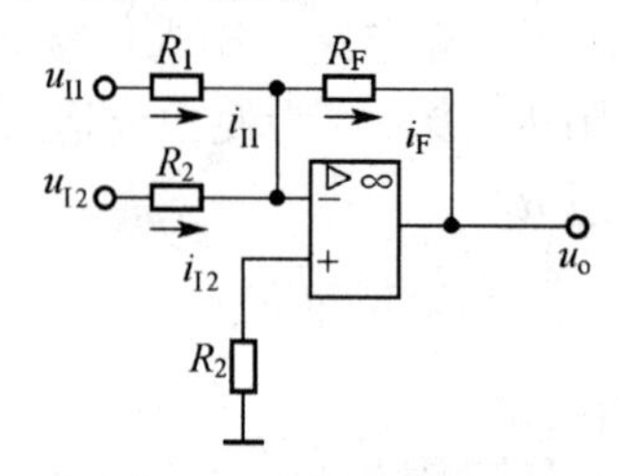

图8-19　加法运算电路

因反相输入端为“虚地”，故得

$$i_{I1} = \frac{u_{I1}}{R_{1}}$$

$$i_{I2} = \frac{u_{I2}}{R_{2}}$$

$$i_F = \frac{-u_o}{R_F} = i_{I1} + i_{I2} = \frac{u_{I1}}{R_1} + \frac{u_{I2}}{R_2}$$

于是，输出电压为

$$u_o = -\left(\frac{R_F}{R_1}u_{I1} + \frac{R_F}{R_2}u_{I2}\right) \tag{8-15}$$

当 $R_1 = R_2 = R$ 时，则

$$u_o = -(u_{I1} + u_{I2}) \tag{8-16}$$

式（8-15）和式（8-16）表明：加法运算电路的输出电压与各输入电压之间存在着线性组合关系，实现了加法运算。

（4）减法运算电路

在集成运放的两个输入端都加上输入信号，就构成了减法运算电路，如图 8-20 所示。图中减数 u_{I1} 加到反相输入端，被减数 u_{I2} 经 R_2、R_3 分压后加到同相输入端。

由图 8-20 可知

$$u_- \approx u_+ = \frac{R_3}{R_2 + R_3}u_{I2}$$

$$i_{I1} = \frac{u_{I1} - u_-}{R_1} = i_F = \frac{u_- - u_o}{R_F}$$

故得

$$u_o = \left(1 + \frac{R_F}{R_1}\right)\frac{R_3}{R_2 + R_3}u_{I2} - \frac{R_F}{R_1}u_{I1} \tag{8-17}$$

当 $R_1 = R_2, R_3 = R_F$ 时，式（8-17）为

$$u_o = \frac{R_F}{R_1}(u_{I2} - u_{I1}) \tag{8-18}$$

即输出电压与输入电压的差值（$u_{I2} - u_{I1}$）成正比例，从而能进行减法运算。

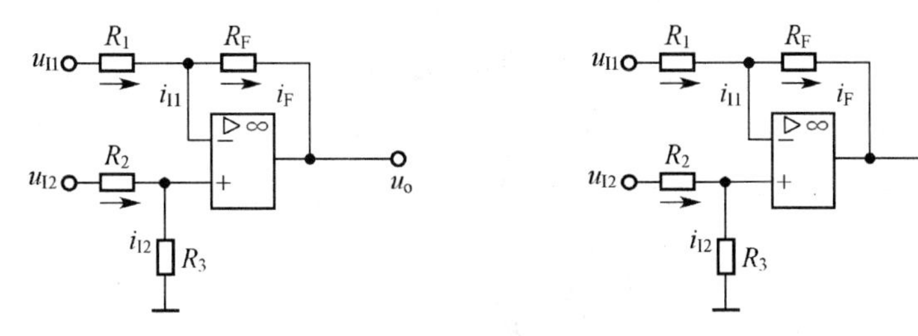

图 8-20　减法运算电路

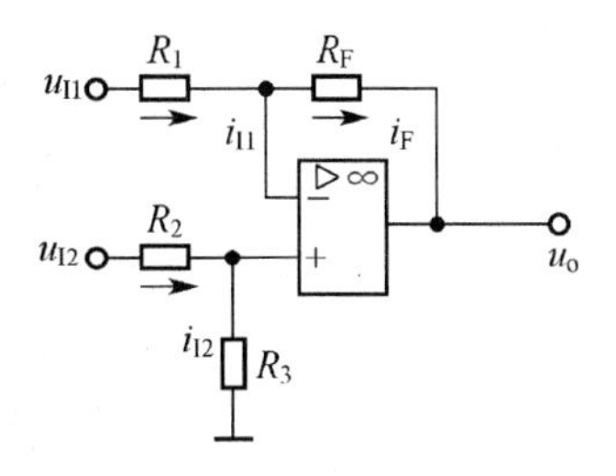

图 8-21　例 8.2 图

【例 8.2】　若给定反馈电阻 $R_F = 10\,k\Omega$，试设计实现 $u_o = u_{I1} - 2u_{I2}$ 的运算电路。

【解】　根据题意，对照运算电路的功能可知，可用差分运算电路实现之，将 u_{I1} 从同相端输入，u_{I2} 从反相端输入，电路如图 8-21 所示。

据式（8-17）可求得图 8-21 中输出电压 u_o 的表达式为

$$u_o = \left(1 + \frac{R_F}{R_1}\right)\frac{R_3}{R_2 + R_3}u_{I1} - \frac{R_F}{R_1}u_{I2}$$

将要求实现的 $u_o = u_{I1} - 2u_{I2}$ 与上式比较可得

$$-\frac{R_F}{R_1} = -2 \tag{8-19}$$

$$\left(1+\frac{R_F}{R_1}\right)\frac{R_3}{R_2+R_3}=1 \tag{8-20}$$

因为给定 $R_F=10\ \text{k}\Omega$，由式（8-19）可得

$$R_1=5\ (\text{k}\Omega)$$

将式（8-19）代入式（8-20）可得

$$\frac{R_3}{R_2+R_3}=\frac{1}{3} \tag{8-21}$$

根据输入端直流电阻平衡的要求，由图8-21可得

$$R_2 /\!/ R_3 = R_1 /\!/ R_F = \frac{5\times 10}{5+10}=\frac{10}{3}\ (\text{k}\Omega)$$

即

$$\frac{R_2R_3}{R_2+R_3}=\frac{10}{3}\ (\text{k}\Omega) \tag{8-22}$$

联立求解式（8-21）和式（8-22）可得

$$R_2=10\ (\text{k}\Omega),\ R_3=5\ (\text{k}\Omega)$$

（5）积分电路

积分运算是指集成运放的输出电压与输入电压的积分成比例的运算。积分运算电路如图8-22所示，图中，用 C_F 代替 R_F 构成反馈电路。

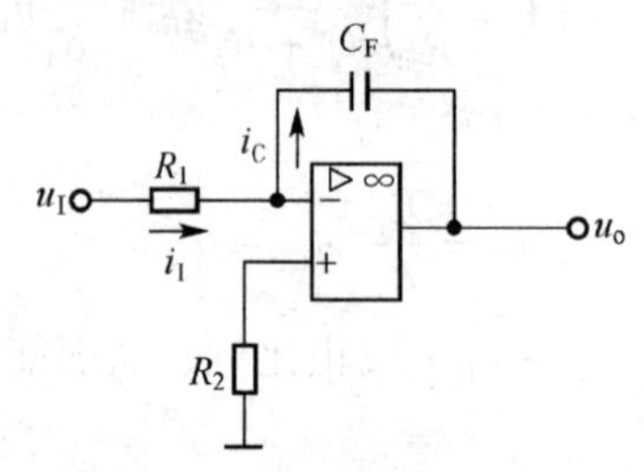

图8-22　积分运算电路

设电容器 C_F 上初始电压 $U_C(0)=0$，随着充电过程的进行，电容器 C_F 两端的电压为

$$u_C=\frac{1}{C_F}\int i_C\,\mathrm{d}t$$

由图8-22可知

$$i_I=\frac{u_I}{R_1}=i_C$$

故

$$u_o=-u_C=-\frac{1}{R_1C_F}\int u_I\,\mathrm{d}t \tag{8-23}$$

式（8-23）表明：输出电压 u_o 正比于输入电压 u_I 对时间 t 的积分。负号表示输出电压与输入电压相位相反。若输入电压 u_I 是一恒定的直流电压 U_I，则有

$$u_o=\frac{U_I}{RC_F}t$$

这时，输出电压与积分时间成正比。因此，即使输入电压很小，但经过一段时间后输出电压也会积累到一定数值。这种特性在自动调节系统和测量系统中得到了广泛的应用。

（6）微分运算电路

微分运算是积分运算的逆运算。积分电路中，电阻 R_1 与电容 C_F 的位置对调一下，即得微分电路，电路如图8-23所示。

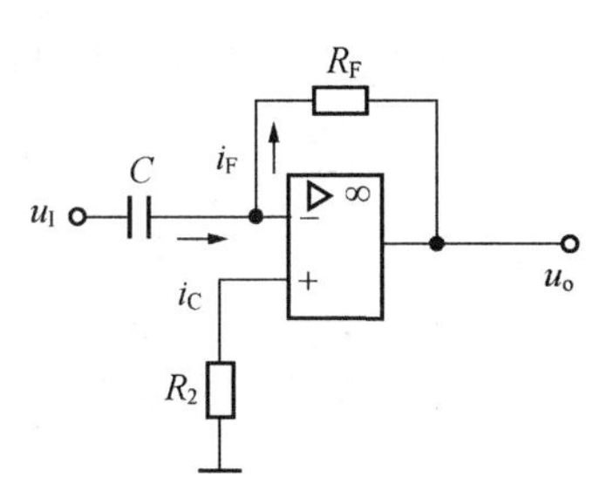

图 8-23　微分运算电路

由图 8-23 可知

$$i_C = C\frac{du_C}{dt} = C\frac{du_I}{dt}$$

$$i_F = -\frac{u_o}{R_F} = i_C$$

故

$$u_o = -i_C R_F = -CR_F\frac{du_I}{dt} \qquad (8\text{-}24)$$

式（8-24）表明：输出电压 u_o 正比于输入电压 u_I 对时间的微分。若 u_I 是一恒定的直流电压，则 $u_o = 0$。

微分和积分电路常用以实现波形变换。例如，微分电路可将方波电压变换为尖脉冲电压，如图 8-24（b）所示；积分电路可将方波电压变换为三角波电压，如图 8-24（c）所示。其原理读者根据式（8-23）和式（8-24）自行分析。

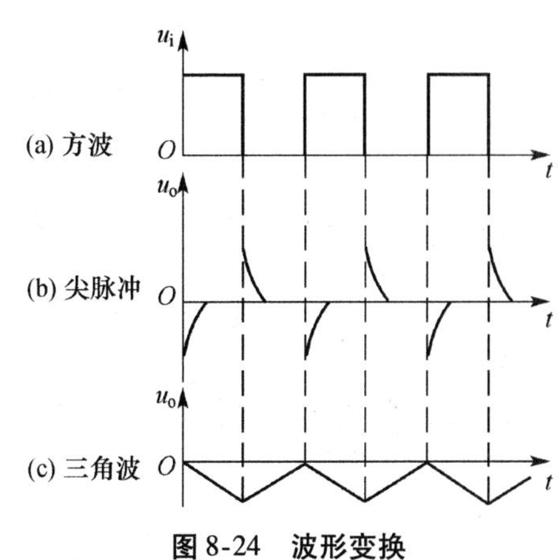

图 8-24　波形变换

2. 信号变换电路

在控制系统中，为了驱动执行机构，如记录仪、继电器等，常需要将电压转换成电流；而在监测系统中，为了数字化显示，又常将电流转换成电压，再接数字电压表。在放大电路中引入合适的反馈，就可以实现上述转换。

（1）电压—电流变换器

根据不同的应用情况，电压—电流变换器可分为悬浮负载和接地负载。

① 接地负载电压—电流变换器

接地负载电压—电流变换器基本电路如图 8-25 所示。

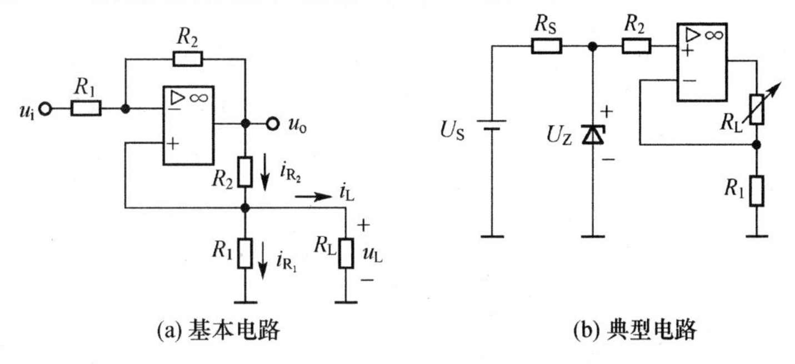

图 8-25　接地负载的电压—电流变换电路

对图8-25（a），根据“虚短”的概念，由叠加定理可得

$$u_{\mathrm{L}} = u_{-} = u_{\mathrm{I}}\frac{R_2}{R_1 + R_2} + u_{\mathrm{o}}\frac{R_1}{R_1 + R_2}$$

解得

$$u_{\mathrm{o}} = \frac{R_1 + R_2}{R_1}u_{\mathrm{L}} - \frac{R_2}{R_1}u_{\mathrm{I}}$$

由 KCL，得

$$i_{\mathrm{L}} = i_{\mathrm{R2}} - i_{\mathrm{R1}} = \frac{u_{\mathrm{o}} - u_{\mathrm{L}}}{R_2} - \frac{u_{\mathrm{L}}}{R_1}$$

将 u_{o} 代入上式，整理得

$$i_{\mathrm{L}} = -\frac{u_{\mathrm{I}}}{R_1} \tag{8-25}$$

由式（8-25）可知，负载电流的大小只取决于输入电压 u_{I} 和电阻 R_1，而与负载 R_{L} 无关。当 R_1 固定不变时，输出电流正比于输入电压，电路完成了电压—电流变换。

另一种典型的电压—电流变换电路如图8-25（b）所示，根据理想集成运放特点，得

$$i_{\mathrm{L}} = \frac{U_{\mathrm{Z}}}{R_1} \tag{8-26}$$

即负载电流与负载无关，只取决于稳压管稳定电压和 R_1。

② 悬浮负载电压—电流变换器

悬浮负载电压—电流变换器电路如图8-26所示。图8-26（a）是一个反相电压—电流变换器，它是一个电流并联负反馈电路，它的组成与反相放大器很相似，所不同的是现在的反馈元件（负载）可能是一个继电器绕组或内阻为 R_{L} 的电流计。

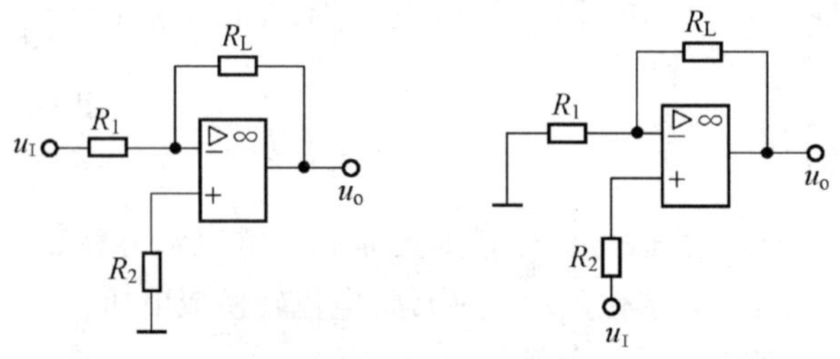

(a) 反相电压—电流变换器　(b) 同相电压—电流变换器

图8-26　悬浮负载的电压—电流变换器

流过悬浮负载的电流为

$$i_{\mathrm{L}} = -\frac{u_{\mathrm{I}}}{R_1} \tag{8-27}$$

这个电流与负载电阻 R_{L} 的值无关，式中的负号是因反相输入而引起的。

图8-26（b）是一个同相电压—电流变换器，它是一个电流串联负反馈电路。该电路的负载电流为

$$i_{\mathrm{L}} = \frac{u_{\mathrm{I}}}{R_1} \tag{8-28}$$

其数值与式（8-27）相同，只是符号不同。

（2）电流—电压变换器

电流—电压变换器如图8-27所示。这个电路本质上是一个反相放大器，只是没有输

入电阻。输入电流直接接到集成运放的反相输入端。

图 8-27（a）是一个基本的电流—电压变换器，根据集成运放的“虚断”和“虚地”的概念，有 $i_-=0$ 和 $u_-=0$，故 $i_F=i_I$，从而有

$$u_o=-i_FR_F=-i_IR_F \tag{8-29}$$

由式 (8-29) 可知，电路的输出电压与输入电流成正比，从而实现了从电流到电压的转换。

图 8-27（b）是一个经常用在光电转换电路中的典型电路。图中 D 是光电二极管，工作于反向偏置状态。当受到光照时，会产生光电流 i_L；不受光照时，电流近似为 0。

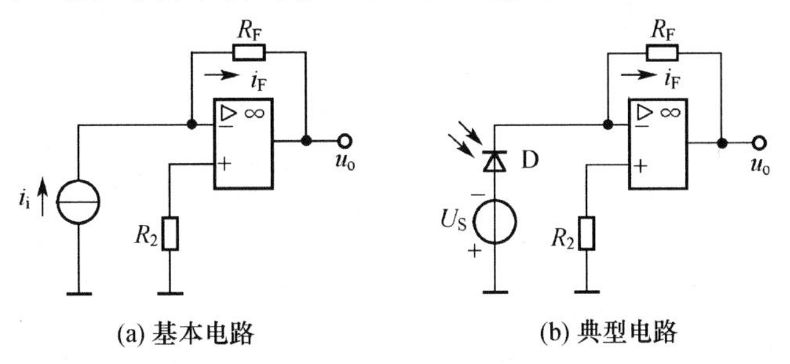

(a) 基本电路　(b) 典型电路

图 8-27　电流—电压变换器

根据集成运放的“虚断”和“虚地”的概念可得

$$i_F=-i_L$$

$$u_o=-i_FR_F$$

故

$$u_o=i_LR_F \tag{8-30}$$

由式（8-30）可知，输出电压与光照成正比，从而实现了从光照到电压的转换。

8.3.3　集成运放的非线性应用

运放的非线性应用很广，包括测量技术、自动控制、无线电通信等方面。但就其功能而言，目前运放的应用主要是信号的比较和鉴别，所以这里我们只对比较器简单加以介绍。

电压比较器的基本功能是能对两个电压进行比较，并判断出哪一个大。这种电路的集成运放工作在非线性区。因集成运放的开环放大倍数很高，只要在输入端有一个微小的差值信号，就会使输出电压达到极限值，输出高电平或低电平。电压比较器通常用于越限报警、模拟电路与数字电路接口、波形变换等场合。

1. 单限值电压比较器

电压比较电路如图 8-28（a）所示，参考电压 U_{REF} 加在同相输入端，输入电压 u_I 加在反相输入端，电路工作在开环状态。

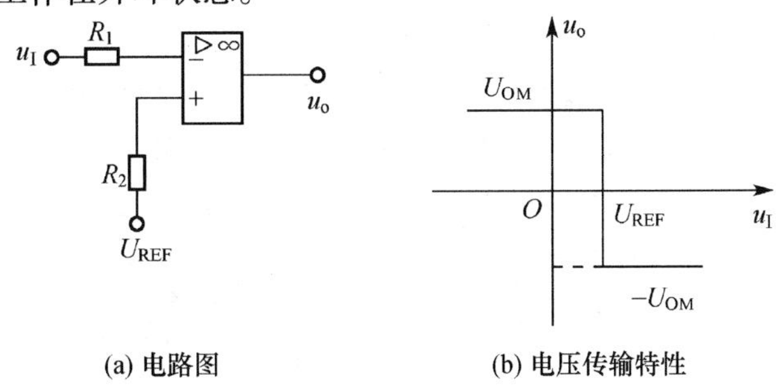

(a) 电路图　(b) 电压传输特性

图 8-28　单值电压比较器

由图8-28（a）可知：当$u_I < U_{REF}$时，u_o输出为高电平U_{OM}；当$u_I > U_{REF}$时，u_o输出为低电平$-U_{OM}$。电压传输特性如图8-28（b）所示。

不接基准电压，即$U_{REF}=0$时，电路如图8-29（a）所示，该电路称为过零比较器，电压传输特性如图8-29（b）所示。

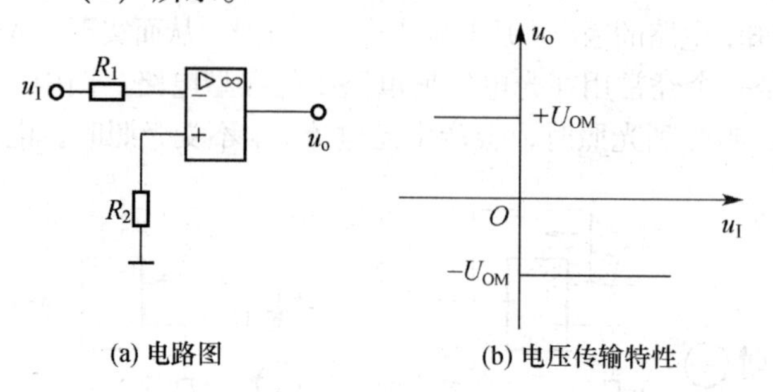

(a) 电路图　　(b) 电压传输特性

图8-29　过零比较器

由图8-29（a）可知：$u_I < 0$时，电压比较器输出高电平；当$u_I > 0$时，电压比较器输出低电平。当u_I由负值变为正值时，输出电压u_o由高电平跳变为低电平；当u_I由正值变为负值时，输出电压u_o由低电平跳变为高电平。通常把比较器输出电压u_o从一个电平跳变为另一个电平所对应的输入电压称为阈值电压U_T（又称门限电压）。例如，图8-28（a）电路的$U_T = U_{REF}$；图8-29（a）电路的$U_T = 0$。

为了将输出电压限制在某一特定值，以与接在输出端的数字电路的电平相配合，可在输出端接一个双向稳压管进行限幅，如图8-30（a）所示，构成有限幅的过零比较器。其电压传输特性如图8-30（b）所示（$U_Z < U_{OM}$）。

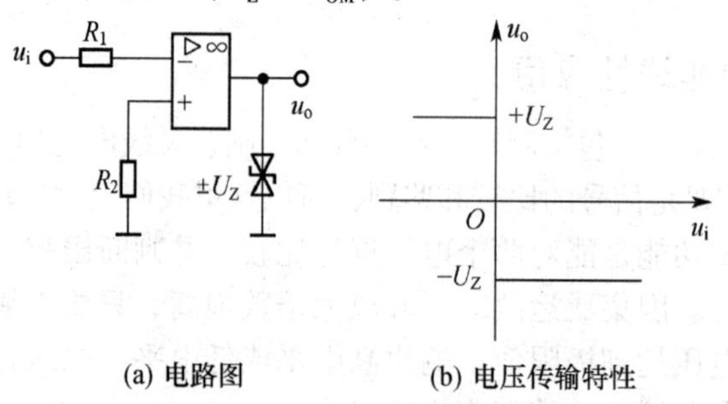

(a) 电路图　　(b) 电压传输特性

图8-30　有限幅的过零比较器

【例8.3】　设计一个简单的电压比较器，要求如下：$U_{REF}=2$ V；输出低电平约为−6 V，输出高电平约为0.7 V；当输入电压大于2 V时，输出为低电平。

【解】　因输入电压大于2 V时，输出为低电平。故输入信号应加在反相输入端，同相输入端加2 V的参考电压。

又因输出低电平约为−6 V，输出高电平约为0.7 V，故可采用具有限幅作用的硅稳压管接在输出端，它的稳定电压为6 V。当输出高电平时，稳压管作普通二极管使用，其导通电压约为0.7 V，故输出电压为0.7 V；当输出低电平时，稳压管稳定电压为6 V，故输出电压为−6 V。综上所述，满足设计要求的电路如图8-31所示。

实际应用中，常常利用比较器设计出一种监控报警电路，如图8-32所示。在生产现场，若需对某一参数（如压力、温度、噪声等）进行监控，可将传感器取得的监控信号u_I送给比较器，当$u_I < U_R$时，比较器输出负值电压，三极管T截止，指示灯熄灭，表明工

作正常。当 $u_I > U_R$ 时，说明被监控的信号超过正常值，使三极管饱和导通，报警器灯亮。电阻 R_3 决定于对三极管基极的驱动强度，其阻值应保证三极管进入饱和状态。二极管 D 起保护作用，在比较器输出负值电压时，三极管 be 结上加有较高的反向偏压，可能击穿 be 结，而 D 能把 be 结的反向电压限制在 0.7 V，从而保护了三极管。

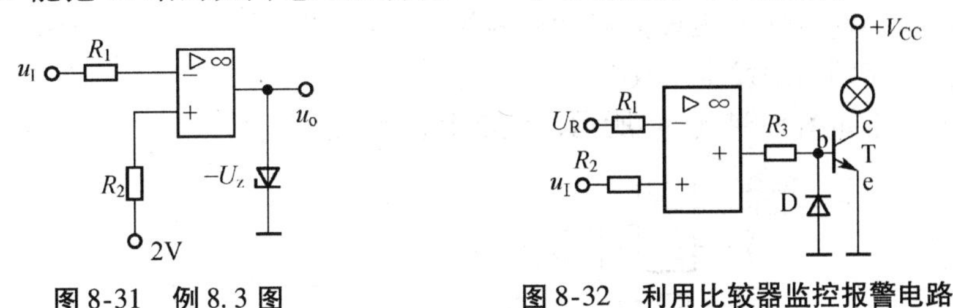

图 8-31　例 8.3 图　　　图 8-32　利用比较器监控报警电路

2. 滞回比较器

上述电压比较器的优点是电路简单，缺点是抗干扰能力差。它只有一个固定的阈值电压，当输入信号值恰好在阈值电压附近，而电路又存在干扰和零漂时，输出信号可能在 $+U_{OM}$ 和 $-U_{OM}$ 间不断地发生跳动。若利用这种输出电压去控制电机（如风扇电机），电机可能会出现频繁的启停现象，这是不允许的。

为了改善比较器的性能，可在电路中引入正反馈，采用如图 8-33（a）所示的具有滞回特性的比较器。由图 8-33（a）可知

$$u_+ = \frac{R_2}{R_2 + R_3} u_o \tag{8-31}$$

由于电路引入了正反馈，运放工作于非线性状态，稳态时 u_o 可以是高电平 U_{OH}（与正电源电压接近）或低电平 U_{OL}（与负电源电压接近），故 u_+ 便有两个相应的值。

$$u_{+1} = \frac{R_2}{R_2 + R_3} U_{OH} = U_{T+}，称为上限阈值电压；$$

$$u_{+2} = \frac{R_2}{R_2 + R_3} U_{OL} = U_{T-}，称为下限阈值电压。$$

设开始时，$u_o = U_{OH}$，对应的阈值电压为 U_{T+}，当 u_I 由负向正变化时，且使 u_I 稍大于 U_{T+} 时，u_o 由 U_{OH} 跳变为 U_{OL}，电路输出翻转一次，这时阈值电压立即变为 U_{T-}；因 $U_{T-} < U_{T+}$，因此当 u_I 再继续增加时，u_o 也不会发生跳变。但当 u_I 由正向负的方向减小到 U_{T-} 时，u_o 将从 U_{OL} 向上跳变到 U_{OH}，电路输出又翻转一次，因此，电路具有滞回特性。阈值电压随之变为 U_{T+}，由于 $U_{T+} > U_{T-}$，故当 u_I 再减小时，u_o 也不会再发生跳变。由此可得出它的电压传输特性如图 8-33（b）所示。

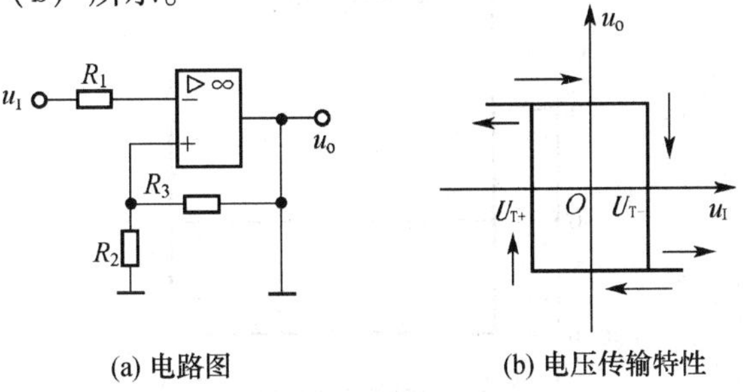

(a) 电路图　　(b) 电压传输特性

图 8-33　滞回比较器

两个阈值的差称为回差电压，即$\Delta U = U_{T+} - U_{T-}$　　(8-32)

调节R_2、R_3的比值，可改变回差电压值。回差电压大，抗干扰能力强，延时增加。实用中，就是通过调整回差电压来改变电路的某些性能的。

还可以在同相端再加一个固定值的参考电压U_R。此时，回差电压不受影响，改变的只是阈值，在电压传输特性上表现为特性曲线沿u_I前后平移。因此，抗干扰能力不受影响，但越限保护电路的门限发生了改变。

【例8.4】　电路如图8-34（a）所示，试求上、下限阈值电压，并画出电压传输特性。

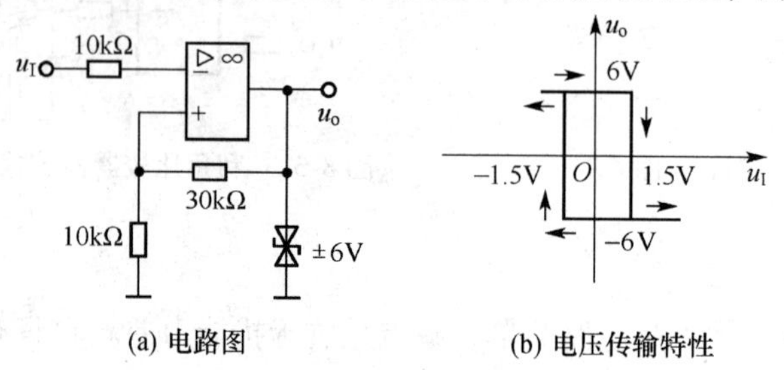

(a) 电路图　　(b) 电压传输特性

图8-34　例8.4图

【解】　由电路可知，当反相输入端电压低于同相输入端电压时，输出电压被双向稳压管钳位于在高电平6V。此时，同相输入端电压即为上限阈值电压

$$U_{T+} = \frac{10}{30+10} \times 6 = 1.5\ (\text{V})$$

当$u_I > 1.5$ V时，输出电压由高电平6V跳变为被双向稳压管钳位的低电平−6V。此时，同相输入端电压跳变为下限阈值电压

$$U_{T+} = \frac{10}{30+10} \times (-6) = -1.5\ (\text{V})$$

故当反相输入端电压$u_I < -1.5$ V时，输出电压由低电平−6V跳变为高电平6V。电压传输特性如图8-34（b）所示。

【例8.5】　图8-34（a）电路中，输入电压波形如图8-35（a）所示，试画输出电压波形。

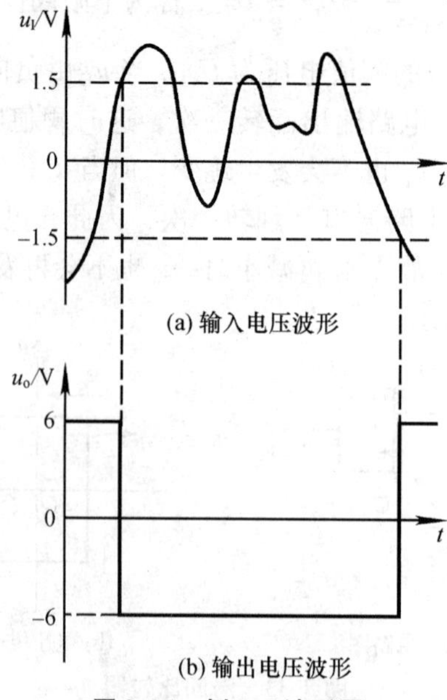

图8-35　例8.5波形图

【解】 根据图 8-34（b）的电压传输特性便可画出 u_o 的波形如图 8-35（b）所示。从波形可看出，在 u_I 的变化在 U_T 之间时，u_o 不变，表现出一定的抗干扰能力。两个阈值电压的差值越大，电路的抗干扰能力越强，但灵敏度变差；因此应根据具体需要确定差值的大小。

8.4　集成运放使用中的问题

目前集成运放应用很广，在选型、使用时应注意下列一些问题，以达到使用要求及精度，避免在调试过程中损坏器件。

1. 选用元件

集成运放类型很多，而每一种集成运放的引脚数、每一引脚的功能和作用均不相同。因此，在使用前必须充分查阅该型号器件的资料，熟悉其使用方法。

2. 消振

为防止产生自激振荡，在使用时要注意消振。目前由于集成工艺水平的提高，运算放大器内部已有消振元件，无须外部消振。

3. 调零

由于集成运放的内部参数不可能完全对称，以致输入为零时，输出不为零。为此使用时要外接调零电路。如图 8-36 所示为 CF741 运放的调零电路，调零时应将电路接成闭环。调节调零电位器 R_P，使零输入时输出为零。

4. 保护措施

为了保证运算放大器的安全，防止因电源极性接反、输入电压过大、输出端短路或错接外部电压等情况而造成运算放大器损坏，可分别采取如下的保护措施。

（1）输入保护

当运放输入信号电压过大时，会引起集成运放输入级的损坏。为此，可在集成运放输入端加限幅保护，如图 8-37 所示。其中图 8-37（a）用于反相输入差模信号过大的限幅保护，图 8-37（b）用于同相输入共模信号过大的限幅保护。

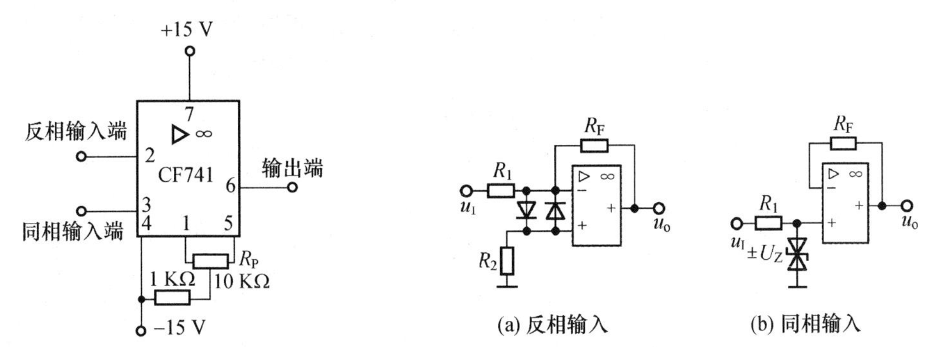

图 8-36　CF741 运算放大器的调零电路图　　**图 8-37　输入保护电路**

（2）电源极性接错保护

为了防止电源极性接反，可利用二极管单向导电性来保护。如图8-38所示，如果电源极性接错，二极管将不导通，隔断了接错极性的电源，因而不会损坏运算放大器组件。

（3）输出保护

为了防止输出电压过大，可利用稳压管来保护。如图8-39所示，将两个稳压管反向串联再并接于反馈电阻 R_F 的两端，从而把输出电压限制在 ±（U_Z+U_D）的范围内。

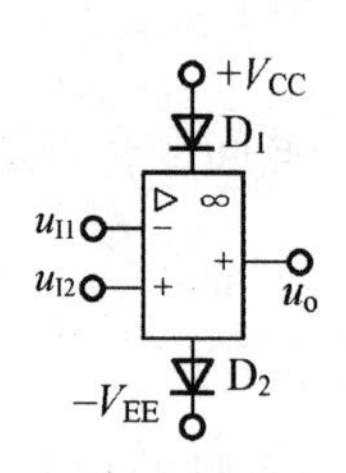

图8-38 电源极性接错的保护

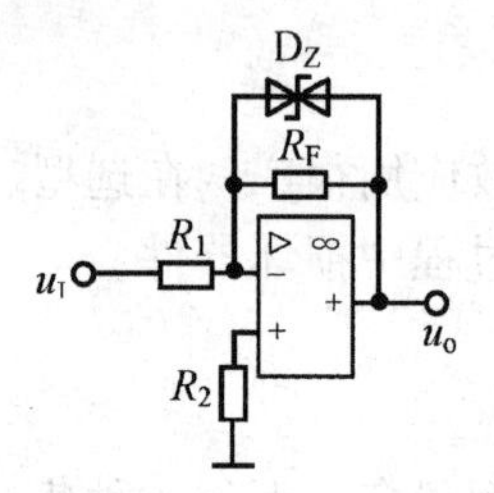

图8-39 输出保护电路

习　　题

一、填空题

1. 集成运放工作在线性区，必须在电路中引入（　　）反馈；集成运放工作在非线性区，必须在电路中引入（　　）反馈或者在（　　）状态下。

2. 理想集成运放的开环放大倍数满足（　　），输入电阻满足（　　），输出电阻满足（　　）。

3. 集成运放工作在线性区满足（　　）和（　　），工作在非线性区时电压只有（　　）和（　　）两种状态，且净输入电流等于（　　）。

4. 使放大器净输入信号减小的反馈称为（　　），常用的反馈类型有（　　）负反馈、（　　）负反馈、（　　）负反馈和（　　）负反馈。

5. 使放大器净输入信号增大的反馈称为（　　），此时电路工作在（　　），它的一个应用是（　　）。

二、判断题

（　　）1. 理想运放构成的线性电路的电压放大倍数与运放本身的参数有关。

（　　）2. “虚短”就是两点并不真正短接，但具有相等的电位。

（　　）3. “虚地”是指该点与地相接后，具有“地”的电位。

（　　）4. 深度电流负反馈的输出电阻趋向于0，深度串联负反馈的输入电阻趋向于0。

（　　）5. 深度电压负反馈的输出电阻趋向于0，深度并联负反馈的输入电阻趋向于0。

三、选择题

1. 集成运放一般分为两个工作区，它们分别是（　　）。

A. 虚短和虚地　　　　B. 线性和非线性

C. 短路和断路　　D. 正反馈和负反馈

2. 在运放电路中，引入深度负反馈的目的之一是使运放（　　）。

A. 工作在线性区，降低稳定性　　B. 工作在非线性区，提高稳定性

C. 工作在线性区，提高稳定性　　D. 工作在非线性区，降低稳定性

3. 如图 8-40 所示电阻 R_{F2} 构成的反馈为（　　）负反馈。

A. 电流并联　　B. 电流串联　　C. 电压并联　　D. 电压串联

4. 电路如图 8-41 所示，其电压放大倍数等于（　　）。

A. 1　　B. 2　　C. 零　　D. 无穷大

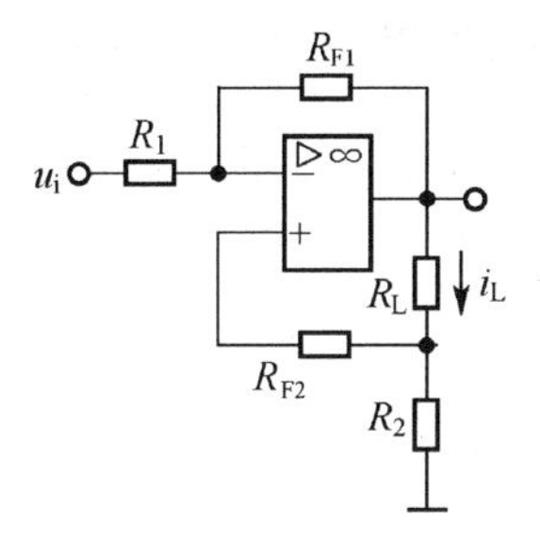

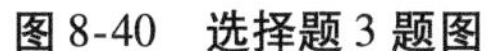
图 8-40　选择题 3 题图

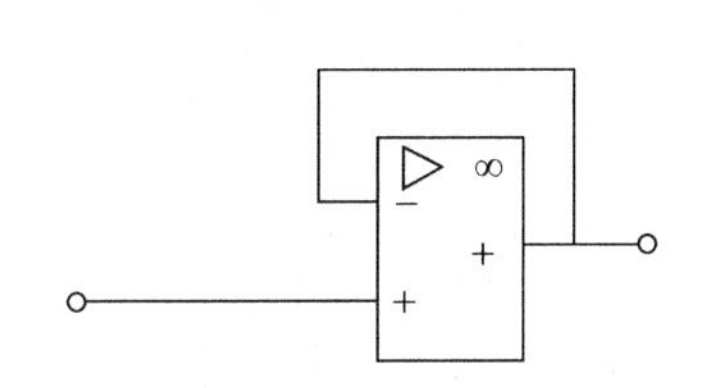

图 8-41　选择题 4 题图

5. 下列由集成运放构成的电路中属于正反馈的是（　　）。

A. 过零比较器　　B. 滞回比较器　　C. 单门限比较器　　D. 反相器

四、应用题

1. 判断如图 8-42 所示的电路的反馈组态，并指出电路中的反馈元件。

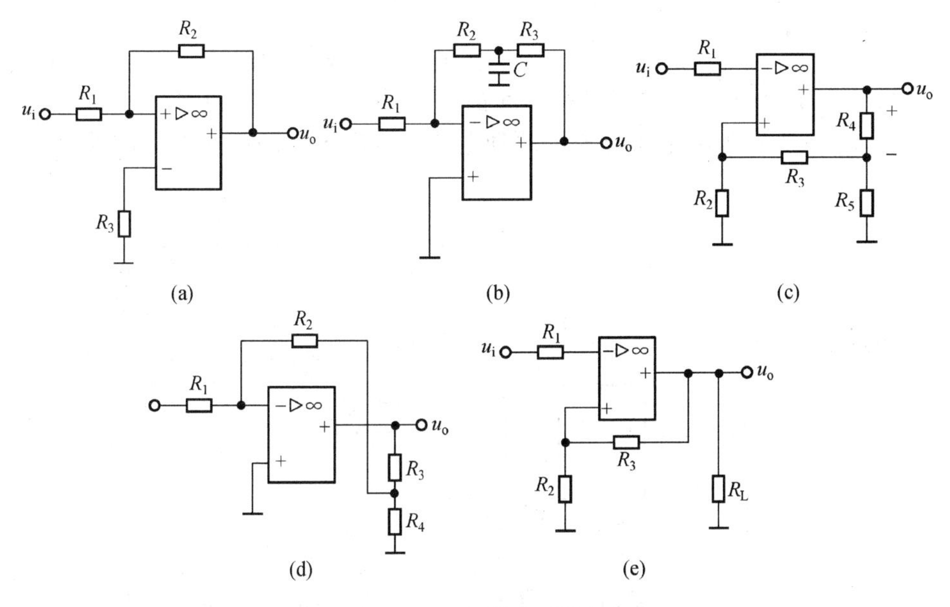

图 8-42　应用题 1 题图

2. 如图 8-43 所示为恒流源电路，已知稳压管工作在稳压状态，试求负载 R_L 中的电流。

3. 如图 8-44 所示电路，假设运放是理想的，试写出电路输出电压 u_o 的值。

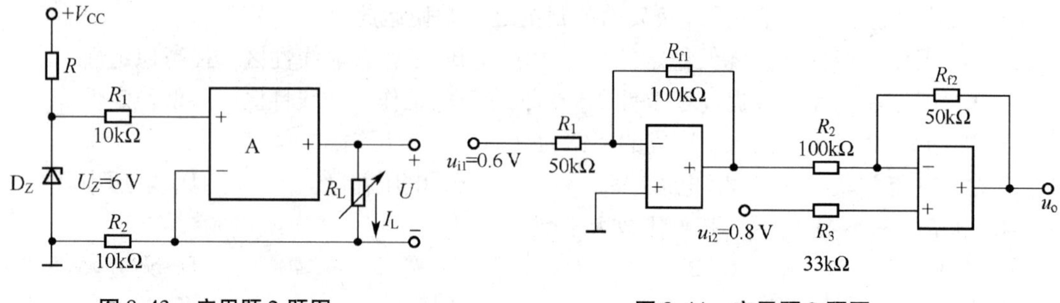

图8-43　应用题2题图

图8-44　应用题3题图

4. 在如图8-45（a）所示电路中，已知输入电压 u_i 的波形如图8-45（b）所示，当 $t=0$ 时，$u_o=0$。试画出输出电压 u_o 的波形。

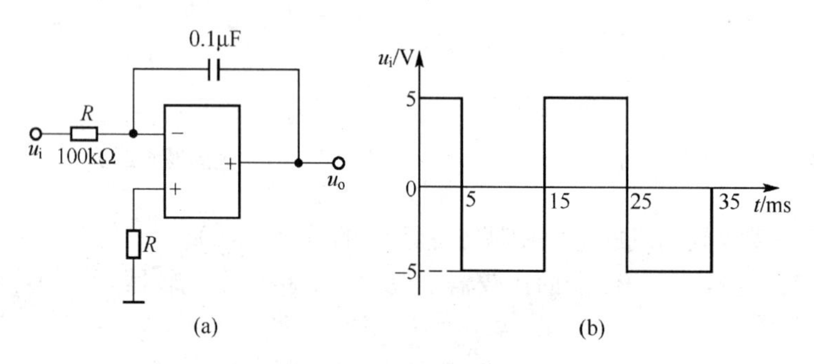

图8-45　应用题4题图

5. 如图8-46所示为用集成运放组成的直流电压表，表头满刻度为5 V、500 μA，电压表量程有0.5 V、1 V、5 V、10 V、50 V这5挡。试求 R_{11}～R_{15}的阻值。

6. 如图8-47所示为测量小电流的原理电路，所用表头同第5题。试求 R_{F1}～R_{F5} 的阻值。

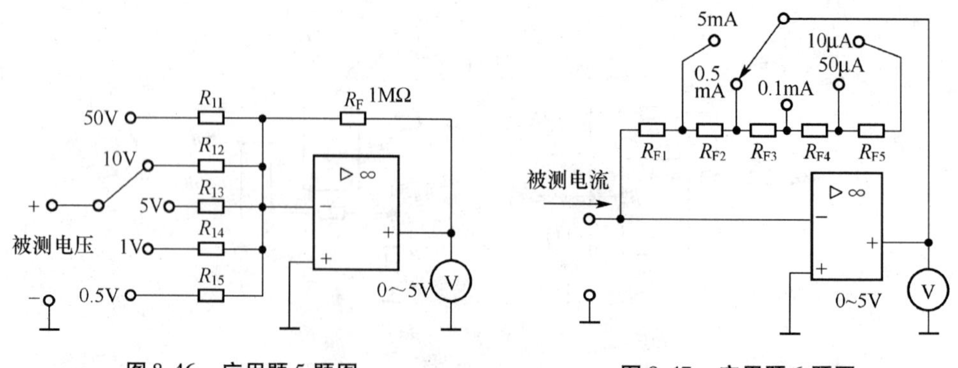

图8-46　应用题5题图

图8-47　应用题6题图

7. 如图8-48所示为测量电阻的原理图，所用表头同第5题。当电压表指示为5 V时，试求被测量电阻 R_x 的值。

8. 试推导图8-49中输入信号和输出信号的关系。

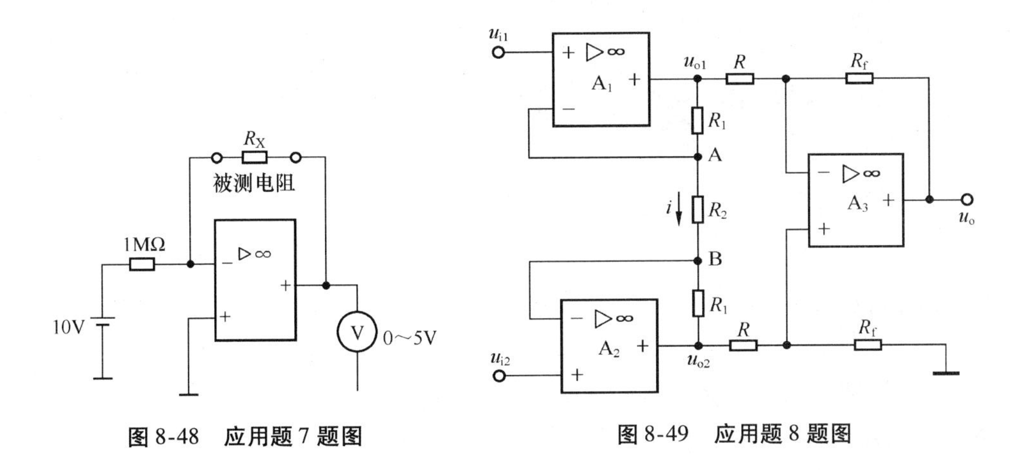

图 8-48　应用题 7 题图　　图 8-49　应用题 8 题图

9. 试分别求出如图 8-50 所示各电路的电压传输特性。

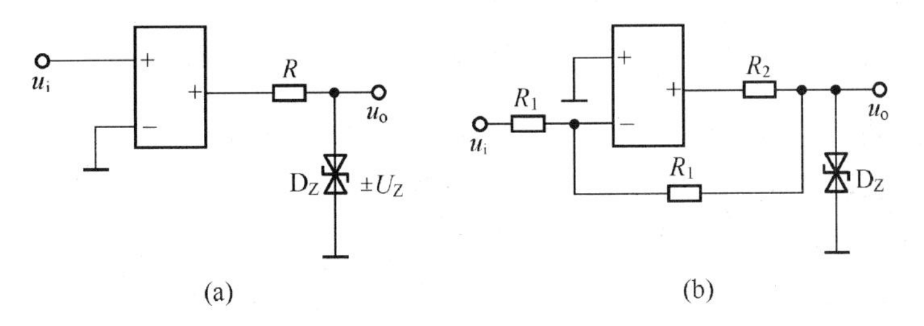

图 8-50　应用题 9 题图

第9章　直流稳压电源

教学目标

▶掌握半导体二极管整流电路的电路结构、工作原理；

▶了解滤波电路的电路结构、工作原理；

▶了解稳压电路的类型及其工作原理；

▶理解晶闸管的结构、工作原理及其伏安特性，可控整流电路的结构、工作原理。

在生产和日常生活中，除了广泛使用交流电之外，在某些场合，例如电解、电镀和直流电动机等，需要直流电源；而在电子电路和自动控制装置中，一般需要电压非常稳定的直流电源，即直流稳压电源。除少数情况用电池外，一般都是采用各种半导体直流电源，利用它们将电网提供的交流电转换成直流电。

将交流电转换成直流电的过程称为整流，其转换过程原理框图如图9-1所示。

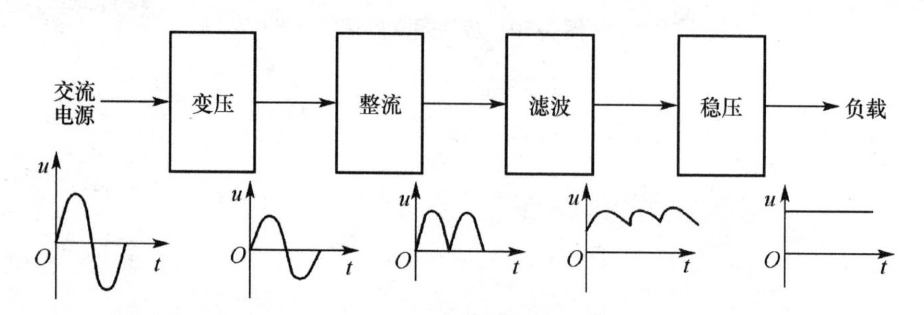

图9-1　半导体直流电源原理框图

整流的工作过程是：利用变压器将交流电网电压变为所需要的交流电压；然后经过整流电路，把大小和方向都随着时间变化的交流电变成脉动的直流电；再经过滤波电路，滤除脉动直流电中的交流成分，输出平滑的直流电。稳压电路的作用是：当电网电压波动或负载变化引起输出的直流电压变化时，通过稳压电路的自动调整使输出电压维持平稳。

9.1　整流与滤波电路

整流电路是将交流电转换成直流电的电路。它应用二极管的单向导电特性，改变一部分交流电压的方向，使整个周期流过负载电压的方向一致。

9.1.1　单相桥式整流电路

1. 电路组成

整流电路的形式有半波整流电路、全波整流电路和桥式整流电路，其中桥式整流电路应用最为广泛。单相桥式整流电路如图9-2（a）所示，它由4只整流二极管接成电桥形式；如图9-2（b）所示是其简化电路。

图9-2中有一只二极管断开时，整流电路输出电压会减少一半；有一只二极管接反时，会引起短路，烧坏电源变压器。实用中，一定要在电源输入端串接起过流保护作用的熔断器（保险丝），并且电路安装完毕，通电前一定要检查电路安装是否正确。

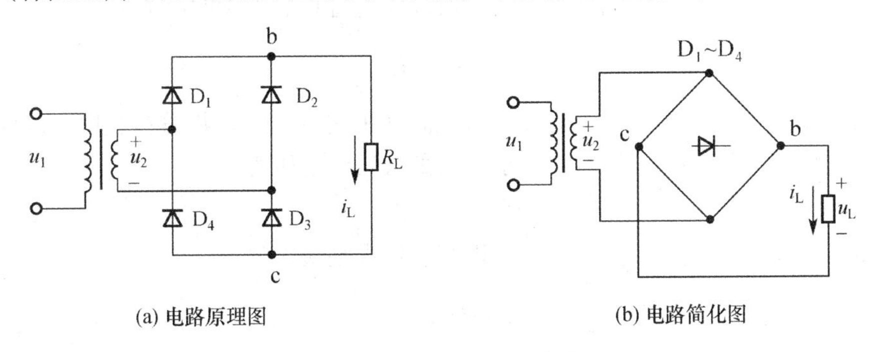

(a) 电路原理图　　(b) 电路简化图

图9-2　单相桥式整流电路

2. 工作原理

设整流变压器次级绕组电压为 $u_2(t)=\sqrt{2}U_2\sin\omega t$ V。当 $u_2(t)$ 为正半周时，D_1、D_3 正偏而导通，D_2、D_4 反偏而截止。电流经 $D_1\rightarrow R_L\rightarrow D_3$ 形成回路，R_L 上输出电压波形与 $u_2(t)$ 的正半周波形相同，电流 i_L 从b流向c。

当 $u_2(t)$ 为负半周时，D_1、D_3 截止，D_2、D_4 导通，电流经 $D_2\rightarrow R_L\rightarrow D_4$ 形成回路，R_L 上输出电压波形是 $u_2(t)$ 的负半周波形倒相，电流 i_L 仍从b流向c。所以无论 $u_2(t)$ 为正半周还是负半周，流过 R_L 的电流方向是一致的。单相桥式整流的输出波形如图9-3所示。

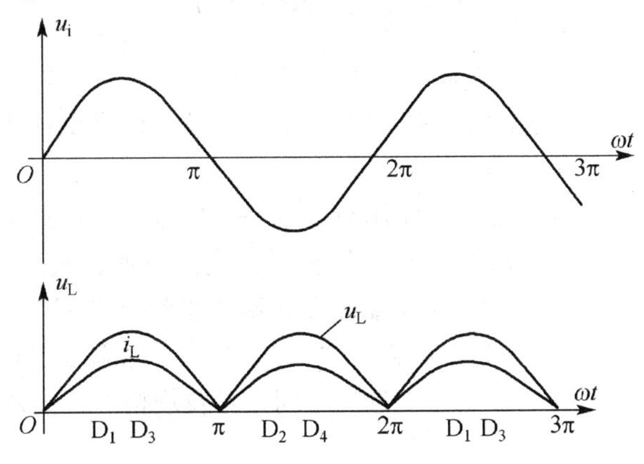

图9-3　单相桥式整流电路输出波形

3. 参数估算

单相桥式整流电路输出直流电压 U_L 为 $u_2(t)$ 在交流电压一个周期内的平均值。由图9-3可知

$$U_L = \frac{2}{T}\int_0^{\frac{T}{2}} \sqrt{2}U_2 \sin\omega t \mathrm{d}t = \frac{2}{\pi}\sqrt{2}U_2 = 0.9\,U_2 \tag{9-1}$$

式（9-1）中，U_2 为整流变压器次级绕组电压有效值。

则负载上的直流电流 I_L 为

$$I_L = \frac{U_L}{R_L} = 0.9\frac{U_2}{R_L} \tag{9-2}$$

由于每只二极管只在半个周期内导通，所以流过每只二极管的电流为

$$I_D = \frac{1}{2}I_L \tag{9-3}$$

在单相桥式整流电路中，二极管导通时压降几乎为零，而二极管截止时，$u_2(t)$ 的峰值电压加在了它上面，即二极管截止时承受的最大反向电压为

$$U_{DRM} = \sqrt{2}U_2 \tag{9-4}$$

因此，在单相桥式整流电路中，对二极管的要求是最大整流电流

$$I_F \geqslant \frac{1}{2}I_L \tag{9-5}$$

最高反向工作电压

$$U_{RM} \geqslant \sqrt{2}\,U_2 \tag{9-6}$$

【例9.1】 某光电检测仪的光码盘电机，采用如图9-2所示的单相桥式整流电路，若要求在负载上得到24 V的直流电压，100 mA的直流电流，求整流变压器次级电压 U_2，并选出整流二极管。

【解】 由式（9-1）可得

$$U_2 = \frac{U_L}{0.9} = \frac{24}{0.9} \approx 26.7\ (\mathrm{V})$$

由式（9-5）、（9-6）可得二极管的最大整流电流和最高反向工作电压分别为

$$I_F = \frac{1}{2}I_L = 50\ (\mathrm{mA})$$

$$U_{RM} = \sqrt{2}\,U_2 = 37.5\ (\mathrm{V})$$

根据上述数据，查表可选出最大整流电流为100 mA，最高反向工作电压为50 V的整流二极管2CZ52B。

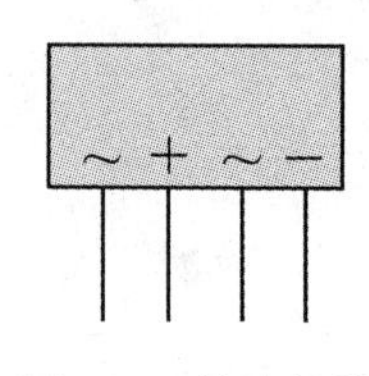

图9-4　整流桥堆

目前，已广泛使用封装成一个整体的硅桥式整流器，简称为桥堆。这种整流桥堆给使用者带来了极大的方便，其外形如图9-4所示。它有4个接线端，两端接交流电源（如图中“～”端），两端接负载（如图中“+”、“−”端）。“+”、“−”标志表示整流输出电压的极性。根据需要可在手册中选用不同型号及规格的整流桥堆。

9.1.2　滤波电路

前面分析的整流电路输出的电压是单向脉动电压，其中含有直流和交流分量，这样的直流电压作为电镀和蓄电池充电还是允许的，但作为大多数电子设备的电源将会产生不良的影响，甚至不能正常工作。在整流电路之后，需要加滤波电路，尽量减小输出电压中的交流分量，使之接近理想的直流电压。

1. 电容滤波电路

滤波电路的主要元件是电容和电感，利用它可构成电容滤波电路、电感滤波电路、电容电感 Γ 型滤波电路和 π 型滤波电路等，其中以电容滤波电路最常用。电容滤波电路如图 9-5（a）所示，图中滤波电容器并接在负载两端。

（1）工作原理

从信号角度分析，因桥式整流电路输出电压和电流都是正弦半波，可将它们按傅里叶级数分解成直流分量和交流分量的叠加。因电容有隔直流的作用，所以电流中的直流分量全部流入负载电阻，而交流分量由电容和负载电阻分流。由于电容器的容量足够大，即容抗足够小，电流中的交流分量主要流过电容，滤波后负载上的交流分量比整流后要减少许多，输出的直流电压和电流变得更平稳、更光滑。

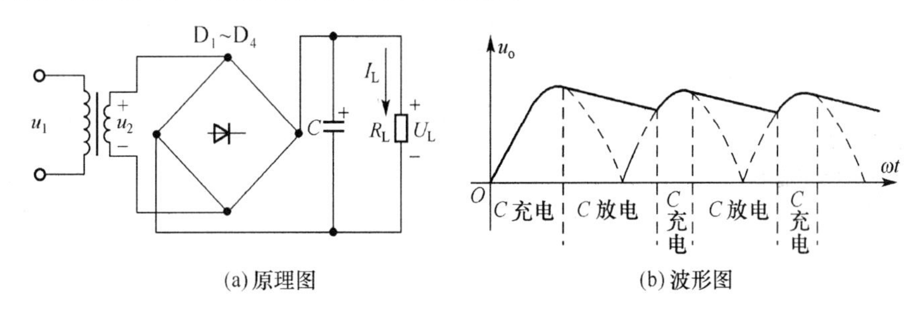

图 9-5　电容滤波电路

从电路角度分析，电容滤波电路输出波形如图 9-5（b）所示。设 $t=0$ 时电路接通电源。电路中电容两端电压 u_C 从零开始增大，电流分成两路：一路流向 R_L，一路向电容器 C 充电。由于桥式整流电路中二极管导通时的内阻和整流变压器次级绕组的直流电阻都很小，所以充电时间常数 τ_1 很小，充电速度很快，$u_C(t)$ 可跟随 $u_2(t)$ 的变化。当 $u_2(t)$ 达到 $\sqrt{2}U_2$ 时，$u_C(t)$ 也达到 $\sqrt{2}U_{2s}$。$u_2(t)$ 达到最大值后开始下降，$u_C(t)$ 由于放电也逐渐下降，当 $u_2(t) < u_C(t)$ 时，电桥中二极管截止，电容器 C 经 R_L 放电，这个回路的放电时间常数 τ_2 较大，所以 $u_C(t)$ 下降比较缓慢。τ_2 越大，$u_C(t)$ 下降越缓慢，输出电压波形就越平滑。当下一个正弦半波来到时，对电容器 C 又开始充电，充至最大值后再次通过放电向 R_L 供电。如此周而复始地进行下去，就得到图 9-5（b）所示的平滑波形。

（2）参数估算

根据以上分析，单相桥式整流电容滤波电路的输出直流电压可由下式计算：

$$U_L \approx 1.2U_2 \tag{9-7}$$

滤波电容器的电容量通常取 $R_L C >> \frac{T}{2}$，一般取

$$C \geqslant (3 \sim 5)\frac{T}{2R_L} \tag{9-8}$$

式（9-8）中：T 为电网交流电压的周期。

滤波电容器的额定工作电压（又称耐压）应大于 $u_2(t)$ 的峰值，通常取

$$U_C \geqslant (1.5 \sim 2)\ U_2 \tag{9-9}$$

【例9.2】 某收录机采用单相桥式整流电容滤波电路，如图9-4（a）所示。要求 $U_L = 12$ V，$I_L = 100$ mA，电网工作频率为50 Hz。试计算整流变压器次级电压有效值 U_2，并计算 R_L 和 C 的值。

【解】 根据式（9-7）可得

$$U_2 = \frac{U_L}{1.2} = \frac{12}{1.2} = 10\ (\text{V})$$

因为

$$I_L = \frac{U_L}{R_L}$$

所以

$$R_L = \frac{U_L}{I_L} = \frac{12}{10} = 1.2\ (\text{k}\Omega)$$

由式（9-8）可得

$$C \geqslant (3 \sim 5)\frac{T}{2R_L} = (3 \sim 5)\frac{0.02}{2 \times 1.2 \times 10^3}(\text{F}) = (24.3 \sim 41.5)\ (\mu\text{F})$$

取 C 为47 μF，其耐压为

$$U_C \geqslant (1.5 \sim 2)\ U_2 = 15 \sim 20\ (\text{V})$$

取

$$U_C = 25\ (\text{V})$$

故：整流变压器次级电压有效值为10 V，负载 R_L 为1.2 kΩ，滤波电容器的参数为47 μF/25 V。

（3）电容滤波的特点

① 滤波后的输出电压中直流分量提高了，交流分量降低了。

② 电容滤波适用于负载电流较小的场合。因为 $R_L C$ 较大时滤波效果好，而选用较大的 R_L，必然使负载电流减小。

③ 存在浪涌电流。当电路接入电源的瞬间，$u_2(t)$ 若不为零，由于充电电阻较小，会产生很大的充电电流，即浪涌电流，有可能烧毁整流二极管。实用中，采用每只整流二极管两端并接一只0.01 μF的电容器来防止浪涌电流烧坏整流二极管。

④ $R_L C$ 值的改变可以影响输出直流电压的大小。R_L 开路时，输出 U_L 约为 $1.4U_2$；C 开路时，输出 U_L 约为 $0.9U_2$；若 C 的容量减小，则输出 U_L 小于 $1.2U_2$。这些典型数值有助于电路故障的判断。

2. 电感滤波电路

上述电容滤波带负载能力较差。对于负载电流较大且负载经常变化的场合，采用电感滤波，即在负载前串联电感线圈，如图9-6所示。

当负载电流增加时，电感将产生与电流方向相反的自感电动势，力图阻止电流的增加，延缓了电流增加的速度；当负载电流减小时，电感产生与电流方向相同的自感电动

势，力图阻止电流减小，延缓了电流减小的速度。这样负载电流的脉动成分减小，在负载电阻 R_L 上就能获得一个比较平滑的直流输出电压 U_L。显然，L 值越大，滤波效果越好。

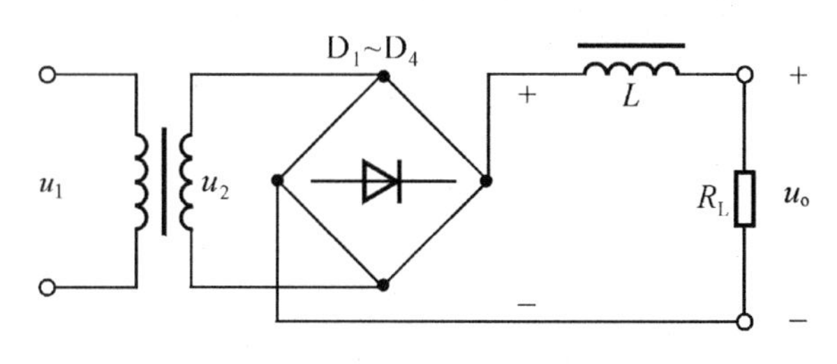

图 9-6　电感滤波电路

对于电感滤波作用也可以这样理解：整流滤波输出的电压，可以看成由直流分量和交流分量叠加而成。因电感线圈的直流电阻很小，交流电抗很大，故直流分量顺利通过，交流分量将全部降到电感线圈上，这样在负载 R_L 得到比较平滑的直流电压。

其他形式的滤波电路如图 9-7 所示。其基本原理都是利用电容隔直流通交流和电感通直流隔交流的特性，因此电容器在电路中与负载接成并联形式，而电感器与负载接成串联形式。

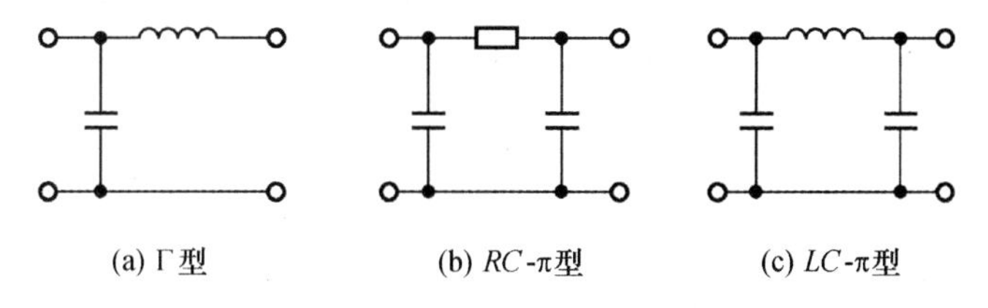

(a) Γ型　(b) RC-π型　(c) LC-π型

图 9-7　其他形式滤波电路

9.2　稳压电路

电网电压经过整流、滤波过程后，得到的直流电压虽然比较稳定，但当电网电压波动或负载发生变化时，输出的直流电压也跟着变化。为了得到稳定的直流电压，就必须在整流滤波电路之后接入稳压电路。本节介绍常用的三种稳压电路，即稳压二极管稳压电路、串联型稳压电路和三端集成稳压器。

9.2.1　稳压二极管稳压电路

1. 电路结构

硅稳压管稳压电路如图 9-8 所示。R 是限流电阻；D_Z 是硅稳压管，它与负载 R_L 并联，工作在反向击穿区。当稳压管击穿时，通过它的电流在很大的范围内变化，而管子两端的电压却基本不变，起到了稳压的作用。

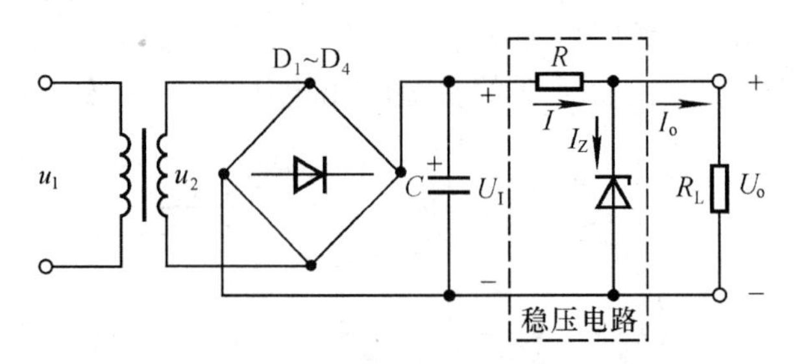

图9-8　硅稳压管直流稳压电路

2. 工作原理

在图9-8所示的电路中，根据KCL和KVL有

$$I = I_Z + I_L,\quad U_I = U_R + U_L$$

U_I 为整流滤波电路的输出电压，也是稳压电路的输入电压。其稳压过程分述如下。

当交流电网波动时，如电网电压上升，则

$$U_i \uparrow \rightarrow U_L \uparrow \rightarrow U_Z \uparrow \rightarrow I_Z \uparrow \rightarrow I \uparrow \rightarrow U_R \uparrow \rightarrow U_L \downarrow$$

当电网未波动 U_i 不变，而负载 R_L 变动时，如 R_L 减小，则

$$I_L \uparrow \rightarrow I \uparrow \rightarrow U_R \uparrow \rightarrow U_L \downarrow \rightarrow U_Z \downarrow \rightarrow I_Z \downarrow \rightarrow I \downarrow \rightarrow U_R \downarrow \rightarrow U_L \uparrow$$

总之，无论是电网波动还是负载变动，负载两端电压经稳压管自动调整后（与限流电阻 R 配合）都能基本上维持稳定。

硅稳压管稳压电路结构简单，但受稳压管最大电流限制，又不能任意调节输出电压，所以只适用于输出电压不需调节，负载电流小，要求不甚高的场合。

9.2.2　串联型稳压电路

1. 电路结构

串联型稳压电路如图9-9所示。电路由四部分组成。

（1）采样单元

采样单元由 R_P 和 R_1 组成，与负载 R_L 并联，通过它可以反映输出电压 U_o 的变化。反馈电压 U_f 与输出电压 U_o 有关，即

$$U_f = \frac{R_{P_2} + R_1}{R_P + R_1} U_o \tag{9-10}$$

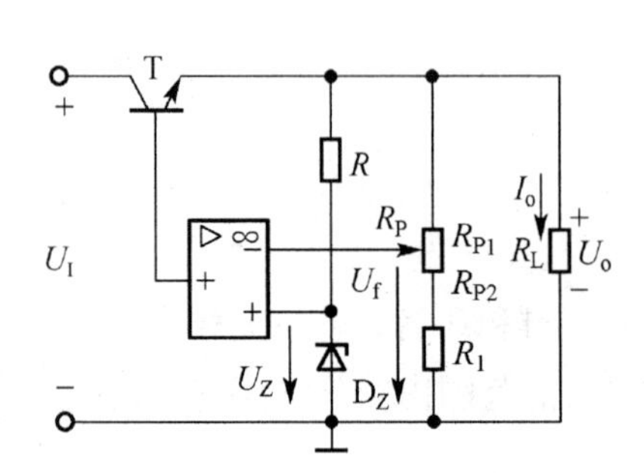

图9-9　串联型稳压电路

反馈电压 U_f 取出后送到集成运放的反相输入端，改变电位器 R_P 的滑动端子可以调节输出电压 U_o 的高低。

（2）基准单元

基准单元由限流电阻 R 与稳压管 D_Z 组成。D_Z 两端电压 U_Z 作为整个稳压电路自动调整和比较的基准电压。

（3）比较放大单元

比较放大单元由集成运放组成。它将采样所得的反馈电压 U_f 与基准电压 U_Z 比较放大后加到T的输入

端基极，控制调整管T基极的电位 V_B。

（4）调整单元

调整单元由三极管T组成，它是串联型稳压电路的核心元件。T的基极电位 V_B 反映了整个稳压电路的输出电压 U_o 的变动，控制调整管T基极的电位 V_B，就可自动调整 U_o 的值，使其维持稳定。

2. 工作原理

串联型稳压电路的自动稳压过程按电网波动和负载电阻变动两种情况分述如下：

$$U_I\uparrow\rightarrow U_o\uparrow\rightarrow U_f\uparrow\rightarrow(U_Z-U_f)\downarrow\rightarrow V_B\downarrow\rightarrow I_B\downarrow\rightarrow U_{CE}\uparrow\rightarrow U_o\downarrow$$

$$R_L\uparrow\rightarrow U_o\uparrow\rightarrow U_f\uparrow\rightarrow(U_Z-U_f)\downarrow\rightarrow V_B\downarrow\rightarrow I_B\downarrow\rightarrow U_{CE}\uparrow\rightarrow U_o\downarrow$$

当 $U_I\downarrow$ 或 $R_L\downarrow$ 时的调整过程与上述相反。

由上述分析可知，这是一个负反馈系统。正因为电路内有深度电压串联负反馈，所以才能使输出电压稳定。

9.2.3　三端集成稳压器

三端集成稳压器的内部电路结构就是在串联型稳压电路基础上，增加了一些保护电路。尽管具体电路有所改进，但基本工作原理相同。目前，集成稳压器已达百余种，并且成为模拟集成电路的一个重要分支。它具有输出电流大、输出电压高、体积小、安装调试方便、可靠性高等优点，在电子电路中应用十分广泛。

三端集成稳压器的输出电压有可调和固定两种形式：固定式输出电压为标准值，使用时不能再调节；可调式可通过外接元件，在较大范围内调节输出电压。此外，还有输出正电压和输出负电压的三端集成稳压器。

三端集成稳压器的型号有多种，常用的输出为固定正电压的型号有W78××系列；输出为固定负电压的型号有W79××系列；输出为可调正电压的型号有W317系列；输出为可调负电压的型号有W337系列。

1. 固定输出的三端集成稳压器

固定输出的三端集成稳压器的三端指输入端（1脚）、输出端（2脚）及公共端（3脚）三个引出端，其外形及符号如图9-10所示。固定输出的三端集成稳压器W78××系列和W79××系列各有七个品种，输出电压分别为±5 V、±6 V、±9 V、±12 V、±15 V、±18 V、±24 V；最大输出电流可达1.5 A；公共端的静态电流为8 mA。型号后两位数字（××）为输出电压值，例如W7815表示输出电压 $U_o=+15$ V。在根据稳定电压值选择稳压器的型号时，要求经整流滤波后的电压要高于三端集成稳压器的输出电压2～3 V（输出负电压时要低2～3 V），但不宜过大。因为输入与输出电压之差等于加在调整管上的 U_{CE}，如果过小，调整管容易工作在饱和区，降低稳压效果，甚至失去稳压作用；若过大，则功耗过大。

（1）基本应用电路

固定输出的三端集成稳压器的基本应用电路如图9-11所示。图中 C_1 用以抑制过电压，抵消因输入线过长产生的电感效应并消除自激振荡；C_2 用以改善负载的瞬态响应，即瞬时增减负载电流时不致引起输出电压有较大的波动。C_1、C_2 一般选涤纶电容，容量为0.1 μF至几个微法。安装时，两电容应直接与三端集成稳压器的引脚根部相连。

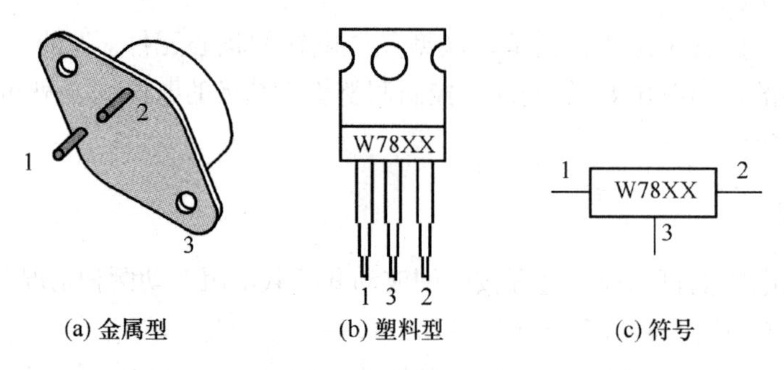

(a) 金属型　(b) 塑料型　(c) 符号

图9-10　固定输出三端集成稳压器的外形及符号

（2）扩展输出电压的应用电路

如果需要高于三端集成稳压器的输出电压，可采用如图9-12所示的升压电路。

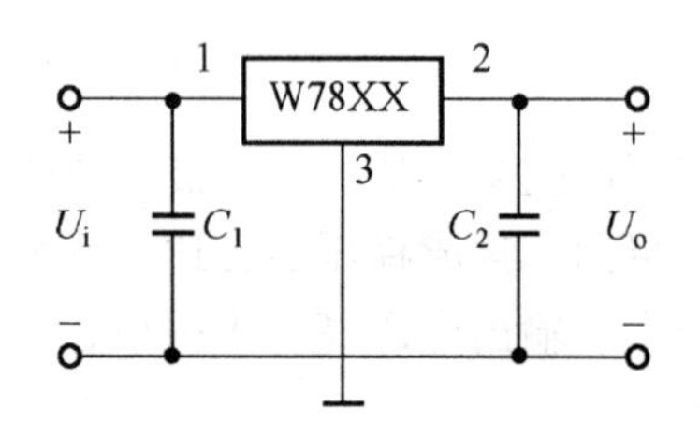

图9-11　固定输出三端集成稳压器基本应用电路

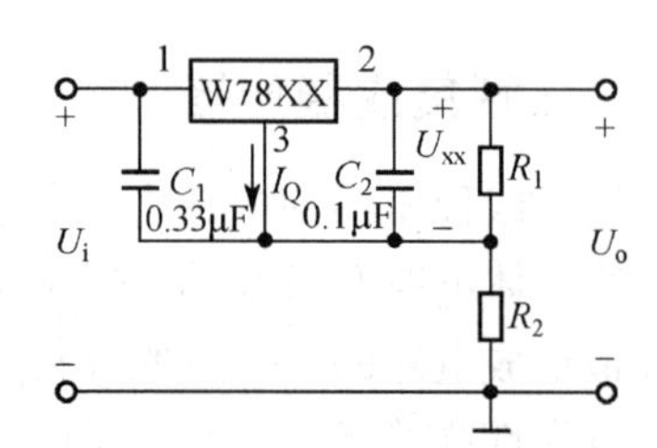

图9-12　提高输出电压电路

图9-12中，三端集成稳压器工作在悬浮状态，稳压电路的输出电压为

$$U_o = \left(1 + \frac{R_2}{R_1}\right) U_{XX} + I_Q R_2 \tag{9-11}$$

式（9-11）中，U_{XX}为三端集成稳压器W78XX的标称输出电压；R_1上的电压为U_{XX}，产生的电流I_{R1}，在R_1、R_2串联电路上产生的压降为$\left(1 + \frac{R_2}{R_1}\right) U_{XX}$；$I_Q R_2$为三端集成稳压器静态电流在$R_2$上产生的压降。一般$R_1$上流过的电流$I_{R1}$应大于$5I_Q$，若$R_1$、$R_2$阻值较小，则可忽略$I_Q R_2$，于是

$$U_o = \left(1 + \frac{R_2}{R_1}\right) U_{XX} \tag{9-12}$$

图9-12所示电路的缺点是，当稳压电路输入电压U_i变化时，I_Q也发生变化，这将影响稳压电路的稳压精度，特别是R_2较大时这种影响更明显。为此，可引入集成运放，利用集成运放输入电阻高、输出电阻低的特性来克服三端集成稳压器静态电流变化的影响。

（3）同时输出正负电压的电路

如图9-13所示为一个双向输出稳压电路。利用W7815和W7915两个三端集成稳压器，则可构成同时输出+15 V和−15 V两种电压的双向稳压电源。

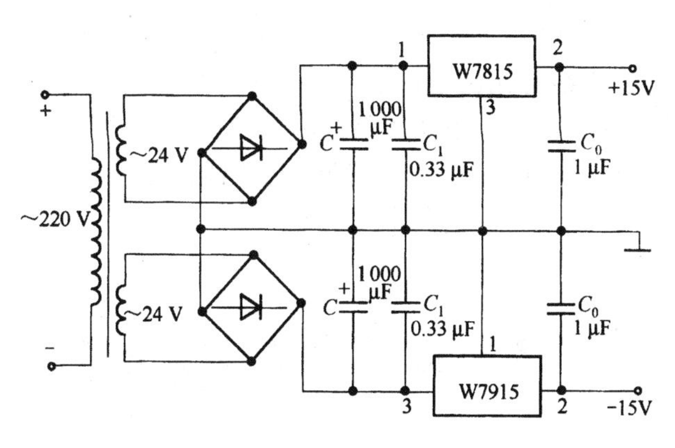

图9-13　双向输出稳压电路

2. 可调输出的三端集成稳压器

可调输出的三端集成稳压器W317（正输出）、W337（负输出）是近几年的产品，它既保持了三端的简单结构，又实现了输出电压连续可调，故有第二代三端集成稳压器之称。

W317、W337与W78XX固定式三端集成稳压器比较，它们没有接地（公共）端，只有输入、输出和调整三个端子，是悬浮式电路结构。W317、W337三端集成稳压器内部设置了过流保护、短路保护、调整管安全区保护及稳压器芯片过热保护等电路，因此使用十分安全可靠。W317、W337最大输入、输出电压差极限为40 V，输出电压1.2～35 V（或-35～-1.2 V）连续可调，输出电流0.5～1.5 A，最小负载电流为5 mA，输出端与调整端之间基准电压为1.25 V，调整端静态电流I_Q为50 μA。不同系列的W317、W337引脚功能不同，选用时要查阅说明书。

如图9-14所示是W317可调输出三端集成稳压器应用电路。最大输入电压不超过40 V；固定电阻R_1（240 Ω）接在三端集成稳压器输出端至调整端之间，其两端电压为1.25 V，调节可变电阻R_P（0～6.8 kΩ），就可以从输出端获得1.25～35 V连续可调的输出电压。

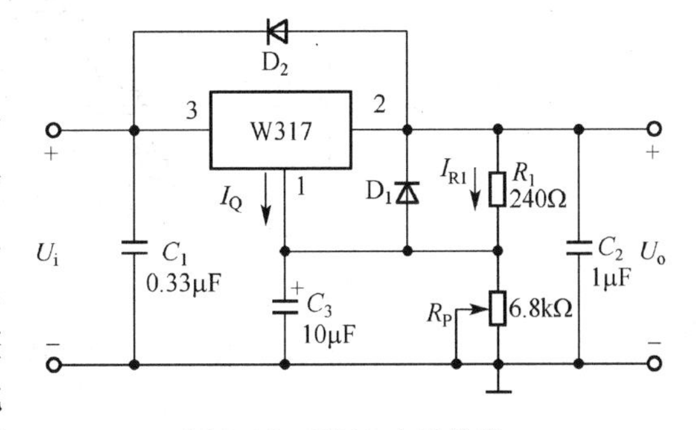

图9-14　W317应用线路

由于三端集成稳压器有维持电压不变的能力，所以R_1上流过的是一个恒流，其值为$I_{R1}=1.25\ \text{V}/240\ \Omega=5\ \text{mA}$。W317最小负载电流为5 mA，所以240 Ω是电阻R_1的最大值。流过R_P的电流是I_{R1}和三端集成稳压器调整端输出的静态电流I_Q（50 μA）之和，因此调节可变电阻R_P能改变输出电压。由图可知，输出电压为

$$U_o=1.25\left(1+\frac{R_P}{R_1}\right)+50\ \mu\text{A}\cdot R_P \tag{9-13}$$

图9-14中，D_1是为了防止输出短路时C_3放电以致损坏三端集成稳压器内部调整管发射结而接入。如果输出不会短路、输出电压低于7 V时，D_1可不接。D_2是为了防止输入短路时，C_2放电损坏三端集成稳压器而接入。如果R_P上电压低于7 V或C_2容量小于1 μF

时，D_2 也可省略不接。

W317是依靠外接电阻给定输出电压的，所以 R_1 应紧接在稳压器输出端和调整端之间，否则输出端电流大时，将产生附加压降，影响输出精度。R_P 的接地点应与负载电流返回点的接地点相同。同时，R_1、R_P 应选择同种材料做的电阻，精度尽量高一些。输出端电容 C_2 应采用钽电容或采用33 μF的电解电容。

※9.3　晶闸管及整流电路

晶闸管全称为硅晶体闸流管，又称可控硅，是一种实现大功率变换和控制的电力电子器件，它的产生和使用标志着电力电子技术的开始。晶闸管具有体积小、重量轻、效率高、功耗低、响应快等优点，但由于其不能自关断的特性，属于半控型，促使其向全控性和更新型的电力电子器件方向不断发展。本节主要介绍普通型晶闸管和可控整流电路的原理及应用。

9.3.1　晶闸管

1. 晶闸管结构

晶闸管是由3个PN结组成的半导体器件，其内部结构如图9-15（a）所示。它有3个电极：由外层P区引出的电极为阳极A、外层N区引出的电极为阴极K、中间P区引出的电极为控制极（又称门极）G。图9-15（b）为玻璃金属外壳密封的螺旋型结构晶闸管的外形，螺旋那一端是阳极引出端，并利用它与散热器固定。图9-15（c）是一种平板型晶闸管。图9-15（d）为晶闸管电路符号。

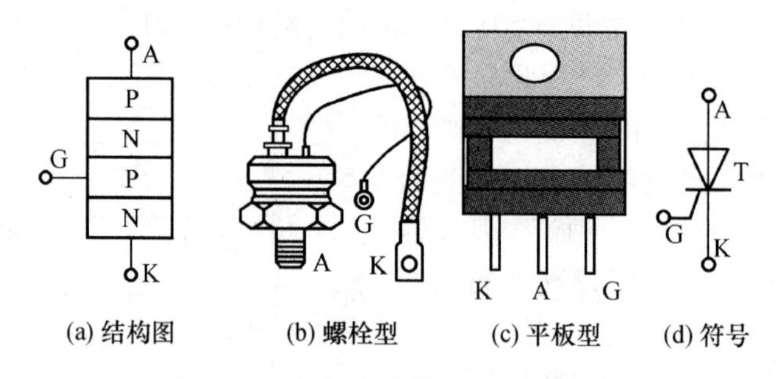

图9-15　晶闸管结构、外形及符号

2. 晶闸管的工作原理

为了更清楚地说明工作原理，晶闸管可以看作是NPN（T_1）三极管和PNP（T_2）三极管组合而成，电路模型如图9-16（a）所示。

设在阳极和阴极之间接上电源 U_A，在控制极和阴极之间接入电源 U_G，如图9-16（b）所示。

（1）晶闸管加阳极负电压 $-U_A$ 时（即阳极接电源负极，阴极接电源正极），因为至少有一个 PN 结反偏截止，只能通过很小的反向漏电流，故晶闸管截止。此时，晶闸管的状态称为反向阻断状态。

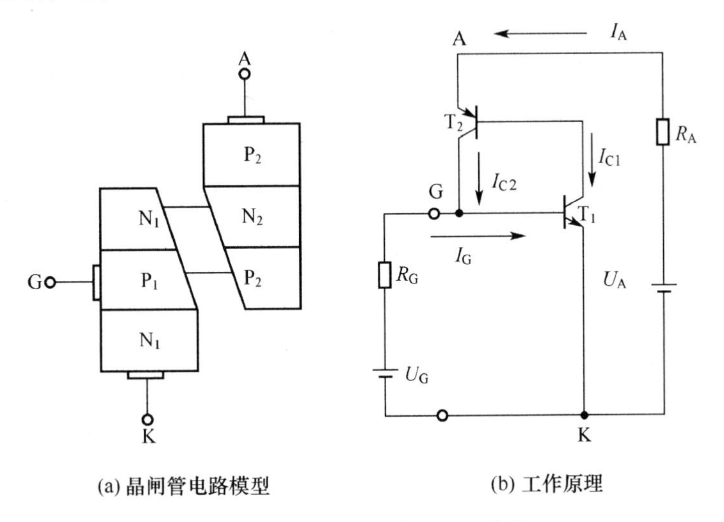

(a) 晶闸管电路模型　　(b) 工作原理

图 9-16　晶闸管电路模型及工作原理

(2) 晶闸管加阳极正电压 U_A 时（即阳极接电源正极，阴极接电源负极），若控制极不加电压，仍有一个 PN 结反偏截止，只有很小的正向漏电流，故晶闸管仍然截止。此时，晶闸管的状态称为正向阻断状态。

(3) 晶闸管加阳极正电压 $+U_A$，同时也加控制极正电压 $+U_G$（即控制极接电源的正极，阴极接电源的负极），则 T_1、T_2 两个三极管都满足放大条件。在 U_G 作用下，产生控制极电流 I_G，为 T_2 管提供基极电流 I_{B2}，I_{B2}经 T_2 放大后形成集电极电流 $I_{C2}=\beta_2 I_{B2}=\beta_2 I_G$；$I_{C2}$就是 T_1 管的基极电流 I_{B1}，I_{B1}经 T_1 管放大后，产生较大的集电极电流 I_{C1}，$I_{C1}=\beta_1 I_{B1}=\beta_1\beta_2 I_G$，这个电流又流回 T_1 管的基极，再进行放大。这个正反馈过程如此循环往复，使 T_1 和 T_2 的电流迅速增大，从而进入饱和导通状态，即晶闸管由截止状态转变为导通状态。晶闸管导通后，如果撤掉控制极电压，由于 I_{C1}远大于 I_G，故 T_2 仍有较大的基极电流进入放大循环，使晶闸管继续导通。因此，U_G 只起触发作用，一经触发后，晶闸管就不受 U_G 控制。

控制极电压 U_G 称为触发电压。一般选用正脉冲电压做触发电压，它必须有足够的电压、电流值和足够的脉冲宽度，才能保证可靠触发。

晶闸管导通时，管压降约为 1 V。晶闸管导通后，性能与二极管相同。

(4) 要使导通的晶闸管截止，必须将阳极电压降至零或为负，使晶闸管阳极电流降至维持电流 I_H 以下。维持电流指维持上述正反馈过程所需的最小电流，具体定义见晶闸管的主要参数。

综上所述，可得如下结论。

① 晶闸管与硅整流二极管相似，都具有反向阻断能力，但晶闸管还具有正向阻断能力，即晶闸管正向导通必须具有一定的条件，即阳极加正向电压，同时控制极也加正向触发电压。

② 晶闸管一旦导通，控制极即失去控制作用。要使晶闸管重新关断，必须做到以下两点之一：一是将阳极电流减小到小于维持电流 I_H；二是将阳极电压减小到零或使之反向。

3. 晶闸管电压电流特性

晶闸管的导通和截止是由阳极电压 U_A、阳极电流 I_A 及控制极电压 U_G（电流 I_G）等决定的。在实际应用中常用实验曲线来表示它们之间的关系，这曲线称为晶闸管的电压电流特性曲线，如图9-17所示。

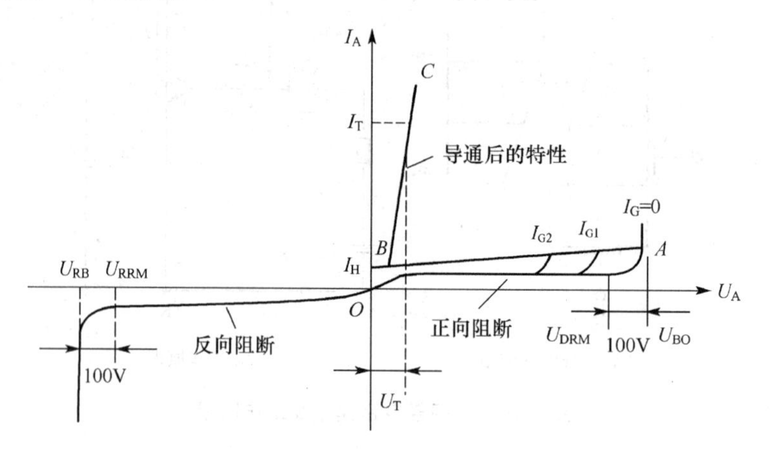

图9-17　晶闸管电压电流特性曲线

曲线表明：在控制极电流 $I_G=0$ 的情况下，阳极正向电压小于某一数值范围时，阳极电流一直很小，这个电流就是正向漏电流，这时晶闸管处于正向阻断状态。当正向漏电流突然增大，晶闸管由正向阻断状态突然转化为导通，这时的正向电压称为正向转折电压 U_{BO}，这样的导通称为晶闸管硬导通，这种导通方法易造成晶闸管损坏，正常情况下是不允许的。

当控制极加上正向电压后，即 $I_G>0$ 时，晶闸管仍有一定的正向阻断特性，但此时使晶闸管从正向阻断转化为正向导通所对应的阳极电压比 U_{BO}要低，且 I_G 越大，相应的阳极电压低得越多。也就是说，当晶闸管的阳极加上一定的正向电压时，在其控制极再加一适当的触发电压，晶闸管就会导通，这正是能实现可控的原因。

晶闸管导通后可以通过很大的电流，而它本身的压降只有1V左右，所以这一段特性曲线（*BC*段）靠近纵轴而且陡直，与二极管正向特性曲线相似。

晶闸管的反向特性与一般二极管相似，当反向电压在某一数值以下时，只有很小的反向漏电流，晶闸管处于反向阻断状态。当反向电压增加到某一值时，反向漏电流急剧增大，使晶闸管反向击穿，这时所对应的电压称为反向转折电压 U_{BR}。晶闸管一旦反向击穿就永久损坏，在实际应用中应避免。

4. 晶闸管的主要参数

（1）正向阻断峰值电压 U_{DRM}。正向阻断峰值电压 U_{DRM}（又称断态重复峰值电压），指控制极断开时，允许重复加在晶闸管两端的正向峰值电压，一般 $U_{DRM}=U_{BO}\times 80\%$。

（2）反向阻断峰值电压 U_{RRM}。反向阻断峰值电压 U_{DRM}（又称反向重复峰值电压），指允许重复加在晶闸管上的反向峰值电压，一般 $U_{RRM}=U_{BR}\times 80\%$。

（3）额定电压 U_D。通常把 U_{DRM}和 U_{RRM}中较小的一个值称作晶闸管的额定电压。

(4) 通态平均电压 $U_{T(AV)}$。通态平均电压 $U_{T(AV)}$，指在规定的环境温度和标准散热条件下，当晶闸管通过正弦半波额定电流时，阳极与阴极间的电压在一个周期内的平均值，习惯上称为导通时的管压降。这个电压当然越小越好，一般为0.4～1.2 V。

(5) 通态平均电流 $I_{T(AV)}$。通态平均电流 $I_{T(AV)}$ 简称正向电流，指在标准散热条件和规定环境温度下（不超过40℃），允许连续通过晶闸管的工频（50 Hz）正弦半波电流在一个周期内的平均值。

(6) 维持电流 I_H。维持电流 I_H 指在规定的环境温度和控制极断路的情况下，维持晶闸管继续导通时需要的最小阳极电流。它是晶闸管由通转断的临界电流，要使导通的晶闸管关断，必须使它的正向电流小于 I_H。

9.3.2 单相半波可控整流电路

用晶闸管代替半波整流电路中的二极管，就可成为单相半波可控整流电路。晶闸管的特点在于它的输出电压在一定的范围内可以任意调节，下面分析这种可控整流电路在接电阻性负载和电感性负载时的工作情况。

1. 电阻性负载

如图9-18所示为单相半波可控整流电路，变压器的作用是变换电压和隔离，VT为可控器件晶闸管，输入为单相交流电，故该电路为单相半波可控整流电路。电阻负载电路中电压与电流成正比，两者波形相同，如图9-19所示为单相半波可控整流电路的波形。现进行工作原理及波形分析。

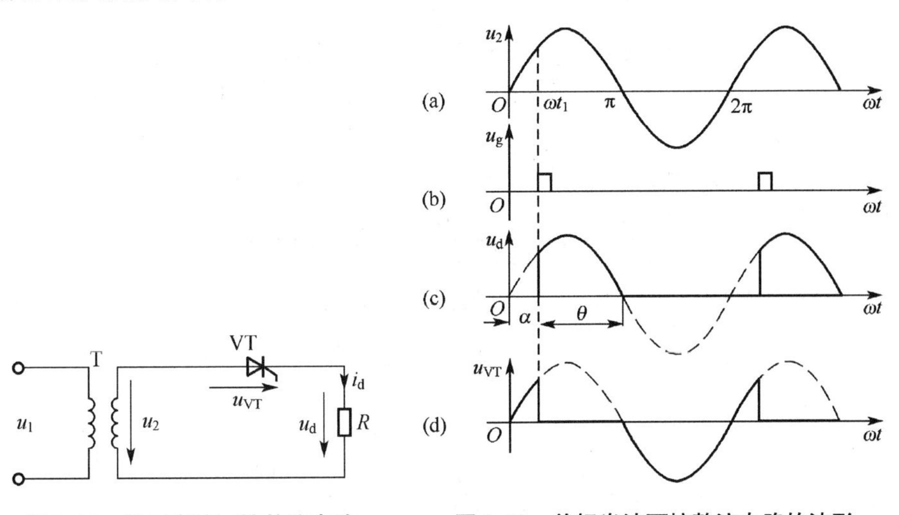

图9-18 单相半波可控整流电路

图9-19 单相半波可控整流电路的波形

由图9-19可知，当输入交流电压 u_2 在负半周时，晶闸管VT承受的是反向电压，因而处于截止状态，负载 R_L 上没有电压。在交流电压的正半周时，即使晶闸管承受的是正向电压，如果控制极上没有加上正向电压，晶闸管仍然处于关断状态，负载 R_L 上也没有电压。这就是晶闸管整流电路与二极管整流电路的不同之处。

如果在某一时刻，如图9-19（b）所示，当 $\alpha=45°$ 时，给控制极加上一定幅度的正向触发脉冲电压 u_g，晶闸管立即导通，负载 R_L 上就可得到电压。当晶闸管导通后，控制极就失去控制作用，这时触发电压消失后，晶闸管依然导通，且一直导通到正半周结束。当交流电压 u_2 下降到接近零值时，通过晶闸管的电流因小于维持电流而自动关断，直到下一个周期再经 α 角出现触发脉冲电压 u_g 作用时，晶闸管才又一次导通。由于晶闸管在每一个周期内只能导通135°，即 $\theta=135°$，所以负载上得到的平均电压就比较低。如果在输入交流电压 u_2 的正半周开始时，即 $\alpha=0°$时，就加入触发脉冲电压 u_g，这样晶闸管在正半周一直导通，这时负载上得到的平均电压最大。图9-19（c）中 u_d 为脉动直流，波形只在 u_2 正半周内出现，故该电路为单相半波可控整流电路。

由上述可知，通过改变控制角 α 的大小就可控制负载 R_L 上平均电压的大小，所以称 α 为控制角。而 $\theta=180°-\alpha$ 是晶闸管导通的角度，所以称 θ 为导通角。显然，α 角越小，θ 角越大，负载上得到的电压也就越高。

电阻负载的特点是：电压与电流成正比，两者波形相同。

在一个周期内直流输出电压的平均值为

$$U_d=\frac{1}{2\pi}\int_t^{\pi}\sqrt{2}U_2\sin\omega t\mathrm{d}(\omega t)=\frac{\sqrt{2}U_2}{2\pi}(1+\cos\alpha)=0.45U_2\frac{1+\cos\alpha}{2} \tag{9-14}$$

VT的 α 移相范围为180°。这种通过控制触发脉冲的相位来控制直流输出电压大小的方式称为相位控制方式，简称相控方式。

直流回路的平均电流为

$$I_d=\frac{U_d}{R}=0.45\frac{U_2}{R}\frac{1+\cos\alpha}{2} \tag{9-15}$$

晶闸管中流过的电流平均值

$$I_T=I_d \tag{9-16}$$

【例9.3】 单相半波可控整流电路，电阻负载，由220 V交流电源直接供电。负载要求的最高平均电压为60 V，相应的平均电流为20 A，试计算晶闸管的导通角、晶闸管承受的最大正、反向电压。

【解】（1）求出最大输出时的控制角 α。根据式（9-14）可得

$$\cos\alpha=\frac{2U_d}{0.45U_2}-1=\frac{2\times60}{0.45\times220}-1=0.212,\ \alpha=77.8°$$

（2）求晶闸管两端承受的正、反向峰值电压 U_m。

$$U_m=\sqrt{2}U_2=311\ (\text{V})$$

2. 电感性负载

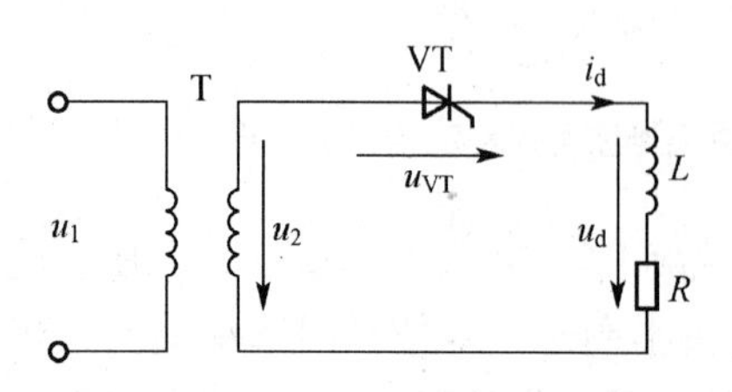

图9-20　电感性负载单相半波整流电路

在实际生产中，使用较多的是电感性负载，如交、直流电动机的绕组、电磁离合器的绕组等。电感性负载可以用一个纯电感元件 L 和电阻元件 R 的串联电路等效，如图9-20所示。

在如图9-21（a）所示的波形中，交流输入电压在正半周。当 $\alpha=45°$时，如图9-21（b）所示，给控制极加上正向触发脉冲电压 u_g，晶闸管导通，u_2 加到负载上。由于电感绕组中感应电动势的作用，电感绕组中的电流是不能跃变的，负载电流 i_d 只能从零开始上升。当其中的电流增大变化时，电感绕组中便产生自感电动势阻碍电

流的增大；当电流减小时，电感绕组又产生一个与电流方向相同的自感电动势，以阻碍电流的减小，所以电流滞后于电压。交流电压由零变负之后，晶闸管仍导通，它就会把电源的负向电压传导到负载上，使负载两端出现了负向电压，直到电路中的电流小于晶闸管的维持电流时，晶闸管才自动关断，由电源到负载的负向电压才被切断；负载上的电压也就降为零值，如图9-21（c）所示。由于输出电压出现了负向值，所以负载上的平均电压也就变低，而且也不是单纯的直流电压了。

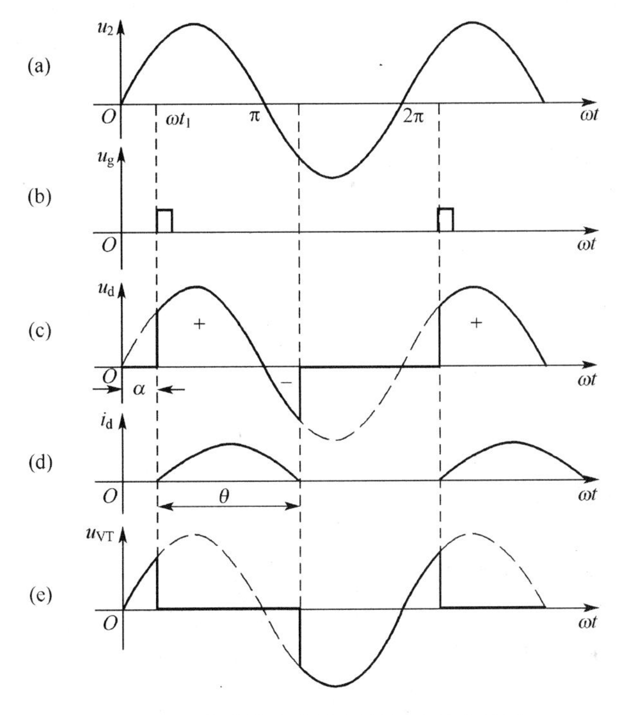

图9-21　电感性负载单相半波电路的波形

由于负载中电感的存在，使负载电压波形出现了负值，晶闸管的导通角θ变大，且负载中L越大，θ越大，输出电压的平均值越小。在大电感负载中，负载中的平均电压有可能等于零。

假如在交流电压接近零值变化时，及时使电感绕组短路，防止电感绕组的电流通过晶闸管，晶闸管就能及时关断，电源的负向电压就不能出现在负载上了。这种使绕组两端短路的效果，可以在负载绕组的两端并联一个二极管来达到，如图9-22所示。不过要注意的是，二极管D应采取反向电压的连接，即二极管的阴极应该接在整流输出电压的正极端。

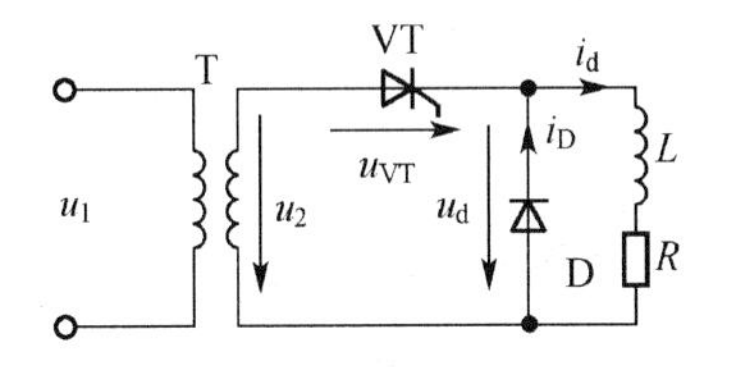

图9-22　续流二极管的作用

并联二极管之所以能消除负载的负向电压，是因为交流电压在正半周变化。趋向零值减小时，电感绕组中自感电动势的方向，与绕组中电流的方向是相同的，这时，二极管D承受的电压是绕组的自感电动势，二极管因承受正向电压而导通，二极管的导通使电感性负载处于短路状态，负载两端的电压趋于零值；同时负载中由于自感作用而维持的电流经二极管形成回路，可以避免电流通过晶闸管，使晶闸管及时关断。

由此可见，在晶闸管导通期间，负载电流由晶闸管导通供给；在晶闸管关断期间，电流由电感性负载经二极管D继续供给，所以称此二极管为续流二极管。这样，负载两端的电压波形就不会再出现负向电压。

单相半波可控整流电路的特点是电路简单，但输出脉动大，变压器二次侧电流中含直流分量，造成变压器铁芯直流磁化，故实际上很少应用此种电路。分析该电路的主要目的在于利用其简单易学的特点，建立起晶闸管整流电路的基本概念。

习　题

一、填空题

1. 设变压器副边电压 $u_2 = \sqrt{2}U_2\sin(\omega t + \pi)$ V，则单相半波整流电压的平均值为（　　），二极管承受的最大电压是（　　）；设变压器副边电压 $u_2 = \sqrt{2}U_2\sin(\omega t + \pi)$ V，则单相桥式整流电压的平均值为（　　），二极管承受的最大电压是（　　）。

2. 电容滤波电路是将（　　）与电容（　　），电感滤波电路是将（　　）与电感（　　）。

3. 串联线性稳压电路由（　　）、（　　）、（　　）、和（　　）四个环节组成。

4. W78系列稳压器输出为（　　）电压，如W7805输出电压为（　　）；W79系列稳压器输出为（　　）电压，如W7905输出电压为（　　）；串联型集成稳压器W78系列（　　）两端为输入，（　　）两端为输出；串联型集成稳压器W79系列（　　）两端为输入，（　　）两端为输出。

5. 桥式整流电容滤波电路中，$U_2 = 20$ V，$R_L = 40\ \Omega$，$C = 1\ 000\ \mu$F，正常时 U_o 为（　　），如果 $U_o = 9$ V，电路工作在（　　），如果 $U_o = 24$ V，电路工作在（　　）。

二、判断题

（　　）1. 交流电经过整流后就可以得到直流电。

（　　）2. 串联型稳压电路是利用电压负反馈使电压稳定。

（　　）3. 单相半波整流电路中流过二极管的电流与负载相同。

（　　）4. 桥式整流电路中流过二极管的电流都与负载相同。

（　　）5. 单相半波和桥式整流电路中二极管承受的最大反向电压相同。

三、选择题

1. 桥式整流电路中，已知输出电压平均值是9 V，则变压器副边电压有效值是（　　）。

A. 10 V　　B. 20 V

C. 4.5 V　　D. 9 V

2. 单相桥式整流、电阻性负载电路中，二极管承受的最大反向电压是（　　）。

A. U_2　　B. $\sqrt{2}U_2$

C. $2\sqrt{2}U_2$　　D. $0.9U_2$

3. 单相桥式整流、电容滤波电路中，设变压器副边电压有效值 U_2，则通常取输出电压

平均值 U_o 等于（　　）。

A. U_2　　B. 1.2 U_2

C. $\sqrt{3}U_2$　　D. 以上都不对

4. 单相半波整流滤波电路如图 9-23 所示，其中 $C=100\ \mu\text{F}$，当开关 S 闭合时，直流电压表的读数是 10 V，开关断开后，电压表的读数是（　　）。（设电压表的内阻为无穷大）

A. 10 V　　B. 12 V

C. 14.1 V　　D. 4.5 V

5. 整流电路如图 9-24 所示，输出电压平均值 U_o 是 18 V，若因故一只二极管损坏而断开，则输出电压平均值 U_o 是（　　）。

A. 10 V　　B. 20 V

C. 40 V　　D. 9 V

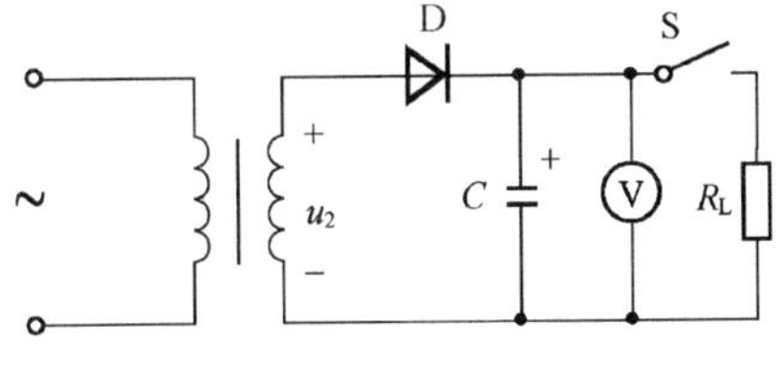

图 9-23　选择题 4 题图

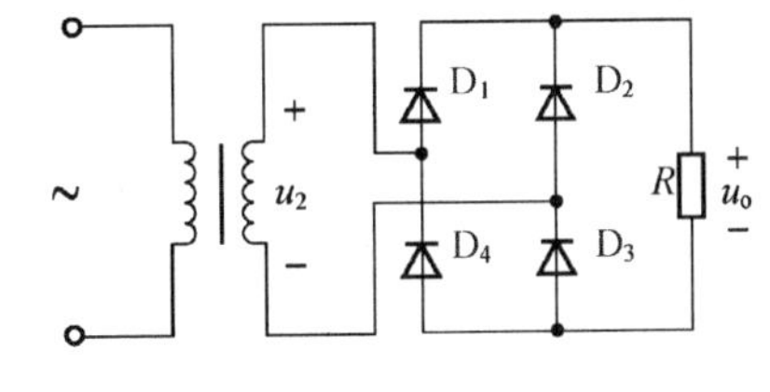

图 9-24　选择题 5 题图

四、应用题

1. 单相桥式整流电路，若要求在负载上得到 24 V 的直流电压，100 mA 的直流电流，求整流变压器次级电压 U_2，并选出整流二极管。

2. 单相桥式整流电容滤波电路，要求 $U_L=12$ V，$I_L=100$ mA，电网工作频率为 50 Hz。试计算整流变压器次级电压有效值 U_2，并计算 R_L 和 C 的值。

3. 如图 9-25 所示是万用表中测量交流电压的整流电路。问：

（1）电路是属于半波整流，还是桥式整流。

（2）标出使电表 M 的表针偏转的电表正、负端。

（3）若忽略电表内阻和二极管正向导通电阻，试计算当被测正弦交流电压为 250 V（有效值）时，使电表满偏的电阻 R 的大小。已知表头的满偏电流为 100 μA。

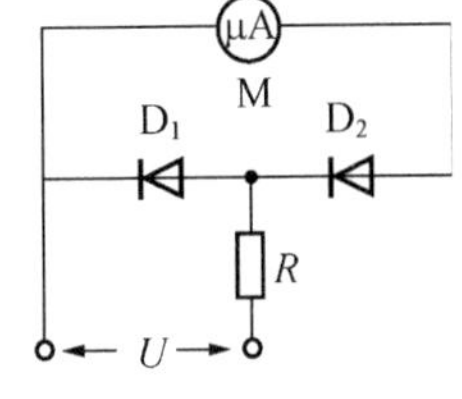

图 9-25　应用题 3 题图

4. 已知单相桥式整流滤波电路有 $R_LC=(3\sim5)\dfrac{T}{2}$，$f=50$ Hz，$u_2=25\sin\omega t$ V。

（1）画出电路图，标出滤波电容 C 上的电压极性。

（2）估算负载电压 U_L，如果 R_L 断开时，输出电压为多少？

（3）滤波电容 C 开路时，U_L 为多少？

（4）整流器中有一只二极管虚焊，滤波电容 C 开路时，U_L 为多少？正、负极接反，将产生什么后果？

（5）整流器中有一只二极管正负极接反了，将产生什么后果？

5. 在图 9-26 所示电路中，已知三端集成稳压器的型号为 W7818。若 $R_1=400\ \Omega$，$R_2=200\ \Omega$，试求输出电压 U_o 的值。

6. 试求图9-27所示电路的 U_o 的可调范围。

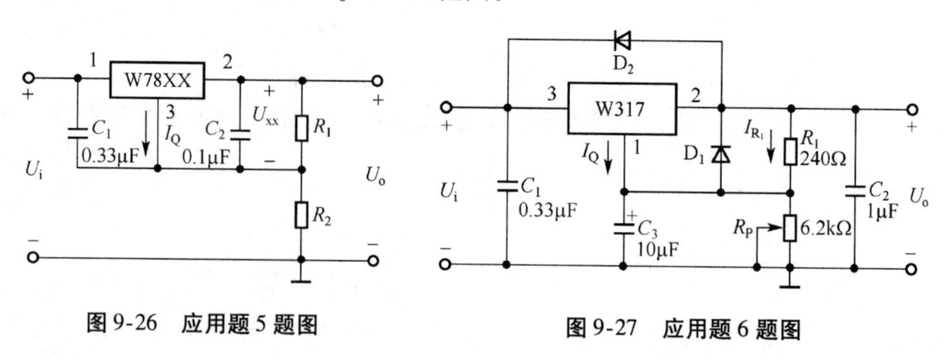

图9-26　应用题5题图

图9-27　应用题6题图

7. 单相半波可控整流电路，电阻负载，由220 V交流电源直接供电。负载要求的最高平均电压为60 V，相应的平均电流为20 A，试计算晶闸管的导通角、晶闸管承受的最大正、反向电压。

第 10 章　门电路及组合逻辑电路

教学目标

▶掌握常用进位数制规律及相互转换和编码技术；
▶熟悉和理解逻辑代数的基本概念和基本定理；
▶掌握组合逻辑电路分析方法和设计方法；
▶掌握组合逻辑单元电路分析方法和应用。

模拟信号是指在时间上和数值上都是连续的信号。用来处理模拟信号的电路称为模拟电路，如图 10-1（a）所示。数字信号是指时间上和数值上都是离散的信号，信号表现的形式是一系列高、低电平组成的脉冲波，如图 10-1（b）所示。用来处理数字信号的电路称为数字电路。数字电路比较简单，抗干扰性强，精度高，便于集成，因而在电子通信、自动控制系统、测量设备、计算机等领域获得了日益广泛的应用。本章研究数字电路基本门电路及组合逻辑电路。

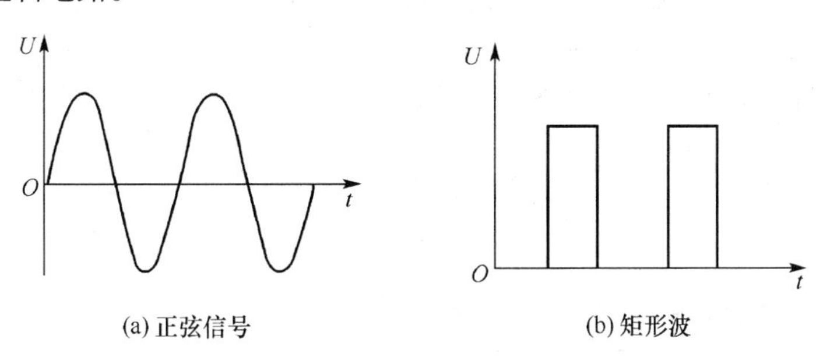

(a) 正弦信号　　　(b) 矩形波

图 10-1　模拟信号和数字信号

10.1　基本门电路

门电路是数字电路的基础，也是组合成组合逻辑电路的基本单元。门电路实质是一种开关电路，利用开关的不同连接形式，实现一定的逻辑关系。门电路中的“开关”是利用二极管、三极管或场效应管的导通和截止的开关状态来实现的。下面通过电路举例来说明三种基本门电路的逻辑功能。

10.1.1　与门电路

如图 10-2（a）所示是实现与逻辑关系的开关电路，在电路中只有当串联的开关 A 与

B 都闭合时灯 F 才亮。如果以灯亮为结果、开关闭合为条件，那么，只有全部条件都满足时，结果才会发生，这样的关系称为与逻辑关系。

实现与逻辑关系的电子电路称为与门电路，简称与门。研究逻辑关系所关心的是条件是否满足及结果是否发生，而在门电路中则是输入和输出电平的高与低两种状态。所谓电平，就是表示两个电位的高与低。为了便于进行逻辑分析和逻辑运算，规定高电平为逻辑1，低电平为逻辑0，这种规定称为正逻辑，反之称为负逻辑。本书一律采用正逻辑。

如图10-2（b）所示为与门的逻辑符号。与门为多入单出，逻辑功能是：输入全为1时，输出才为1，简记为“全1为1”。表10-1是与门逻辑功能真值表。能够实现与逻辑的二极管与门电路如图10-2（c）所示，请读者自行分析它的与逻辑功能。

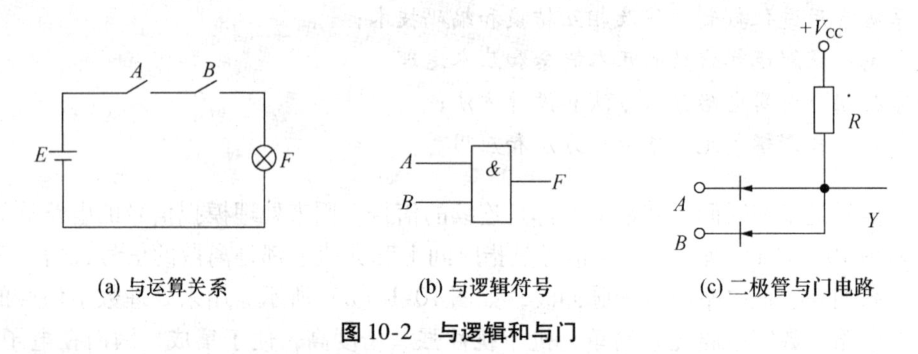

图10-2　与逻辑和与门

与逻辑的运算称为与运算，又称逻辑乘，与门的逻辑表达式为：$F = A \cdot B$。

与门应用举例：利用与门电路，可以控制信号的传送。例如有一个2输入端与门，假定在输入端 B 送入一个持续的脉冲信号，而在输入端 A 输入一控制信号，由与门逻辑关系可画出输出端 F 的输出信号波，如图10-3所示。只有当 A 为1时，信号才能通过，在输出端 F 得到所需的脉冲信号，此时相当于门被打开；当 A 为0时，信号不能通过，无输出，相当于门被封锁。

表10-1　与门逻辑功能真值表

A	B	F
0	0	0
0	1	0
1	0	0
1	1	1

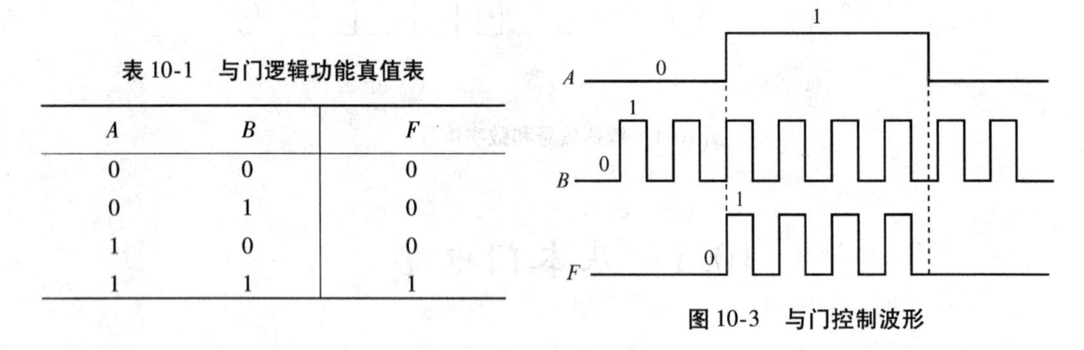

图10-3　与门控制波形

10.1.2　或门电路

如图10-4（a）所示是实现或逻辑关系的开关电路，在电路中，只要开关 A 或 B 有一个或一个以上闭合，灯 F 就会亮。这里开关的闭合和灯亮之间的关系为或逻辑关系，即只要有一个或一个以上的条件满足时，结果就会发生。符合这一规律的逻辑关系称为或逻辑关系。

实现或逻辑关系的电子电路称为或门电路，简称或门。或门的逻辑符号如图10-4

（b）所示，A 和 B 是输入端，F 是输出端。或门也为多入单出。或门的逻辑功能是：只要输入中有一个或一个以上为高电平，输出便为高电平，简记为“有1为1”。表10-2是或门逻辑功能真值表。能够实现或逻辑的二极管或门电路如图10-4（c）所示，请读者自行分析它的或逻辑功能。

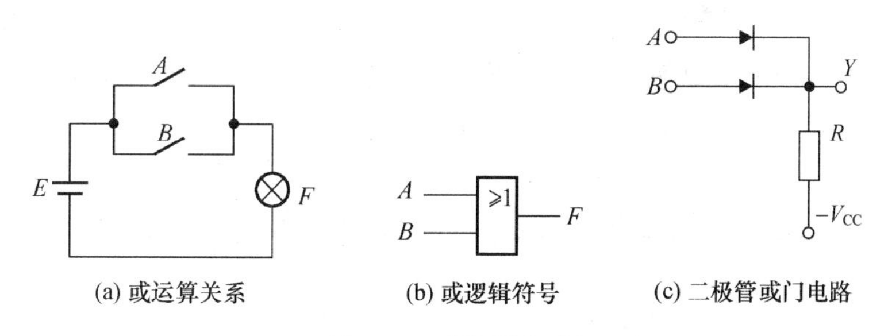

(a) 或运算关系　(b) 或逻辑符号　(c) 二极管或门电路

图10-4　或逻辑和或门

或逻辑的运算称为或运算，又称逻辑加，或门的逻辑表达式为：$F=A+B$。

或门应用举例：如图10-5所示为两路防盗报警电路。该电路采用了一个2输入端的或门，S_1 和 S_2 为微动开关，可装在门和窗户上。当门和窗户都关上时，开关 S_1 和 S_2 闭合，或门输入端全部接地，$A=0$，$B=0$，输出端 $F=0$，报警灯不亮。如果门或窗任何一个被打开，相应的开关 S 断开，该输入端经1 kΩ电阻接至5 V电源，为高电平，故输出也为高电平，报警灯亮。输出端还可接音响电路实现声光同时报警。

表10-2　或门逻辑功能真值表

A	B	F
0	0	0
0	1	1
1	0	1
1	1	1

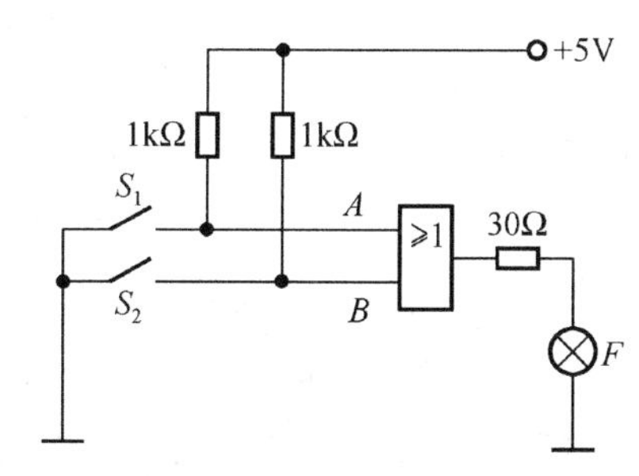

图10-5　或门应用举例

10.1.3　非门电路

如图10-6（a）所示是实现非逻辑关系的开关电路，在电路中，只有在开关 A 不闭合时，灯 F 才会亮；而在开关 A 闭合时，灯 F 不会亮。即结果的发生与条件处于相反的状态，符合这一规律的逻辑关系称为非逻辑关系。

实现非逻辑关系的电子电路称为非门电路，简称非门。非门的逻辑符号如图10-6（b）所示，A 是输入端，F 是输出端。非门只有一个输入端和一个输出端。非门的逻辑功能是：输出与输入的电平相反，可记为“入高出低，入低出高”。由于非门的输出与输入的状态相反，因此又称非门为反相器或倒相器。表10-3是非门逻辑功能真值表。能够实现非逻辑的三极管非门电路如图10-6（c）所示，请读者自行分析它的非逻辑功能。

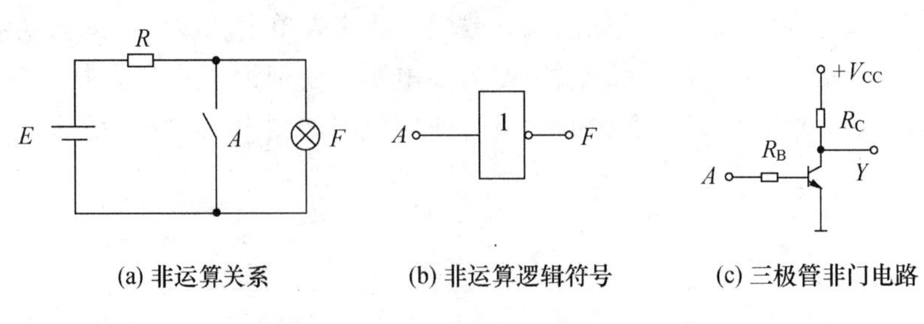

(a) 非运算关系　　(b) 非运算逻辑符号　　(c) 三极管非门电路

图 10-6　非逻辑和非门

表 10-3　非门逻辑功能真值表

A	*F*
0	1
1	0

非逻辑的运算称为非运算，又称逻辑非，非门的逻辑表达式为：$F = \overline{A}$。非门多被用于信号波形的整形和倒相。

上述三种基本门电路，有时可以根据需要把它们组合成各种复合门，以丰富逻辑功能。常用的有与非门、或非门、与或非门等，其组合后的逻辑符号如图 10-7 所示。

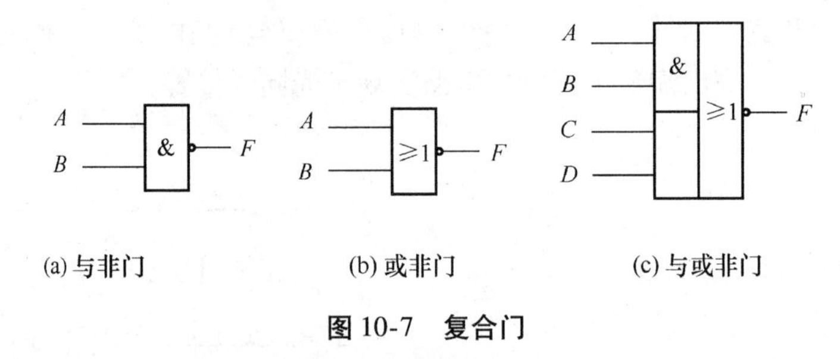

(a) 与非门　　(b) 或非门　　(c) 与或非门

图 10-7　复合门

复合门的逻辑功能可根据基本门的逻辑功能推导得出，其对应的逻辑式表示如下。与非门：$F = \overline{A \cdot B}$；或非门：$F = \overline{A + B}$；与或非门：$F = \overline{A \cdot B + C \cdot D}$。

各种门电路都有集成电路产品。集成门电路根据内部组成可分为 TTL 型和 CMOS 型，其中由晶体管构成的集成门称为 TTL 型；由场效应管构成的集成门称为 CMOS 型。集成电路的型号不同，参数和性能也不同，使用时可查阅有关手册。

10.2　组合逻辑电路的分析与设计

基本门电路功能简单，实用中将它们组合起来，构成各种组合逻辑电路（简称组合电路），以实现各种较复杂的逻辑功能。分析与设计组合逻辑电路需要用到逻辑代数，下面先介绍逻辑代数。

10.2.1 逻辑代数

逻辑代数又称布尔代数，它是分析与设计逻辑电路的数学工具。逻辑代数与普通代数相似，也是以字母代表变量，但逻辑变量的取值只有0和1，代表两种相反的逻辑状态，如高电平为1，低电平为0，没有“数”的含义。

1. 逻辑代数运算的基本公式

在逻辑代数运算中，只有10.1节所介绍的逻辑乘、逻辑加和逻辑非三种基本运算。根据这三种基本运算的规律，可以推导出表10-4中的逻辑运算基本定律。

表10-4 逻辑代数基本定律

定　律	定律的公式	
1. 0-1律	$A \cdot 0 = 0$	$A + 1 = 1$
2. 自等律	$A \cdot 1 = A$	$A + 0 = A$
3. 互补律	$A \cdot \overline{A} = 0$	$A + \overline{A} = 1$
4. 重叠律	$A \cdot A = A$	$A + A = A$
5. 交换律	$A \cdot B = B \cdot A$	$A + B = B + A$
6. 结合律	$A(BC) = (AB)C$	$A + (B + C) = (A + B) + C$
7. 分配律	$A(B + C) = AB + AC$	$A + BC = (A + B)(A + C)$
8. 反演律	$\overline{AB} = \overline{A} + \overline{B}$	$\overline{A + B} = \overline{A} \cdot \overline{B}$
9. 还原律	$\overline{\overline{A}} = A$	

其中，$\overline{AB} = \overline{A} + \overline{B}$，$\overline{A + B} = \overline{A} \cdot \overline{B}$称德·摩根公式。

上述公式都可以利用二进制数赋值列真值表和10.1节所介绍的三种基本运算规律证明其成立。例如，证明$\overline{A \cdot B} = \overline{A} + \overline{B}$成立参见表10-5。

表10-5 真值表证明摩根公式

A	B	$\overline{A}$	$\overline{B}$	$\overline{A \cdot B}$	$\overline{A} + \overline{B}$
0	0	1	1	1	1
0	1	1	0	1	1
1	0	0	1	1	1
1	1	0	0	0	0

2. 逻辑代数的三项基本规则

（1）代入规则

在任何一个逻辑函数等式中，如果将等式两边所有出现的同一变量，都代之以另一逻辑函数，则等式依然成立。这个规则称之为代入规则。例如反演律公式$\overline{AB} = \overline{A} + \overline{B}$，若等式两边的$B$同时以逻辑函数$BC$代入，则有$\overline{ABC} = \overline{A} + \overline{BC} = \overline{A} + \overline{B} + \overline{C}$。

（2）反演规则

要求一个逻辑函数Y的反函数，只要将逻辑函数Y中所有的“.”换成“+”，“+”

换成“.”，“0”换成“1”，“1”换成“0”，原变量换成反变量，反变量换成原变量，所得到的逻辑函数式就是原函数 Y 的反函数 $\overline{Y}$。这就是反演规则。利用反演规则可以比较容易地写出一个逻辑函数的反函数。例如 $Y=A+B+C$，则反函数 $\overline{Y}=\overline{A+B+C}=\overline{A}\,\overline{B}\,\overline{C}$。

（3）对偶规则

将任意一个逻辑函数表达式 Y 中的“+”换成“.”，“.”换成“+”，“1”换成“0”，“0”换成“1”，变量保持不变，则所得到一个新的逻辑函数 Y'，称为 Y 的对偶式。这就是对偶规则。

3. 逻辑函数的化简

某种逻辑关系，是通过与、或、非等逻辑运算符把各个变量联系起来，构成了一个逻辑函数式。对于逻辑电路的分析，逻辑函数表达式越简单，越有利于逻辑功能的分析；而对于逻辑电路的设计，逻辑函数表达式越简单，画出它所对应的逻辑电路图就越简单，这就是对逻辑函数化简的目的。

通常所说的最简式是指最简的与或表达式。所谓最简的与或表达式是指表达式中的乘积项的个数最少，每个乘积项中的变量个数最少。

运用逻辑代数的基本公式和定律进行化简，常用的有下列方法。

① 并项法。利用公式定理 $B+\overline{B}=1$ 及公式 $AB+A\overline{B}=A$ 进行并项。

【例 10.1】 化简逻辑函数 $Y=A\overline{B}C+A\overline{B}\,\overline{C}$。

【解】 $Y=A\overline{B}C+A\overline{B}\,\overline{C}=A\overline{B}(C+\overline{C})=A\overline{B}$。

② 吸收法。利用公式 $A+AB=A$ 消去多余的项。

【例 10.2】 化简逻辑函数 $Y=A\overline{B}+A\overline{B}C$。

【解】 $Y=A\overline{B}+A\overline{B}C=A\overline{B}$。

③ 消去因子法。利用公式 $A+\overline{A}B=A+B$ 消去多余的因子。

【例 10.3】 化简逻辑函数 $Y=\overline{A}+AC+\overline{C}D$。

【解】 $Y=\overline{A}+AC+\overline{C}D=\overline{A}+C+\overline{C}D=\overline{A}+C+D$。

④ 消项法。利用公式 $AB+\overline{A}C+BC=AB+\overline{A}C$ 消去冗余项。

【例 10.4】 化简逻辑函数 $Y=\overline{A}C+B\overline{C}+\overline{A}BD$。

【解】 $\overline{A}C$ 和 $B\overline{C}$ 的冗余项为 $\overline{A}BC$，可以得到：

$$Y=\overline{A}C+B\overline{C}+\overline{A}BD=\overline{A}C+B\overline{C}。$$

⑤ 配项法。利用 $A=A\cdot 1$ 及 $A+\overline{A}=1$ 进行配项，以消去更多的项。

【例 10.5】 试证明公式 $AB+\overline{A}C+BC=AB+\overline{A}C$。

【证】：采用配项法，利用 $(A+\overline{A}=1)$ 进行配项：

$$\begin{aligned}AB+\overline{A}C+BC&=AB+\overline{A}C+(A+\overline{A})BC=AB+\overline{A}C+ABC+\overline{A}BC\\&=(AB+ABC)+(\overline{A}C+\overline{A}BC)=AB+\overline{A}C。\end{aligned}$$

⑥ 综合法。化简复杂些的逻辑函数时，要往往要用到多种方法的综合应用。

【例 10.6】 化简逻辑函数 $Y=AB+\overline{A}C+\overline{B}C$。

【解】 $Y=AB+\overline{A}C+\overline{B}C=AB+(\overline{A}+\overline{B})C=AB+\overline{AB}C=AB+C$。

10.2.2 组合逻辑电路的分析

组合逻辑电路的分析是在已知电路的前提下，研究其输出与输入之间的逻辑关系，得出电路所实现的逻辑功能。分析的一般步骤为：图→式（化简）→表→功能。

（1）由已知的逻辑图写出逻辑式；

（2）将逻辑式化简；

（3）列出真值表；

（4）根据真值表和表达式确定其逻辑功能。

【例 10.7】 试分析如图 10-8 所示电路的逻辑功能。

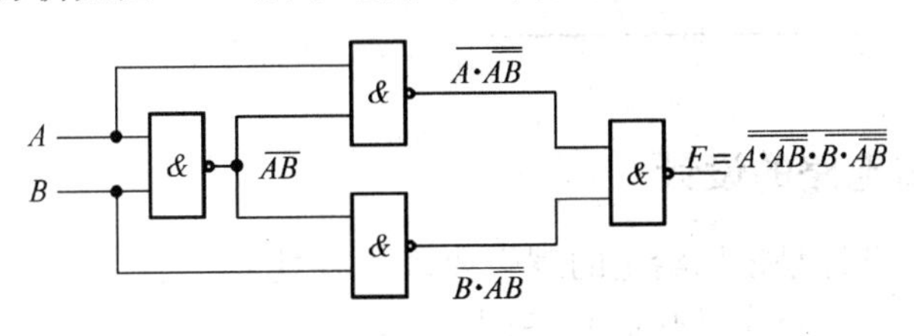

图 10-8　例 10.7 的图

【解】 分析步骤如下。

① 写式：由输入变量 A、B 开始，逐级写出各个门的输出表达式，最后导出输出结果。

$$F=\overline{\overline{A\cdot\overline{AB}}\cdot\overline{B\cdot\overline{AB}}}$$

② 化简：将输出结果化为最简的与或式。

$$\begin{aligned}F&=\overline{\overline{A\cdot\overline{AB}}\cdot\overline{B\cdot\overline{AB}}}\\&=A\cdot\overline{AB}+B\cdot\overline{AB} &&\text{（运用反演律）}\\&=A(\overline{A}+\overline{B})+B(\overline{A}+\overline{B}) &&\text{（运用反演律）}\\&=A\overline{B}+\overline{A}B &&\text{（运用分配律）}\end{aligned}$$

③ 列表：将 A、B 分别用 0 和 1 代入最简式，根据运算规律计算出结果，列出如表 10-6 所示的真值表。

表 10-6　异或门真值表

A	B	F
0	0	0
0	1	1
1	0	1
1	1	0

列表时，如有 2 个输入变量，则应有 $2^2=4$ 种变量取值组合；如有 3 个输入变量，则应有 $2^3=8$ 种变量取值组合；如有 n 个输入变量，则应有 2^n 种变量取值组合。

④ 功能：分析真值表可知，A、B 输入相同时，输出为 0；A、B 输入不同时，输出为 1。具有这种逻辑功能的电路称为异或门。逻辑表达式可简写成：$F=A\overline{B}+\overline{A}B=A\oplus B$。

逻辑功能与异或门相反，即 A、B 输入相同，输出为 1；A、B 输入不同，输出为 0，称其为同或门，参见表 10-7。

同或门的逻辑表达式为：$F=\overline{A\oplus B}=AB+\overline{A}\,\overline{B}=A\odot B$。异或门和同或门也是比较常用的门电路，并有集成电路产品，其图形符号如图 10-9 所示。

表10-7　同或门真值表

A	B	F
0	0	1
0	1	0
1	0	0
1	1	1

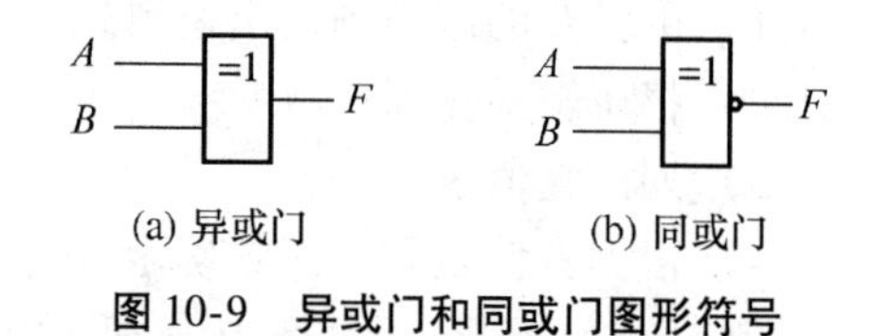

(a) 异或门　(b) 同或门

图10-9　异或门和同或门图形符号

10.2.3　组合逻辑电路的设计

组合逻辑电路的设计是根据给定的逻辑要求（功能），设计出最简单的逻辑图。设计的一般步骤为：功能→表→式（化简）→图。

（1）根据逻辑功能列出真值表；

（2）由真值表写出逻辑式；

（3）将逻辑式化简；

（4）由化简后的逻辑式画出逻辑图。

从上述步骤可见设计步骤与分析步骤相反。

【例10.8】 设计一个只能对本位上的两个二进制数求和，而不考虑低位来的进位数的组合逻辑电路，即半加器。

【解】 设计步骤如下。

（1）列表：设A为被加数，B为加数，S为本位和，C为向高位的进位数。根据二进制数加法运算规则可列出半加器的真值表，参见表10-8。

（2）写式：由真值表可见，A和B相同时，S为0；A和B不同时，S为1，这符合异或门的逻辑功能，而C和A、B之间符合与门的逻辑功能，即

$$S = \overline{A} \cdot B + A \cdot \overline{B} = A \oplus B$$

$$C = A \cdot B$$

由真值表写表达式时，可遵循这样的规律：找出使输出函数为1所对应的输入变量组合，当变量（如A）为0时写为变量的非（$\overline{A}$），当变量为1时写为原变量（A），变量之间为与（·）的关系，列出表达式。如果输出函数有多个为1时，那么所对应的多个输入变量组合之间为或（+）的关系。

（3）化简：此例设计步骤（2）所写出的两式已为最简式。

（4）画图：写式的结果表明半加器可由一个异或门和一个与门组成。逻辑图如图10-10（a）所示，图10-10（b）是半加器的逻辑符号。

表10-8　半加器真值表

输入变量		输出函数	
A	B	S	C
0	0	0	0
0	1	1	0
1	0	1	0
1	1	0	1

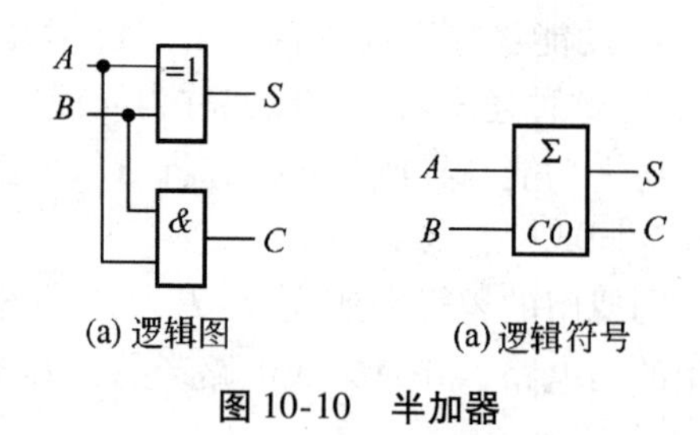

(a) 逻辑图　(a) 逻辑符号

图10-10　半加器

【例 10.9】 设计一位的全加器。

【解】（1）假设一位全加器的加数、被加数和低位的进位信号分别为 A、B、CI，本位相加结果及向高位的进位信号分别为 S、CO。

（2）列真值表，参见表 10-9。

（3）化简。根据表 10-9 所示真值表，可列出下列函数：

$$S = \bar{A}\,\bar{B}CI + \bar{A}B\,\overline{CI} + A\,\bar{B}\,\overline{CI} + ABCI$$

$$= \bar{A}(B \oplus CI) + A(\overline{B \oplus CI})$$

$$= A \oplus B \oplus CI$$

$$CO = \bar{A}BCI + A\,\bar{B}CI + AB\,\overline{CI} + ABCI$$

$$= AB + BCI + ACI$$

（4）画逻辑图。由表达式画出逻辑图。如图 10-11（a）所示为一位全加器的逻辑图，图 10-11（b）为全加器逻辑符号。使用时，如果将全加器低位来的进位数 CI 端接地，就可实现半加器的功能。

表 10-9　全加器真值表

输入变量			输出函数	
A	B	CI	S	CO
0	0	0	0	0
0	0	1	1	0
0	1	0	1	0
0	1	1	0	1
1	0	0	1	0
1	0	1	0	1
1	1	0	0	1
1	1	1	1	1

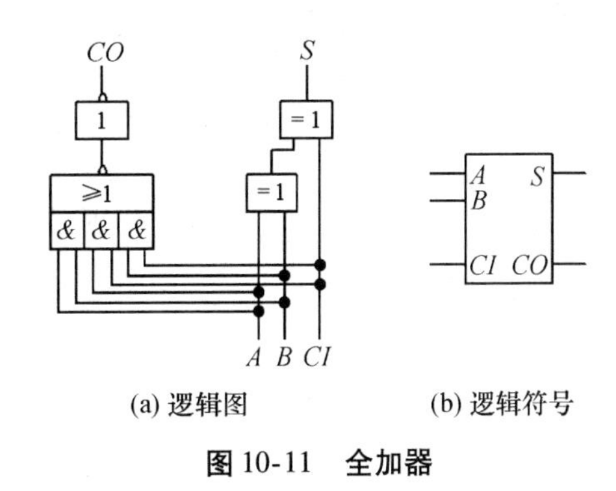

(a) 逻辑图　　(b) 逻辑符号

图 10-11　全加器

10.3　编　码　器

在数字电路中，将信息变换成二进制代码的过程，称为编码。实现编码功能的组合逻辑电路称为编码器。例如计算机的输入键盘功能，就是由编码器组成的，每按下一个键，编码器就将该按键的含义（控制信息）转换成一个计算机能够识别的二进制数，用它去控制机器的操作。

二进制虽然适用于数字电路，但是人们习惯使用的是十进制。因此，在计算机和其他数控装置中输入和输出数据时，要进行十进制数与二进制数的相互转换。为了便于人机对话，一般是将准备输入的十进制数的每一位数都用一个四位二进制数来表示。它既具有十进制的特点，又具有二进制的形式，是一种用二进制代码来表示的十进制数，称为二—十进制编码，简称 BCD 码。四位二进制数 0000、0001、0010、…、1111 共有 16 个，而表示十进制数码 0～9，只需要 10 个四位二进制数即可，有 6 个四位二进制数是多余的。从 16

个四位二进制数中选择其中的10个，来表示十进制数码0～9的方式可以有很多种，最常用的方式是取前面10个四位二进制数0000～1001，来表示对应的十进制数码0～9，舍去后面的6个不用。由于0000～1001中每位二进制数的权（即基数2的幂次）分别为2^3、2^2、2^1、2^0，即为8421，因此这种BCD码又称为8421BCD码。

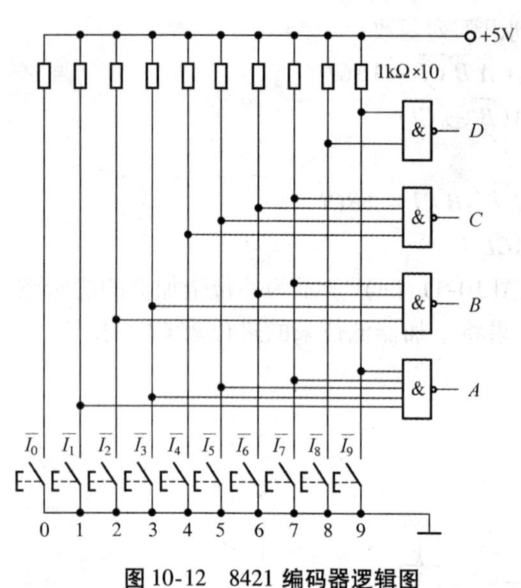

图10-12　8421编码器逻辑图

10.3.1　二—十进制编码器

按照不同的需要，编码器有二进制编码器和二—十进制编码器等。如图10-12所示是一种常用的键控二—十进制编码器。它通过10个按键将十进制数0～9共10个信息输入，从输出端A、B、C、D输出相应的10个二—十进制代码，因这里输出的代码采用8421BCD码，故又称8421编码器。

代表十进制数0～9的10个按键未按下时，四个与非门的输入都是高电平，按下后因接地变为低电平。四个与非门的输出端A、B、C、D即为编码器的输出端。输出与输入之间的编码关系参见表10-10。

表10-10　8421编码器真值表

输　入	输　出			
十进制数	D	C	B	A
0（I_0）	0	0	0	0
1（I_1）	0	0	0	1
2（I_2）	0	0	1	0
3（I_3）	0	0	1	1
4（I_4）	0	1	0	0
5（I_5）	0	1	0	1
6（I_6）	0	1	1	0
7（I_7）	0	1	1	1
8（I_8）	1	0	0	0
9（I_9）	1	0	0	1

由表10-10编码器真值表及图10-12编码器逻辑图都可写出输出与输入之间关系的逻辑式，为：

$$D = I_8 + I_9 = \overline{\overline{I_8} \cdot \overline{I_9}}$$

$$C = I_4 + I_5 + I_6 + I_7 = \overline{\overline{I_4} \cdot \overline{I_5} \cdot \overline{I_6} \cdot \overline{I_7}}$$

$$B = I_2 + I_3 + I_6 + I_7 = \overline{\overline{I_2} \cdot \overline{I_3} \cdot \overline{I_6} \cdot \overline{I_7}}$$

$$A = I_1 + I_3 + I_5 + I_7 + I_9 = \overline{\overline{I_1} \cdot \overline{I_3} \cdot \overline{I_5} \cdot \overline{I_7} \cdot \overline{I_9}}$$

例如，当按下输入数码键3时，使$\overline{I_3}=0$，电路四个输出端D、C、B、A为0、0、1、1，这就是用二进制代码表示的十进制数3。

10.3.2 优先编器

国产的TTL编码器都采用8421BCD码，并按输入信息数码大的优先编码的方式工作。所谓“优先编码”，即同时有多个输入数码，输出代码与输入数码最大的那个对应。

常用集成优先编码器CT1147的引脚图如图10-13所示。CT1147编码器有$\overline{I_1}\sim\overline{I_9}$共9个信号输入端，对应着十进制数码1～9；当所有输入端无信号输入时，对应着十进制数的0。输出端为$\overline{D}$、$\overline{C}$、$\overline{B}$、$\overline{A}$共4个。输入信号以低电平编码，即低电平（0）表示有信号输入，并用$\overline{I}$表示。输出以反码形式表现输入信号的情况。所谓反码形式是指用习惯的二进制形式的非来表示，例如原输出代码1001代表$\overline{I_9}$，它的反码形式就是用输出代码0110代表$\overline{I_9}$。CT1147的真值表参见表10-11，表中符号“×”表示该输入端的输入电平可为任意电平或称无关项。

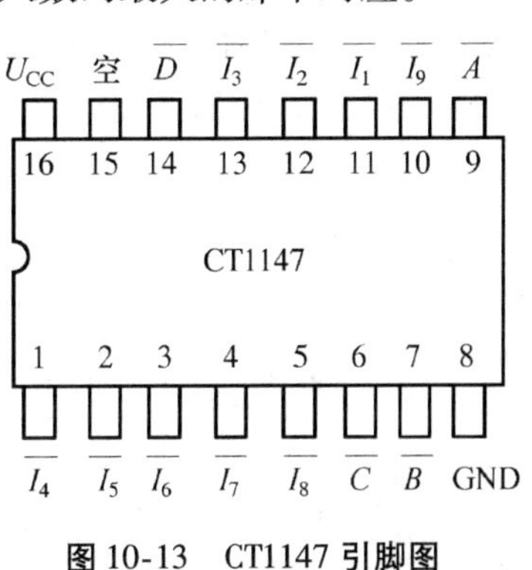

图10-13　CT1147引脚图

表10-11　优先编码器CT1147的真值表

输入									输出				数码
$\overline{I_1}$	$\overline{I_2}$	$\overline{I_3}$	$\overline{I_4}$	$\overline{I_5}$	$\overline{I_6}$	$\overline{I_7}$	$\overline{I_8}$	$\overline{I_9}$	$\overline{D}$	$\overline{C}$	$\overline{B}$	$\overline{A}$	
1	1	1	1	1	1	1	1	1	1	1	1	1	0
×	×	×	×	×	×	×	×	0	1	1	1	1	9
×	×	×	×	×	×	×	0	1	0	1	1	1	8
×	×	×	×	×	×	0	1	1	1	0	0	0	7
×	×	×	×	×	0	1	1	1	1	0	0	1	6
×	×	×	×	0	1	1	1	1	1	0	1	0	5
×	×	×	0	1	1	1	1	1	1	0	1	1	4
×	×	0	1	1	1	1	1	1	1	1	0	0	3
×	0	1	1	1	1	1	1	1	1	1	0	1	2
0	1	1	1	1	1	1	1	1	1	1	1	0	1

10.4 译码器

译码器的作用与编码器相反。译码是将二进制代码变换成信息的过程，实现译码功能的组合逻辑电路称为译码器。本节主要介绍常用的二进制译码器和显示译码器。

10.4.1　二进制译码器

如果译码器输入的信号是两位二进制数，它就有四种组合，对应着四种信息，即00、01、10、11，也就是说，它有两个逻辑变量，共有四种输出状态。变换成信息时，就需要译码器有2根输入线、4根输出线。通过4根输出线的输出电平来表示是哪一个二进制代码。例如，当第一根输出线为0，其余为1时表示00；当第二根输出线为0，其余为1时表示01；其余类推。这是采用低电平译码，即输出为低电平的有效方式。如图10-14所示为2线—4线译码器逻辑电路图，表10-12为2线—4线译码器逻辑状态表。

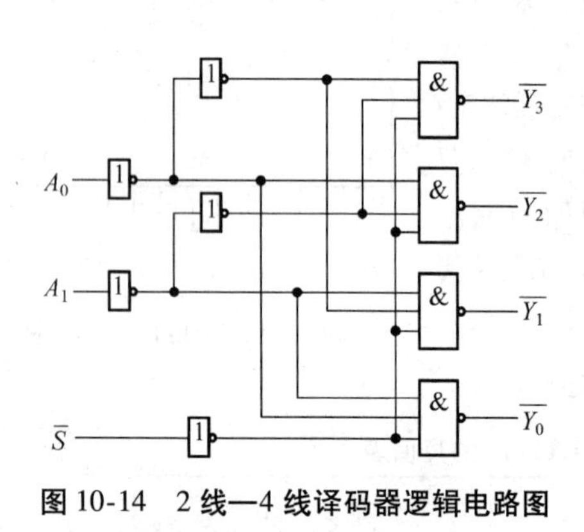

图10-14　2线—4线译码器逻辑电路图

表10-12　2线—4线译码器逻辑状态表

输入			输出			
$\overline{S}$	A_1	A_0	$\overline{Y_0}$	$\overline{Y_1}$	$\overline{Y_2}$	$\overline{Y_3}$
1	×	×	1	1	1	1
0	0	0	0	1	1	1
0	0	1	1	0	1	1
0	1	0	1	1	0	1
0	1	1	1	1	1	0

其中，$\overline{S}$端为使能端，其作用是控制译码器的工作和扩展。当$\overline{S}=1$时，四个与非门均被封锁，即不论A_1、A_0输入状态如何，译码器的所有输出均为高电平1；当$\overline{S}=0$时，四个与非门都处于开放状态，译码器可按A_1、A_0状态组合进行正常译码。

例如，当$\overline{S}=0$，输入代码为00（即$A_1=0$，$A_0=0$）时，$\overline{Y_0}=0$，其余输出端为高电平1；当输入代码为01时，$\overline{Y_1}=0$，其余输出端为高电平1。这样就实现了把输入代码译成特定信号的作用。由于$\overline{S}$及四个输出端$\overline{Y_0}$～$\overline{Y_3}$均为低电平有效，因此其符号用大写字母上加“－”表示。

一般来说，一个n位的二进制数，就有n个逻辑变量，有2^n个输出状态，译码器就需要n根输入线，2^n根输出线。因此，二进制译码器可分为2线—4线译码器、3线—8线译码器、4线—16线译码器等，它们的工作原理则是相同的。这些译码器现都有集成电路产品出售，使用时可查找有关手册。

10.4.2　显示译码器

在数字电路中，还常常要将需要测量和运算的结果直接用十进制数的形式显示出来，这就是要把二—十进制代码通过显示译码器变换成输出信号再去驱动数码显示器。

1. 数码显示器

数码显示器简称数码管，是用来显示数字、文字或符号的器件。常用的数码显示器有液晶显示器、发光二极管（LED）显示器、辉光数码管、荧光数码管等。不同的显示器对译码器有不同的要求。下面以应用较多的LED显示器为例简述数字显示的原理。

发光二极管（LED）显示器又称半导体数码管，是一种能够将电能转换成光能的发光器件。它的基本单元是PN结，目前较多采用磷砷化镓做成的PN结，当外加正向电压时，能发出清晰的光亮。将7个PN结发光段组装在一起便构成了七段LED显示器。通过不同发光段的组合便可显示0～9共10个十进制数码。LED显示器的结构及外引线排列如图10-15所示。图10-15（a）为外引线排列图（共阴极）。其内部电路有共阴极和共阳极两种接法，共阴极接法如图10-15（b）所示，7个发光二极管阴极一起接地，阳极加高电平时发光；共阳极接法如图10-15（c）所示，7个发光二极管阳极一起接正电源，阴极加低电平时发光。其中一个圆点（·）h为圆形发光二极管。

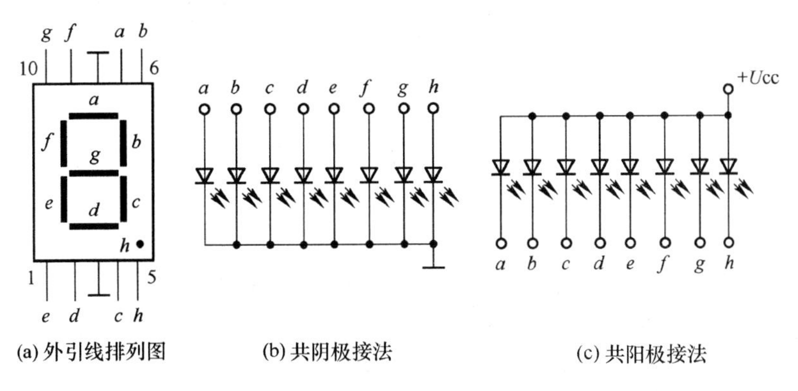

(a) 外引线排列图　(b) 共阴极接法　(c) 共阳极接法

图10-15　LED显示器

2. 显示译码器

供LED显示器用的显示译码器有多种型号。显示译码器有4个输入端，7个输出端，它将8421代码译成7个输出信号以驱动七段LED显示器。如图10-16所示是显示译码器和LED显示器的连接示意图。在本书第13章13.14节中，给出了74LS247七段显示译码器的功能真值表和显示译码器的应用电路。

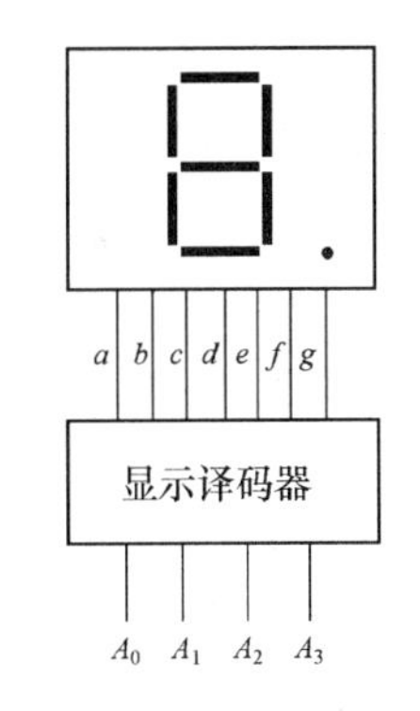

图10-16　显示译码器

习　题

一、填空题

1. 十进制数60.5转换为二进制数为（　　），转换为十六进制数为（　　）；二进制数110101转换为十进制为（　　），转换为十六进制数为（　　）。

2. 逻辑函数的常用表示方法有（　　）、（　　）、（　　）。

3. 编码器分为（　　）编码器和（　　）编码器，译码器分为（　　）译码器和（　　）译码器。

4. 若用二进制代码对48个字符进行编码，则至少需要（　　）位二进制数。

5. 七段显示译码器也叫（　　），它有共（　　）极和共（　　）极两种。

二、判断题

（　　）1. 3线—8线译码器是三—八进制译码器。

（　　）2. 组合逻辑电路的输出只取决于电路的现态。

（　　）3. 译码电路的输入量一定是十进制数。

（　　）4. 若两个函数具有相同的真值表，则两个逻辑函数相等。

（　　）5. 优先编码器不允许同时输入数个编码信号。

三、选择题

1. 当逻辑函数有 N 个变量时，共有（　　）个变量取值组合。

A. N　　B. N^2　　C. 2^N　　D. $2N$

2. 逻辑函数的表示方法中具有唯一性的是（　　）。

A. 真值表　　B. 表达式　　C. 逻辑图　　D. 卡诺图

3. 下列器件中，属于组合逻辑电路的有（　　）。

A. 计数器和全加器　　B. 寄存器和比较器

C. 全加器和比较器　　D. 计数器和寄存器

4. 若在编码器中有50个编码对象，则要求输出二进制代码位数为（　　）位。

A. 5　　B. 6　　C. 10　　D. 50

5. 在二进制译码器中，若输入4位代码，则有（　　）个输出信号。

A. 2　　B. 4　　C. 16　　D. 8

四、应用题

1. 化简下列各式。

(1) $F = (A + \overline{B})C + \overline{A}B$

(2) $F = A\overline{C} + \overline{A}B + BC$

(3) $F = \overline{A}\,\overline{B}C + \overline{A}BC + AB\overline{C} + \overline{A}\,\overline{B}\,\overline{C} + ABC$

(4) $F = \overline{A + \overline{BC}} + AB + B\overline{C}D$

(5) $F = (A + B)C + \overline{A}C + \overline{AB + \overline{B}C}$

(6) $F = \overline{A}B + B\overline{C} + \overline{B}\,\overline{C}$

2. 画出实现逻辑函数 $F = AB + A\overline{B}C + \overline{A}C$ 的逻辑电路。

3. 设计一个三变量一致的逻辑电路。

4. 用与非门设计一个组合逻辑电路，完成如下功能：只有当3个裁判（包括裁判长）或裁判长和一个裁判认为杠铃已举起并符合标准时，按下按键，使灯亮（或铃响），表示此次举重成功；否则，表示举重失败。

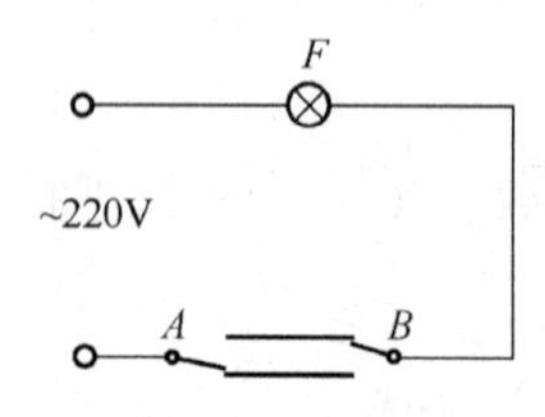

图10-17　应用题5题图

5. 如图10-17所示是一个照明灯两处开关控制电路（例如楼梯或楼道照明）。单刀双掷开关 A 装在甲处，B 装在乙处。在甲处开灯后可在乙处关灯，在乙处开灯后可在甲处关灯。由图可以看出，只有当两个开关都处于向上或都处于向下位置时，灯才亮，否则灯就不亮。试设计一个实现这种关系的逻辑电路。

第 11 章　触发器及时序逻辑电路

教学目标

▶掌握常用触发器的工作原理、逻辑功能和应用；
▶掌握寄存器的工作原理、逻辑功能和应用；
▶掌握计数器的特点及其分析方法；
▶掌握时序逻辑电路的分析方法和设计方法。

数字电路可以分为两大类：一类是组合逻辑电路，另一类是时序逻辑电路。时序逻辑电路的特点是：任意时刻的输出状态不仅取决于当时的输入信号，还与电路原来的状态有关，即时序逻辑电路具有记忆功能。

11.1　触　发　器

触发器是构成时序逻辑电路的基本单元，根据功能可分为 RS、JK、D 等触发器。所有触发器都具备两个基本特点：具有两个能自行保持的稳定状态，根据不同的输入信号可以置成 1 或 0 状态。

11.1.1　基本 RS 触发器

基本 RS 触发器又称为 RS 锁存器。在各种触发器中，它的结构最简单，但却是各种复杂结构触发器的基本组成部分。

1. 电路组成和符号

基本 RS 触发器的逻辑图和符号如图 11-1 所示。电路由两个与非门的输入、输出端交叉连接而成。$\overline{R}$和$\overline{S}$是信号输入端，Q 和$\overline{Q}$是信号输出端。一般规定以 Q 的状态作为触发器的状态，即当 $Q=1$，$\overline{Q}=0$ 时，称为触发器的 1 状态；当 $Q=0$，$\overline{Q}=1$ 时，称为触发器的 0 状态。

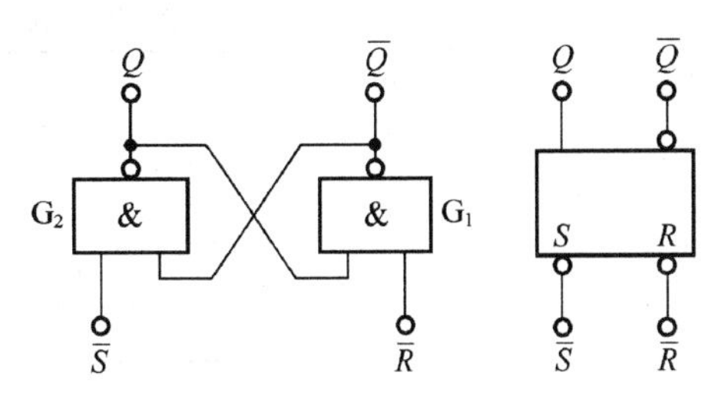

图 11-1　基本 RS 触发器的逻辑图和符号

2. 工作原理

当$\overline{R}=0$，$\overline{S}=1$ 时，有 $Q=0$，$\overline{Q}=1$。由于与非门 A 的输出端 Q 反馈连接到与非门 B 的

输入端，因此即使$\overline{R}=0$信号消失（即$\overline{R}$回到1），电路仍能保持0状态不变。$\overline{R}$端加入有效的低电平使触发器置0，故称$\overline{R}$端为置0端。

当$\overline{R}=1$，$\overline{S}=0$时，有$Q=1$，$\overline{Q}=0$。因为$\overline{Q}=0$，所以在$\overline{S}=0$信号消失后，电路仍能保持1状态。$\overline{S}$端加入有效的低电平输入使触发器置1，故称$\overline{S}$端为置1端。

当$\overline{R}=\overline{S}=1$时，电路维持原来的状态不变。例如，$Q=0$，$\overline{Q}=1$，与非门$G_1$由于$Q=0$而保持1，与非门$G_2$则由于$\overline{Q}=1$，$\overline{S}=1$而继续为0。

当$\overline{R}=\overline{S}=0$时，$Q=\overline{Q}=1$。对于触发器来说，破坏了两个输出端信号互补的规则，是一种不正常状态。若该状态结束后，跟随的是$\overline{R}$有效（$\overline{R}=0$，$\overline{S}=1$）或$\overline{S}$有效（$\overline{R}=1$，$\overline{S}=0$）情况，那么触发器进入正常的0或1状态。但是若$\overline{R}=\overline{S}=0$信号消失后，$\overline{R}$和$\overline{S}$都没有有效信号输入，则触发器是0状态还是1状态将无法确定，故称为不定状态。因此正常工作时，是不允许$\overline{R}$和$\overline{S}$同时为0的，并以此作为输入端加信号的约束条件。

3. 逻辑功能的描述

描述触发器的逻辑功能，通常用以下几种方法。

（1）用真值表表示

规定触发器在接收信号之前所处的状态，称为现态，用Q^n表示；触发器在接收信号之后建立的新的稳定状态，称为次态，用Q^{n+1}表示。表述Q^{n+1}和Q^n、$\overline{R}$、$\overline{S}$之间的关系的真值表参见表11-1。根据工作原理的分析也可以列出如表11-2所示的简化表。

表11-1　基本RS触发器的真值表

$\overline{R}$	$\overline{S}$	Q^n	Q^{n+1}
0	0	0	×
0	0	1	×
0	1	0	0
0	1	1	0
1	0	0	1
1	0	1	1
1	1	0	0
1	1	1	1

表11-2　简化基本RS触发器真值表

$\overline{R}$	$\overline{S}$	Q^{n+1}	说明
0	0	×	不定
0	1	0	置0
1	0	1	置1
1	1	Q^n	保持

（2）用特性方程表示

由基本RS触发器的真值表可写出特性方程（即输出函数表达式）为

$$\begin{cases} Q^{n+1}=S+\overline{R}Q^n \\ RS=0 \end{cases}$$

式中，$RS=0$为约束条件，表示$\overline{R}$和$\overline{S}$不能同时为0，即R和S不能同时为1。

（3）用时序图来描述

反映输入信号和输出状态之间关系的工作波形图，称为时序图。如图 11-2 所示就是基本 RS 触发器的时序图。在 $t_1 \sim t_2$ 时刻出现了 $\overline{R}=\overline{S}=0$ 的状态，使得输出出现不正常的 $Q=\overline{Q}=1$。在 $t_2 \sim t_3$ 时输入为 $\overline{R}=0$，$\overline{S}=1$，触发器的次态为 0 态。但在 $t_4 \sim t_5$ 时刻出现了 $\overline{R}=\overline{S}=0$ 的输入后，跟随出现的是 $t_5 \sim t_6$ 时刻的 $\overline{R}=\overline{S}=1$，则 Q 和 $\overline{Q}$ 为不定状态。我们用虚线画出，以表示触发器处于失效状态，直至 $\overline{R}$ 或 $\overline{S}$ 的输入使输出有确定状态为止。

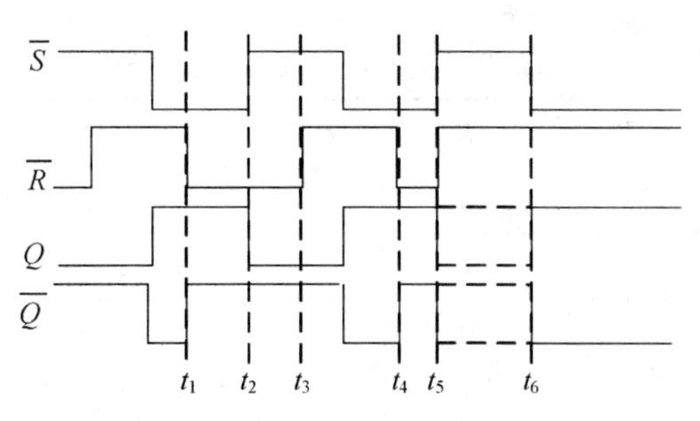

图 11-2　基本 RS 触发器的时序图

11.1.2　同步 RS 触发器

在实际使用中，触发器的状态不仅由输入控制，还要求触发器能按一定的节拍动作。为此引入时钟脉冲或时钟信号，用（Clock Pulse）CP 表示。只有时钟信号出现后，触发器的状态才能改变，这样的触发器称为同步触发器（钟控触发器）。

1. 同步 RS 触发器的电路组成和符号

同步 RS 触发器主要由基本 RS 触发器和两个引入输入及时钟脉冲的与非门构成，如图 11-3 所示。

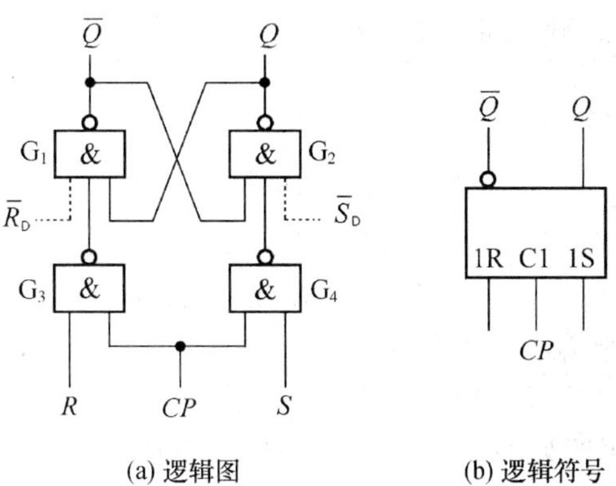

(a) 逻辑图　　(b) 逻辑符号

图 11-3　同步 RS 触发器的电路和符号

2. 工作原理

当 $CP=0$ 时，与非门 G_3，G_4 被封锁，输出均为 1（$\overline{R}=\overline{S}=1$，触发器保持原态）。

当 $CP=1$ 时，打开 G_3，G_4 门，输入信号 R、S 经反相后加到基本 RS 触发器上，使 Q 和 $\overline{Q}$ 的状态跟随 R、S 的状态改变而改变。

3. 同步 RS 触发器逻辑功能的描述

当 $CP=1$ 时，同步 RS 触发器的真值表参见表 11-3。

当 $CP=1$ 时，特性方程与基本 RS 触发器的相同，为

$$\begin{cases} Q^{n+1}=S+\overline{R}Q^n \\ RS=0 \end{cases}$$

如已知 CP、R、S 的波形，可画出同步 RS 触发器的工作波形，如图 11-4 所示。

表 11-3　同步 RS 触发器的真值表

R	S	Q^{n+1}	说明
0	0		保持
0	1	1	置 1
1	0	0	置 0
1	1	×	不定

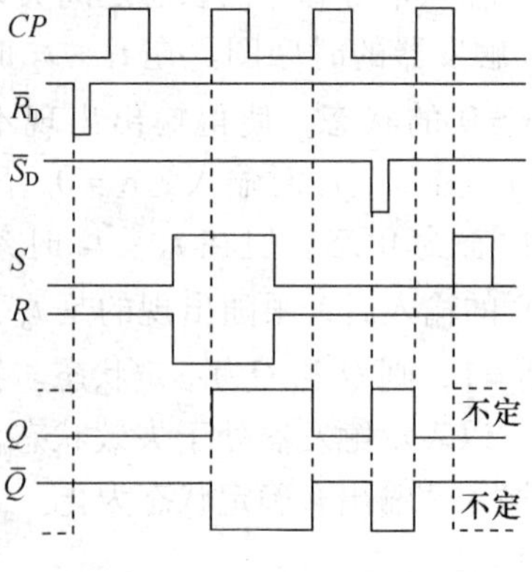

图 11-4　同步 RS 触发器的波形图

4. 初始状态的预置

在实际应用中，有时必须在时钟脉冲 CP 到来之时，预先将触发器置成某一初始状态。为此，在同步 RS 触发器电路中设置了专门的直接置位端 $\overline{S}_D$ 和直接复位端 $\overline{R}_D$（均低电平有效），通过在 $\overline{S}_D$ 或 $\overline{R}_D$ 端加低电平直接作用于基本 RS 触发器，使其完成置 1 和置 0 功能，而不受 CP 脉冲限制，也称 S_D 或 R_D 为异步置位端和异步复位端。初始状态预置完毕后，$\overline{S}_D$ 和 $\overline{R}_D$ 只有处于高电平，触发器才能进入正常工作状态。上述原理见图 11-4 中的描述。

5. 同步 RS 触发器存在的问题

（1）同步 RS 触发器仍存在一个不定的工作状态。

（2）在 $CP=1$ 期间，若输入端状态发生多次变化，可能会引起输出端发生空翻现象。在一个时钟脉冲作用下，触发器的状态发生两次或多次翻转的现象，称为空翻。要避免空翻，就得严格限制 CP 的脉宽，一般限制在三个门的传输延迟时间内。这种要求是苛刻的，因此单独的同步 RS 触发器产品的应用不多。

【例 11.1】 试分析说明如图 11-5 所示的电路具有计数功能。

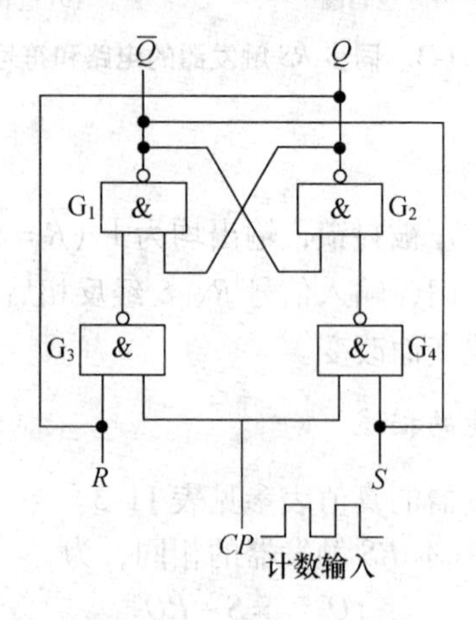

图 11-5　例 11.1 的图

【解】 图11-5中同步 *RS* 触发器的两个输入端分别接到触发器的两个输出端，即 $S=\overline{Q}$，$R=Q$，因此两个输入端总处于相反的状态。当计数脉冲到来时，如果原来 $Q=0$，$\overline{Q}=1$，则 $R=Q=0$，$S=\overline{Q}=1$，由真值表可知触发器输出翻转为1态（$Q=1$，$\overline{Q}=0$）。当下一个计数脉冲到来时，因为 $R=Q=1$，$S=\overline{Q}=0$，所以触发器又翻转为0态（$Q=0$，$\overline{Q}=1$）。由此可见，来一个脉冲，触发器输出翻转一次，翻转的次数等于计数脉冲的数目，因此该电路具有计数功能。

同步 *RS* 触发器是在 $CP=1$ 期间触发翻转，因而易出现空翻现象。为了解决这个问题，采用了维持－阻塞形式电路和主－从结构形式的电路，利用延时差异，用 *CP* 脉冲的边沿（上升沿或下降沿）来触发触发器，而在触发边沿前后的一段时间内，输入的变化对输出状态无影响。这样，将 *CP* 控制信号的控制时间缩短为一瞬时，就不会出现由于脉宽过长而引起的空翻现象，因此具有工作可靠、抗干扰能力强的优点。

11.1.3　边沿触发器

边沿触发器只在时钟脉冲 *CP* 上升沿或下降沿时刻接收输入信号，以使电路状态发生翻转，从而提高了触发器工作的可靠性和抗干扰能力，使之没有空翻现象。边沿触发器主要有维持阻塞 *D* 触发器、边沿 *JK* 触发器等，其图形符号及逻辑功能分述如下。

1. 边沿 *JK* 触发器

JK 触发器是一种功能完善且应用极广泛的触发器。*JK* 触发器的系列品种较多，可分为主从型和边沿型两大类。随着工艺的发展，因边沿型具有抗干扰能力强、速度快、对输入信号的时间配合要求不严等优点，所以目前生产的大多数是边沿 *JK* 触发器。

（1）逻辑符号

以CT4114为例，其逻辑符号如图11-6所示。其中 *CP* 为时钟信号输入端。*CP* 端的">"符号表示触发器是边沿触发的，靠近方框处的小圆圈表明该触发器是下降沿触发的。*J*，*K* 为输入信号，Q，$\overline{Q}$为输出。$\overline{S}_D$ 和 $\overline{R}_D$ 是异步置1和异步置0输入端。

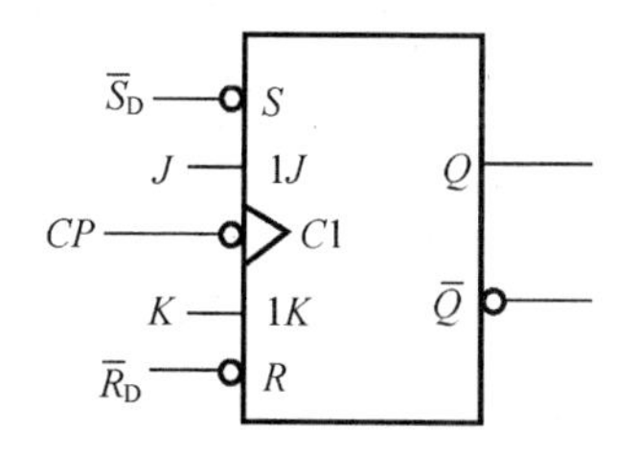

图11-6　*JK* 触发器

（2）真值表

JK 触发器的逻辑功能表参见表11-4。前两行表示了触发器的异步置1和异步置0功能。当 $\overline{S_D}=\overline{R_D}=1$ 并且 *CP* 下降沿到来时，触发器才能正常工作。表11-5为正常工作时 *JK* 触发器的简化真值表。显然，*JK* 触发器在 *CP* 控制下，根据输入信号的不同情况，具有置1、置0、保持和翻转四种功能，使用起来极为灵活。

（3）特性方程

JK 触发器的特性方程为：$Q^{n+1}=J\overline{Q}^n+\overline{K}Q^n$。

（4）时序图

根据 *JK* 触发器真值表或特性方程，画出波形图，如图11-7所示。设触发器初始状态为0。

在画边沿触发器的波形图时，应注意两点：

① 触发器的触发翻转发生在时钟脉冲的触发沿（这里是下降沿）；

② 判断触发器次态的依据是时钟脉冲触发沿前一瞬间（这里是下降沿前一瞬间）输入端的状态，而在 *CP* 周期的其他时刻，触发器的状态因无触发信号而保持不变。

表 11-4 *JK* 触发器的真值表

$\overline{S}_D$	$\overline{R}_D$	*CP*	*J*	*K*	Q^n	Q^{n+1}
0	1	×	×	×	×	1
1	0	×	×	×	×	0
1	1	↓	0	0	0	0
			0	0	1	1
			0	1	0	0
			0	1	1	0
			1	0	0	1
			1	0	1	1
			1	1	0	1
			1	1	1	0

表 11-5 *JK* 触发器的简化真值表

J	*K*	Q^{n+1}	说　明
0	0	Q^n	保持
0	1	0	置 0
1	0	1	置 1
1	1	$\overline{Q}$	翻转

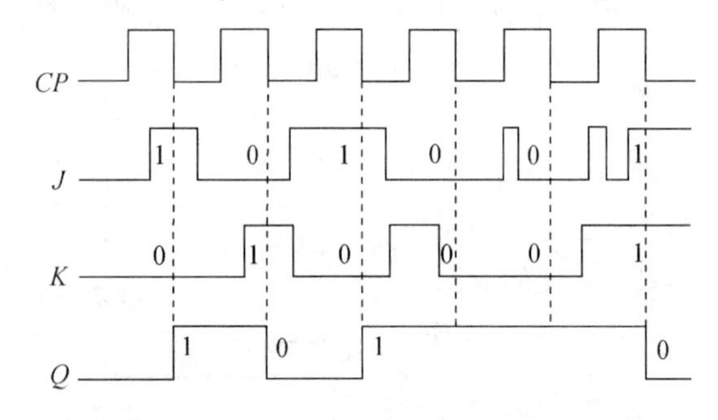

图 11-7 *JK* 触发器的波形图

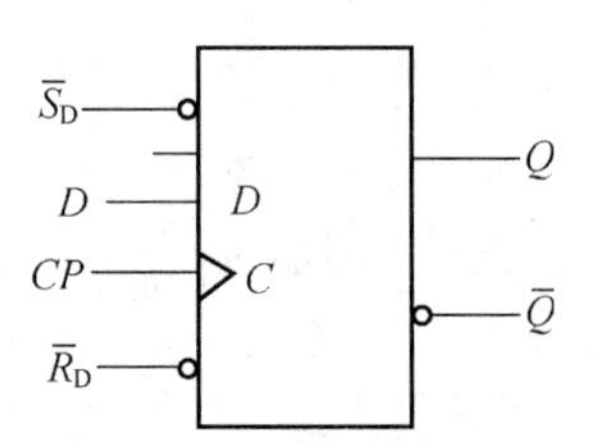

图 11-8 *D* 触发器的逻辑符号

2. *D* 触发器

（1）逻辑符号

D 触发器的逻辑符号如图 11-8 所示。其中 $\overline{S}_D$ 和 $\overline{R}_D$ 是低电平有效的异步置 1、置 0，输入端 *CP* 为时钟信号输入端。*D* 为输入信号，*CP* 是上升沿触发的时钟信号输入端。

（2）真值表（参见表 11-6）

表 11-6 *D* 触发器的真值表

D	Q^{n+1}	说　明
0	0	置 0
1	1	置 1

由表 11-6 可知，在 CP 控制下 D 触发器可根据输入信号的不同，对触发器进行置 1 或置 0。

（3）特性方程

D 触发器的输出状态仅取决于时钟脉冲到达瞬间（即 CP 端由 0 变为 1）时输入端 D 的状态。

D 触发器特性方程为：$Q^{n+1}=D$。

由于 D 触发器的输出状态永远与 CP 作用前输入端 D 的状态相同，因此，当输入端 D 的信号也受同一时钟信号操作而不停地变化时，输出状态的变化总是比输入状态的变化延迟一个时钟脉冲的间隔时间。因此，也把 D 触发器叫做延迟触发器。

（4）时序图

在 CP 触发后，输出端的状态与输入端相同。由此画出的波形图如图 11-9 所示。设触发器的初始状态为 0。

【例 11.2】 试分析图 11-10 中触发器的功能。

【解】 图 11-10 中，触发器的输入端与输出端 $\overline{Q}$ 相连接，有 $D=\overline{Q}$。由 D 触发器特性方程 $Q^{n+1}=D$，可以得到该触发器的次态为 $Q^{n+1}=D=\overline{Q^n}$。若触发器现态 Q 为 0，$\overline{Q}$ 为 1，则当 CP 到达后，触发器的状态变为 $Q^{n+1}=D=\overline{Q}=1$，即触发器状态翻转为 $Q=1$，$\overline{Q}=0$。当下一个 CP 到达后，触发器的状态变为 $Q^{n+1}=D=\overline{Q}=0$，即触发器状态翻转为 $Q=1$，$\overline{Q}=0$，如此重复。可见，每来一个脉冲翻转一次，该触发器具有计数功能。

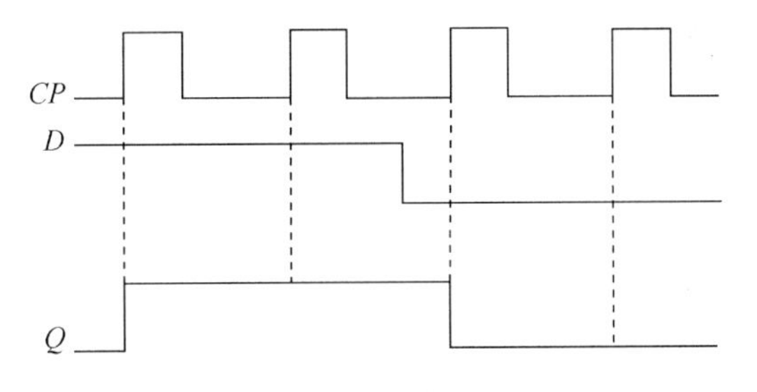

图 11-9　D 触发器的波形图

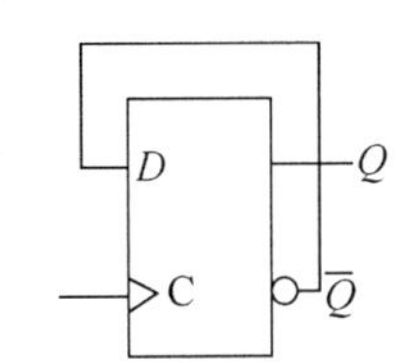

图 11-10　例 11.2 的图

11.1.4　触发器的应用举例

【例 11.3】 走廊节电灯电路如图 11-11 所示，该走廊节电灯可以在灯点亮后经一定时间的延迟自动切断路灯电源，起到节电的作用。

D 触发器常态时为 0 状态，三极管 T 截止，继电器失电触点释放，灯灭。按下 SB 后，D 触发器的时钟信号有效，将输入端高电平传至输出端，使 T 饱和导通，继电器得电触点吸合，灯亮。同时，Q 端的高电位经 R_2 向 C 充电，当 C 两端电压升高为高电平时，经复位端 R 使触发器复位 $Q=0$ 极管截止，灯灭，电路回到初始状态，等待新的起动。灯亮的延迟时间主要由 R_2 和 C 决定。

【例 11.4】 4 人抢答电路智力竞赛中的 4 人抢答电路如图 11-12 所示。其核心元件为集成四 D 触发器 74LS175。其内部有 4 个独立的 D 触发器。

比赛前各触发器清 0（$Q_1=Q_2=Q_3=Q_4=0$），各指示灯均不亮。G_2 门的输出为 1 使 G_3 门打开，时钟脉冲可以送至触发器的 CP 端。比赛开始后，哪一个按钮最先按下，其对应的触发器输出电平变高，对应的指示灯亮，同时对应的 $\overline{Q}$ 端变成低电平，将 G_3 门封锁。而后其他按钮按下，会因无时钟脉冲而无法触发，不起作用。

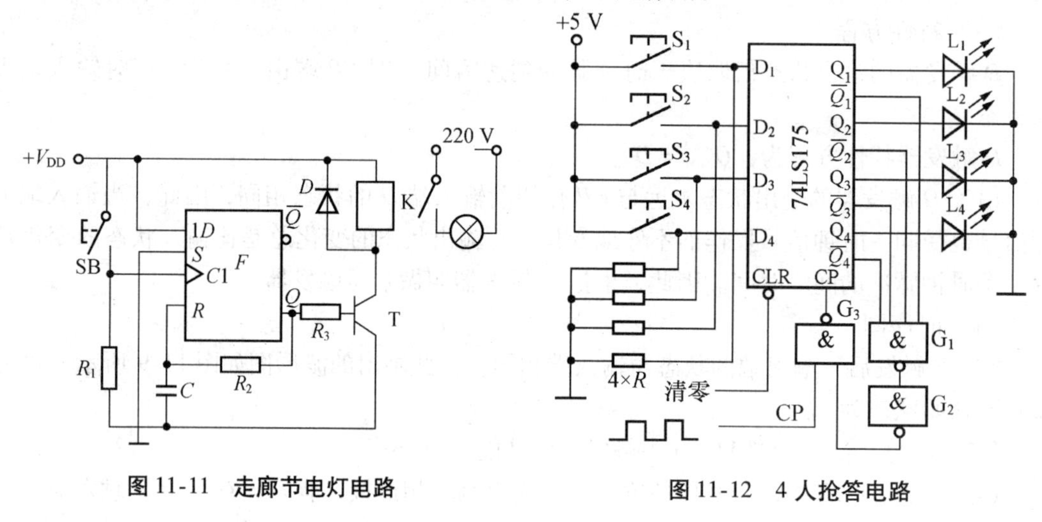

图 11-11　走廊节电灯电路　　　　图 11-12　4 人抢答电路

11.2 寄存器

寄存器用于暂时存放二进制代码。寄存器的主要组成部分是具有记忆功能的双稳态触发器。一个触发器可以存储一位二进制代码，所以要存放 n 位二进制代码，就需要 n 个触发器。寄存器根据功能的不同可分为数码寄存器和移位寄存器两种。

11.2.1 数码寄存器

数码寄存器只有寄存数码和清除数码的功能。如图 11-13 所示是由 D 触发器组成的 4 位数码寄存器。该数码寄存器的工作方式为并行输入、并行输出。

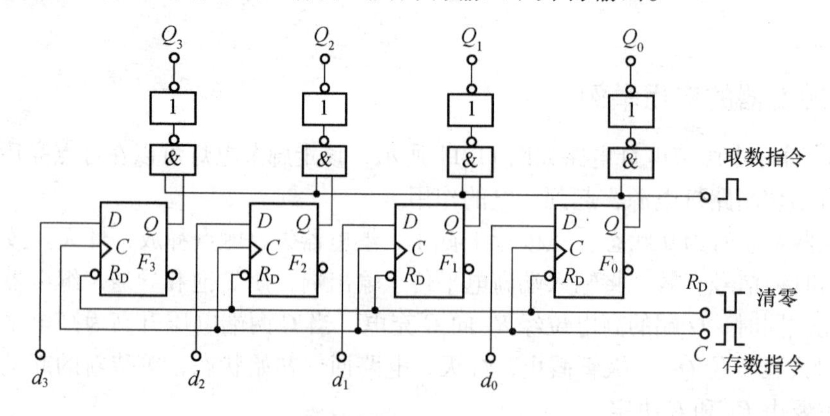

图 11-13　数码寄存器

11.2.2 移位寄存器

移位寄存器不仅能存放数码而且有移位功能。根据数码在寄存器内移动的方向又可分为左移移位寄存器和右移移位寄存器两种。在移位寄存器中，数码的存入或取出也有并行和串行两种方式。

如图11-14所示是由*JK*触发器组成的4位左移移位寄存器。F_0接成*D*触发器，数码由*D*端串行输入；也可由d_0～d_3作并行输入，从4个触发器的*Q*端得到并行的数码输出；也可从Q_3端逐位串行输出。

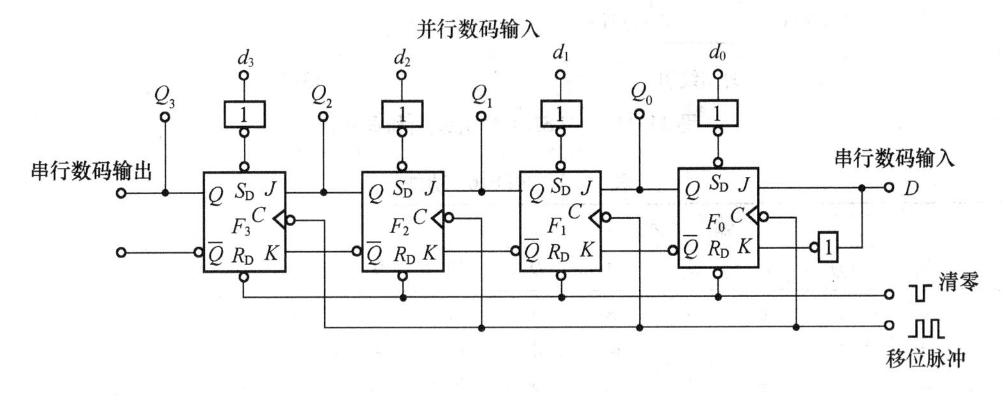

图11-14 移位寄存器

11.3 计 数 器

具有计数功能的逻辑器件称为计数器。计数器是数字系统中应用场合最多的时序电路，它不仅能用于对时钟脉冲个数进行计数，还可以用于定时、分频及数字运算等。

一般把计数器分为同步计数器和异步计数器，也可按照计数过程中计数器中数字的增减分为加法计数器和减法计数器，以及两种功能都具备的可逆计数器；还可以按计数器循环长度来分类，如十进制计数器、十六进制计数器等；或者按计数器数字的编码方式来分类，如二进制计数器、二—十进制计数器等。

11.3.1 二进制加法计数器

所谓同步计数器是指计数器中各个触发器共用一个时钟信号，各个触发器同时进行翻转。74LS161是由4个触发器组成的4位二进制计数器，它可以累计$2^4=16$个有效状态。也就是说，它的计数容量为16，因此亦可以称为十六进制计数器。

图11-15给出了74LS161的外引线图和逻辑符号。其中，D_0～D_3为并行数据输入；Q_0～Q_3为数据输出端；S_1，S_2为计数控制端；它们中至少有一个低电平时，计数器保持常态，只有两者都是高电平时，计数器才处于计数状态，其中详细内容参见表11-7；*CP*为时钟输入端，上升沿有效；*C*为进位输出端，在输入15个脉冲后进位输出端*C*变为高电平，待输入16个时钟脉冲后，*C*返回低电平；$\overline{RD}$为异步清除输入端，低电平有效，不受*CP*控制，其优先级最高；$\overline{LD}$为同步并行置数控制端，低电平有效，在*CP*脉冲上升沿来临时，数据输入端D_0～D_3上数据被送至输出端Q_0～Q_3，进行预置功能。

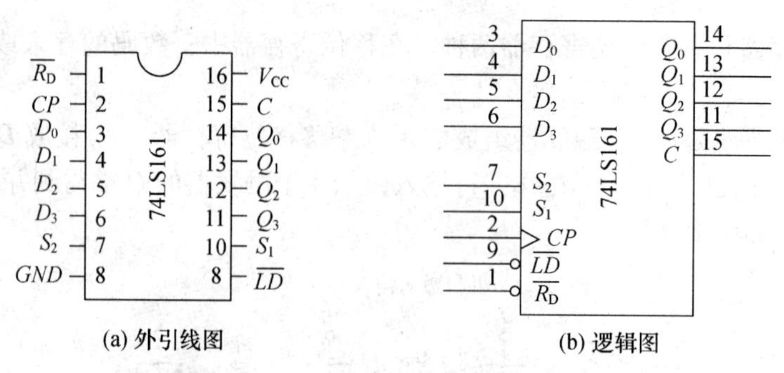

图 11-15 74LS161 外引线图和逻辑图

表 11-7 74LS161 功能表

输入									输出			
CP	$\overline{R_D}$	$\overline{LD}$	S_1	S_2	D_3	D_2	D_1	D_0	Q_3	Q_2	Q_1	Q_0
×	0	×	×	×	×	×	×	×	0	0	0	0
↑	1	0	×	×	d_3	d_2	d_1	d_0	d_3	d_2	d_1	d_0
×	1	1	0	1	×	×	×	×	保持（包括 C 的状态）			
×	1	1	×	0	×	×	×	×	保持（但 C=0）			
↑	1	1	1	1	×	×	×	×	计数			

74LS161 的波形图如图 11-16 所示。由图 11-16 可以看出：当 $\overline{R_D}$ 为低电平时，电路输出被异步置零。第 12 个脉冲上升沿到来时，$\overline{LD}$ 为低电平，此时将数据输入端 $D_0 \sim D_3$ 上数据被送至输出端 $Q_0 \sim Q_3$，分别为 1100，第 13 个脉冲来到时为 1101，以此类推，其进入计数功能。其状态转换如图 11-17 所示。

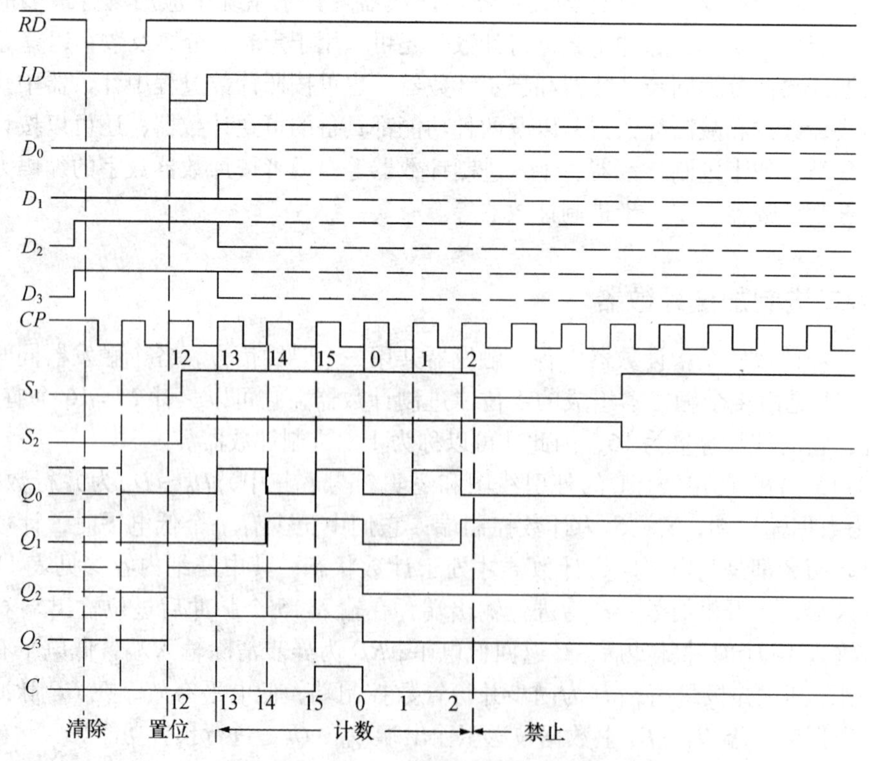

图 11-16 74LS161 的波形图（时序图）

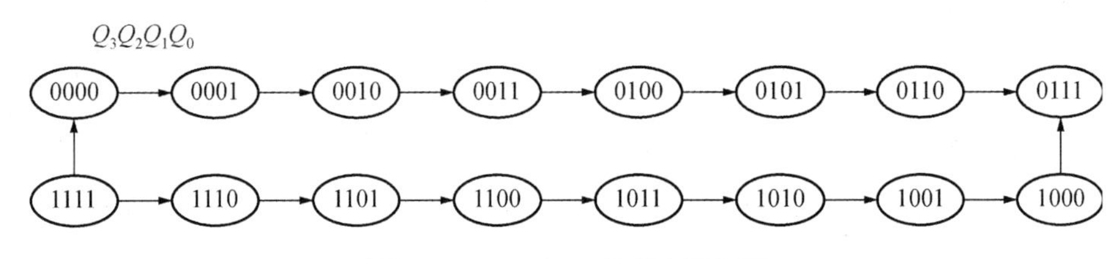

图 11-17 74LS161 的状态转换图

11.3.2 同步十进制加法计数器

同步十进制加法计数器是在四位同步二进制加法计数器的基础上修改而来的。如果令四位二进制计数器从 0000 开始计数，那么当输入 9 个脉冲后，电路进入 1001 状态。当第 10 个脉冲到来时，若设法使电路从 1001 状态返回到 0000 状态，跳过 1010～1111 这 6 个状态，就能得到十进制计数器了。

74LS160 为十进制同步计数器，它与 74LS161 的外引线图完全相同，功能表也一样。但只有 0000～1001 十个状态，而不是从 0000～1111 十六个状态。因此在预置数的时候，预置的状态必须为 0000～1001。如果预置状态为 1010～1111，在 *CP* 脉冲作用下，电路会自动进入有效循环状态，并且不再返回初始预置状态。图 11-18 给出了 74LS160 的状态转换图。

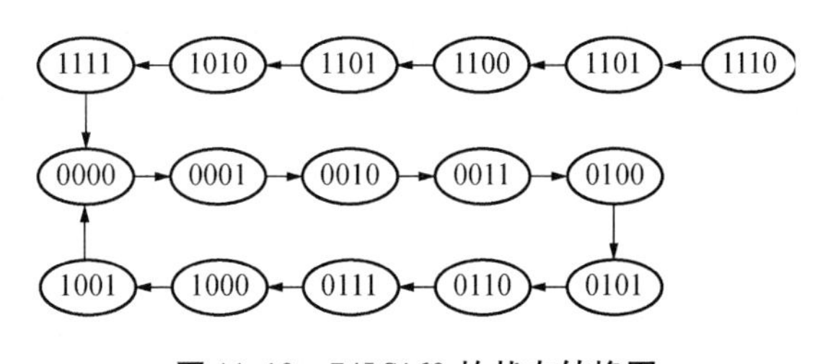

图 11-18 74LS160 的状态转换图

【例 11.5】 试用两片同步十进制加法计数器 74LS160 构成一个同步百进制计数器。

【解】 74LS160 十进制计数器两片串接后，正好构成 10×10=100 进制计数器，为使 74LS160 完成计数功能，应使 $\overline{R}_D$、$\overline{L}_D$ 及 S_1、S_2 均接高电平。在低位片计数到 9 以后下一个 *CP* 脉冲来临时，低位片应为 0，高位片为 1，为此将低位片的进位输出信号接至高位片的 S_1 输入端作为高位片的片选信号。同时在计数到 99 以后，下一个脉冲来临时低位片和高位片均为 0，高位片的进位信号 *C* 输出 1。高位片 *C* 端输出脉冲频率为计数频率的 1%。可见，百进制计数器又是一个百分之一的分频器，如图 11-19 所示。

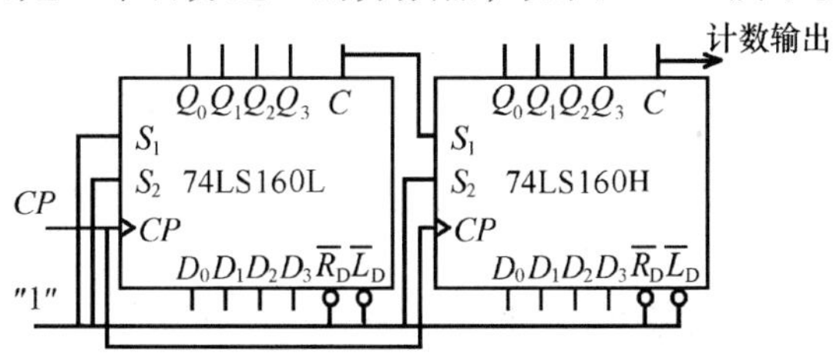

图 11-19 用两片 74LS160 构成的同步百进制计数器

习　题

一、填空题

1. 基本 *RS* 触发器的功能有（　　）、（　　）和（　　），电路中不允许出现两个输入端同时为（　　）。

2. *JK* 触发器的功能有（　　）、（　　）、（　　）和（　　）。

3. 时序逻辑电路的输出不仅取决于（　　）的状态，还与电路的（　　）的现态有关。

4. 组合逻辑电路的基本单元是（　　），时序逻辑电路的基本单元是（　　）。

5. 构成一个六进制计数器最少需要采用（　　）位触发器，这时电路有（　　）个有效状态，（　　）个无效状态。

二、判断题

（　　）1. 同步时序逻辑电路中各触发器的时钟脉冲 *CP* 不一定相同。

（　　）2. 使用 3 个触发器构成的计数器最多有 8 个有效状态。

（　　）3. 用移位寄存器可以构成 8421BCD 码计数器。

（　　）4. 因为各触发器的功能不同，因此它们之间不能进行转换。

（　　）5. 时序逻辑电路由触发器和组合逻辑电路组成，二者缺一不可。

三、选择题

1. 时序逻辑电路的特点是（　　）。

A. 有存储电路　　B. 输出、输入间无反馈通路

C. 电路输出与以前状态无关　　D. 全部由门电路构成

2. 把一个五进制计数器与一个六进制计数器串联可得到（　　）进制计数器。

A. 6　　B. 5

C. 11　　D. 30

3. N 个触发器可以构成最大计数长度（进制数）为（　　）的计数器。

A. N　　B. N^2

C. 2^N　　D. $2N$

4. 同步时序电路和异步时序电路比较，其差异在于后者（　　）。

A. 没有触发器　　B. 没有统一的时钟脉冲控制

C. 没有稳定状态　　D. 输出只与内部状态有关

5. 存在空翻问题的触发器是（　　）。

A. *D* 触发器　　B. *JK* 触发器

C. 钟控 *RS* 触发器　　D. 基本 *RS* 触发器

四、应用题

1. 试用 74LS161 集成芯片构成十二进制计数器。要求采用反馈预置法实现。

2. 电路及时钟脉冲、输入端 *D* 的波形如图 11-20 所示，设起始状态为“000”。试画出各触发器的输出时序图，并说明电路的功能。

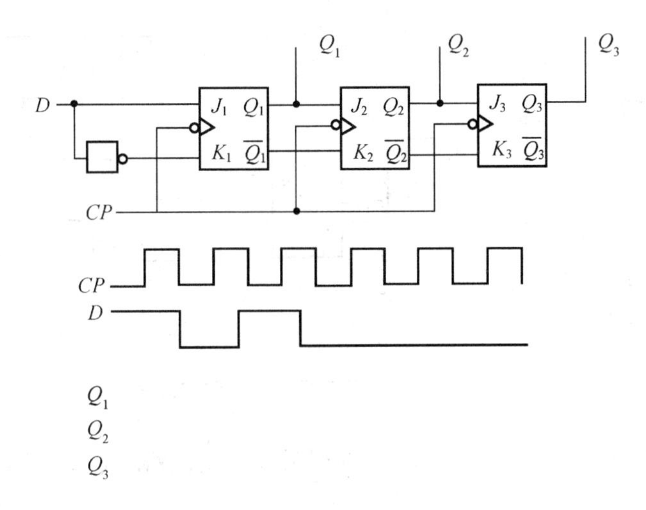

图 11-20　应用题 2 题逻辑图和波形图

3. 基本 RS 触发器 Q 的初始状态为“0”，根据图 11-21 给出的 R_D 和 S_D 的波形，试画出 Q 的波形，并列出状态表。

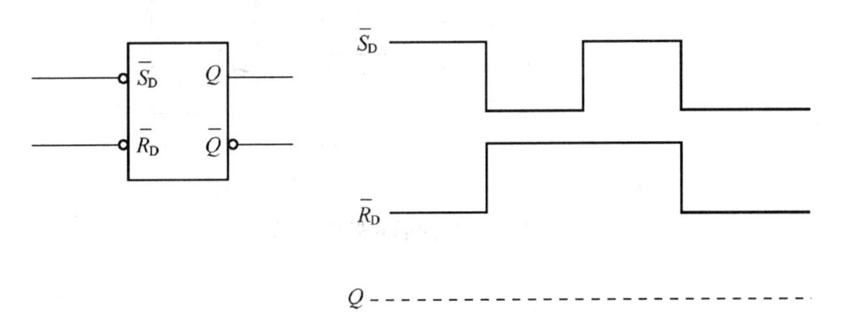

图 11-21　应用题 3 题逻辑图和波形图

4. 逻辑电路图及 A，B，C 的波形如图 11-22 所示，试画出 Q 的波形（设 Q 的初始状态为“0”）。

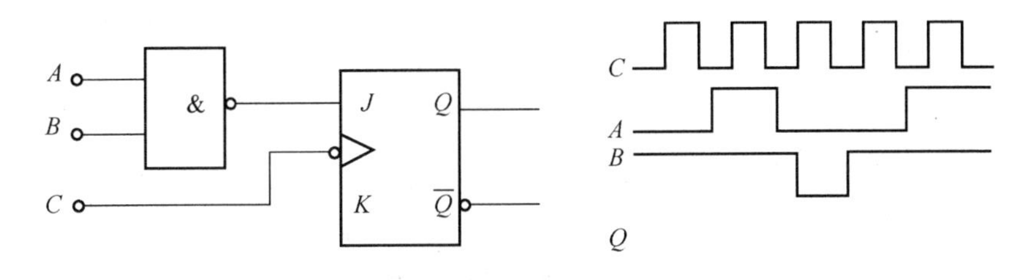

图 11-22　应用题 4 题逻辑图和波形图

5. 已知逻辑电路及 A，B，D 和 C 脉冲的波形如图 11-23 所示，写出 J，K 的逻辑式，并列出 Q 的状态表。

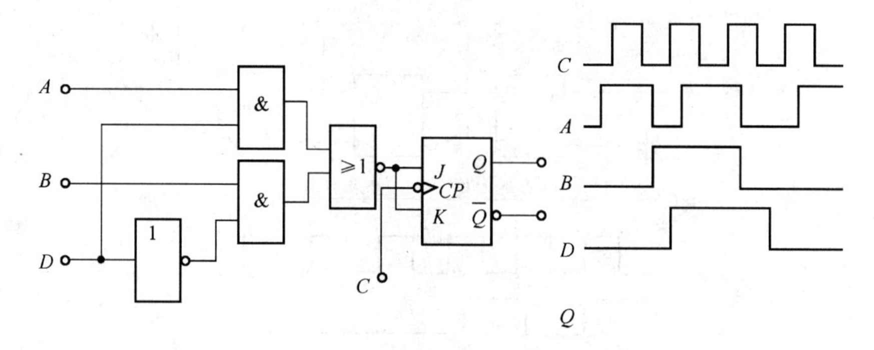

图 11-23　应用题 5 题逻辑图和波形图

6. 逻辑电路如图 11-24 所示，写出 D 的逻辑表达式，列出 Q 随输入 A 变化的状态表，说明该图相当于何种触发器。

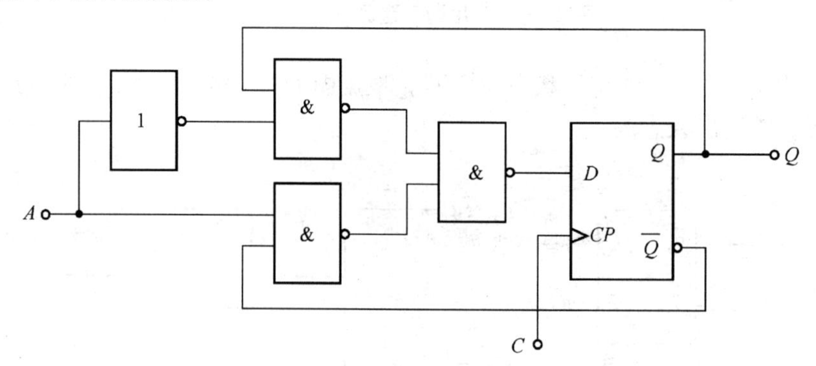

图 11-24　应用题 6 题逻辑图

第 12 章　D/A 和 A/D 转换

教学目标

▶掌握 D/A 转换器的结构及工作原理；

▶掌握 A/D 转换器的结构及工作原理；

▶了解集成 D/A、A/D 转换器的结构及应用。

由于计算机或数字仪表能识别和处理的是数字信号，而实际对象往往都是一些模拟量如温度等，因而必须首先将这些模拟信号转换成数字信号，才能由计算机处理；而经计算机分析、处理后输出的数字量往往也需要将其转换成为相应的模拟信号才能为执行机构所接收。于是，就需要一种能在模拟信号与数字信号之间起桥梁作用的电路——数模转换器（DAC①）和模数转换器（ADC②）。如图 12-1 所示为 ADC 和 DAC 的应用框图（A 代表模拟量，D 代表数字量，C 代表转换器）。

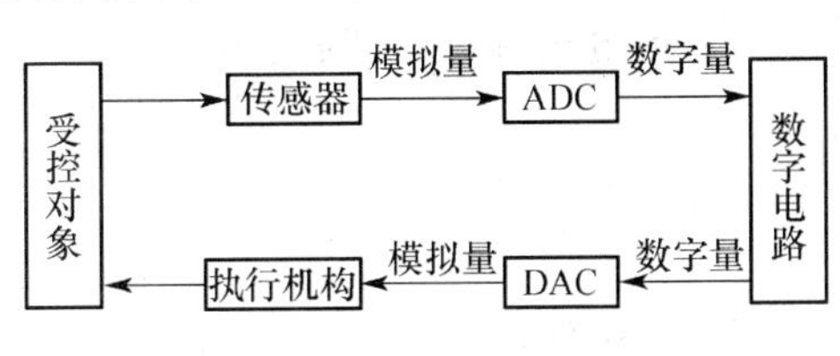

图 12-1　ADC 和 DAC 应用框图

12.1　D/A 转换器

D/A 转换器（DAC）是将数字量输入转换成模拟量输出的电子线路，它是数字处理系统与模拟系统的接口电路。

12.1.1　权电阻网络 DAC

1. 电路组成

如图 12-2 所示是一个四位权电阻网络 DAC。它主要由 4 个不同系数的电阻构成的权电阻网络、求和运算放大器、电子模拟开关 S 和基准电压 U_R 共四个部分组成。

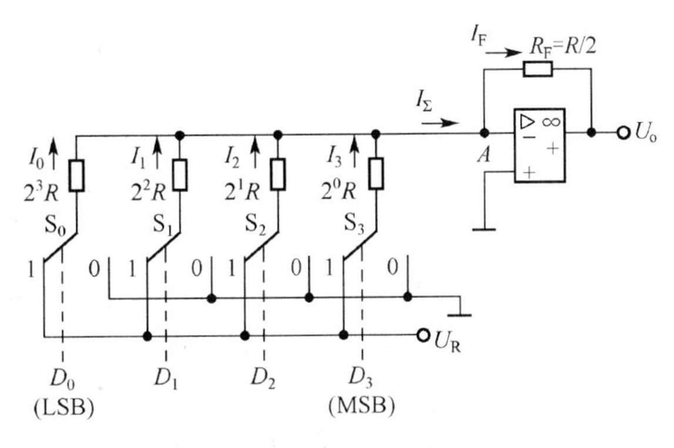

图 12-2　权电阻网络 DAC

---

① Digital-Analog Converter 的缩写。

② Analog-Digital Converter 的缩写。

2. 工作原理

权电阻网络是D/A转换的核心。其中的四个电阻之所以称为权电阻，是因为其阻值是按四位二进制数的位权大小取定的。最低位对应的电阻最大，为2^3R；相邻低位减半；最高位对应的电阻值最小，为2^0R。各电阻的上端都接在一起，连接到求和运算放大器的反相输入端上；各电阻的下端分别通过一个由电子元件构成的电子开关S，连接到1端或0端。开关S受输入数字信号D控制，当最低位数字信号$D_0=1$时，开关S_0合向1端与基准电压U_R连接，此时这条支路有电流I_0流向A点；当$D_0=0$时，开关S_0合向0端与地连接，由于此时这条支路没有电流流向A点，因此流向运算放大器A点的总电流可表示为

$$\begin{aligned}I_\Sigma &= I_3+I_2+I_1+I_0\\&=\frac{U_R}{2^0R}D_3+\frac{U_R}{2^1R}D_2+\frac{U_R}{2^2R}D_1+\frac{U_R}{2^3R}D_0\\&=\frac{U_R}{2^3R}(2^3D_3+2^2D_2+2^1D_1+2^0D_0)\end{aligned}\tag{12-1}$$

由式（12-1）可知，I_Σ正比于输入的二进制数D，从而实现了数字量到模拟量的转换。式中二进制数的系数是按二进制权的规律排列的，称此电阻网络为权电阻网络。

求和运算放大器的作用是将求和后的电流I_Σ转换成模拟电压输出，其输出电压为

$$\begin{aligned}U_o &= -I_FR_F=-I_\Sigma R_F\\&=-\frac{U_R}{2^3R}(2^3D_3+2^2D_2+2^1D_1+2^0D_0)R_F\end{aligned}\tag{12-2}$$

权电阻网络DAC可以作到n位，且$R_F=R/2$，此时对应的输出电压为

$$U_o=-\frac{U_R}{2^n}(2^{n-1}D_{n-1}+2^{n-2}D_{n-2}+\cdots+2^1D_1+2^0D_0)\tag{12-3}$$

【例12.1】 在如图12-2所示的权电阻网络DAC中，设$U_R=8\text{ V}$，$R_F=R/2$，试求：

（1）当输入数字量$D_3D_2D_1D_0=0001$时，输出的电压值；

（2）当输入数字量$D_3D_2D_1D_0=1000$时，输出的电压值；

（3）当输入数字量$D_3D_2D_1D_0=1111$时，输出的电压值。

【解】 将输入数字量的各位数值代入式（12-2），可求得各输出电压分别为：

（1）$U_o=-\frac{8}{2^4}(2^3\times0+2^2\times0+2^1\times0+2^0\times1)=-0.5\text{（V）}$

（2）$U_o=-\frac{8}{2^4}(2^3\times1+2^2\times0+2^1\times0+2^0\times0)=-4\text{（V）}$

（3）$U_o=-\frac{8}{2^4}(2^3\times1+2^2\times1+2^1\times1+2^0\times1)=-7.5\text{（V）}$

权电阻网络DAC实现数字量到模拟量转换的原理简单易懂，但因对电阻之间的数值要求相差较大、精度高，故不便集成。

12.1.2 R-2R倒T形电阻网络DAC

1. 电路组成

如图12-3所示是一个四位R-$2R$倒T形电阻网络DAC。它也是由电阻网络、求和运算

放大器、电子模拟开关 S 和基准电压 U_R 四个部分组成。

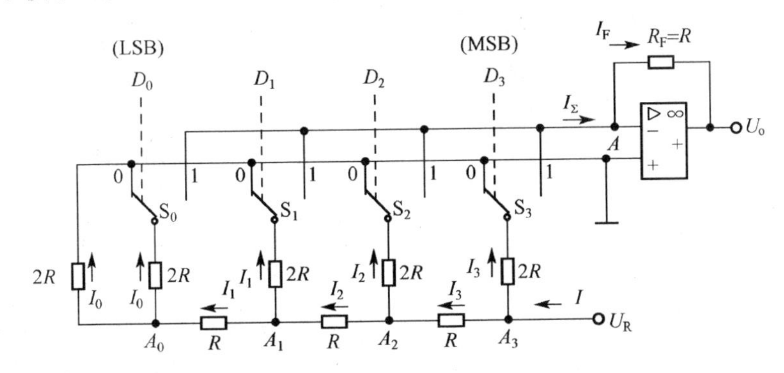

图 12-3　R-2R 倒 T 形电阻网络 DAC

2. 工作原理

在 R-$2R$ 倒 T 形电阻网络中，电阻网络是 D/A 转换的核心。当输入的数字量任意位置 1 时开关 S 均合向 1，如 $D_0=1$ 时，开关 S_0 合向 1 端，将 S_0 所在的 $2R$ 支路连接到求和运算放大器的反相输入端，即虚地端 A 点上；当 $D_0=0$ 时，S_0 合向 0 端，将 S_0 所在的 $2R$ 支路连接到地。由此可见，无论 $D=1$，还是 $D=0$，各 $2R$ 支路上端经 S 都等效为接地。其等效电路如图 12-4 所示。

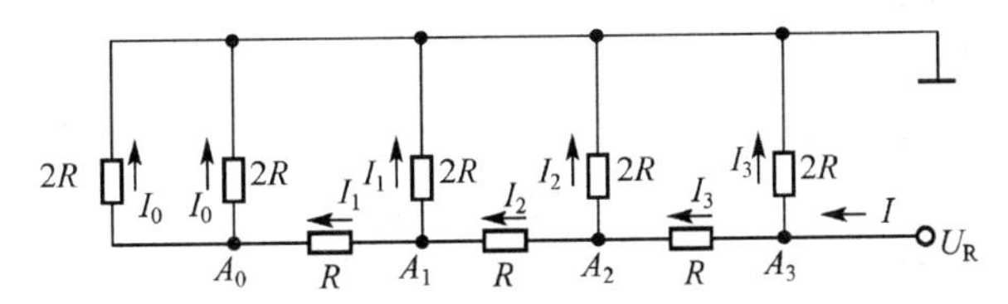

图 12-4　R-2R 倒 T 形电阻网络的等效电路

无论开关 S 合向 1 还是合向 0，等效电路结构不变，各支路的电流大小不变。而开关的状态仅仅决定电流是流向运算放大器的虚地端还是流向地端。由图 12-4 还可看出，因为从电路的 A_0、A_1、A_2、A_3 各结点向左侧看去，其对地的等效电阻均为 $2R$，从基准电压源 U_R 对地看进去的总的等效电阻为 R，故基准电压 U_R 输出的电流恒为 $I=U_R/R$，并且每经过一个结点，电流就被分为两个部分流出，各为流入电流的 1/2。因此，从输入数字信号的高位（MSB）D_3 到低位（LSB）D_0，流入四个结点的电流分别被分流为 $I_3=I/2$，$I_2=I/2^2$，$I_1=I/2^3$，$I_0=I/2^4$。所以，在数字量的控制下流向求和运算放大器反相输入端 A 点的电流为

$$
\begin{aligned}
I_\Sigma &= I_3D_3+I_2D_2+I_1D_1+I_0D_0 \\
&= \frac{I}{2^1}D_3+\frac{I}{2^2}D_2+\frac{I}{2^3}D_1+\frac{I}{2^4}D_0 \\
&= \frac{U_R}{2^4R}(2^3D_3+2^2D_2+2^1D_1+2^0D_0)
\end{aligned}
\tag{12-4}
$$

由式（12-4）可见，R-$2R$ 倒 T 形电阻网络实现了数字量到模拟量的转换，即 D/A 转换。

经求和运算放大器将电流 I_Σ 转换为电压的输出为

$$U_o = -I_F R_F = -I_\Sigma R_F$$
$$= -\frac{U_R R_F}{2^4 R}(2^3 D_3 + 2^2 D_2 + 2^1 D_1 + 2^0 D_0) \quad (12\text{-}5)$$

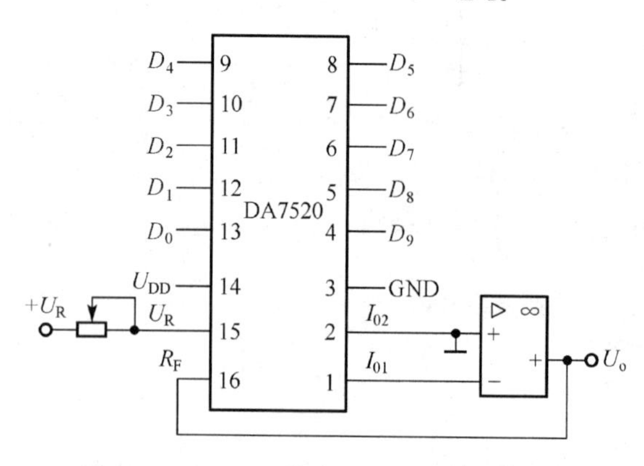

图 12-5　DA7520 的外引线排列及连接电路

R-2*R* 倒 T 形电阻网络 DAC 的电阻网络只有两种阻值，便于集成；而且由于流过各支路的电流恒定不变，因此在开关状态变化时，不需要电流建立时间，所以转换速度高。*R*-2*R* 倒 T 形电阻网络 DAC 是目前应用最多的 DAC 集成电路，按输入的二进制数的位数分类有 8 位、10 位、12 位和 16 位等。例如 DA7520，它是一个 10 位的数/模转换器，内部采用 *R*-2*R* 倒 T 形电阻网络，但运算放大器是外接的。DA7520 的外引脚排列及连接电路如图 12-5 所示。

图 12-5 中的 14 脚 U_{DD} 为电子模拟开关的电源接线端，求和运算放大器的负反馈电阻 $R_F = R$ 已集成在芯片内部。

12.1.3　DAC 的主要技术指标

1. 分辨率

数/模转换器的分辨率是指最小输出电压与最大输出电压之比，也是最小输入数字量 1 与最大输入数字量 $2^n - 1$ 之比。分辨率数值越小，分辨能力越高。

$$分辨率 = \frac{1}{2^n - 1} \quad (12\text{-}6)$$

2. 转换精度

转换器的转换精度是指输出模拟电压的实际值与理想值之差，即最大静态转换误差。这个误差是由于参考电压 U_R 偏离标准值、运算放大器的零点漂移、模拟开关的压降以及电阻阻值的偏差等原因所引起的。

要使 DAC 的转换精度高，除 DAC 的内部质量之外，还应选用位数多、分辨率高的 DAC，以及采用稳定度高的参考电压源和低零漂的运算放大器与之相配合。使用时应查有关手册。

12.2　A/D 转换器

A/D 转换器（ADC）与 DAC 的作用相反，ADC 是将输入的模拟量转换成数字量输出的电子线路，它是模拟系统与数字处理系统的接口电路。ADC 的种类很多，现以常用的逐次逼近型 ADC 为例来说明 ADC 的基本原理。

12.2.1　电路组成

如图 12-6 所示是逐次逼近型 ADC 的组成框图。它由顺序脉冲发生器、逐次逼近寄存器、数/模转换器（DAC）和电压比较器四部分组成。

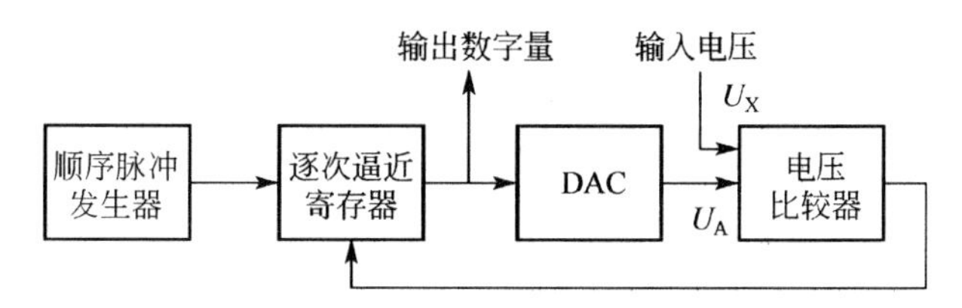

图 12-6　逐次逼近型 ADC 的组成框图

12.2.2　工作原理

ADC 的基本原理是：先设定一个数字量 D_A，并将 D_A 经 DAC 转换成模拟量 U_A 后，与待转换的模拟量 U_X 比较，若比较结果 $U_A = U_X$，则可确定 U_X 所转换成的数字量为 D_A。若初次比较 $U_A \neq U_X$，则修改所设定的数字量 D_A 使其接近相等再比较。经多次修改、设定、比较……逐次逼近直至 $U_A = U_X$ 或最接近 U_X 为止。这时最后的设定量 D_A 即是模拟量 U_X 转换成对应的数字量 D_X，确定输出，完成模—数转换过程。如图 12-7 所示是 4 位逐次逼近型 ADC 的原理图。

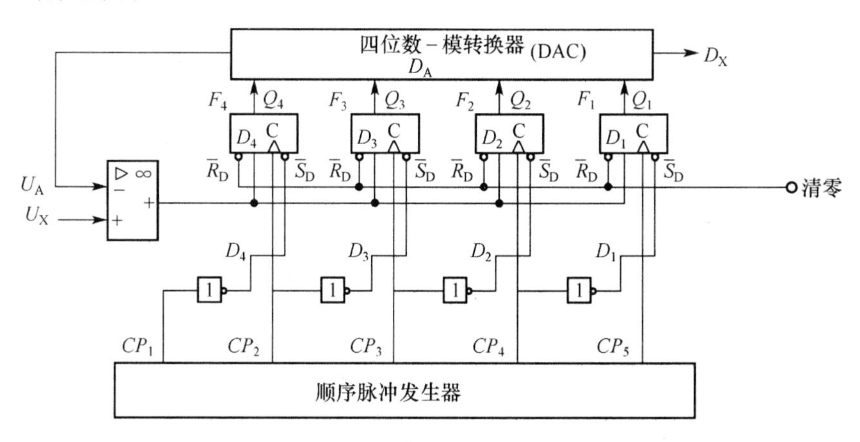

图 12-7　四位逐次逼近型 ADC 的原理图

顺序脉冲发生器：由五位环形计数器构成，输出 5 个在时间上有一定先后顺序的 CP 脉冲，送给逐次逼近寄存器。

逐次逼近寄存器由 4 个 D 触发器构成，在顺序脉冲 $CP_1 \sim CP_5$ 的推动下，记忆每次由电压比较器比较的结果，并进行修改设定向 DAC 提供新的二进制输入数码。待转换的模拟电压 U_X 送到电压比较器的同相输入端，比较器的反相输入端为 DAC 输出的模拟电压 U_A，将最终比较结果经 4 个 D 触发器以数字量的形式输出，从而完成 A/D 转换。

如设 DAC 为四位 R-$2R$ 倒 T 形，基准电压 $U_R = -10$ V，待转换的模拟电压 $U_X = 6.88$ V，工作前各触发器清零。

工作时，首先由顺序脉冲发生器发出脉冲 $CP_1 = 1$，经非门使 D 触发器 F_4 直接置 1，

于是 $Q_4=1$，Q_3、Q_2、Q_1 保持0态。这一设定数字量经DAC转换成模拟量 U_A，由式（12-5）和 $R_F=R$，可算出

$$U_A=-\frac{-10}{2^4}(2^3\times1+2^2\times0+2^1\times0+2^0\times0)=5\ (\mathrm{V})$$

$U_A=5$ V，小于 $U_X=6.88$ V，说明该设定量 $D_A=1\,000$ 太小。下次比较时，该位数 $Q_4=1$ 应保留，同时应将第三位 Q_3 增为1。

接着，由顺序脉冲分配器发出脉冲 CP_2，它供给 F_4 作为时钟脉冲。由于 $U_A<U_X$，电压比较器输出高电平，使 $D_4=1$，因此 F_4 状态不变，Q_4 仍保留为1。同时，因为 CP_2 经非门使 F_3 直接置1，故 $Q_4=1$，$Q_3=1$，$Q_2=0$，$Q_1=0$，即 $D_A=1100$，经数/模转换器转换后 $U_A=7.5$ V，大于 $U_X=6.88$ V，说明该设定量 D_A 又太大了。下次比较时，$Q_3=1$，应取消，变为0，同时，将 Q_2 由0增至1。

然后，发出 CP_3 作为 F_3 的时钟脉冲。因为 $U_A>U_X$，比较器输出为低电平，$D_3=0$，使得 $Q_3=0$；同时，CP_3 经非门又使 F_2 直接置1，故 $Q_4=1$，$Q_3=0$，$Q_2=1$，$Q_1=0$，这时，$U_A=6.25$ V，小于 $U_X=6.88$ V。继之，发出 CP_4，作为 F_2 的时钟脉冲，因为 $U_A<U_X$，比较器输出又是高电平，$D_2=1$，故 $Q_2=1$ 保留；同时，因为 CP_4 又使 F_1 直接置1，故 $Q_4=1$，$Q_3=0$，$Q_2=1$，$Q_1=1$，这时，$U_A=6.875$ V，略小于 U_X。

最后，发出 CP_5 作为 F_1 的时钟脉冲，由于 $U_A<U_X$，$D_1=1$，$Q_4=1$，$Q_3=0$，$Q_2=1$，$Q_1=1$ 不变，误差小于数字量的最低位，因此 $D_A=1011$ 即为由模拟量6.88 V转换而来的数字量 D_X。

12.2.3　ADC的主要技术指标

1. 分辨率

以输出二进制数的位数表示分辨率，位数越多，误差越小，分辨越高，转换精度也越高。

2. 相对精度

相对精度是指实际的各个转换点偏离理想特性的误差。在理想的情况下，所有的转换点应当在一条直线上。

3. 转换时间

转换时间是指完成一次转换所需的时间。转换时间是指从接到转换控制信号开始，到输出端得到稳定的数字输出信号所经过的这段时间。采用不同的转换电路，其转换速度是不同的。

12.3　数字电路应用举例

随着集成电路的大规模化和微型计算机的发展，数字电路的应用领域也越来越广泛。由于篇幅所限，本节仅简单介绍几个应用实例，目的在于加深学生对有关部件的了解和对

数字系统有一个初步的认识。

12.3.1　交通信号灯故障检测电路

交通信号灯在正常情况下，红灯（R）亮为禁止通行，黄灯（Y）亮为清空占道区，绿灯（G）亮为可以通行。正常时只有一个灯亮，否则均为故障现象。

输入变量为 1 表示灯亮，输入变量为 0 表示灯不亮。输出为 F，有故障时输出为 1，正常时输出为 0。由此，可列出逻辑状态表（参见表 12-1）。

表 12-1　信号灯故障的逻辑状态表

R	Y	G	F
0	0	0	1
0	0	1	0
0	1	0	0
0	1	1	1
1	0	0	0
1	0	1	1
1	1	0	1
1	1	1	1

由逻辑状态表写出故障时的逻辑式为

$$F=\overline{R}\,\overline{Y}\,\overline{G}+\overline{R}YG+R\overline{Y}G+RY\overline{G}+RYG$$

化简可得

$$\begin{aligned}F&=\overline{R}\,\overline{Y}\,\overline{G}+\overline{R}YG+RY\overline{G}+RG(\overline{Y}+Y)\\&=\overline{R}\,\overline{Y}\,\overline{G}+\overline{R}YG+RY\overline{G}+RG\\&=\overline{R}\,\overline{Y}\,\overline{G}+\overline{R}YG+RY+RG\\&=\overline{R}\,\overline{Y}\,\overline{G}+YG+RY+RG\\&=\overline{R}\,\overline{Y}\,\overline{G}+RG+YG+RY\end{aligned}$$

若用与非门实现，则将上式变换为

$$\begin{aligned}F&=\overline{\overline{\overline{R}\,\overline{Y}\,\overline{G}+RG+YG+RY}}\\&=\overline{\overline{\overline{R}\,\overline{Y}\,\overline{G}}\cdot\overline{RG}\cdot\overline{YG}\cdot\overline{RY}}\end{aligned}$$

由此式可画出交通信号灯故障检测电路，如图 12-8 所示。发生故障时，三极管导通，继电器 KA 通电，其触点闭合，故障指示灯（H）亮。

将光电检测元件安装在交通信号灯旁，光电检测元件输出经放大器送到 R、Y、G 三端，交通信号灯亮则为高电平，不亮则为低电平。

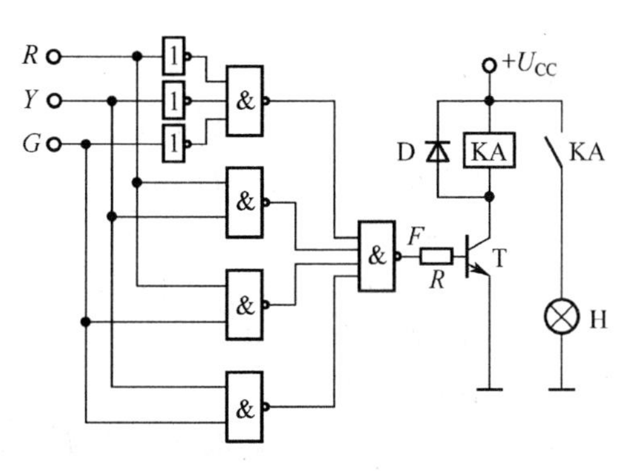

图 12-8　交通信号灯故障检测电路

12.3.2　数字万用表

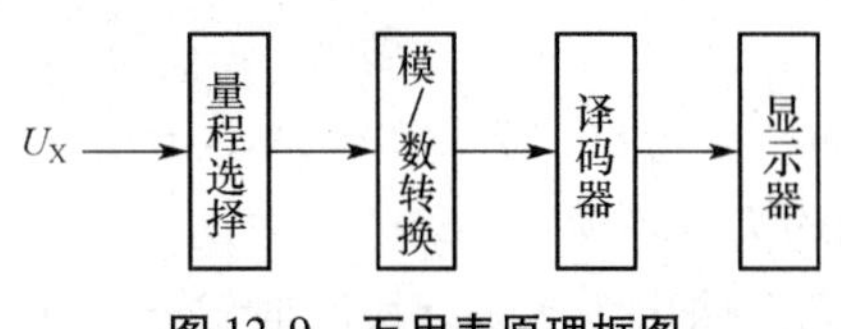

图 12-9　万用表原理框图

如图 12-9 所示是数字万用表的原理框图。测量时，输入直流电压 U_X 经过量程选择电路加到 ADC 上，将它转换为数字量，然后由译码显示电路显示出测量结果。

12.3.3　数字转速表

如图 12-10 所示是一种转速测量系统的示意图。测量装置为数字转速表，它由光电脉冲转换电路、放大器、整形电路、基准时间脉冲发生器、计数器以及译码器和数字显示器等组成，整个表组装在一起，体积很小。

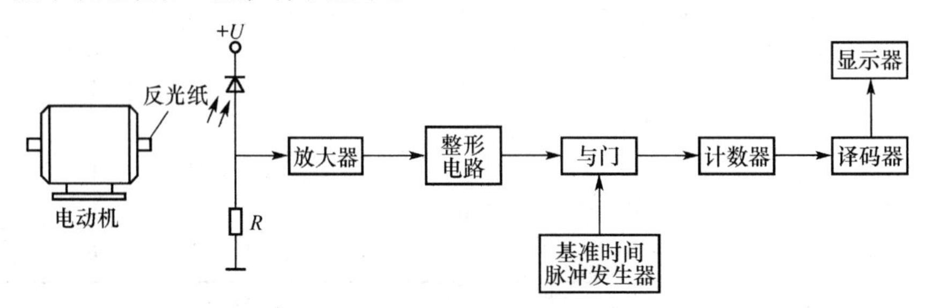

图 12-10　数字转速表

数字转速表的工作原理为：在电机轴的外侧贴一块反光纸，当转速表的发光管照射反光纸后，反射光使光敏二极管导通，在电阻 R 上产生一个电压降，形成一个脉冲信号；电动机每旋转一周，光电转换装置就产生一个脉冲，这些脉冲信号经过放大整形以后，送到与门电路；测量转速需要的基准时间是由石英晶体振荡器和分频电路产生的，基准时间产生标准秒脉冲。将秒脉冲和被测的光电脉冲信号同时送到与门电路，这样就能测量出在每秒内送到计数器的脉冲数，当然就可以得出每分钟的脉冲数，然后再经译码器使数码显示管显示出转速来。

习　　题

一、填空题

1. DAC 电路的作用是将（　　）量转换成（　　）量，ADC 电路的作用是将（　　）量转换成（　　）量。

2. DAC 通常由（　　）、（　　）和（　　）三个基本部分组成。为了将模拟电流转换成模拟电压，通常在输出端外加（　　）。

3. 在模/数转换过程中，只能在一系列选定的瞬间对输入模拟量（　　）后再转换为输出的数字量，通过（　　）、（　　）、（　　）和（　　）四个步骤完成。

4. （　　）型 ADC 内部有数/模转换器，因此（　　）快。

5. （　　）型电阻网络 DAC 中的电阻只有（　　）和（　　）两种，与（　　）网络完全不同；而且在这种 DAC 转换器中又采用了（　　），所以（　　）很高。

二、判断题

（　　）1. DAC 的输入数字量的位数越多，分辨能力越低。

（　　）2. 原则上说，R-$2R$ 倒 T 形电阻网络 DAC 输入和二进制位数不受限制。

（　　）3. 逐次比较型模数转换器转换速度较慢。

（　　）4. 双积分型 ADC 中包括数/模转换器，因此转换速度较快。

（　　）5. δ 的数值越小，量化的等级越细，A/D 转换器的位数就越多。

三、选择题

1. ADC 的转换精度取决于（　　）。

A. 分辨率　　B. 转换速度　　C. 分辨率和转换速度　　D. 量化等级

2. 对于 n 位 DAC 的分辨率来说，可表示为（　　）。

A. $\dfrac{1}{2^n}$　　B. $\dfrac{1}{2^{n-1}}$　　C. $\dfrac{1}{2^n-1}$　　D. $\dfrac{1}{2^{n+1}}$

3. R-$2R$ 梯形电阻网络 DAC 中，基准电压源 U_R 和输出电压 u_o 的极性关系为（　　）。

A. 同相　　B. 反相　　C. 无关　　D. 不一定

4. 采样保持电路中，采样信号的频率 f_S 和原信号中最高频率成分 f_{imax} 之间的关系是必须满足（　　）。

A. $f_S \geq 2f_{imax}$　　B. $f_S < f_{imax}$　　C. $f_S = f_{imax}$　　D. 没有要求

5. 逐次比较型 ADC0809 输出的是（　　）。

A. 8 位二进制数码　　B. 10 位二进制数码

C. 4 位二进制数码　　D. 6 位二进制数码

四、应用题

1. 如图 12-11 所示电路中 $R = 8\ \text{k}\Omega$，$R_F = 1\ \text{k}\Omega$，$U_R = -10\ \text{V}$，试求：

（1）在输入四位二进制数 $D = 1001$ 时，网络输出 u_0 为多少？

（2）若 $u_0 = 1.25\ \text{V}$，则可以判断输入的四位二进制数 D 为多少？

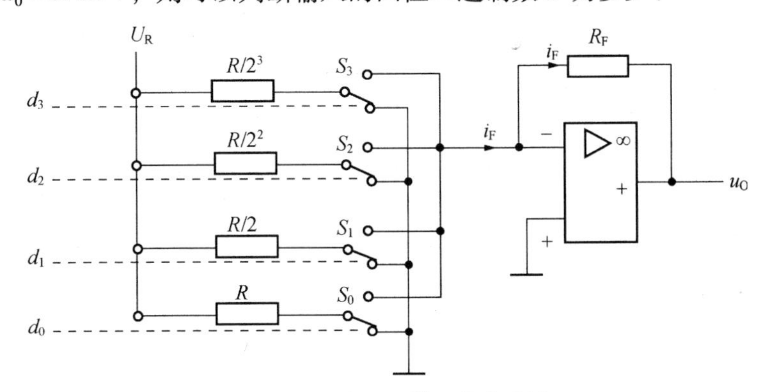

图 12-11　应用题第 1 题电路图

2. 在倒 T 形电阻网络 DAC 中，若 $U_R = 10\ \text{V}$，输入 10 位二进制数字量为（1011010101），试求其输出模拟电压为何值？（已知 $R_F = R = 10\ \text{k}\Omega$）

3. 已知某一 DAC 电路的最小分辨电压 $U_{LSB} = 40\ \text{mV}$，最大满刻度输出电压 $U_{FSR} = 0.28\ \text{V}$，试求该电路输入二进制数字量的位数 n 应是多少？

第 13 章　电工电子实验

13.1　指针式万用表的使用及电阻、电容的识别与检测

1. 实验目的

（1）了解电阻、电容、电感的识别和检测方法。
（2）熟练掌握万用表使用方法。

2. 实验器材

JD-2000 通用电学实验台；指针式万用表，1 块；不同型号的电阻器、电容器、电感器、导线若干。

3. 实验内容与步骤

（1）JD-2000 通用电学实验台的认识。

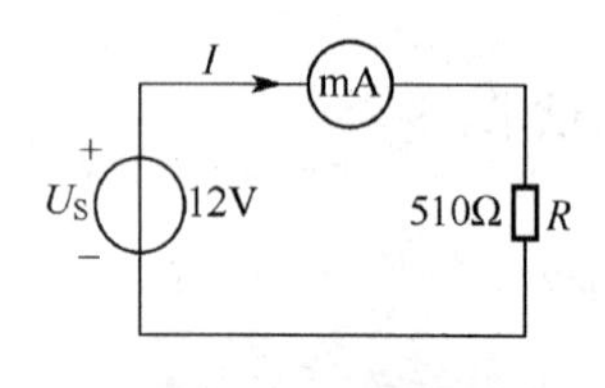

图 13-1　直流电压和电流测量电路

（2）万用表的使用。

① 测量交流电压。

将万用表的功能转换开关旋至交流电压挡，按要求测试出实验台上的三相交流电源的相电压、线电压值，将结果记录于表 13-1 中。

② 测量直流电压和电流。

按电路图 13-1 连好线，测试电源电压、电阻 R 的电压及回路中的电流，将结果记录于表 13-2 中。

表 13-1　三相交流电源的电压

项目 / 挡位	线电压			相电压		
	U_{UV}	U_{VW}	U_{WU}	U_{UN}	U_{VN}	U_{WN}
500 V						
250 V	—	—	—			

表 13-2　直流电压和电流的测量

电源电压		电阻电压		电　流	
挡位	测量值	挡位	测量值	挡位	测量值

③ 测量电阻。

A. 电阻器的识别和检测。将万用表的功能转换开关旋至欧姆挡，首先调零，然后选好挡位，将电阻的阻值和检测结果填入表 13-3 中。

表 13-3 电阻器的识别和检测

序号	标志	识别				测量		性能好坏
		材料	阻值	允许误差	功率	量程	阻值	

B. 色环电阻器的识别和检测。取出若干电阻，观察其外部的色环，将色环电阻的识别结果记录于表 13-4 中。每条色环的意义参见附录 B。

表 13-4 色环电阻的识别和检测

序号	色环颜色（按顺序填写）	识别			测量		性能好坏
		阻值	允许误差	功率	量程	阻值	

④ 电容的识别和检测。

读出瓷片电容的数码标志，并用万用表粗略判别其质量，把结果记录于表 13-5 中；用万用表判别电解电容极性及质量的优劣，把结果记录于表 13-6 中。方法参见附录 B。

表 13-5 电容的识别与检测

标识数码	容量值（单位）	质量判别
8.2		
56		
202		
229（2.2）		
682（6 800）		

表 13-6 电解电容的识别与检测

容量标称值	耐压标称值	外观极性判别			测量		
		符号	管脚	容量测量值	挡位	充电电阻值	质量判别

（3）万用表使用注意事项。

① 测量电压时，万用表与被测电路并联；测量电流时，万用表与被测电路串联。在不知道被测电压、电流大致范围时，要先选择较大量程来测量，如果指针偏转很小角度，再换合适量程测量。测量电路中的电阻时，一定要切断电源，不允许带电测量。测量高压

时，要注意人身安全，按说明书上的规定进行。万用表不用时，将转换开关放在电压挡的最大量程上。禁止在通电测量状态下转动量程开关，否则会产生电弧，使开关触点损坏。

② 养成“单手操作”的习惯，确保人身安全。在测电压时，必须带电操作。此时，应将万用表黑表笔接一个小夹子，夹在电路的“地”点，用一只手拿红表笔去接触被测电路上的某点测量电压。

③ 指针式万用表测量直流电压、电流时，一定要将红表笔接电路中的高电位，黑表笔接低电位。

④ 使用欧姆挡时，每换一个量程都要重新调零（将红、黑两表笔短接，使指针指到0Ω处），避免误差太大；要合理选用量程，如果量程选得不合适，万用表指针摆动角度很小或是很大，所测值就不易准确，要尽量让指针指到零刻度到全量程的2/3这一段上（欧姆挡刻度线分布不均匀），这时所测值才准确。检测方法要得当，检测时要避免人体对测量结果的影响，尤其测电阻值较大的电阻器时，用手触到电阻器的接线，就等于给所测电阻器又并联了一个电阻器，这样测得的电阻值就不准确了。当发现用R×1挡时，不能将万用表指针调到零点，此时要更换电池了。

⑤ 测量大容量电容时，先要给电容器放电，否则会把万用表烧坏。

4. 问题与思考

分析实验中误差产生的原因。

13.2 数字万用表的使用与直流电路认识实验

1. 实验目的

（1）初步掌握数字万用表的使用方法。

（2）验证基尔霍夫定律（KCL、KVL）、叠加定理，巩固有关的理论知识。

（3）加深理解电流和电压参考正方向的概念。

2. 实验器材

JD-2000通用电学实验台；万用表，1块；电阻100Ω、200Ω、300Ω±5%/1W，各1只。

3. 实验内容与步骤

（1）认识和熟悉电路实验台设备及本次实验的相关设备。

① 实验台电路版块；

② 数字万用表的正确使用方法及其量程的选择；

③ 指针式交直流毫安表的正确使用方法及量程的选择。

（2）测量电阻、电压和电流。

① 测电阻：用数字万用表的欧姆挡测电阻，万用表的红表笔插在电表下方的“VΩ”插孔中，黑表笔插在电表下方的“COM”插孔中。欧姆挡的量程应根据待测电阻的数值

合理选取。把测量所得数值与电阻的标称值进行对照比较，得出误差结论。

② 测电压：连接一个汽车拖拉机照明电路，如图 13-2 所示。选择直流电源分别为 6 V 和 12 V。用万用表的直流电压 20 V 挡位对电路各段电压进行测量，把测量结果填在表 13-7 中。

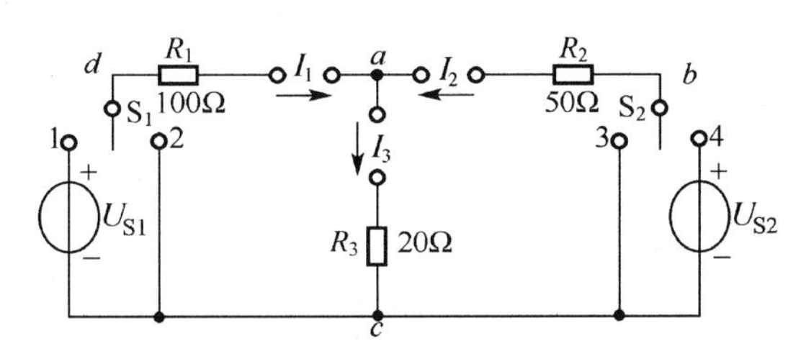

图 13-2　汽车拖拉机照明电路

表 13-7　验证 KCL 和 KVL 数据记录表

测量参量	U_{S1}/V	U_{S2}/V	U_{R1}/V	U_{R2}/V	U_{R3}/V	I_1/A	I_2/A	I_3/A
实测值								

③ 测电流：用交直流毫安表进行测量。首先将量程打到最大量程位置，在测量过程中再根据指针偏转程度重新选择合适量程。电表应注意串接在各条支路中。将测量值填写在表 13-8 中。

（3）验证基尔霍夫定律。

根据测量数据验证 KCL 和 KVL，并分析误差原因。

（4）验证叠加定理。

① 调节实验电路中的两个直流电源，分别让 $U_{S1}=12\text{ V}$ 和 $U_{S2}=6\text{ V}$；

② 当 U_{S1}单独作用时（U_{S2}短接，但保留其支路电阻 R_2），测量各支路电流 I_1'、I_2'和 I_3'，支路端电压 U'_{ab}；

③ 再让 U_{S1}短接，保留其支路电阻 R_1。测量 U_{S2}单独作用下各支路电流 I_1''、I_2''和 I_3''，支路端电压 U''_{ab}；

④ 测量两个电源共同作用下的各支路电流 I_1、I_2 和 I_3，电压 U_{ab}；

⑤ 将所测量记录在表 13-8 中，并验证叠加定理的正确性。

表 13-8　验证叠加定理数据记录表

测量参量	I_1/mA	I_2/mA	I_3/mA	U_{ab}/V
U_{S1}、U_{S2}共同作用				
U_{S1}单独作用				
U_{S2}单独作用				

实验结束后，应注意将万用表上电源按键按起，使电表与内部电池断开。

4. 问题与思考

（1）如何用万用表测电阻？电阻带电测量时又会发生什么问题？

（2）如何把测量仪表所测得的电压或电流数值与参考正方向联系起来？

13.3　日光灯照明电路及功率因数的提高

1. 实验目的

（1）了解日光灯电路的工作原理及其连接情况。

（2）掌握单相交流电路提高功率因数的常用方法及电容量的选择。

（3）进一步熟悉单相功率表的接线及使用方法。

2. 实验仪器

日光灯电路组件，1套；电容箱，1只；电流插箱，1个；万用表、交直流电流表、单相功率表，各1块。

3. 实验内容与步骤

实用中的用电设备大多是感性负载，其等效电路可用 R、L 串联电路来表示。电路消耗的有功功率 $P = UI\cos\varphi$。当电源电压 U 一定时，输送的有功功率 P 就一定。若功率因数低，则电源供给负载的电流就大，从而使输电线路上的线损增大，影响供电质量，同时还要多占电源容量。因此，提高功率因数有着非常重要的意义。

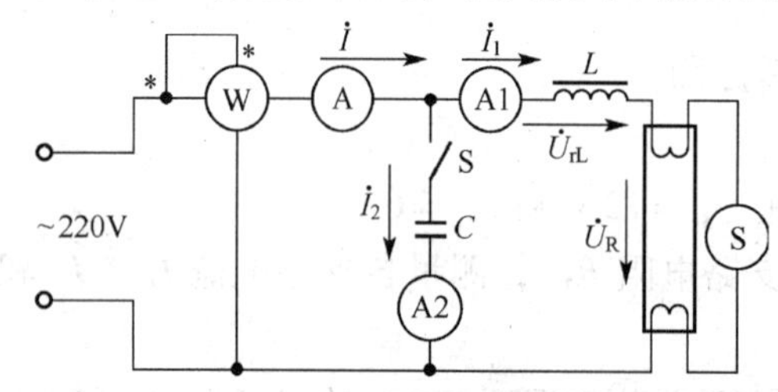

图 13-3　日光灯电路及功率因数的提高实验电路

提高感性负载功率因数常用的方法是在电路的输入端并联电容器，如图 13-3 所示。这是利用电容中超前电压的无功电流去补偿 RL 支路中滞后电压的无功电流，从而减小总电流的无功分量，提高功率因数，实现减小电路总的无功功率；而 RL 支路的电流、功率因数、有功功率并不发生变化。

（1）日光灯电路的组成。

日光灯电路由灯管、镇流器、启辉器三部分组成。如图13-4（a）所示为日光灯电路，其中1是灯管，2是镇流器，3是启辉器。

灯管是一根细长的玻璃管，内壁均匀涂有荧光粉，管内充有水银蒸气和稀薄的惰性气体。在灯管的两端装有灯丝，在灯丝上涂有受热后易发射电子的氧化物。镇流器是一个带有铁芯的电感线圈。启辉器的内部结构如图 13-4（b）所示，其中 1 是圆柱形外壳；2 是辉光管；3 是辉光管内部的倒 U 形双金属片；4 是固定触头，通常情况下双金属片和固定触头是分开的；5 是小容量的电容器；6 是插头。

（2）日光灯工作原理。

当日光灯电路与电源接通后，220 V 的电压不能使日光灯点燃，全部加在了启辉器两端。220 V 的电压致使启辉器内两个电极辉光放电，放电产生的热量使倒 U 形双金属片受热形变后与固定触头接通。这时日光灯的灯丝与辉光管内的电极、镇流器构成一个回路。灯丝因通过电流而发热，从而使氧化物发射电子；同时，辉光管内两个电极接通的同时，电极之间的电压立刻为零，辉光放电终止。辉光放电终止后，双金属片因温度下降而恢复原状，两电极脱离。在两电极脱离的瞬间，回路中的电流突然切断为零，因此在铁芯镇流器两端产生一个很高的感应电压，此感应电压和 220 V 电压同时加在日光灯两端，立即使管内惰性气体分子电离而产生弧光放电，管内温度逐渐升高，水银蒸气游离，并猛烈地撞击惰性气体分子而放电；同时辐射出不可见的紫外线，而紫外线激发灯管壁的荧光物质发出可见光，即我们常说的日光。

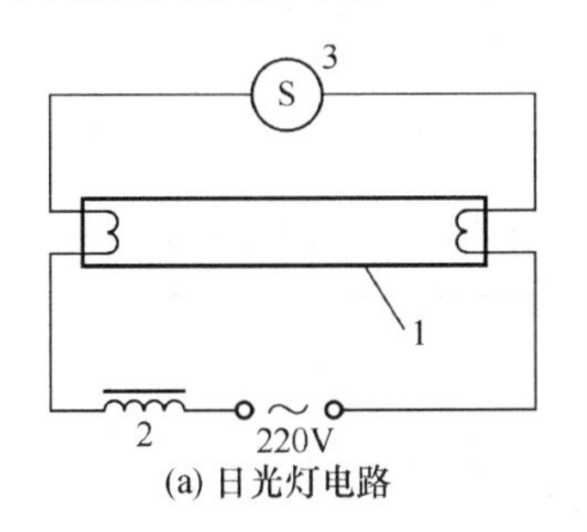

(a) 日光灯电路

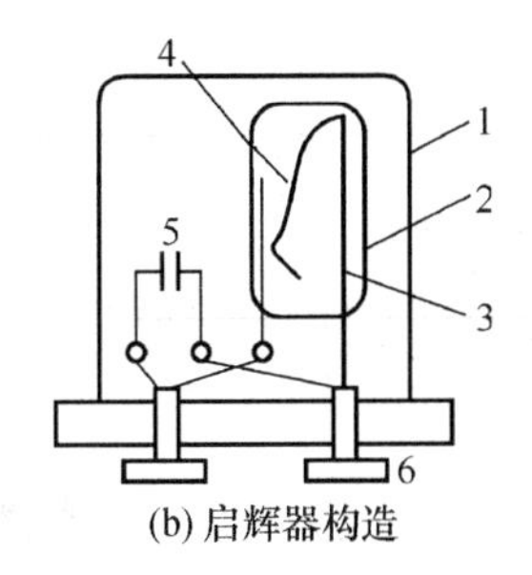

(b) 启辉器构造

图 13-4　日光灯电路及启辉器的构造

日光灯一旦点亮后，灯管两端电压在正常工作时通常只需 120 V 左右。这个较低的电压不足以使启辉器辉光放电，因此，启辉器只在日光灯点燃时起作用，日光灯一旦点亮，启辉器就会处在断开状态。日光灯正常工作时，镇流器和灯管构成了电流的通路。由于镇流器与灯管串联并且感抗很大，因此电源电压大部分降落在镇流器上，可以限制和稳定电路的工作电流，即镇流器在日光灯正常工作时起限流作用。

（3）多量程功率表的使用。

功率表的电压线圈与电流线圈标有 * 的一端是同极性端，连线时连在电源的同一侧。功率表的两种接线方法如图 13-5 所示。

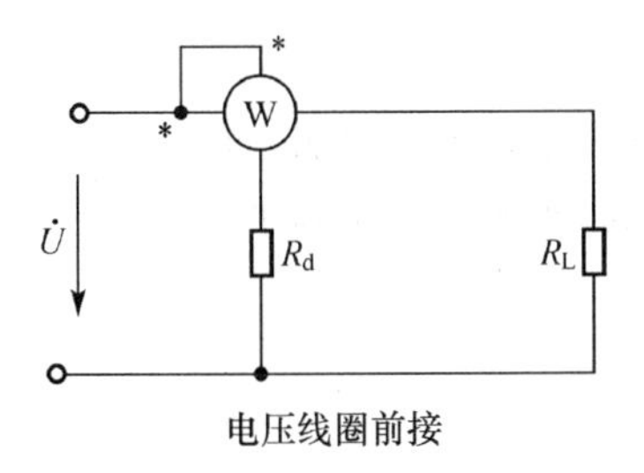

电压线圈前接

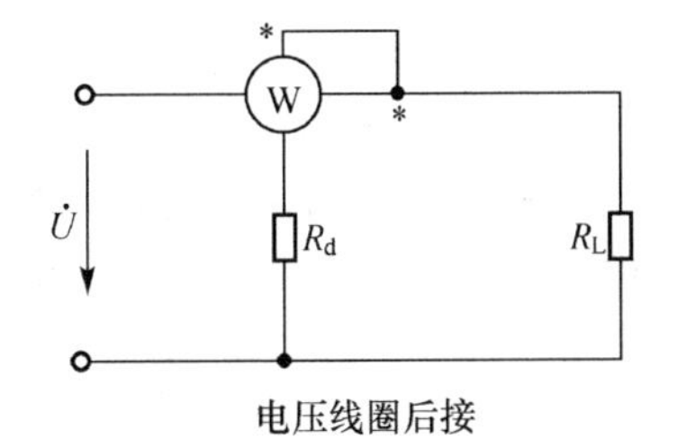

电压线圈后接

图 13-5　功率表的两种接法

读数方法：功率表上不注明瓦数，只标出分格数，每分格代表的功率值由电压、电流量限 U_N 和 I_N 确定，即分格常数 C 为

$$C=\frac{U_N I_N}{\alpha_m}$$

功率表的指示值 $P=C\alpha$（α 为指针所指格数）。

注意，功率表电路中，功率表电流线圈的电流、电压线圈的电压都不能超过所选的量限 I_N 和 U_N。

（4）实验步骤。

① 按照实验原理图 13-3 连接实验线路。

② 电容断开，即只有日光灯管与镇流器相串联的感性负载支路与电源接通。日光灯

点燃后，用万用表测量电路总电压 U、镇流器电压 U_{rL}、日光灯电压 U_R，用毫安表测量日光灯支路的电流 I 和功率表的有功功率 P，结果记录在表13-9中。

表13-9　日光灯电路数据记录表

项　目	测量数据					计算数据			
	U	U_{rL}	U_R	I	P	$\cos\varphi$	R	r	L
测量值									

③ 电源电压保持220 V不变。依次并联电容量2 μF、3 μF、4 μF和5 μF，观察和记录每一个电容值下的日光灯支路电流、电容支路的电流以及总电流，观察功率表是否发生变化，数值全部记录在表13-10中（注意日光灯支路的电流和电路总电流的变化情况）。

表13-10　改善功率因数后日光灯电路数据记录表

项　目	并联 C	测量数据				计算数据	
		I	I_1	I_2	P	$\cos\varphi$	Q
1	2 μF						
2	3 μF						
3	4 μF						
4	5μF						

④ 对所测数据进行技术分析。分别计算出各电容值下的功率因数 $\cos\varphi$，并进行对比，判断电路在各 $\cos\varphi$ 下的性质（感性或容性）。

4. 问题与思考

（1）通过实验，你能说出提高感性负载功率因数的原理和方法吗？

（2）日光灯电路并联电容后，总电流减小，根据测量数据说明为什么当电容增大到某一数值时，总电流却又上升了？

13.4　三相交流电路

1. 实验目的

（1）学习三相负载的星形连接和三角形连接方法。

（2）掌握线电压与相电压，线电流与相电流的关系。

（3）了解中线的均压作用。

2. 实验器材

三相四线交流电源（线电压380 V）；万用表，1只；交流毫安表（500 mA），3只；白炽灯（15 W），6盏。

3. 实验内容与步骤

（1）用试电笔找出三相四线制电源的相线与中线，并用万用表的交流电压挡测量其线电压、相电压的有效值。

（2）按图 13-6（a）将三相负载按星形进行连接，检查无误后，合上开关 QS 接通电源。

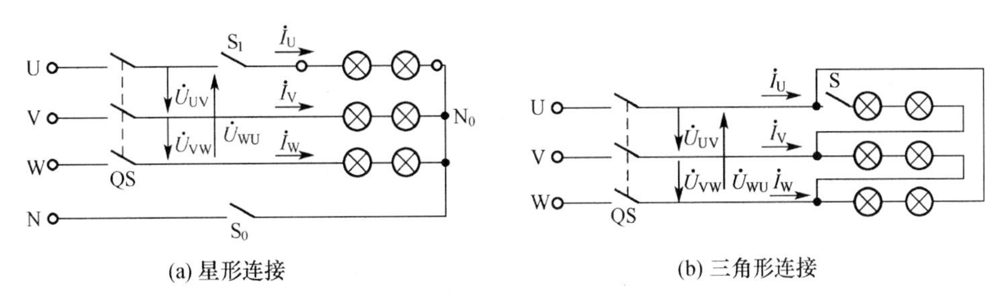

图 13-6　三相负载的连接

① 分别测量负载对称（S_1 闭合）有中线（S_0 闭合）和无中线（S_0 断开）两种情况下的线电压、相电压、中点电压及相电流、中线电流，并将结果填入表 13-11 中。

表 13-11　三相负载的星形连接测试

工作情况		线电压			相电压			中点电压	相电流			中线电流
		U_{UV}	U_{VW}	U_{WU}	U_{UN0}	U_{VN0}	U_{WN0}	U_{NN0}	I_U	I_V	I_W	I_N
负载对称	有中线											
	无中线											
负载不对称	有中线											
	无中线											
故障	U 相开路有中线											
	U 相开路无中线											
	U 相短路无中线											

② 负载不对称（S_1 仍闭合）情况。将 U 相负载取走 1 盏灯泡，使三相负载不对称。分别测量有中线（S_0 闭合）和无中线（S_0 断开）两种情况下的线电压、相电压、中点电压及相电流、中线电流，并将结果填入表 13-11 中。

③ 故障情形。将 U 相负载断开（S_1 断开），分别测量有中线（S_0 闭合）和无中线（S_0 断开）两种情况下的线电压、相电压、中点电压及相电流、中线电流，并将测量结果填入表 13-11 中。

④ 将 U 相负载短路。注意，一定要断开中线（S_0 断开），测量线电压、相电压、中点电压及相电流。将结果填入表 13-11 中。

（3）负载按图13-6（b）接成三角形连接。

① 测量负载对称时，各线电压、相电压、相电流、线电流，并将结果填入表13-12。

② 测量UV相开路（S断开）时，各线电压、相电压、相电流、线电流，将结果填入表13-12中。

表13-12　三相负载的三角形连接测试

工作情况	线电压			线电流			相电流		
	U_{UV}	U_{VW}	U_{WU}	I_U	I_V	I_W	I_{UV}	I_{VW}	I_{WU}
对称									
UV相开路									

4. 问题与思考

（1）三相四线制中线内可否接入熔断丝？为什么？

（2）在三相380 V电源上为什么照明负载只能采用三相四线制星形连接，而不能采用三角形连接？如果用三角形连接时有什么问题？为什么本实验中电灯可以接成三角形？

13.5　变压器绕组极性判别实验

1. 实验目的

掌握变压器同极性端的测试方法。

2. 实验仪器

单相小功率变压器，1台；交流电压表、直流电压表，各1块；数字万用表，1块；电流插箱及导线。

3. 实验内容与步骤

变压器的同极性端（同名端）是指通过各绕组的磁通发生变化时，在某一瞬间，各绕组上感应电动势或感应电压极性相同的端钮。根据同极性端钮，可以正确连接变压器绕组。

（1）直流法测试同名端。

① 按照图13-7（a）所示接线。直流电压的数值根据实验变压器的不同而选择合适的值，一般可选择6 V以下数值。直流电压表先选20 V量程，注意其极性。

② 电路连接无误后，闭合电源开关，在S闭合瞬间，一次侧电流由无到有，必然在一次侧绕组中引起感应电动势 e_{L1}。根据楞次定律判断 e_{L1} 的方向应与一次侧电压参考方向相反，即下“－”上“＋”。S闭合瞬间，变化的一次侧电流的交变磁通不但穿过一次侧，由于磁耦合同时穿过二次侧，因此在二次侧也会引起一个互感电动势 e_{M2}。e_{M2} 的极性可由接在二次侧的直流电压表的偏转方向而定。当电压表正偏时，极性为上“＋”下“－”，

即与电压表极性一致；如指针反偏，则表示 e_{M2} 的极性为上“ - ”下“ + ”。

③ 把测试结果填写在自制的表格中。

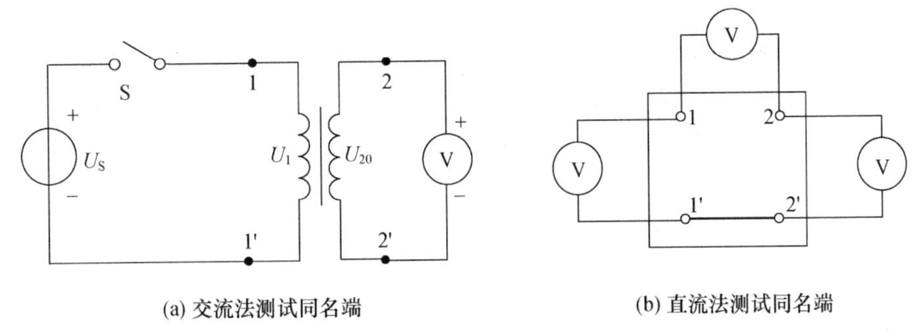

(a) 交流法测试同名端　　(b) 直流法测试同名端

图 13-7　变压器同极性端的测试方法

（2）交流法测试同名端。

① 按照图 13-7（b）所示接线。可在一次侧接交流电压源，电压的数值根据实验变压器的不同而选择合适的值。

② 电路原理图中 1′和 2′之间的黑色实线表示将变压器两侧的一对端子进行串联，可串接在两侧任意一对端子上。

③ 连接无误后接通电源。用电压表分别测量两绕组的一次侧电压、二次侧电压和总电压。如果测量结果为 $U_{12}=U_{11'}+U_{2'2}$，则导线相连的一对端子为异名端；若测量结果为 $U_{12}=U_{11'}-U_{2'2}$，则导线相连的一对端子为同名端。

④ 把测试结果填写在自制的表格中。

4. 问题与思考

（1）用直流法和交流法测得变压器绕组的同名端是否一致？为什么要研究变压器的同极性端？其意义如何？

（2）你能从变压器绕组引出线的粗细区分原、副绕组吗？

13.6　三相异步电动机的继电器——接触器控制

1. 实验目的

（1）熟悉按钮开关、交流接触器、热继电器的构造、工作原理和接线方法。

（2）掌握异步电动机的基本控制电路的连接方法。

2. 实验器材

三相异步电动机，1 台；开关按钮，3 个；交流接触器，2 个；万用表，1 块；导线，若干。

3. 实验内容与步骤

（1）找出交流接触器、按钮等控制电器，了解其结构及动作原理。

（2）在断开电源的情况下，用万用表判断交流接触器的线圈、常开触点及常闭触点对应的接线柱。检查接触器的常开和常闭触点时，可用手将其铁芯反复按下和松开，若触点接触良好，则应无接触电阻。

（3）根据电力网线电压和各相绕组的工作电压，正确选择定子绕组的连接方式，如图13-8所示。目前我国生产的三相异步电动机，功率在4 kW以下者一般采用星形接法，在4 kW以上者采用三角形接法。

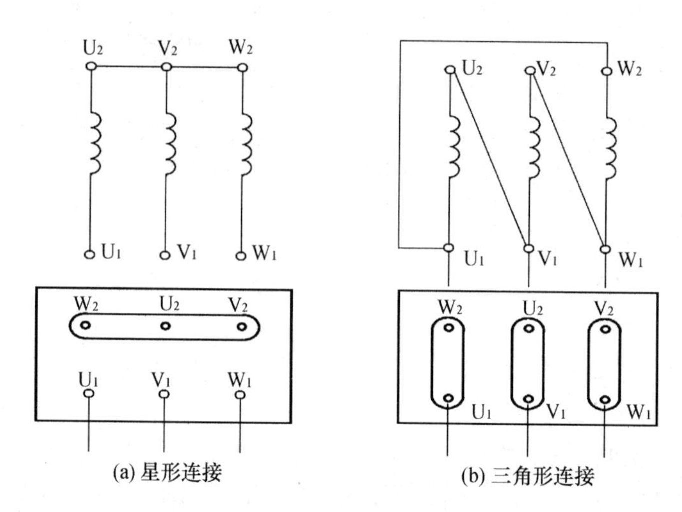

(a) 星形连接　　(b) 三角形连接

图13-8　定子绕组的连接

（4）异步电动机的直接启动控制。

① 仔细弄清楚图13-9（a）、（b）控制原理，在断电的情况下，按图接线，确保无误后，方可送电。观察交流接触器和电动机的动作情况。

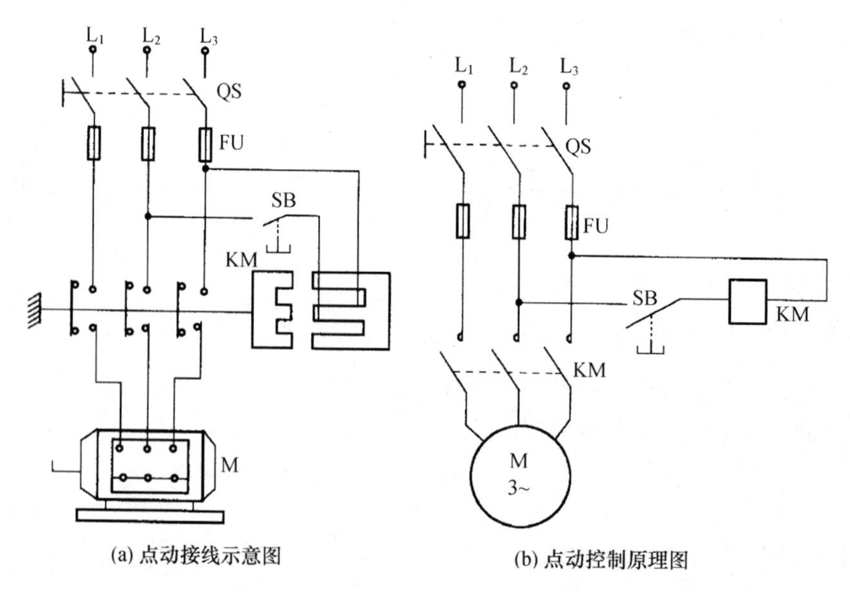

(a) 点动接线示意图　　(b) 点动控制原理图

图13-9　电动机的直接启动控制电路

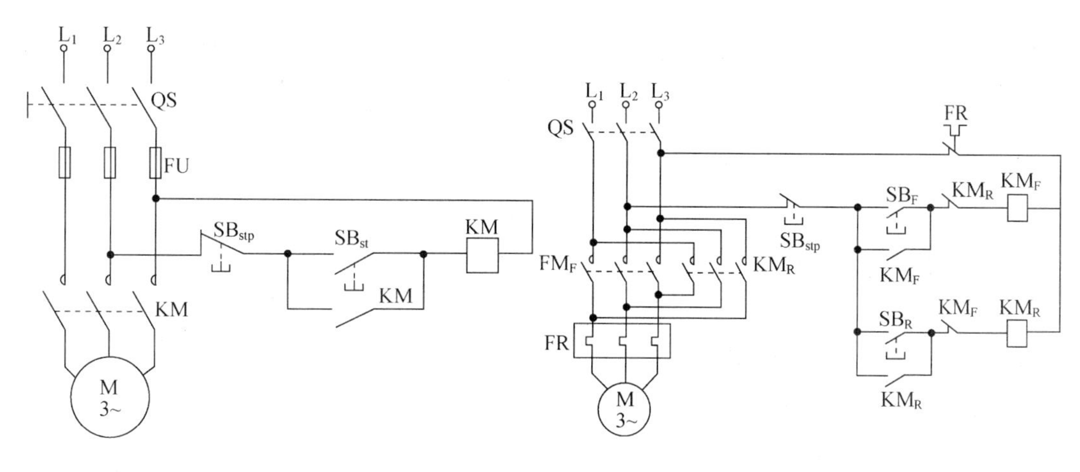

(c) 自锁控制原理图　　(d) 正反转控制原理图

图 13-9　电动机的直接启动控制电路（续）

② 在交流接触器上找出能够实现图 13-9（c）中自锁控制的触点，按图接线，确保无误后送电。观察自锁触点的作用。

③ 异步电动机的正反转控制。在断电的情况下，按图 13-9（d）接线，确保无误后送电。按下正转启动按钮 SB_F，若正常，可按停止按钮 SBstp；再按反转启动按钮 SB_R，电动机改变旋转方向。体会接触器的连锁控制作用。

注意，检查线路时，要先检查主电路，再检查控制回路。

4. 问题与思考

（1）简述点动控制和自锁控制操作过程及动作原理，说明自锁触点的作用。

（2）简述正反转控制的操作过程，解释自锁触点、连锁触点在线路中的作用。

13.7　二极管、三极管的识别和检测

1. 实验目的

（1）熟悉二极管、三极管的外形及引脚识别方法。

（2）学习使用万用表检测二极管、三极管。

2. 实验器材

直流稳压电源，1 台；万用表，1 块；二极管、三极管，若干；1 kΩ 电阻，1 只。

3. 实验内容与步骤

晶体二极管、三极管的测试主要包括判别晶体管的引脚及其类型，并对晶体管的参数进行估算。判别引脚和类型时，使用万用表的电阻挡测试。万用表的 R×10 K 挡的电源电压较高，一般为 $E_0 = 15$ V，采用该挡测试，易损坏晶体管；万用表其他电阻挡的电源电压

一般为 $E_0=1.5\text{ V}$，测试小功率晶体管时一般选 R×1 K 挡或 R×100 挡。

（1）用万用表测试二极管的方法。

将万用表置于 R×1 K 或 R×100 挡，调零后用表笔分别正向、反向接于二极管的两个引脚，分别测得大、小两个电阻值。其中较大的是二极管的反向阻值，较小的是二极管的正向阻值。测得正向阻值时，与黑表笔相连的是二极管的正极（万用表置欧姆挡时，黑表笔连接表内电池正极，红表笔连接表内电池负极），与红表笔相连的是二极管的负极。正向电阻越小、反向电阻越大的二极管的质量越好。如果一个二极管正、反向电阻相差不大，则必为劣质管。如果正、反向电阻值都是无穷大或都是零，则二极管已损坏，即二极管内部已断路或已被击穿短路。

（2）用万用表测试三极管的方法。

① 基极及管型的判断。

根据 PN 结单向导电性原理，首先假定 3 个电极中的某一电极为基极。用万用表的欧姆挡（R×100 或 R×1 K），黑表笔接假设的基极，红表笔分别去搭试另外两个电极，若测出两次的阻值都很小（或很大）；反之，表笔位置交换，测出两次的阻值都很大（或很小），则说明这个假定的基极是对的。前者是 NPN 型的，后者（括号中的）是 PNP 型的。如果不是这种对称的结果，则必须重新假设基极。3 个电极都假设完毕，也得不到这种结果，则说明这个管子是坏的。

② 集电极和发射极的判断。

确定了管型（如 NPN）和基极之后，根据放大原理，再假定余下的两个电极中的一个为集电极。用黑表笔接假设的集电极，红表笔去碰另一个电极（假定的发射极），如图 13-10 所示，这就相当于在 c 与 e 之间加上反向偏置；再用手捏住 b 与 c，这就相当于在 c、b 之间加上一个偏置电阻。根据放大原理，在输出回路就有很大的电流通过，万用表指针偏转很大（阻值很小）。反之，再假设另外一个电极为集电极，重复上述过程，如果指针偏转很小，则说明前一次假定是正确的。

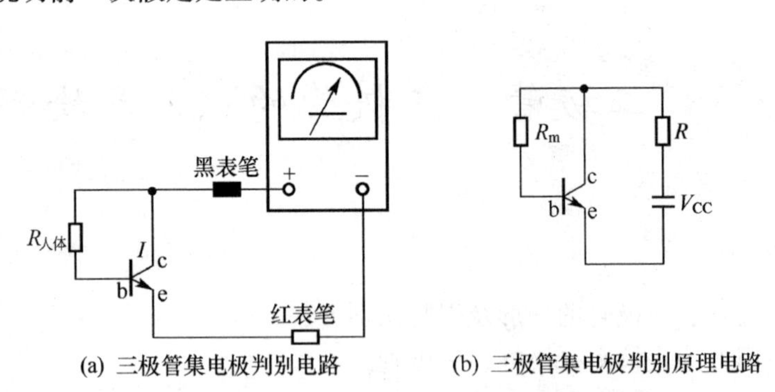

(a) 三极管集电极判别电路　　(b) 三极管集电极判别原理电路

图 13-10　判别三极管 c、e 电极原理图

③ 判断晶体三极管的好坏。

在已知管子类型和引脚的基础上，若分别测量两个 PN 结正向电阻及反向电阻都很大或指针基本不动，则说明 PN 结开路；若两个 PN 结正向电阻及反向电阻都很小或趋零，则说明 PN 结短路。这两种情况都说明管子已损坏。

4. 实验步骤

(1) 用万用表判别二极管极性及好坏。

用万用表的 R×1K 挡或 R×100 挡测量二极管的正、反向电阻，判断二极管的好坏，判别二极管的正、负极，并将所测数据填入表13-13中。

表13-13　二极管的检测

二极管型号	正向电阻		反向电阻		性能好坏
	R×100挡	R×1K挡	R×100挡	R×1K挡	

(2) 用万用表判别三极管的引脚、管型（NPN型和PNP型）及好坏。

① 用万用表的 R×1K 挡或 R×100 挡先判别三极管的基极和管型。

② 判别出集电极 c 和发射极 e。

③ 用万用表测试三极管的好坏，并将所测数据填入表13-14中。

表13-14　三极管的检测

型　号	3DG6	3AX31	3DA1
管　型			

5. 问题与思考

(1) 为什么用万用表不同电阻挡测二极管的正向（或反向）电阻值时，测得的阻值不同?

(2) 二极管的反向电阻阻值较大，有人在测量二极管的反向电阻时，为了使表笔与引脚接触良好，用两手分别把两个接触处捏紧，结果发现管子的反向电阻比实际值小得多，为什么?

13.8　常用电子仪器的使用

1. 实验目的

(1) 了解双踪示波器、低频信号发生器、晶体管毫伏表的原理和主要技术指标。

(2) 掌握用双踪示波器测量信号幅度、频率、相位和脉冲信号的有关参数。

(3) 掌握晶体管毫伏表的正确使用方法。

2. 实验器材

双踪示波器、低频信号发生器、双路稳压电源，各1台；晶体管毫伏表、数字式（或指针式）万用表，各1只。

3. 实验内容与步骤

（1）函数发生器的使用。

信号发生器是一个能产生正弦波、三角波、方波等波形的信号源。输出信号的频率、电压连续可调，供各种测量使用。

① 信号频率的调节方法。

按下实验台右上方的“电源开关”，配合函数发生器单元上的“频率细调”、“频率粗调”旋钮，可以输出一定频率的正弦信号。根据“频率范围”旋钮指示的波段和“频率调节”旋钮指示的刻度，就可读出频率的数值。

② 信号幅度的调节方法。

调节“衰减”（0 db、－20 dB、－40 dB、－60 dB）波段开关和“幅度调节”旋钮，便可在输出端得到所需的电压，其输出为0～5 V 范围。具体的输出幅值可用晶体管毫伏表测得。

（2）毫伏表的使用。

① 毫伏表的使用方法。

晶体管毫伏表是一种用于测量正弦电压有效值的电子仪器，它有输入阻抗高、灵敏度高以及可使用频率高等优点。

在用晶体管毫伏表测量电压时，为避免接入被测信号后使表头过载，应先将毫伏表“量程”旋钮置于大量程挡；接入被测电压后，再逐次向小量程挡旋动。为了达到读数精确，一般要求指针指示在满刻度的1/3 以上。

毫伏表接于被测信号时，应先接“接地”端，然后再接“非接地”端。测量结束时，应按相反顺序取下。不测量时，应将两输入短接或置于1 V 以上的量程。

② 用毫伏表测量电压。

将信号源输出衰减放在0 dB，调节输出细调旋钮，使电压为2 V，频率调到1 000 Hz，用毫伏表测量；然后改变衰减倍数，分别测出输出电压，计算衰减倍数并填于表13-15 中。

表13-15　毫伏表数据测量

输出衰减/dB	0	－20	－40	－60
毫伏表指示				
电压衰减倍数				

（3）示波器的使用。

① 使用前的检查与校准。

先将示波器面板上各键置于如下位置：“显示方式”置“X—Y”；“极性”选择位于“＋”；“触发源式”置于“内触发”；“DC，GND，AC”置于“AC”；“自动，常态，TV. V，TV. H”开关位于“自动”位置；“微调，V/div”置“校准”和“0. 2 V/div”挡。然后用同轴电缆将示波器校准信号输出端与CH1 通道的输入端相连，开启电源后，示波器屏幕上应显示出0. 5 $V_{P\text{-}P}$、周期为1 ms 的方波。调节“辉度”、“聚焦”和“辅助聚焦”各旋钮，使观察到的波形细而清晰，调节亮度旋钮于适中位置。

② 交流信号电压幅值的测量。

使低频信号发生器信号频率为1 kHz、信号有效值为3 V，适当选择示波器灵敏度选择开关“V/div”的位置（微调置“校准”），使示波器上能观察到完整、稳定的正弦波，则此时表示纵向坐标每格代表的电压伏特数，根据被测波形在纵向高度所占格数便可读出电压的数值。将信号发生器的分贝衰减置于表13-16中要求的位置，并将所测结果记入其中。

表13-16　交流信号电压幅值的测量

输出衰减/dB	0	-20	-40	-60
示波器V/div位置				
峰—峰波形高度/div				
峰—峰电压/V				
电压有效值/V				

注意，若使用10∶1探头时，应将探头本身的衰减量考虑进去。

③ 用示波器测量信号周期和频率。

将示波器的“t/div微调”旋钮置于“校准”，此时，扫描速率开关“t/div”所置刻度值表示屏幕横向坐标每格所表示的时间值。根据被测信号波形在横向所占的格数直接读出信号的周期，若要测量频率只需将被测的周期求倒数即为频率值。按表13-17所示频率，由信号发生器输出信号，用示波器测出其周期，计算频率，并将所测结果与已知频率比较。

表13-17　信号周期和频率测量

信号频率/kHz	1	5	10	100
扫描速度/(t/div)				
一个周期占有水平格数				
测得的信号频率/kHz				
测得的信号周期/μs				

注意，信号发生器和示波器的接地端需接到一起，否则可能造成电路局部短路。示波器CH1与CH2通道的接地端内部是相连的。

④ 交流信号相位差的测量。

测量两个相同频率信号之间的相位关系时，使“显示方式”开关置“交替”或“断续”工作状态，触发信号取自Y_B通道，以测量两个信号的相位差。

如图13-11（a）所示被测波形，一个周期的波形在横坐标刻度上占8格（div），这时每一格相应为360°/8 = 45°，其相位差计算公式为

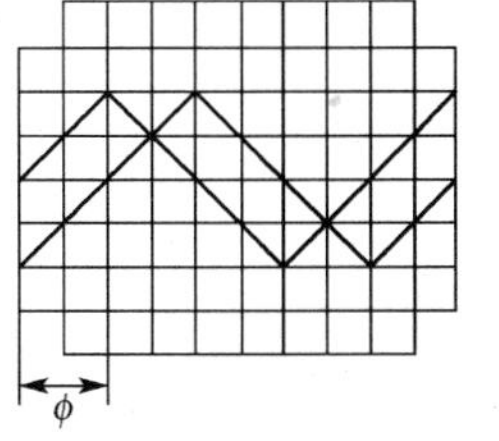
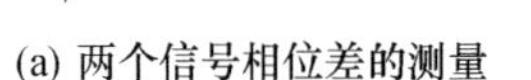

(a) 两个信号相位差的测量

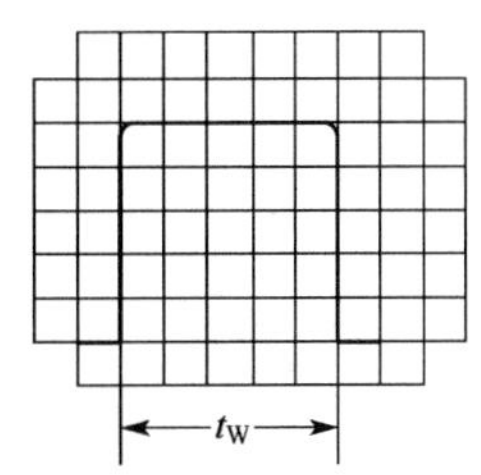

(b) 脉冲信号宽度的测量

图13-11　相位差和信号宽度测量

$$\varphi = 45°/\text{div} \times \varphi\ (\text{div}) = 45° \times 2 = 90°$$

⑤ 脉冲信号宽度的测量。

脉冲宽度的测量：首先通过示波器的移位旋钮将脉冲波形移至屏幕中心，然后调节“t/div”开关，使其在 X 轴方向基本占据整数格。

例如，图13-11（b）中t/div为1 ms/div，求得脉宽 t_w 为

$$t_w = 1\ \text{ms/div} \times 5\ \text{div} = 5\ \text{ms}$$

4. 问题与思考

（1）用示波器或毫伏表测量信号发生器输出电压时，测试线上的红夹子和黑夹子应怎样连接？如果互换使用，会有什么现象？

（2）用交流电压表测量交流电压时，信号频率的高低对读数有无影响？

（3）用示波器观察波形时，要达到如下要求，应调节哪些旋钮？

① 波形清晰。

② 波形稳定。

③ 改变波形个数。

（4）用示波器观察正弦波时，若屏幕上出现如图13-12所示的现象时，是哪些开关和旋钮位置不对？如何调节？

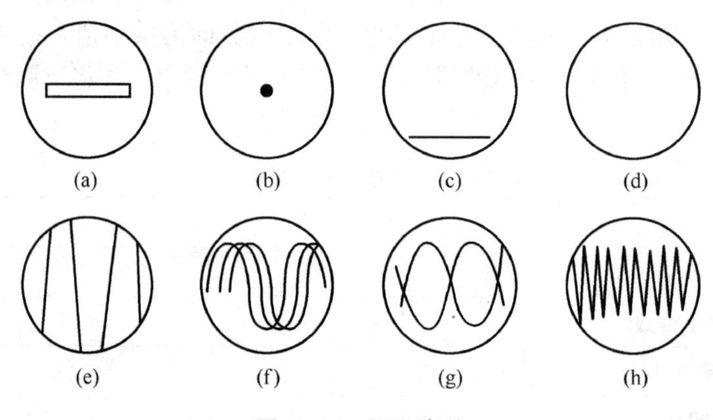

图13-12　显示波形

13.9　整流与滤波电路的连接与测试

1. 实验目的

（1）熟悉二极管的作用。

（2）加深理解整流、滤波电路的作用和特性。

2. 实验器材

指针式万用表，1个；双踪示波器，1台；二极管（4007），4只；电容470 μF、35 V，1个；电阻510 Ω、电位器1 kΩ，各1只；导线，若干。

3. 实验内容与步骤

（1）二极管的识别与检测。

连接电路前，用万用表 R×100 挡或 R×1 K 挡测其正、反向电阻，判断实验用的二极管（4007）、电容的好坏。

（2）按图13-13连接电路，检查无误后进行通电测试，并将万用表测出的电压值记录于表13-18中，示波器观测到的波形绘于图13-14中。

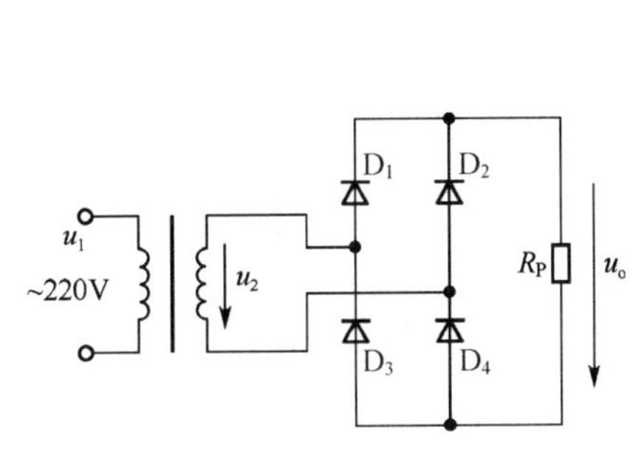

图13-13 桥式整流电路

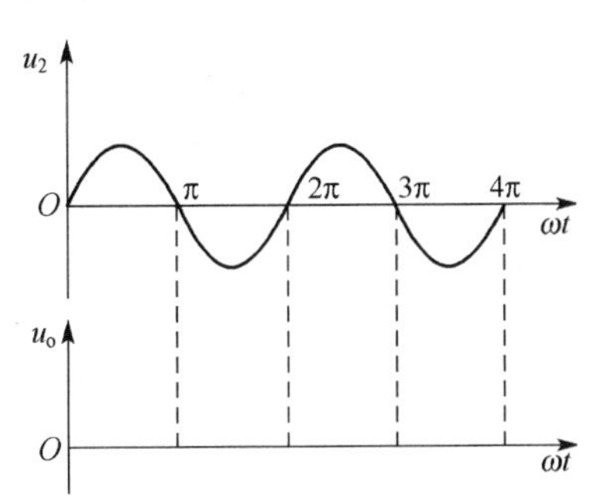

图13-14 输入/输出电压波形

表13-18 桥式整流电路测试

变压器输出电压 U_2/V	整流输出电压 u_o/V	
	估算值	测量值

（3）按图13-15所示连接整流滤波电路，检查无误后，通电测试。测试滤波输出电压 u_o 和变压器副边电压 U_2，并记录于表13-19中，将观察到的波形绘于图13-16中。

表13-19 桥式整流滤波电路测试

变压器输出电压 U_2/V	滤波输出电压 u_o/V	
	测量值	估算值

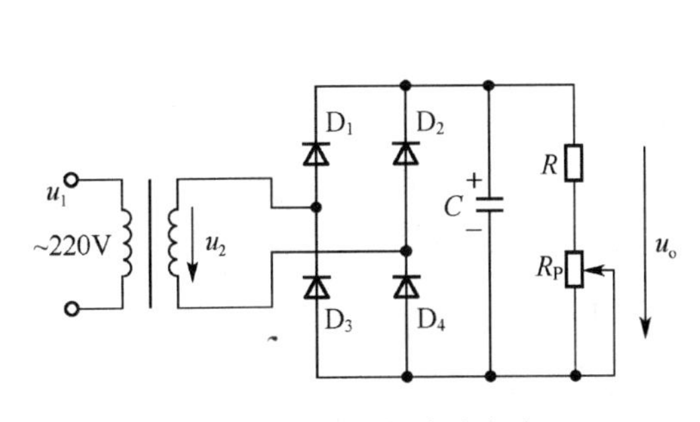

图13-15 整流与滤波电路

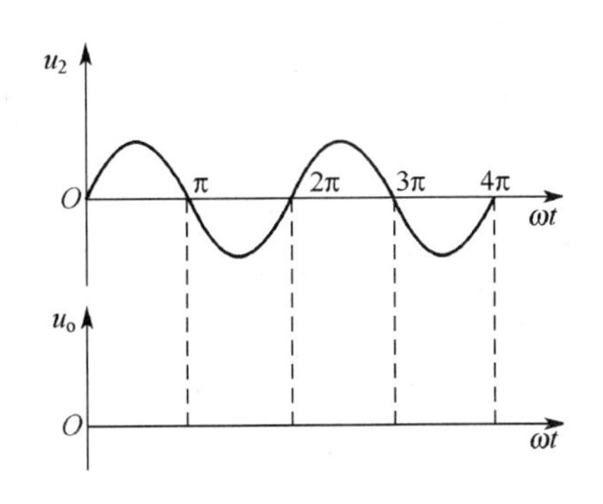

图13-16 输入/输出电压波形

4. 问题与思考

（1）整理各项测试数据，记录观察到的波形图。

（2）分析估算值与测量值产生误差的原因。

13.10　晶体管共发射极放大电路的调试与性能测试

1. 实验目的

（1）掌握电路的连接方法。

（2）掌握晶体管放大电路静态工作点的测试方法，了解静态工作点的设置对非线性失真的影响。

（3）掌握晶体管放大电路动态指标的测试方法。

2. 实验器材

信号发生器、直流稳压电源、示波器，各1台；毫伏表、万用表，各1块；晶体三极管3DG6、电位器，各1只；电阻、电容，若干。

3. 实验原理

如图13-17所示为电阻分压式共发射极单管放大电路。

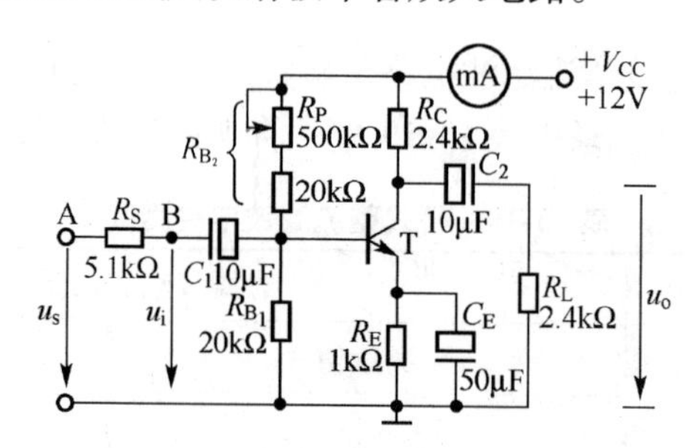

图13-17　共发射极单管放大电路

（1）放大器静态工作点的测量与调试。

① 静态工作点的测量。

测量放大器的静态工作点，应在输入信号 $u_i=0$ 的情况下进行，即将放大器输入端与地短接，然后选用量程合适的直流毫安表和直流电压表，分别测量晶体管的集电极电流 I_C 以及各电极对地的电位 U_B、U_C、U_E。一般实验中，为了避免断开集电极，常采用测量 U_E 或 U_C，然后算出 I_C 的方法。例如，只要测出 U_E，即可用 $I_C \approx I_E = \frac{U_E}{R_E}$ 算出 I_C，同时也能算出 $U_{BE}=U_B-U_E$。

② 静态工作点的调试。

改变电路参数 U_{CC}、R_C、R_B、（R_{B_1}、R_{B_2}）都会引起静态工作点的变化。通常多采用调节偏置电阻 R_{B_2}的方法来改变静态工作点。

（2）放大器动态指标测试。

① 电压放大倍数 A_u 的测量。

调整放大器到合适的静态工作点，然后加入输入电压 u_i，在输出电压 u_o 不失真的情况下，用交流毫伏表测出 u_i 和 u_o 的有效值 U_i 和 U_o，则 $A_u=\dfrac{U_o}{U_i}$。

② 输入电阻 R_i 的测量。

为了测量放大器的输入电阻，按如图13-18所示电路，在被测放大器的输入端与信号源之间串入一个已知电阻 R。在放大器正常工作的情况下，用交流毫伏表测出 U_S 和 U_i。根据输入电阻的定义，可得

$$R_i=\frac{U_i}{I_i}=\frac{U_i}{\dfrac{U_R}{R}}=\frac{U_i}{U_S-U_i}R$$

③ 输出电阻 R_o 的测量。

按图13-18电路，在放大器正常工作的条件下，测出输出端不接负载 R_L 的输出电压 U_o 和接入负载后的输出电压 U_L。根据 $R_o=\left(\dfrac{U_o}{U_L}-1\right)R_L$，即可求出 R_o。

在测试时，要保证 R_L 接入前后输入信号的大小不变。

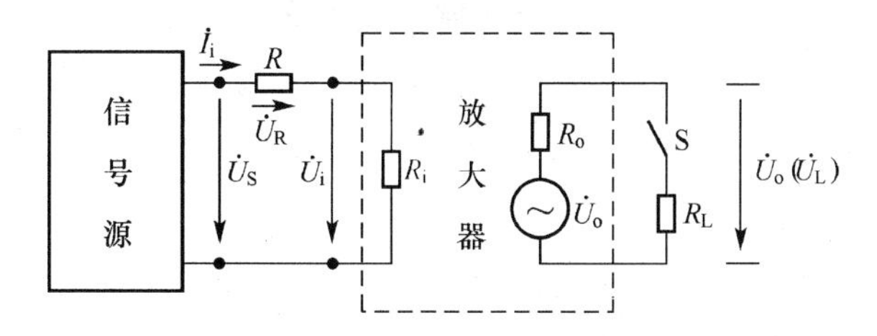

图13-18　输入、输出电阻测量电路

④ 最大不失真输出电压 U_{opp}的测量。

为了得到最大动态范围，应将静态工作点调在交流负载线的中点。在放大器正常工作时，逐步增大输入信号的幅度，并同时调节 R_w，用示波器观察 u_o，当输出波形同时出现削底和缩顶现象时，说明静态工作点已调在交流负载线的中点。然后反复调整输入信号，使波形输出幅度最大，且无明显失真时，由示波器直接读出 U_{opp}来，或用毫伏表测出 U_o，则动态范围等于 $2\sqrt{2}U_o$。

4. 实验内容与步骤

（1）调试静态工作点。

按图13-17连接电路。接通电源前，先将 R_W 调至最大，令 $u_i=0$；接通 +12 V 直流电源，用万用表校正，然后加到电路上（上正下负）。调整 R_W 使 $U_E=2$ V，测此时 U_B、U_C、U_E、R_{B_2}，并将数据填入表13-20中。

表13-20　静态工作点的测量

测量值				计算值		
U_B/V	U_E/V	U_C/V	R_{B_2}/kΩ	U_{BE}/V	U_{CE}/V	I_C/mA

（2）测量电压放大倍数。

在放大器输入端加入$f=1\,000$ Hz，$U_i=10$ mV的信号，用示波器观察放大器输出电压u_o的波形。在波形不失真的条件下，用毫伏表测出u_o的有效值，计算电压放大倍数A_u，并用双踪示波器观察u_o和u_i的相位关系。将数据填入表13-21中。

表13-21　电压放大倍数测量

R_C/kΩ	R_L/kΩ	U_o/V	A_u	观察记录一组u_o和u_i波形
2.4	∞			
1.2	∞			
2.4	2.4			

（3）观察静态工作点对输出波形的影响。

置$R_C=2.4$ kΩ，$R_L=2.4$ kΩ，$u_i=0$，调节R_W使$U_E=2$ V，测出U_{CE}值。再逐步加大输入信号，使输出电压足够大但不失真，然后保持输入信号不变，分别增大和减小R_W，使波形出现失真，绘出u_o波形，并且测出失真时的I_C和U_{CE}的值。分析失真原因，并将数据填入表13-22中。测I_C和U_{CE}时，要将信号源的旋钮旋至零。

表13-22　静态工作点对波形影响

U_{CE}/V	I_C/mA	u_o波形	失真情况	管子工作状态
	2.0			

（4）测量输入电阻和输出电阻。

调整R_W，使$U_E=2$ V，在输出电压u_o不失真的条件下，用毫伏表测出u_s、u_i、u_L的有效值。保持u_s不变，断开R_L，测量输出电压u_o的有效值。计算R_i、R_o的值，将数据填入表13-23中。

表13-23　输入电阻和输出电阻测试

U_S/mV	U_i/mV	R_i/kΩ		U_L/V	U_o/V	R_o/kΩ	
		测量值	计算值			测量值	计算值

（5）测量最大不失真输出电压。

同时调节电位器R_W和输入信号幅度，用示波器观察输出电压u_o的波形。当u_o同时出现削底和缩顶现象时，用示波器直接读出U_{opp}的值；或用交流毫伏表测出U_o，则动态范围等于$2\sqrt{2}U_o$。记录结果。

5. 问题与思考

（1）讨论 R_b 的变化对静态工作点 Q、放大倍数 A_u 及输出波形失真的影响，说明静态工作点的意义。改变静态工作点对放大器的输入电阻 R_i 有无影响？改变外接电阻 R_L 对输出电阻有无影响？外接电阻 R_L 的改变对放大器电压放大倍数 A_u 有无影响？

（2）如图 13-19 所示 3 种波形是什么失真？是怎么引起的？如何解决？

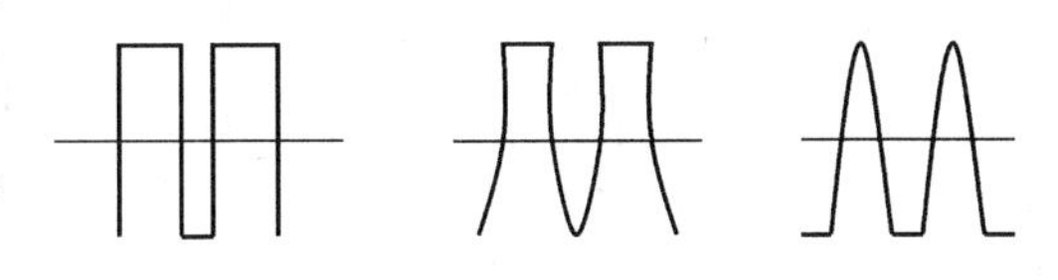

图 13-19　三种波形

13.11　基本运算电路的应用与测试

1. 实验目的

（1）了解集成运算放大器的外形特征、引脚设置及其基本外围电路的连接。

（2）通过反向比例运算电路、加法运算电路及减法运算电路输出、输入之间关系的测试，了解集成运放基本运算电路的功能。

（3）了解集成运算放大器在实际应用时应考虑的问题。

2. 实验器材

示波器、信号发生器，各 1 台；毫伏表、万用表、面包板，各 1 块；LM741，1 块；电位器，1 只；电阻、电容，若干。

3. 实验原理电路

本实验采用的 LM741 集成运放的外引脚排列顺序及符号如图 13-20 所示。

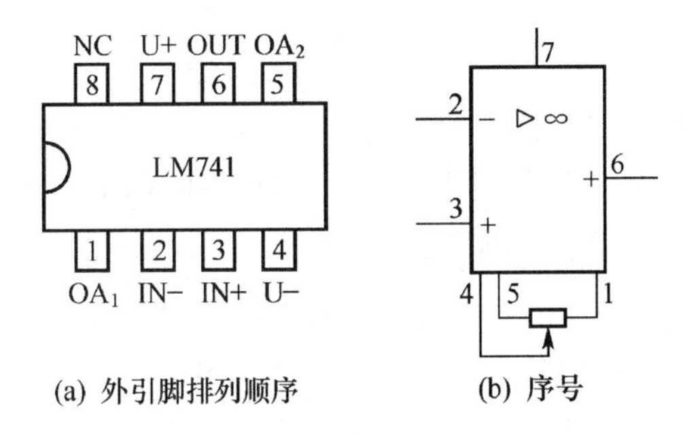

(a) 外引脚排列顺序　　(b) 序号

图 13-20　LM741 的引脚排列及序号

1，5—调零端；2—反向输入端；3—同相输入端；4—电源电压负端；6—输出端；7—电源电压正端；8—未用

集成运放依外接元件连接的不同，可以构成比例放大、加法、减法、微分、积分等多种数学运算电路。本实验采用反相比例运算、反相加法运算和减法运算，电路如图 13-21 所示。

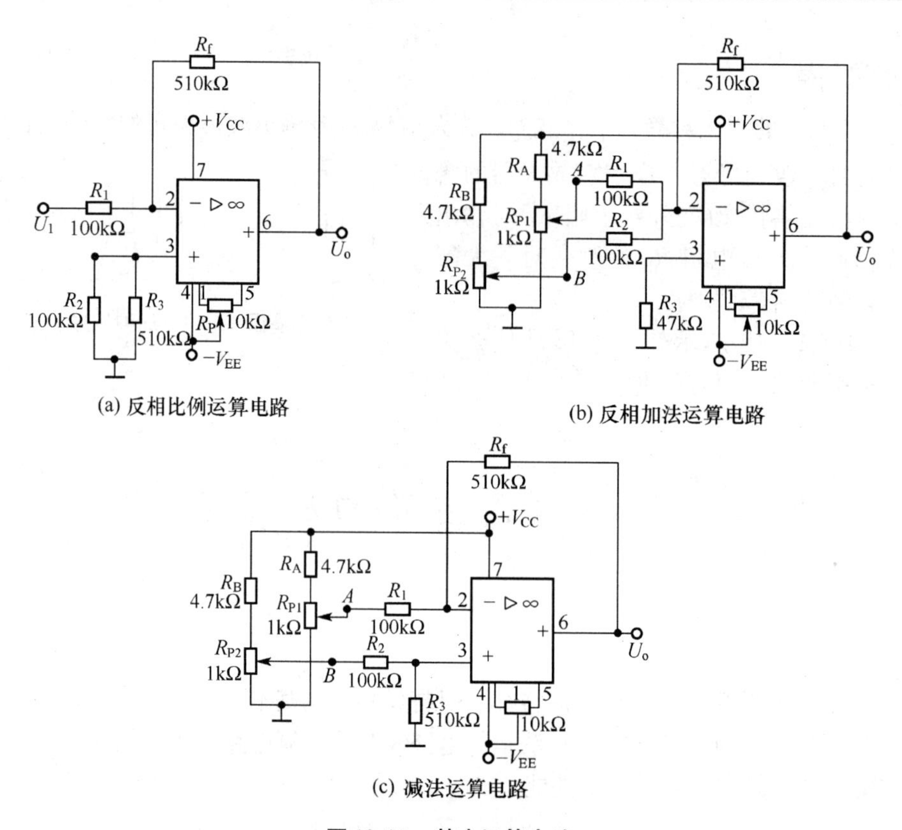

(a) 反相比例运算电路

(b) 反相加法运算电路

(c) 减法运算电路

图 13-21　基本运算电路

4. 实验内容与步骤

（1）反相比例运算电路测试。

按图 13-21（a）连接电路，确定无误后，接入 ±15 V 直流稳压电源。首先对运放电路进行调零，即令 $U_i=0$；再调整调零电位器 R_P，使输出电压 $U_o=0$。

① 按表 13-24 指定的电压值输入不同的直流信号 U_i，分别测量对应的输出电压 U_o，并计算出电压放大倍数。

② 将输入信号改为 $f=1\,\text{kHz}$、$U_i=200\,\text{mV}$ 的正弦交流信号，用示波器观察输入、输出信号波形。分析其是否满足上述反相比例关系。

③ 把 R_1、R_2 换成 51kΩ，其余条件不变，重复上述（1）、（2）步的内容。

④ 把 R_1、R_2、R_3、R_4 均接成 100kΩ，其余条件不变，重复上述（1）、（2）步的内容。

表 13-24　反相比例运算电路数据测量

U_i/mV	$R_1=100\text{k}\Omega$			$R_1=51\text{k}\Omega$			$R_1=R_f=100\text{k}\Omega$		
	U_o	U_o	A_u	U_o	U_o	A_u	U_o	U_o	A_u
	计算值	**实测值**	**实测值**	**计算值**	**实测值**	**实测值**	**计算值**	**实测值**	**实测值**
100									
200									
300									
−100									

（2）反相加法运算电路测试。

按图 13-21（b）连线。先调零，后调节 R_{P_1}、R_{P_2}，使 U_A、U_B 为表 13-25 中的数值，分别测量对应的输出电压 U_o 并填入表 13-25 中。

表 13-25　反相加线运算电路数据测量

U_A/mV	50	100	200	300
U_B/mV	80	200	400	500
U_o 计算值				
U_o 实测值				

（3）减法运算电路测试。

按图 13-21（c）连线。先调零，后调节 R_{P_1}、R_{P_2}，使 U_A、U_B 为表 13-26 中的数值，分别测量对应的输出电压 U_o 并填入表 13-26 中。

表 13-26　减法运电路数据测量

U_A/mV	50	100	200	800
U_B/mV	180	200	300	1200
U_o 计算值				
U_o 实测值				

5. 问题与思考

（1）运放两个输入端为什么要平衡？

（2）在集成运放的运算电路中，为什么其输出、输入之间关系仅由外接元件决定，而与运放本身的参数无关？

13.12　TTL 集成门电路逻辑功能的测试

1. 实验目的

（1）认识各种组合逻辑门集成芯片及其各管脚功能情况。

（2）初步掌握正确使用数字电路实验系统。

（3）进一步熟悉各种常用门电路的逻辑符号及逻辑功能。

2. 实验器材

逻辑电平开关、集成块插座，各 1 只；综合电工实验台、导线，若干；74LS08、74LS04、74LS00、74LS32、74LS86、74LS02，各 1 片。

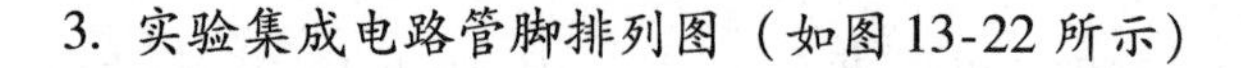

3. 实验集成电路管脚排列图（如图13-22所示）

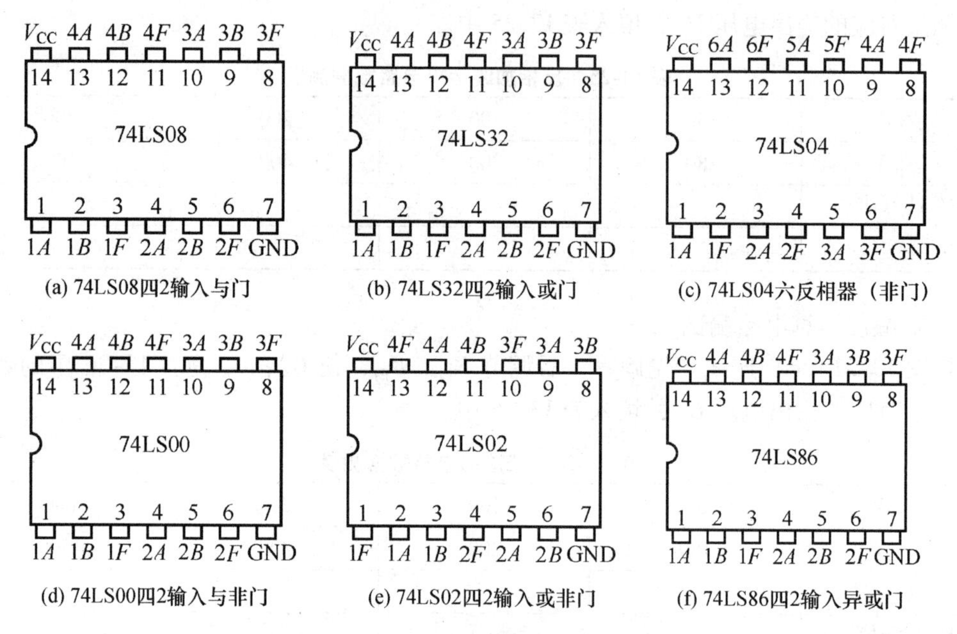

(a) 74LS08四2输入与门　(b) 74LS32四2输入或门　(c) 74LS04六反相器（非门）

(d) 74LS00四2输入与非门　(e) 74LS02四2输入或非门　(f) 74LS86四2输入异或门

图13-22　实验集成电路管脚排列图

4. 实验内容与步骤

（1）把待测集成电路芯片插入集成块插座。插入时注意管脚位置不能插反，否则将造成集成电路烧损的事故。

（2）电路芯片上一般集成多个门，测试功能时只需对其中一个门测试就行了。

（3）集成电路芯片上逻辑门的输入 A、B 应接于逻辑电平开关上，当电键打向上时输出为高电平“1”，向下则为低电平“0”，输出的逻辑电平作为逻辑门电路的输入信号。

（4）让待测逻辑门的输出端（F端）与LED输入电平相连，把待测门电路的输出端子插入逻辑电平输入的任意一个插孔内。当输出为高电平“1”时，插孔上面的LED发光二极管亮；如果输出为低电平“0”，插孔上面的LED发光二极管不亮。

（5）输入、输出全部连接完毕后，把芯片上的“地”端与电源“地”相连，把芯片上的正电源端与“+5 V”直流电源相连。这时才能验证逻辑门的功能（例如与门）。

① 输入端 A 和 B 均输入低电平“0”，观察输出发光管的情况，记录于表13-27中；

② A 输入“0”、B 输入“1”，观察输出发光管情况，记录于表13-27中；

③ A 输入“1”、B 输入“0”，观察输出发光管情况，记录于表13-27中；

④ A 输入“1”、B 输入“1”，观察输出发光管情况，记录于表13-27中。

将四组输入情况分别输入，观察输出发光管的情况，记录下来；根据检测结果得出结论（例如与门功能为“有0出0，全1出1”）。

（6）以下各逻辑门的功能测试均按上述要求检测，逐个得出结论，并记录于表13-27中。

表 13-27　各类门电路逻辑功能测试记录

输入		输出					
		与门	或门	非门	与非门	或非门	异或门
B（K2）	A（K1）	$F=A\cdot B$	$F=A+B$	$F=\overline{A}$	$F=\overline{A\cdot B}$	$F=\overline{A+B}$	$F=A\oplus B$
0	0						
0	1						
1	0						
1	1						

5. 问题与思考

（1）欲使一个异或门实现非逻辑，电路将如何连接？

（2）你能用两个与非门实现与门功能吗？

13.13　触发器

1. 实验目的

（1）通过实验了解和熟悉常用集成触发器的管脚功能及其连线。

（2）进一步理解和掌握常用集成触发器的逻辑功能及其应用。

2. 实验器材

+5 V 直流电源；单次时钟脉冲源；逻辑电平开关；逻辑电平显示器；74LS74 双 *D* 集成芯片；74LS112 双 *JK* 集成芯片；74LS00 与非门集成芯片，各 1 只；相关实验设备及连接导线若干。

3. 实验内容与步骤

（1）基本 *RS* 触发器。

由两个与非门的交驻耦合构成的基本 *RS* 触发器，它是无时钟控制低电平直接触发的触发器。基本 *RS* 触发器具有“0”、置“1”和“保持”三种功能。本实验选用 74LS00。74LS00 的引线如图 13-23（a）所示，组成基本 *RS* 触发器如图 13-23（b）所示。两个直接置“0”和置“1”端分别接逻辑电平的输出插口，两个互非的输出端分别接逻辑电平显示输入插口，把测试情况记录在表 13-28 中。

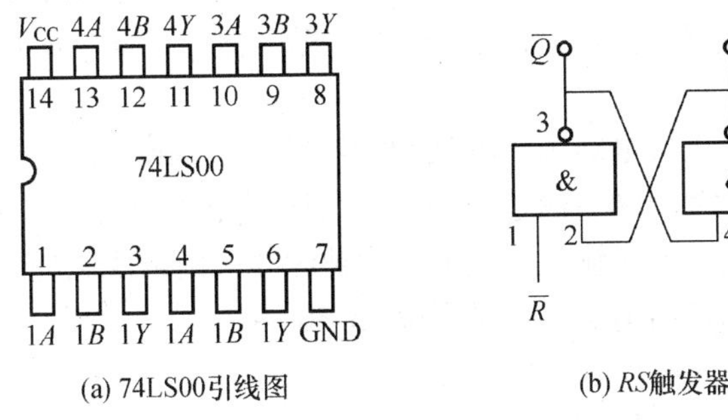

(a) 74LS00引线图　(b) *RS*触发器

图 13-23　74LS00 引线及基本 *RS* 触发器

表13-28 基本 RS 触发器功能测试

$\overline{R}_D$	$\overline{S}_D$	Q	$\overline{Q}$
1	1→0		
	0→1		
1→0	1		
0→1			
0	0		

（2）D 触发器。

D 触发器的应用很广，可供作数字信号的寄存、移位寄存、分频和波形发生等。其特性方程为：$Q^{n+1}=D$。本实验选用74LS74（上升沿触发，引线如图13-24所示）。测试 D 触发器的功能时只需对集成电路中标号相同的其中之一进行连接测试即可。输入均与逻辑电平输出插口相连，输出与逻辑电平显示输入插口相连，时钟脉冲连接单次脉冲源，分别观察上升沿和下降沿到来时的情况，记录在表13-29中。

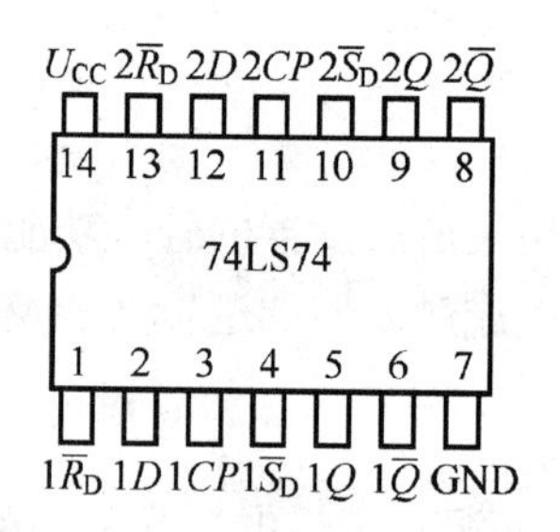

图13-24 74LS74的引脚排列图

表13-29 D 触发器功能测试

D	CP	Q^{n+1}	
		$Q^n=0$	$Q^n=1$
0	↑		
	↓		
1	↑		
	↓		

（3）把 D 触发器的 $\overline{Q}$ 端与 D 端相连，构成 T' 触发器，重复上述测试，记录下来。

（4）JK 触发器。

本实验采用74LS112集成电路芯片测试 JK 触发器的逻辑功能，其管脚排列如图13-25所示。让集成电路74LS112中同一标号的一个 JK 触发器的输入端接于逻辑电平输出插口，两个互非输出接到逻辑显示电平输入插口上，时钟脉冲采用单次脉冲源，分别观察上升沿和下降沿到来时触发器的输出情况，记录在表13-30中。

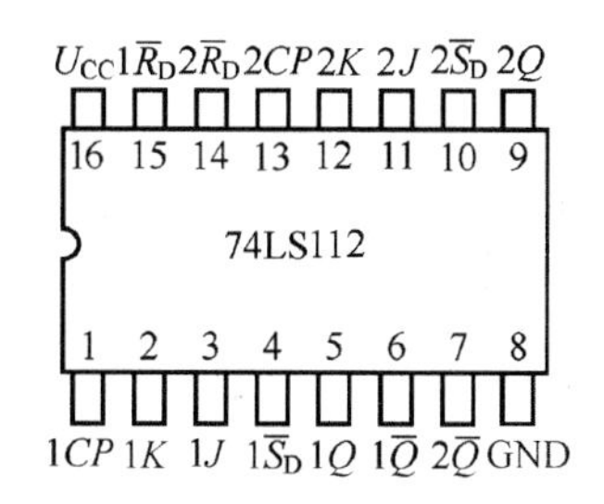

图 13-25　74LS112 的引脚排列图

表 13-30　*JK* 触发器功能测试

J　*K*	*CP*	Q^{n+1}	
		$Q^n=0$	$Q^n=1$
0　0	↓		
	↑		
0　1	↓		
	↑		
1　0	↓		
	↑		
1　1	↓		
	↑		

（5）把 *JK* 触发器的 *J*、*K* 两端子连接在一起构成 *T* 触发器再进行测试，恒输入“1”时又可构成 T′触发器，分别测试观察其输出，记录下来。

（6）将 *JK* 触发器的 $\overline{R}_D$、$\overline{S}_D$ 和 *J*、*K* 输入端都接高电平。这时触发器工作于计数状态，*CP* 端加入频率为 1 kHz 的连续脉冲，用示波器双踪观察输出 *CP* 和输出 *Q* 端的波形并记录。观察 *Q* 与 *CP* 之间的频率关系和触发器的状态和翻转的时间，画出计数器输入、输出波形图。

4. 问题与思考

（1）用可组成数据开关的逻辑电平输出电键能否作为触发器的时钟脉冲信号？为什么？

（2）用普通的机械开关能否作为触发器输入信号端？为什么？

13.14　计数器及译码显示电路

1. 实验目的

（1）了解中规模集成计数器 74LS290 的逻辑功能和使用方法。

（2）学习中规模集成显示译码器和数码显示器配套的使用方法。

2. 实验器材

直流稳压电源（0～12 V）、低频信号发生器、双踪示波器，各1台；万用表，1只；二—五—十进制异步计数器（74LS290）、七段显示译码器（74LS247，低电平有效）、BCD七段数码管（BS204，共阳极），各1片。

3. 实验原理

（1）二—五—十进制异步计数器74LS290的外引线排列如图13-26所示，其内部是由4个下降沿JK触发器组成的2个独立计数器。其中一个为二进制计数器，$\overline{CP_0}$为时钟脉冲输入端，Q_0为输出端；另一个是异步五进制计数器，$\overline{CP_1}$为时钟脉冲输入端，Q_3、Q_2、Q_1、Q_0为输出端。R_{0A}、R_{0B}为异步复位（清零）端，S_{9A}、S_{9B}为异步置“9”端。其功能参见表13-31。

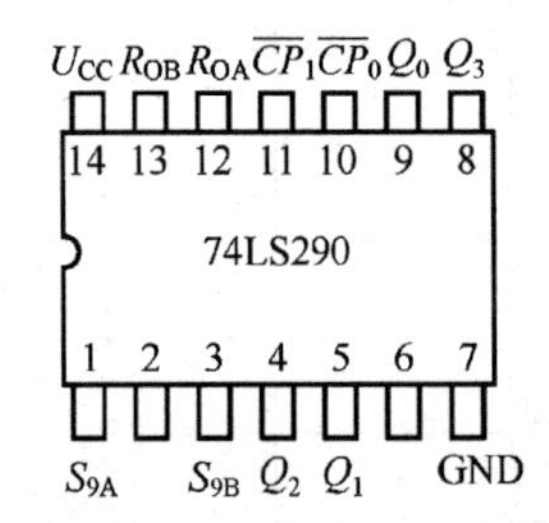

图13-26　74LS290的外引脚排列

表13-31　74LS290功能表

输入端				输出端			
复位端		置9端		Q_3	Q_2	Q_1	Q_0
R_{0A}	R_{0B}	S_{9A}	S_{9B}				
1	1	0	×	0	0	0	0
1	1	×	0	0	0	0	0
×	×	1	1	1	0	0	1
0	×	0	×	计　　数			
×	0	×	0				
0	×	×	0				
×	0	0	×				

（2）TTL显示译码器及相应的数码显示器有共阳、共阴两种结构。它们配套使用时必须采用相同的共阳或共阴器件。本次实验采用共阳接法的BCD七段显示译码器74LS247和共阳极LED七段数码管BS204。

74LS247BCD七段显示译码器的外引线排列如图13-27所示，其功能表参见表13-32。它有4个译码地址输入端（A_0、A_1、A_2、A_3）和7个输出端（$\overline{Y_a}$、$\overline{Y_b}$、$\overline{Y_c}$、$\overline{Y_d}$、$\overline{Y_e}$、$\overline{Y_f}$、$\overline{Y_g}$，低电平有效），输出端以低电平驱动共阳极LED数码管使其相应字段发光。

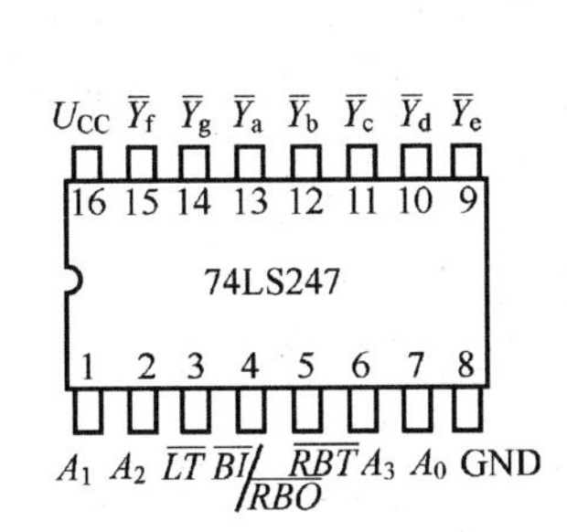

图 13-27　74LS247 BCD 七段显示译码器的外引线排列

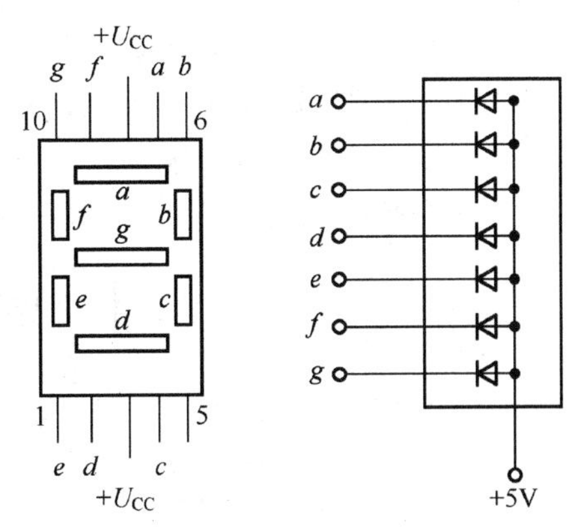

图 13-28　BS204 共阳 LED 七段数码管

共阳极 LED 七段数码管 BS204 的引脚排列如图 13-28 所示。该数码管正常工作时每段电流约为8 mA，所以与显示译码器配套使用时应在二者之间串联 510 Ω 的限流电阻。

表 13-32　74LS247 BCD 七段显示译码器功能表

十进制功能	输入端							输出端							字形
	$\overline{LT}$	$\overline{RBI}$	$\overline{BI}/\overline{RBO}$	A_3	A_2	A_1	A_0	$\overline{Y}_a$	$\overline{Y}_b$	$\overline{Y}_c$	$\overline{Y}_d$	$\overline{Y}_e$	$\overline{Y}_f$	$\overline{Y}_g$	
灭灯	×	×	0	×	×	×	×	1	1	1	1	1	1	1	全灭
试灯	0	×	1	×	×	×	×	0	0	0	0	0	0	0	8
0	1	1	1	0	0	0	0	0	0	0	0	0	0	1	0
1	1	×	1	0	0	0	1	1	0	0	1	1	1	1	1
2	1	×	1	0	0	1	0	0	0	1	0	0	1	0	2
3	1	×	1	0	0	1	1	0	0	0	0	1	1	0	3
4	1	×	1	0	1	0	0	1	0	0	1	1	0	0	4
5	1	×	1	0	1	0	1	0	1	0	0	1	0	0	5
6	1	×	1	0	1	1	0	0	1	0	0	0	0	0	6
7	1	×	1	0	1	1	1	0	0	0	1	1	1	1	7
8	1	×	1	1	0	0	0	0	0	0	0	0	0	0	8
9	1	×	1	1	0	0	1	0	0	0	0	1	0	0	9

（3）如图 13-29 所示是 8421BCD 码十进制计数译码显示器电路接线图。图中 74LS290 的置 9 端、复位端分别接 0-1 逻辑开关 S_1～S_4，时钟脉冲 $\overline{CP}$ 端接手动正极性单次脉冲源，输出端 Q_3、Q_2、Q_1、Q_0一方面接 BCD 七段译码器的输入端 A_3、A_2、A_1、A_0，同时还接到 0～1 逻辑显示器的 L_3、L_2、L_1、L_0。

4. 实验内容与步骤

（1）十进制计数器功能测试。

按图 13-29 电路接线。检查无误后，接通电源，进行如下测试。

① 74LS290 复位端、置 9 端功能测试：按表 13-33 的要求改变复位端、置 9 端的输入

状态，测试并记录 Q_3、Q_2、Q_1、Q_0 的状态，验证复位端、置9端功能。

② 十进制计数器计数功能测试：改变逻辑开关位置，令 R_{0A} 或 R_{0B} 中有一个接“0”，以及 S_{9A} 或 S_{9B} 之中有一个接“0”，使74LS290工作在计数状态。在 $\overline{CP_0}$ 端加入10个手动单次正极性脉冲，观察 Q_3、Q_2、Q_1、Q_0 状态（8421BCD码）记录在自拟表格中。

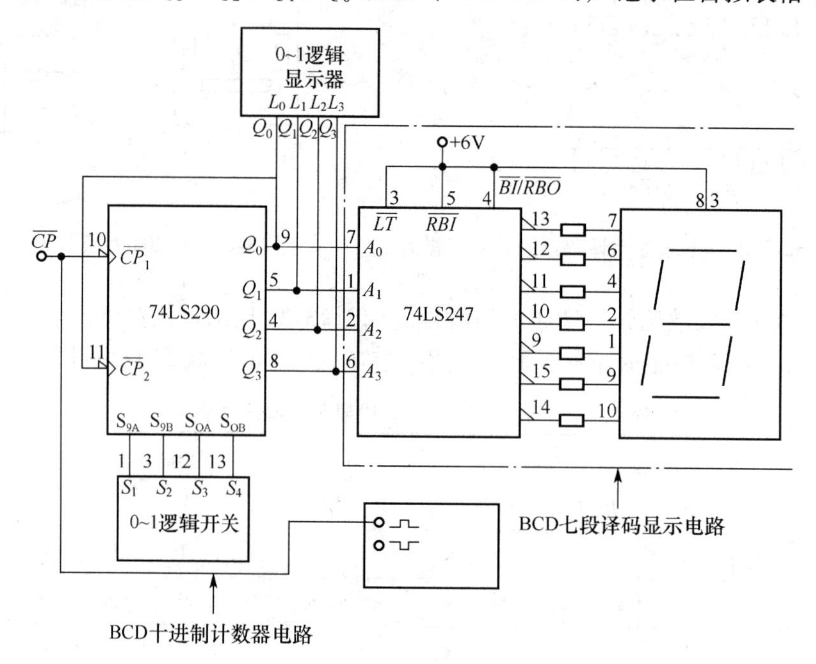

图13-29　十进制计数译码显示器电路接线图

表13-33　74SL290复位端、置9端功能验证

输入				输出			
复位端		置9端		Q_3	Q_2	Q_1	Q_0
R_{0A}	R_{0B}	R_{9A}	R_{9B}				
1	1	0	×				
1	1	×	0				
×	×	1	1				

（2）一位BCD码的译码显示电路。

将图13-29中的输出端 Q_0、Q_1、Q_2、Q_3 与译码显示器的 A_0、A_1、A_2、A_3 端相连，$\overline{CP_0}$ 端加10个手动单次正脉冲，观察 Q_3、Q_2、Q_1、Q_0 的状态以及相应的数码显示字符。

（3）测试十进制计数器功能。

$\overline{CP_0}$ 端接入频率为1 kHz的矩形脉冲。用双踪示波器观察并记录 $\overline{CP_0}$ 与 Q_3 的波形关系（注意 Q_3 与 $\overline{CP_0}$ 两信号周期是什么关系）。

5. 问题与思考

（1）整理表13-33及自拟表格，说明74LS290计数器的功能。

（2）画出8421BCD码十进制计数器的输入脉冲 $\overline{CP_0}$ 与 Q_3、Q_2、Q_1、Q_0 的波形图（从0000开始，画出一个完整的计数周期）。

第14章　实　　训

14.1　配盘实训

1. 实训目的

使学生初步掌握最基本的电工操作技能，培养学生分析问题和解决问题的能力，提高实际动手能力。

2. 实训内容

(1) 配电盘的制作。

家用配电盘是供电和用户之间的中间环节，通常也叫做照明配电盘。

配电盘的盘面一般固定在配电箱的箱体里，是安装电器元件用的，其制作的主要步骤如下。

① 盘面板的制作。

根据设计要求来制作盘面板。一般家用配电盘的电路如图14-1所示。应根据配电线路的组成及各器件的规格来确定盘面板的长度尺寸。盘面板四周与箱体边之间应有适当缝隙，以便在配电箱内安装固定，并在板后加框边，以便在反面布设导线。为节约木材，盘面板的材质已广泛采用塑料代替。

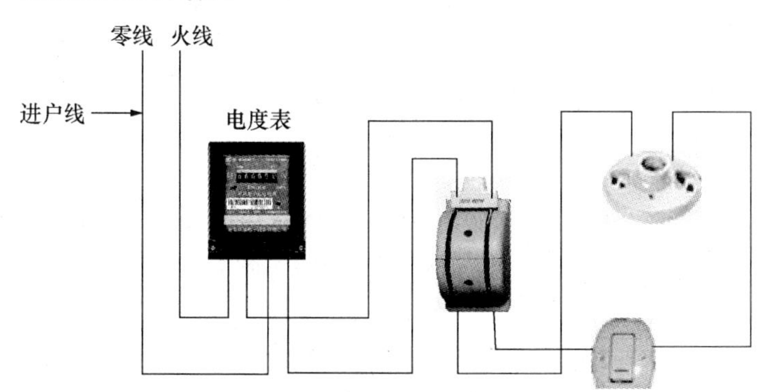

图14-1　家用配电盘的电路图

◆ **电器排列的原则**

A. 将盘面板放平，全部元器件、电器、装置等置于其上，先进行实物排列。一般将电度表装在盘面的左边或上方；刀闸装在电度表下方或右边；回路开关及灯座要相互对应，放置的位置要便于操作和维护，并使面板的外形整齐美观。注意，一定要火线进开关。

B. 各电器排列的最小间距应符合电器距离要求；除此之外，各器件、出线口距盘面的四周边缘的距离均不得小于30 mm。总之，盘面布置要求安全可靠、整齐、美观，便于加电测试和观察。

② 盘面板的加工。

按照电器排列的实行位置，标出每个电器的安装孔和出线孔（间距要均匀）；然后进行盘面板的钻孔（如采用塑料板，应先钻一个 Φ3 mm 的小孔，再用木螺钉固定电器）和盘面板的刷漆。漆干了以后，在出线孔套上瓷管头（适用于木质和塑料盘面）或橡皮护套（适用于铁质盘面）以保护导线。

③ 电器的固定。

待盘面板加工完成以后，将全部电器摆正固定，并用木螺钉将电器固定牢靠。

④ 盘面板的配线。

A. 导线的选择：根据电度表和电器规格、容量及安装位置，按设计要求选取导线截面和长度。

B. 导线敷设：盘面导线必须排列整齐，一般布置在盘面板的背面。盘后引入和引出的导线应留出适当的余量，以便于检修。

C. 导线的连接：导线敷设好后，即可将导线按设计要求依次正确、可靠地连接电器元件。

◆ **盘面板的安装要求**

A. 电源连接：垂直装设的开关或刀闸等设备的上端接电源，下端接负载；横装的设备左侧（面对配电板）接电源，右侧接负载。

B. 接火线和零线：按照“左零右火”的原则排列。

C. 导线分色：火线和零线一般不采用相同颜色的导线，通常火线用红色导线，零线采用其他较深颜色的导线。

⑤ 如有条件可最后制作配电箱体。箱体形状和外表尺寸一般应符合设计要求，或根据安装位置及电器容量、间距、数量等条件进行综合考虑，选择适当的箱体。

⑥ 盘面电器单相电度表简介。

单相电度表是累计用户一段时间内消耗电能多少的仪表，其下方接线盒内有4个接线柱，从左至右按1、2、3、4编号。连接时，按编号1、3作为进线，其中1接火线，3接零线；2、4作为电度表出线，2接火线，4接零线。具体接线时，还要根据电度表接线盒内侧的线路图为准。

⑦ 刀闸开关的安装。

刀闸开关主要用于控制用户电路的通断。安装刀闸时，操作手柄要朝上，不能倒装，也不能平装，以避免刀闸手柄因自重而下落，引起误合闸而造成事故。

（2）综合盘的制作。

所谓综合盘，就是在一个盘面上安装1盏白炽灯座和2个控制白炽灯通、断的双联开关，1个单相五孔插座，1个电视电话插口和1个网线插口，其盘面布置框图如图14-2所示。

① 双联开关控制的照明电路安装。

双联开关电路控制原理如图14-3所示。

两个双联开关在两个地方控制一盏灯的线路通常用在楼梯或走廊。

控制线路中一个最重要的环节就是：火线必须进开关！零线直接连到灯座连接螺纹圈的接线柱上；如果是卡口灯座，则可把零线连接在任意一个灯口的接线柱上。

火线的连线路径为：火线连接于双联开关1的动触头的固定端，再从另一个动触头的固定端连接到灯座中心簧片的连线柱上。综合盘的连线位置可参看如图14-4所示的盘后走线图。

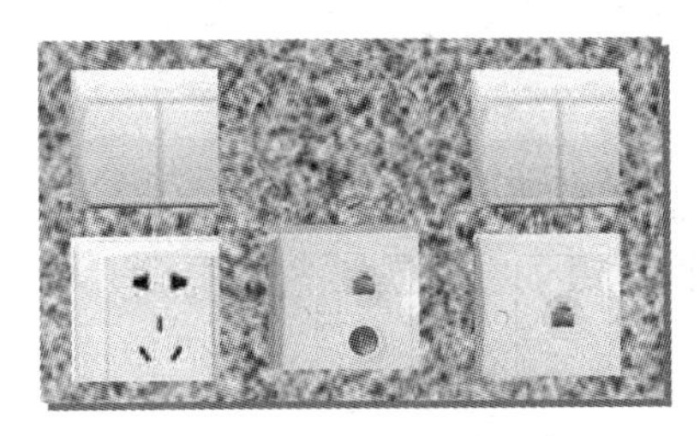

图 14-2　综合盘盘面布置框图

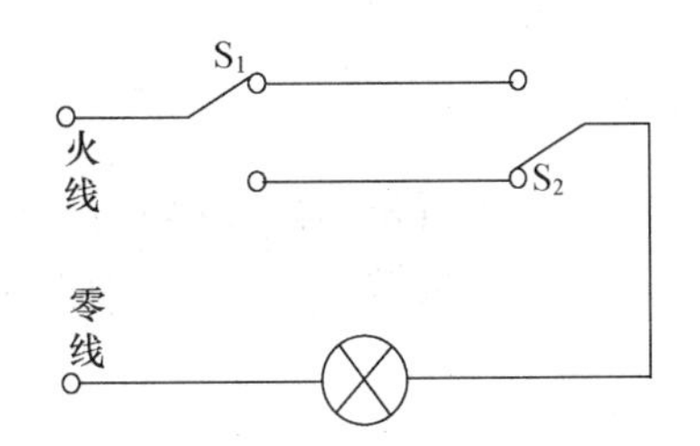

图 14-3　双联开关控制的照明电路

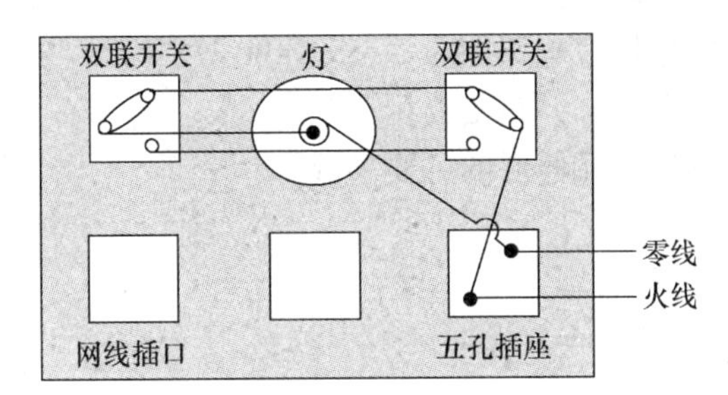

图 14-4　综合盘盘后连线图例

② 五孔插座的安装。

进行插座接线时，每一个插座的接线柱上只能接一根导线。因为插座接线柱一般都很小，原设计只接一根导线，如果硬要连接多根导线，则当其中一根发生松动时，必会影响其他插座的正常使用。另外，接线柱上若连接插座超过一只，当一个插座工作时，另一个插座也会跟着发热，轻者对相邻插座寿命产生影响，发热严重时还可能烧坏插座接线柱。

对家庭安装来讲，插座的安装位置一般离地面 30 cm。卫生间、厨房插座高度另定。卫生间要安装防溅型插座，浴缸上方三面不宜安装插座，水龙头上方不宜安装插座。厨房燃气表周围15 cm 以内不能安装插座。燃具与电器设备属错位设置，其水平净安装距离不得小于 50 cm。

安装单相三眼插座时，面对插座正面位置，正确的方法是把单独一眼放置在上方，而且让上方一眼接地线，下方两眼的左边一眼接零线，右边一眼接火线，这就是常说的“左零右火”。安装两眼插座时，左边一眼接零线，右边一眼接相线，不能接错。否则，用电器的外壳会带电，或打开用电器时外壳会带电，从而易发生触电事故。

家用电器一般忌用两眼电源插座，尤其是台扇、落地风扇、洗衣机、电冰箱等，均应采用单相三眼插座。浴霸、电暖器安装不得使用普通开关，应使用与设备电流相配的带有漏电保护的专门开关。

14.2　收音机的组装与调试

1. 实训目的

（1）通过收音机的安装与调试，掌握简单电子产品的整机装配与调试方法，学会综合分析问题的方法，提高解决实际工程问题的综合能力。

（2）学会资料及技术数据的收集、整理、汇编的方法，了解工程报告的编写要求和步骤。

（3）学会识读电子产品原理图和装配工艺过程的各种图表。

2. 实训器材

（1）材料：收音机套件、焊锡、松香、无水酒精等。
（2）工具：电烙铁、螺丝刀、尖嘴钳、偏口钳、镊子、烙铁架等。

3. 实训要求

（1）分析并读懂收音机电路图。
（2）对照电原理图看懂接线电路图。
（3）认识电路图上的符号，并与实物相对照。
（4）根据技术指标测试各元器件的主要参数。
（5）认真细心地安装焊接。
（6）按照技术要求进行调试。

4. 实训内容及步骤

（1）实训内容。

超外差收音机的方框图如图14-5所示，电原理图如图14-6所示。其工作过程为：天线调谐回路接收电台发射的高频调幅、调频波信号后，通过变频级把信号频率变换成一个较低的、介于音频和高频之间的固定频率（465 kHz）——中频信号；此中频信号经中频放大级进行放大，再经检波级检出音频信号，然后经过低频前置放大级和低频功率放大级放大得到足够的功率，推动扬声器将音频变为声音。

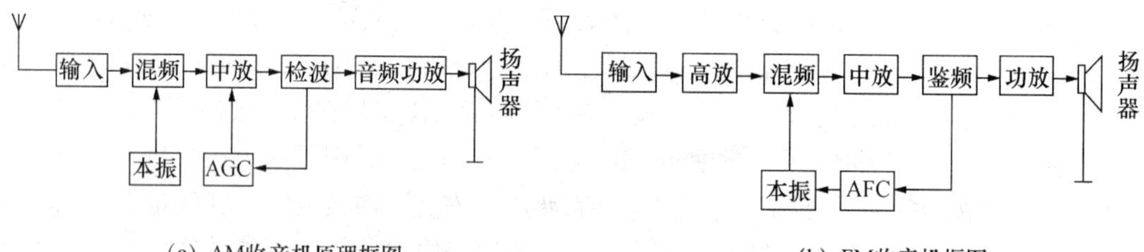

（a）AM收音机原理框图　　（b）FM收音机框图

图14-5　超外差收音机的方框图

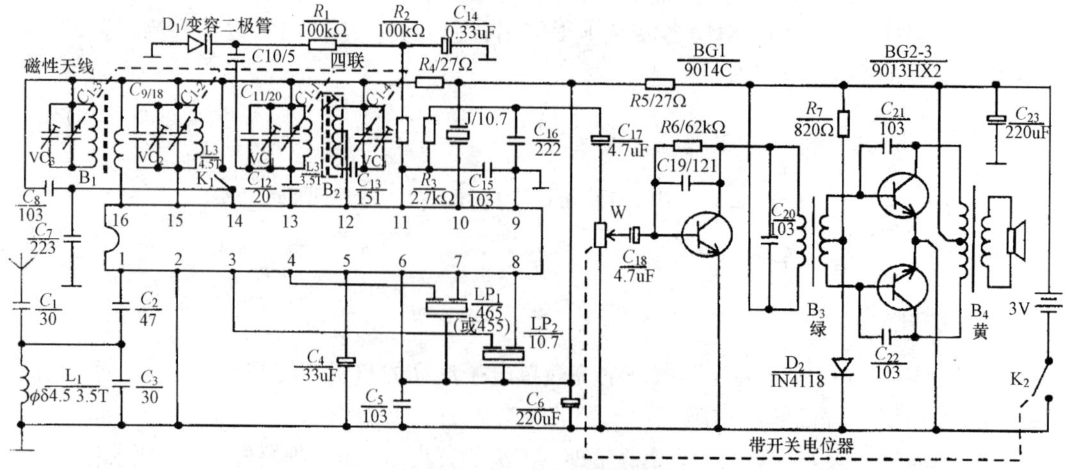

图14-6　收音机电原理图

（2）实训步骤。

① 按材料清单表14-1清点全套零件，进行外观检查，并负责保管。

表14-1 材料清单

名 称	数 量	名 称	数 量	名 称	数 量
电阻器	7	变容二极管	1	小轮	1
电位器	1	二极管	1	不干胶圆片	1
圆片电容	17	三极管	3	细线	5条
电解电容	6	波段开关	1	集成电路	1
四联可变	1	Φ3 焊片	1	集成电路座	1
空心线圈	3	Φ2.5 丝杆	4	线路板	1
中周	1	$\Phi3\times6$ 自攻丝	1	拉杆天线	1
变压器	2	正极片	1	说明书	1
磁棒线圈	1+1	负极弹簧	1	机壳带喇叭	1套
磁棒支架	2	正负极连簧	1		
滤波器	3	大轮	1		

② 用万用表检测元器件，将测量结果填入表14-2。

表14-2 用万用表检测元件

类 别	测量内容	万用表挡位及量程	测量结果	备 注

注：此表格只是一种样式，学生可以自己按实际元器件的多少增加表格的内容。

注意，为防止变压器原边与副边之间短路，要测量变压器原边与副边之间的电阻；输出、输入变压器应注意区分初级，可通过测量线圈内阻来进行区分。

③ 对元器件引线或引脚进行镀锡处理。

注意，镀锡层未氧化（可焊性好）时可以不再处理。

④ 检查印制板的铜箔线条是否完好，有无断线及短路，特别要注意板的边缘是否完好。

收音机印制电路板如图14-7所示。

⑤ 安装元器件。

元器件安装质量及顺序直接影响整机的质量与功率，合理的安装需要思考和经验。表14-3所示安装顺序及要点是经过实践证明较好的一种安装方法。

注意，所有元器件高度不得高于中周的高度。

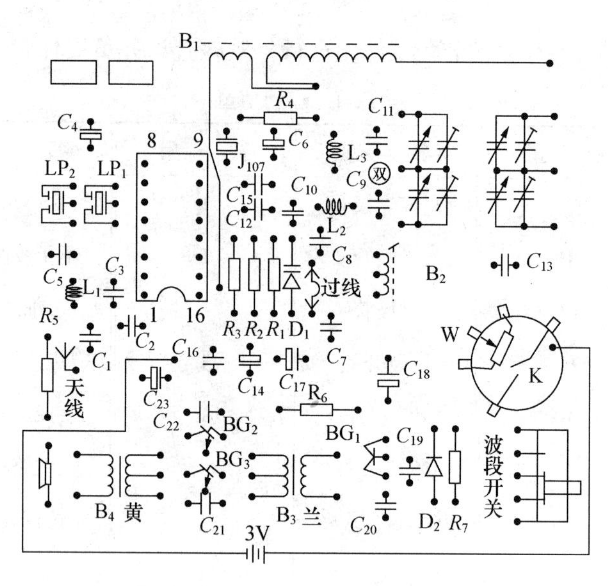

图 14-7　收音机印制电路板图

表 14-3　元件的安装顺序及要点（分类安装）

序　号	安装内容	注意要点
1	过线（短连线）、电阻和二极管	注意识别色环电阻的标称值，并用万用表检测，合格后对应插入电路板，并焊接好；二极管要分清 D1、D2 和极性，并对应插入电路板，焊接好；安装时，元件紧贴线路板
2	圆片电容和电感线圈	注意各电容的值，对应插入电路板；红色小线圈插入 L2，金色小线圈插入 L3，金色大线圈插入 L1
3	三极管和电解电容	注意 9014 装入 BG1，两个 9013 装入 BG2、BG3；注意区分 e，b，c 极，不能装反；电解电容注意标称值和极性
4	芯片插座	按正确位置 1～16 焊接。焊好后，插入芯片
5	滤波器、波段开关	插好后焊接
6	电位器、中周、变压器	检查无误后再焊引线；电位器装好后安上小轮，并用螺丝固定
7	四联可变电容器	其中两条焊片并在一起插入带双字的孔中；插好后，用两颗螺丝固定好，焊好，并安上大轮，用螺丝固定好；贴上不干胶圆片，即选台指示线
8	磁棒和天线线圈	把天线线圈的引线端插入电路板过孔，注意大小线圈引线位置，将线圈端焊接好，然后再安装磁棒
9	喇叭、电池的正负极片和固定在后壳上的拉杆天线	安装拨盘、喇叭、音量调节器，要牢固，可用热熔胶粘

⑥ 收音机的检测调试方法。

通过对收音机的通电检测调试，了解一般电子产品的生产调试过程，初步学习调试电子产品的方法，培养检测能力及一丝不苟的科学作风。

◆ **检测调试步骤**

A. 检测。

a. 通电前的准备工作。自检，互检，使得焊接及印制板质量达到要求。应特别注意各电阻阻值是否与图纸相同，各三极管、二极管是否有极性焊错；注意9013、9014的区别；注意是否有位置装错以及电路板铜箔线条断线或短路，以及焊接时有无焊锡造成的电路短路现象。接入电源前必须检查整机正负极间的电阻应大于500 Ω。注意电池有无输出电压（3 V）和引出线正负极是否正确。

b. 初测。接入电源（注意+、-极性），将频率盘拨到530 kHz无台区，在收音机开关不打开的情况下首先测量整机静态工作总电流。然后将收音机开关打开，分别测量三极管BG1、BG2、BG3的集电极电流（即静态工作点），将测量结果填到实习报告中。测量时注意防止表笔将要测量的点与其相邻点短接。各集电极电流符合要求后，用焊锡把测试点连接起来。注意，该项工作很重要，在收音机开始正式调试前该项工作必须要做。

c. 试听。如果元器件完好，安装正确，初测也正确，即可试听。接通电源，慢慢转动调谐盘，应能听到广播声。对线圈在磁棒的位置进行粗调便可收听到电台，否则应重复前面要求的各项检查内容，找出故障并改正。注意，在此过程不要调中周及微调电容。

B. 调试（选择实验，需要信号发生器等设备）。

经过通电检查并正常发声后，可收听到电台还不算完全合格，还要进行精确的调试工作。

◆ **调幅波段的调整步骤**

A. 四联可变电容器 *C*1-3、*C*1-4 及上面带的微调 *C*3、*C*4 和电路中的磁性天线 B1、中周 B2 是用来调整调幅波段的。首先把四联可变电容器上带的微调 *C*3 和 *C*4 预调至90°位置上。

B. 将四联可变电容的容量调至最大值，即接受频率为最低端（535 kHz）；调整中周变压器B2的磁芯，使收音机接收到信号源输出的535 kHz的调幅信号；然后移动磁性上的线圈位置，使声音最大；用蜡将线圈封住，不能使线圈再移动位置。

C. 将四联可变电容器旋至容量最先位置，即接收频率为最高端（1 605 kHz）；调整可变电容器上带的微调 *C*4，使收音机接收到信号源发出的1 605 kHz的调幅信号，然后调节 *C*3 使声音最大即可。

◆ **调频波段的调整步骤**

A. 四联可变电容的 *C*1-1、*C*1-2 及上面带的微调 *C*1、*C*2 和空心线圈L1、L2是用来调整调频波段的。首先将四联可变电容器上带的微调 *C*1、*C*2 预调至90°位置上。

B. 将四联可变电容器旋至容量最大值，即接受频率最低（88 MHz）；调整L3，即用竹片做成的无感改锥调整空心线圈L3的匝间距，使收音机能接受到信号源输出的88 MHz的调频信号。

C. 将四联可变电容器旋至容量最小值，即接收频率最高（108 MHz）；调整微调电容 *C*1，使收音机接收到信号源输出的108 MHz的调频信号。反复进行第二步和第三步，直至达到满足频率覆盖要求为止。

D. 90 MHz灵敏度的调整：调整电路中的L2（即4. 5T空心线圈），使收音机能接收到信号源输出的90 MHz的调频信号，且失真最小。

E. 100 MHz 灵敏度的调整：调节可变电容上带的微调 $C2$，使收音机能接收到信号源输出的90 MHz 的调频信号，且失真最小。反复进行第4步和第5步，直到满足要求为止。

⑦ 验收。

按产品出厂要求进行验收。

A. 外观：机壳及频率盘清洁完整，不得有划伤、烫伤及缺损。

B. 印制板安装整齐美观，焊接质量好，无损伤。

C. 导线焊接要可靠，不得有虚焊，特别是导线与正、负极片间的焊接位置和焊接质量。

D. 整机安装合格：转动部分灵活，固定部分可靠，后盖松紧合适。

E. 性能指标要求：

a. 频率范围 525～1 605 kHz；

b. 灵敏度较高（相对）；

c. 音质清晰、洪亮，噪声低。

附录 A　国产半导体器件型号命名方法

表 A-1　中国半导体器件命名法（国家标准 GB 249—1974）

第一部分		第二部分		第三部分		第四部分	第五部分
用数字表示器件的电极数		用字母表示器件的材料和极性		用字母表示器件的类别		用数学表示器件的序号	用字母表示规格号
符号	意义	符号	意义	符号	意义	意义	意义
2	二极管	A	N 型锗材料	P	普通管	反映了极限参数、直流参数和交流参数等的差别	反映了承受反向击穿电压的程度，如规格号为 A、B、C、D……其中 A 承受的反向击穿电压最低，B 次之，依次类推
		B	P 型锗材料	V	微波管		
		C	N 型硅材料	W	稳压管		
		D	P 型硅材料	C	参量管		
	三极管	A	PNP 型锗材料	Z	整流管		
		B	NPN 型锗材料	L	整流堆		
		C	PNP 型硅材料	S	隧道管		
		D	NPN 型硅材料	N	阻尼管		
		E	化合物材料	U	光电器件		
				K	开关管		
				X	低频小功率管（f_a<3 MHz，P_c<1 W）		
				G	高频小功率（f_a≥3 MHz，P_c<1 W）		
				D	低频大功率管（f_a<3 MHz，P_c<1 W）		
				A	高频大功率管（f_a≥3 MHz，P_c>1 W）		
				T	半导体闸流管（可控整流器）		
				Y	体效应器件		
				B	雪崩管		
				J	阶跃恢复管		
				CS	场效应器件		
				BT	半导体特殊器件		
				FH	复合管		
				PIN	PIN 管		
				JG	激光器件		

附录B　常用元件的识别与检测

B.1　电阻器的简单识别与测试

1. 电阻器的命名

电阻器是电子线路中应用最广泛的一种元件，其主要作用是稳定和调节电路中的电流和电压，此外还可以作为分流器、分压器和消耗电能的负载等。电阻器的命名方法参见表B-1。

表B-1　电阻器的命名方法

第一部分		第二部分		第三部分		第四部分
用字母表示主称		用字母表示材料		用数字或字母表示分类特征		用数字表示序号
符　号	意　义	符　号	意　义	符　号	意　义	
		T	炭膜	2	普通	包括额定功率、阻值、允许误差、精度等级
		P	硼膜	3	超高频	
		U	硅膜	4	高阻	
		C	沉积膜	5	高温	
		H	合成膜	7	精密	
		I	玻璃釉膜	8	电阻器—高压	
R	电阻器	J	金属膜		电位器—特殊函数	
R_P	电位器	Y	氧化膜	9	特殊	
		S	有机实心	G	高功率	
		N	无机实心	T	可调	
		X	线绕	X	小型	
		R	热敏	L	测量用	
		G	光敏	W	微调	
		M	压敏	D	多圈	

电阻器的阻值和误差一般都用数字标印在电阻器上，但体积很小的电阻器和一些合成电阻器其阻值和误差常用色环表示，它是在靠近电阻体的一端画有四道或五道（精密电阻）色环。色环颜色的意义参见表B-2。其中第一道色环、第二道色环以及精密电阻的第三道色环都表示其相应位数的数字，其后的一道色环表示前面数字的倍乘数，最后一道色环表示阻值的容许误差。阻值和误差的色环标记如图B-1所示。

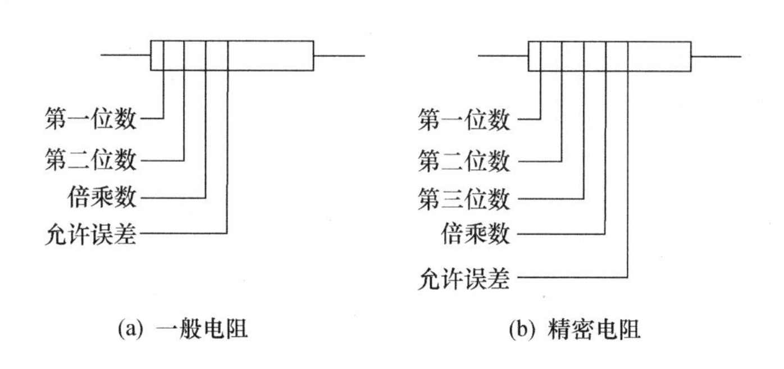

(a) 一般电阻　　(b) 精密电阻

图 B-1　阻值和误差的色环标记

表 B-2　色环颜色的意义

颜　色	有效数字第一位	有效数字第二位	倍乘数	允许误差%
棕	1	1	10^{1}	±1
红	2	2	10^{2}	±2
橙	3	3	10^{3}	—
黄	4	4	10^{4}	—
绿	5	5	10^{5}	±0. 5
蓝	6	6	10^{6}	±0. 25
紫	7	7	10^{7}	±0. 1
灰	8	8	10^{8}	—
白	9	9	10^{9}	—
黑	0	0	10^{0}	—
金	—	—	10^{-1}	±5
银	—	—	10^{-2}	±10
无色	—	—	—	±20

2. 电阻器的简单测试

首先将万用表的功能转换开关置“Ω”挡，量程转换开关置合适挡。将两根测试笔短接，表头指针应在刻度线零点，若不在零点，则要调节“Ω”旋钮（零欧姆调整电位器）回零。调回零后，即可将被测电阻串接于两根表笔之间，此时表头指针偏转，待稳定后可从刻度线上直接读出所示数值，再乘以事先所选择的量程，即可得到被测电阻的阻值。当另换一量程时，必须再次短接两测试笔，重新调零。

要注意的是，在测电阻时，不能用双手同时捏电阻或测试笔，否则人体电阻将与被测电阻并联，表头上指示值就不单纯是被测电阻的阻值了。当测量精度要求较高时，须采用电阻电桥来测电阻。

B. 2　电容器的简单识别与测试

电容器是一种储能元件，在电路中用于调谐、滤波、耦合、旁路、能量转换和延时等。电容器的型号及命名方法参见表 B-3。

表 B-3　电容器的型号及命名法

第一部分		第二部分		第三部分		第四部分
用字母表示主称		用字母表示材料		用字母表示特征		用字母或数字表示序号
符　号	意　义	符　号	意　义	符　号	意　义	
C	电容器	C	瓷介	T	铁电	包括品种、尺寸、代号、温度特性、直流工作电压、标称值、允许误差、标准代号
		I	玻璃釉	W	微调	
		O	玻璃膜	J	金属化	
		Y	云母	X	小型	
		V	云母纸	S	独石	
		Z	纸介	D	低压	
		J	金属化纸	M	密封	
		B	聚苯乙烯	Y	高压	
		F	聚四氟乙烯	C	穿心式	
		L	涤纶（聚酯）			
		S	聚碳酸酯			
		Q	漆膜			
		H	纸膜复合			
		D	铝电解			
		A	钽电解			
		G	金属电解			
		N	铌电解			
		T	钛电解			
		M	压敏			
		E	其他材料电解			

1. 电容容量的标注方法

（1）直标法。

直标法就是直接在器件上标明容量的大小。

（2）文字标志法。

采用文字符号标志电容容量时，将容量的整数部分写在容量单位标志符号的前面，小数部分放在容量单位符号的后面。例如，0.68 pF 标志为 p68，3.3 pF 标志为 3p3，1000 pF 标志为 1 n，6800 pF 标志为 6n8，2.2 μF 可标志为 2u2 等。

（3）数字表示法。

采用数字标志容量时用三位整数，其中第一、二位为有效数字，第三位表示有效数字后面加零的个数，单位为皮法（pF）。如“223”表示该电容器的容量为 22000 pF。需要注意的是，当第三个数为 9 时是个特例。如“339”表示的容量不是 33×10^{9} pF，而是 33×10^{-1} pF。

（4）色标法。

电容器的色标法原则上与电阻器的色标法相同，单位为皮法。

2. 误差的标注方法

（1）将容量的允许误差直接标在电容器上。

（2）用罗马数字“Ⅰ”、“Ⅱ”、“Ⅲ”分别表示±5%、±10%、±20%。

（3）用英文字母表示误差等级。用J、K、M、N分别表示±5%、±10%、±20%、±30%，用D、F、G分别表示±0.5%、±1%、±2%，用P、S、Z分别表示+100%～0%、+50%～-20%、+80%～-20%。

3. 电容器质量优劣的简单测试

用万用表的电阻挡（R×100挡或R×1K挡），将表笔接触电容器的两引线。刚搭上时，表头指针发生摆动，然后逐渐返回趋向$R=\infty$，这就是电容器充放电现象（对0.1μF以下的电容观察不到此现象），说明该电容器正常。若表指针指到或靠近欧姆零点，则说明电容器内部短路；若表针不动，始终指向∞处，则说明电容器内部开路或失效。

B.3　电感器的简单识别与测试

1. 电感器的分类

电感器一般由线圈构成。为了增加电感量L，提高品质因素Q和减小体积，通常在线圈中加入软磁材料的磁芯。根据电感器的电感量是否可调，电感器分为固定、可变和微调电感器；根据电感器的结构，电感器可分为带磁芯、铁芯和磁芯有间隙的电感器等。

2. 电感器的简单测试

当怀疑电感器在印制电路板上开路或短路时，可采用万用表的R×1K挡，在停电的状态下，测试电感器两端的阻值。一般高频电感器的直流内阻在零点几到几欧姆之间，低频电感器的内阻在几百欧姆至几千欧姆之间，中频电感器的内阻在几欧姆到几十欧姆之间。测试时要注意，有的电感线圈数少或线径粗，直流电阻很小，即使用R×10挡进行测试，阻值也可能为零，这属于正常现象（可用数字万用表测量）。如果阻值很大或为无穷大，则表明该电感器已经开路。

附录C　安全用电常识

在生产和生活中，人们经常接触到电气设备，如果不小心触及带电部分，或者触及电气设备的绝缘破损部分，就会发生触电事故。

电流通过人体所受损伤，根据伤害性质不同可分电伤和电击两种情况。电伤是指对人体外部的伤害，如皮肤的灼伤、电的烙印等；电击是指电流通过人体内部组织所引起的伤害，如不及时摆脱带电体，就有生命危险。

C.1　触电事故

人们使用的电气设备，主要是220 V单相和380/220 V三相的电气设备。10 kV以上的高压设备只有专业人员才能接近，因此，低压触电事故较高压为多。触电事故对人体损伤程度一般与下列因素有关。

1. 安全电压及人体电阻

据有关资料认为，工频交流10 mA以上、直流在50 mA以上的电流通过人体心脏时，触电者已不能摆脱电源脱险，有生命危险。在小于上述电流的情况下，触电者能自己摆脱带电体，但时间过长同样也有生命危险。一般情况下，人们触及36 V以下的电压时，通过人体的电流不致于产生危险，故把36 V的电压作为安全电压。

人体电阻愈高，触电时通过人体的电流愈小，伤害程度也愈轻。人体电阻可达10^4～10^5 Ω。若皮肤潮湿，如出汗时，人体电阻急剧下降，约为1 kΩ。人体电阻还与触电时人体接触带电体的面积及触电电压等有关，接触面积愈大，触电电压愈高，人体电阻愈小。

2. 触电形式

最危险的触电事故是电流通过人的心脏，因此，当触电电流从一只手到另一只手，或由手到脚通过是比较危险的。但并不是说人体其他部分通过电流就没有危险，因为人体任何部位触电都可能引起肌肉收缩和痉挛，以及脉搏、呼吸和神经中枢的急剧失调而丧失意识，造成触电伤亡事故。下面分两种情况介绍。

（1）中点不接地的三相三线制供电系统。

在三相电源中点不接地的供电系统中，当电路绝缘完好时，人误触一相不会触电，因为三相对地绝缘电阻对称，形成三相负载星形连接，负载端中点与电源中点间中点电压为零，即电源中点对地的电位为零。当一相绝缘破损，如图C-1中A相绝缘破损，人站在地面误触该绝缘破损处，而B、C相对地的绝缘不良，对地的等效绝缘电阻R变小或其中B、C一相接地，此时人体就有较大的电流通过，发生触电事故。

通过人体的电流为：$I_{人} \approx \frac{U_p}{R_{人}}$。

式中，U_p 为电源相电压，人体电阻 $R_{人}$ 包括人所穿鞋子的电阻及地面潮湿程度。$R_{人}$ 愈小，$I_{人}$ 愈大，触电程度愈重。

（2）中点接地的三相供电系统。

如图C-2所示是中点接地的三相供电系统。R_o 为中点接地电阻。所谓接地，通常是用专用钢管或钢板深埋大地中，并牢固地与中点相接。接地电阻按规定不大于4 Ω。如此时人误触一相带电导线时，则流过人体的电流为 $I_{人} = \frac{U_p}{R_0 + R_{人}} \approx \frac{U_p}{R_{人}}$。

由此可见，上述两种情况下，误触带电导线对人身都是很危险的。较为常见的是因家用电器绝缘破损而引起的触电伤亡。如果是双线触电则更为危险。

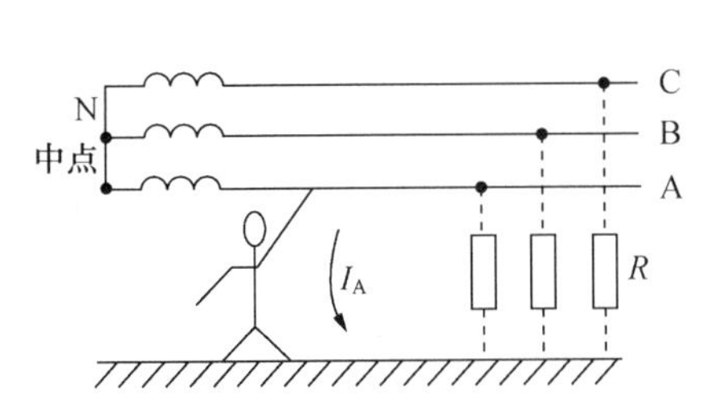

图C-1　中点不接地的三相供电一相触电

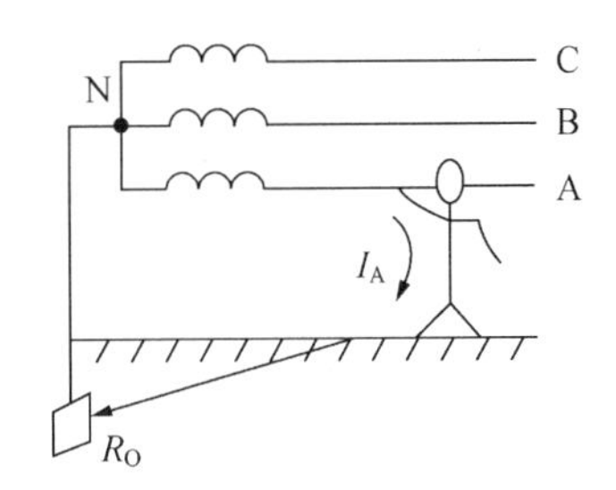

图C-2　中点接地的三相供电系统

C.2　安全用电措施

1. 保护接地

保护接地多用在三相电源中点不接地的供电系统中。如车间的动力用电与照明用电不共用同一电源时，就采用此种供电系统。将三相用电设备的外壳用接地线和接地电阻相焊接，就是保护接地，如图C-3所示。

当人们碰到一相因绝缘损坏已与金属外壳短路的电机时（图C-3中A相碰壳），A相电流将分两路入地，所以大部分电流通过接地电阻（它远小于人体电阻）入地，而流过人体的电流极其微小，故可避免触电事故。

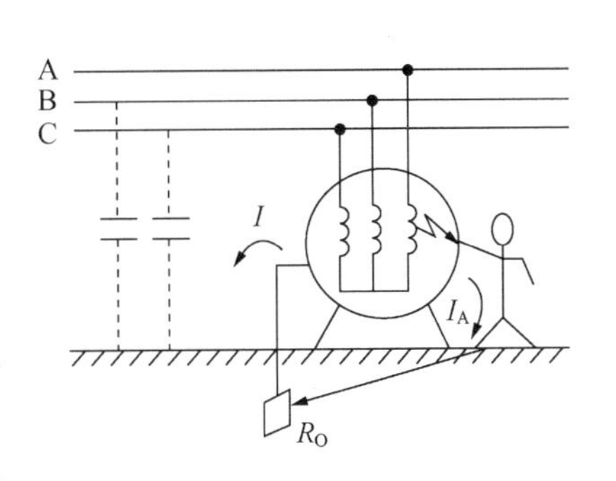

图C-3　保护接地

2. 保护接零

在动力和照明共用的低压三相四线制供电系统中，电源中点接地，这时应采用保护接零（接中线）。保护接零就是把电器设备外壳用导线直接和中线相连，如图C-4所示。

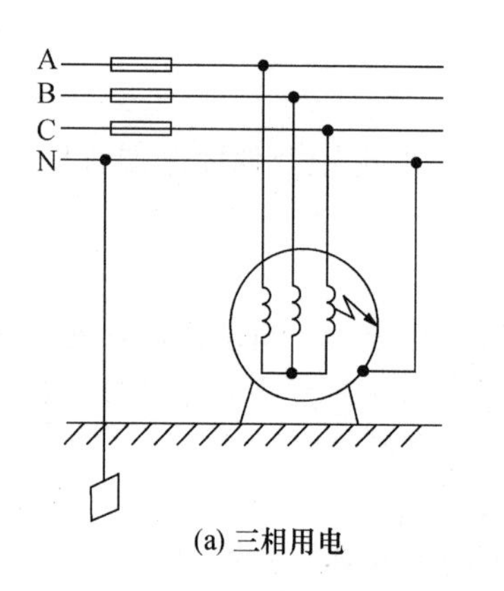

(a) 三相用电

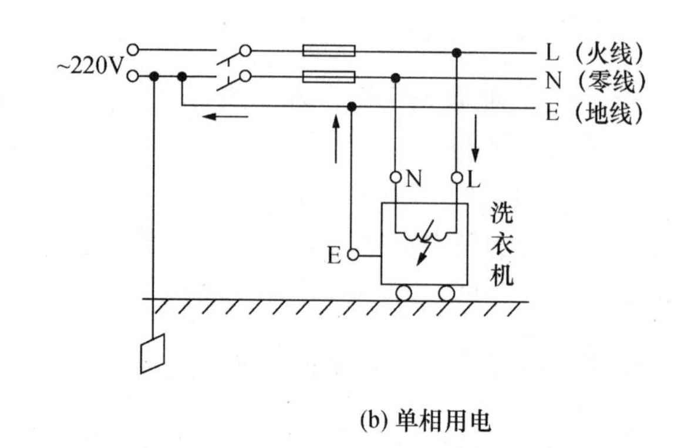

(b) 单相用电

图 C-4　保护接零（接中线）

图 C-4（a）假定电动机的 C 相绕组碰壳，则 C 相导线即与中线形成短路（C 相电源短路），致使该相熔丝熔断，从而避免触电事故。

图 C-4（b）给出了单相用电设备使用时的正确接线。用电设备的外壳用导线接在粗脚接线端上，通过插座与地线相连。一旦漏电碰壳，电流可经外壳地线入地，以避免触电事故。有的用户在使用洗衣机、电风扇、电冰箱等电器时不接地线，这是非常不安全的。

电器的电源开关应安装在火线上，以使开关断开时电器不带电。如果开关接在了零线上，则开关断开时电器仍然带电，这也容易发生触电事故。

如遇触电事故，应首先切断电源，然后立即采取有效的急救措施。

附录 D　焊接相关技能

1. 焊接操作者握电烙铁的方法

（1）反握法：如图 D-1（a）所示，适合于较大功率的电烙铁（ >75 W）对大焊点的焊接操作。

（2）正握法：如图 D-1（b）所示，适用于中功率的电烙铁及带弯头的电烙铁的操作，或直烙铁头在大型机架上的焊接。

（3）笔握法：如图 D-1（c）所示，适用于小功率的电烙铁焊接印制板上的元器件。

(a) 反握法

(b) 正握法

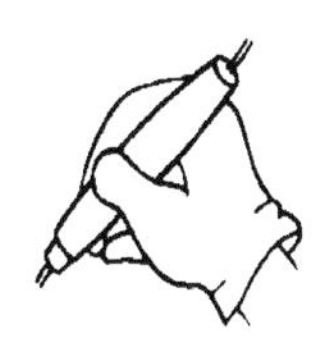

(c) 笔握法

图 D-1　电烙铁的握法

注意，电烙铁使用以后，一定要稳妥地插放在烙铁架上，并注意导线等其他杂物不要碰到烙铁头，以免烫伤导线，造成漏电等事故。由于焊锡丝中含有一定比例的铅，而铅是对人体有害的一种重金属，因此操作时应该戴手套或在操作后洗手，避免食入铅尘。

2. 手工焊接操作的基本步骤

掌握好电烙铁的温度和焊接时间，选择恰当的烙铁头和焊点的接触位置，才可能得到良好的焊点。正确的手工焊接操作过程可以分成五个步骤，如图 D-2 所示。

步骤一：准备施焊。

如图 D-2（a）所示，左手拿焊丝，右手握烙铁，进入备焊状态。要求烙铁头保持干净，无焊渣等氧化物，并在表面镀有一层焊锡。

步骤二：加热焊件。

如图 D-2（b）所示，烙铁头靠在两焊件的连接处，加热整个焊件全体，时间大约为 1～2 s。对于在印制板上焊接元器件来说，要注意使烙铁头同时接触两个被焊接物。例如，图 D-2（b）中的导线与接线柱、元器件引线与焊盘要同时均匀受热。

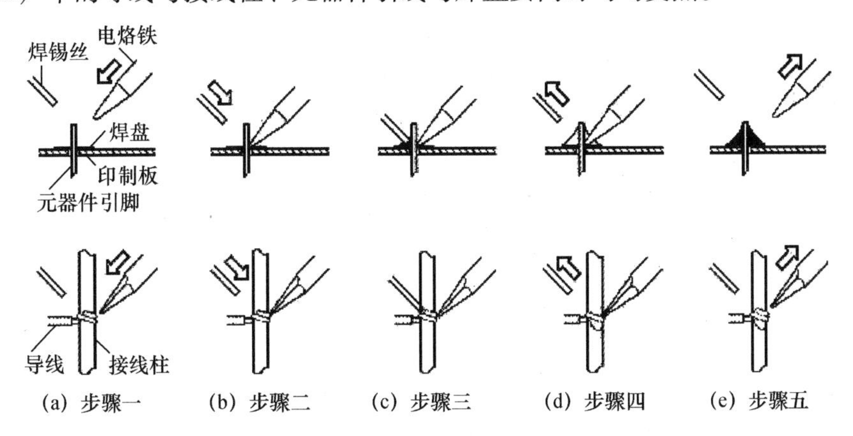

(a) 步骤一　(b) 步骤二　(c) 步骤三　(d) 步骤四　(e) 步骤五

图 D-2　手工焊接步骤

步骤三：送入焊丝。

如图 D-2（c）所示，焊件的焊接面被加热到一定温度时，将焊锡丝从烙铁对面接触焊件。注意，不要把焊锡丝送到烙铁头上！

步骤四：移开焊丝。

如图 D-2（d）所示，当焊丝熔化一定量后，立即向左上 45°方向移开焊丝。

步骤五：移开烙铁。

如图 D-2（e）所示，焊锡浸润焊盘和焊件的施焊部位以后，向右上 45°方向移开烙铁，结束焊接。从步骤三开始到步骤五结束，时间大约也是 1～2 s。

3. 焊点的检查

对焊点的质量要求，应该包括电气接触良好、机械结合牢固和美观三个方面。保证焊点质量最重要的一点，就是必须避免虚焊。

一般来说，造成虚焊的主要原因是：焊锡质量差；助焊剂的还原性不良或用量不够；被焊接处表面未预先清洁好，镀锡不牢；烙铁头的温度过高或过低，表面有氧化层；焊接时间掌握不好，太长或太短；焊接中焊锡尚未凝固时，焊接元件松动。

部分习题答案

第1章

一、填空题

1. 电压，电压，电压；2. 线性，电压，电流，功率；3. 线性，非线性，储能，耗能；4. 非关联，吸收，提供；5. $R_s = R_0$，$U_s = I_s R_0$

二、判断题

1. √　　2. ×　　3. ×　　4. ×　　5. √

三、选择题

1. B　　2. C　　3. C　　4. A　　5. B

四、应用题

1. −2 A；−2 A
2. 15 V；−10 V
3. 0 V，−2 V，360 V
4. 10 V，5 A，50 V，5 A
5. 5 A，−9 V
6. 12.5 V
7. −18 W，−18 W，4 W
8. 5 A

第2章

一、填空题

1. $220\sqrt{2}$，314，$-\pi/3$；2. 50 Ω，容，750 W，1 000 var；3. 20 V；4. $f = 1/2\pi\sqrt{LC}$，最小，最大，阻；5. $U_l = \sqrt{3}U_p$，$I_l = I_p$，$U_l = U_p$，$I_l = \sqrt{3}I_p$

二、判断题

1. √　　2. ×　　3. ×　　4. √　　5. ×

三、选择题

1. C　　2. A　　3. B　　4. A　　5. B

四、应用题

1. 略
2. 略
3. 略
4. $2\angle 0^\circ$ V，$3.5\angle 90^\circ$ V，$2\angle -90^\circ$ V，$2.5\angle 36.9^\circ$ V
5. 0.1 μF；100 V；314.2 V；314.2 V

6. 80 Ω；60 Ω
7. 15. 2 Ω；34. 8 Ω
8. 8. 68 kW；26. 0 kW

第3章

一、填空题

1. 电压，电流，阻抗；2. 外加电压，电源频率；3. 铜损，磁滞，涡流，铁损，铁损，铜损；4. 电流，铜损耗，铁损耗；5. 升压，降压

二、判断题

1. ×　2. ×　3. ×　4. √　5. ×

三、选择题

1. A　2. A　3. B　4. B　5. B

四、应用题

1. （1）90；30；（2）0. 27 A；（3）60 VA
2. 0. 53 V
3. 150 Ω
4. （1）110 Ω；（2）440 W

第4章

一、填空题

1. 相序，旋转磁场；2. 转差速度，同步转速，减小，下降，增大；3. 机械功率，小，效率；4. 感，小，空载，轻载；5. 正比，电压平方

二、判断题

1. ×　2. ×　3. ×　4. ×　5. ×

三、选择题

1. C　2. B　3. D　4. B　5. D

四、应用题

1. （1）4极；（2）4. 7 kW；（3）0. 02；（4）86%；（5）27 N·m
2. （1）可以，$T_{st}=23.9$ N·m，$I_{st}=51$ A；（2）不能启动

第5章

一、填空题

1. 短路，过载，欠压，失压，自动空气开关；2. 星—三角形，星形，三角形，时间继电器；3. SQ，行程，KT，时间，KS，制动；4. 动合，动断，并，串；5. 反接，相序

二、判断题

1. ×　2. ×　3. ×　4. ×　5. ×

三、选择题

1. B　2. C　3. A　4. C　5. C

四、应用题（略）

第6章

一、填空题

1. 空穴，自由电子，N 型，P 型；2. N 区，P 区，PN 结；3. 单向导通，正偏导通，反偏截止；4. 发射，基，集电，发射，集电；5. PNP，锗，饱和

二、判断题

1. √ 2. √ 3. × 4. × 5. √

三、选择题

1. C 2. A 3. A 4. A 5. B

四、应用题

1.（1）0；（2）3 V；（3）3 V

2.（a）导通，−4 V；（b）D1 不通、D2 通，−6 V；（3）D1 通、D2 不通，输出为 0

3. 略

4. 略

5. I：PNP，硅管，b、e、c；II：NPN，锗管，b、e、c；III：PNP，硅管，c、b、e；IV：PNP，锗管，b、c、e

6. I：截止，NPN；II：饱和，NPN；III：放大，NPN；IV：放大，PNP；V：饱和，PNP；VI：截止，PNP

7.（a）放大；（b）饱和；（c）截止

第7章

一、填空题

1. 静态，动态，直流，交流；I_B，I_C，U_{CE}，A_u，R_i，R_o；2. 输入，截止，饱和；3. 射极输出器，1；4. 直接耦合，阻容耦合，变压器耦合，直接耦合；5.（a）输入短路，不能；（b）输入短路，不能；（c）电源极性接错，不能

二、判断题

1. × 2. √ 3. × 4. × 5. √

三、选择题

1. C、A 2. C、B 3. B 4. A 5. B

四、应用题

1.（1）略；（2）$R_B = 0.6\ k\Omega$；（3）略

2. 略

3.（1）$A_u = -217.4$；（2）$A_u = -86.96$；（3）$R_i \approx 1.38\ k\Omega$，$R_o \approx R_C = 3\ k\Omega$；（4）$A_{us} = -63.72$

4.（1）$V_B = 5.6\ V$，$I_C = 3.27\ mA$，$I_B = 54\ \mu A$，$U_{CE} = 8.3\ V$；（2）略；（3）略；（4）$A_u = -153$，$A_{us} = -136$，$R_i = 0.718\ k\Omega$，$R_o \approx R_C = 3.3\ k\Omega$

5.（1）$A_u = -0.97$；$R_i = 22.56\ k\Omega$，$R_o \approx R_C = 2\ k\Omega$；（2）$A_u = 0.99$；$R_i = 22.56\ k\Omega$，$R_o \approx R_C = 2\ k\Omega$；（3）略

6.（1）略；（2）$r_{i1} = 3.1\ k\Omega$，$r_{i2} = 1.6\ k\Omega$，$r_{o1} = 15\ k\Omega$，$r_{o2} = 7.5\ k\Omega$；（3）$A_{u1} = -31.5$，$A_{u2} = -136$，$A_u = 4270$；（4）$U_{o2} = 4.15\ V$

第8章

一、填空题

1. 负，正，开环；2. $A_u=\infty$，$r_i=\infty$，$r_o=0$；3. 虚短，虚断，高电平，低电平，0；4. 负反馈，电压串联，电压并联，电流串联，电流并联；5. 正反馈，非线性，电压比较器

二、判断题

1. × 2. √ 3. × 4. × 5. √

三、选择题

1. B 2. C 3. B 4. A 5. B

四、应用题

1. 略
2. $I_L=0.6\text{ mA}$
3. $u_o=1.8\text{ V}$
4. 略
5. $R_{I1}\sim R_{I5}$的值分别为：10 MΩ，2 MΩ，1 MΩ，0.2 MΩ，0.1 MΩ
6. $R_{F1}\sim R_{F5}$的阻值分别为：1 kΩ，9 kΩ，40 kΩ，50 kΩ，400 kΩ
7. $R_X=50\text{ k}\Omega$
8. 略
9. 略

第9章

一、填空题

1. $0.45U_2$，$\sqrt{2}U_2$；2. 负载，并联，负载，串联；3. 取样环节，基准电压，比较放大环节，调整环节；4. 正，+5 V，负，−5 V；1、3，2、3，3、1，1、2；5. 24 V，半波整流，全波电容滤波

二、判断题

1. √ 2. √ 3. √ 4. × 5. √

三、选择题

1. A 2. B 3. B 4. C 5. D

四、应用题

1. $U_2=26.7\text{ V}$；$I_F=\frac{1}{2}I_L=50\text{ mA}$；$U_{RM}=\sqrt{2}U_2=37.5\text{ V}$，根据上述数据，查表可选出最大整流电流为100 mA，最高反向工作电压为50 V的整流二极管2CZ52B
2. $U_2=10\text{ V}$；$R_L=1.2\text{ k}\Omega$，滤波电容器的参数为47 μF/25 V
3. （1）略；（2）略；（3）$2.5\times10^6\ \Omega$
4. （1）略；（2）21.2 V，25 V；（3）15.9 V；（4）8 V；（5）略
5. 27 V
6. 1.25～33.85 V
7. $\alpha=77.8°$；$U_m=\sqrt{2}U_2=311\text{ V}$

第10章

一、填空题

1. 111100.1 B，3 C.8 H，53 D，35 H；2. 真值表，逻辑图，表达式；3. 二—十进制，优先，二—十进制，数字显示；4. 6；5. 数码管，阳，阴

二、判断题

1. × 2. √ 3. × 4. √ 5. √

三、选择题

1. C 2. A 3. C 4. B 5. C

四、应用题

1.（1）$\overline{A}B + C$；（2）$A\overline{C} + B$；（3）$AB + \overline{AB} + BC$；（4）$AB + BC + BC$；（5）$C + \overline{A} + \overline{B}$；（6）$\overline{A}B + \overline{C}$

2. 本题逻辑函数式可化为最简式为 $F = AB + C$

3. 略

4. 略

5. 略

第11章

一、填空题

1. 置0，置1，保持，0；2. 置0，置1，保持，翻转；3. 输入，输出；4. 门电路，触发器；5. 3，6，2

二、判断题

1. × 2. √ 3. √ 4. × 5. ×

三、选择题

1. A 2. D 3. C 4. B 5. C

四、应用题（略）

第12章

一、填空题

1. 输入的数字，与数字量成正比的输出模拟，输入的模拟，与其成正比的输出数字；2. 参考电压，译码电路，电子开关，运算放大器；3. 采样，采样，保持，量化，编码；4. 逐次逼近，转换速度；5. 倒 T，R，2R，权电阻，高速电子开关，转换速度

二、判断题

1. × 2. √ 3. × 4. × 5. √

三、选择题

1. A 2. C 3. B 4. A 5. A

四、应用题

1. $u_o = 11.25\ V$；$D = 0001$

2. $U_o \approx -7.08\ V$

3. $n = 3$

参 考 文 献

[1] 童诗白，华成英．模拟电子技术基础（第3版）[M]．北京：高等教育出版社，2001.

[2] 谢克明．电工电子技术简明教程 [M]．北京：高等教育出版社，2003.

[3] 周元兴．电工与电子技术基础 [M]．北京：机械工业出版社，2002.

[4] 阎石．数字电子技术基础（第4版）[M]．北京：高等教育出版社，1998.

[5] 李中发．电子技术（第1版）[M]．北京：中国水利水电出版社，2005.

[6] 曾令琴，李伟．电工电子技术（第2版）[M]．北京：人民邮电出版社，2006.

[7] 陈小虎．电工电子技术 [M]．北京：高等教育出版社，2006.

[8] 李艳新．电工电子技术 [M]．北京：北京大学出版社，2007.

[9] 刘蕴陶．电工学 [M]．北京：中央广播电视大学出版社，1996.

[10] 吴项．电工与电子技术 [M]．北京：高等教育出版社，1991.

[11] 赵会军．电工技术 [M]．北京：高等教育出版社，2006.

[12] 廖传柱，康玉文．电路与电工技术 [M]．北京：高等教育出版社，2006.

[13] 周元兴．电工与电子技术基础 [M]．北京：机械工业出版社，2005.

[14] 徐淑华，宫淑贞．电工电子技术 [M]．北京：电子工业出版，2003.

[15] 黄俊，王兆安．电力电子变流技术（第3版）[M]．北京：机械工业出版社，1997.

[16] 席时达．电工技术（第2版）[M]．北京：高等教育出版社，2000.

[17] 杨志忠．数字电子技术（第2版）[M]．北京：高等教育出版社，2003.

[18] 易沅屏．电工学 [M]．北京：高等教育出版社，1993.

[19] 李源生．电路与模拟电子技术 [M]．北京：电子工业出版社，2003.

[20] 申凤琴．电工电子技术及应用 [M]．北京：机械工业出版社，2004.